农业与农

科技大视野

科技漫谈③

邢春如◎主编

辽海出版社

责任编辑:陈晓玉　于文海　孙德军

图书在版编目(CIP)数据

中国科技漫谈/邢春如主编. —沈阳:辽海出版
社,2008.6(2015.5 重印)
ISBN 978-7-80711-701-8

Ⅰ.①中… Ⅱ.①邢… Ⅲ.①科学技术—技术史—中
国—普及读物 Ⅳ.①N092 –49

中国版本图书馆 CIP 数据核字(2011)第 075089 号

中国科技漫谈

农业与农学科技大视野

邢春如/主编

出　版 :辽海出版社		地　址 :沈阳市和平区十一纬路25 号	
印　刷 :北京一鑫印务有限责任公司		字　数 :700 千字	
开　本 :700mm×1000mm　1/16		印　张 :40	
版　次 :2011 年8 月第2 版		印　次 :2015 年5 月第2 次印刷	
书　号 :ISBN 978-7-80711-701-8		定　价 :149.00 元(全5 册)	

如发现印装质量问题,影响阅读,请与印刷厂联系调换。

前　言

　　恢宏博大的五千年中华文明，成就卓著，举世瞩目。特别是中国古老的科学技术，更是创造了人类发展的一个个里程碑，在世界可谓是独领风骚，其历史简直异常辉煌。

　　工具的制造是原始技术开始的标志。在原始社会时期，人类征服自然界的物质基础十分薄弱，因而，这一时期科学技术的萌芽和发展非常缓慢。

　　随着青铜时代的到来，这一时期的科学技术在原始社会的基础上有了巨大进步，在世界文明史上占有重要的地位。青铜器是这一时期最具代表性的标志物。夏、商、周的科技进步，极大地促进了中国早期国家的形成和发展。

　　春秋战国是中国科技知识进一步积累与奠基的重要时期。这一时期所取得的科技成果在中国科技史上占有重要地位，为秦汉及其后的科技发展奠定了坚实的基础。

　　秦汉时代科技最显著的特点是科学建制完整、技术体系统一。在这一时期，传统的农、医、天、算四大学科体系框架已基本形成，冶炼、纺织、土木建筑、造纸、船舶制造等主要技术体系及风格也大体确立，从而为此后近两千年的中国科技发展确定了大方向。

　　在魏晋南北朝时期，战乱频繁，政局动荡，科学技术以其强大的生命力在曲折中进步着，有些学科甚至获得了突破性进展，主要体现在农业、机械、数学、天文历法、地理、化学等领域所取得的成就。

　　综观隋唐科技，可谓是全面推进，重点突出。这一时期既是对先前诸多科技领域的成就进行了继承与发展，又开创了多方面的世

界之最。

在宋元时期，虽说一直战火纷飞，社会也动荡不安，但中国科学技术的发展却进入了一个前所未有的黄金时代。这一时期，可谓人才辈出，硕果累累，取得了一系列极其突出的成就。

明清时期是中国科学技术发展历史上重要的转折时期。在明代，中国传统科学技术趋于成熟，中国在大部分科技领域仍居于世界领先地位，各方面的成果得到总结，出现了一批集大成式的著作。但在明末清初，中国的科学技术却裹足不前，开始落伍于世界科学技术发展的滚滚洪流了。

近代中国的落后与贫弱促使许多有识之士开始积极探索中华民族的富强之路，放眼看世界一时间成为时代的潮流。随之而来的洋务运动则掀起了向西方学习的热潮，开启了中国的近代化。

辛亥革命的爆发，使中国社会发生了重大转折，现代科技教育体制开始建立。继来之而来的新文化运动，极大地推动了现代科学精神在中国的启蒙。

中华人民共和国的成立，揭开了中国历史崭新的一页，也开始书写科学技术的新篇章。经过五十多年的风风雨雨的拍打锻炼，如今中国的科技事业可谓是蒸蒸日上，一日千里。更多的科技新成就，必将汇聚成一盏盏明灯，发出更加耀眼的光！

为了全景式展现中国科学技术成长壮大和发展演变的轨迹，描绘出科学家探索自然奥秘、造福中华的奋斗历程，以及在西学东渐背景下所作出的回应和为追赶世界科技潮流所进行的不懈追求过程。为此，我们特别编辑了这套《中国科技漫谈》，主要包括数学、天文、地理、农业、建筑、军事等内容。

本套书简明扼要，通俗易懂，生动有趣，图文并茂，体系完整，有助于读者开阔视野，深化对于中华文明的了解和认识；有助于优化知识结构，激发创造激情；也有助于培养博大的学术胸怀，树立积极向上的人生观，从而更好地适应新世纪对人才全面发展的要求。因此具有很强的知识性、可读性和启迪性，是我们广大读者了解中国科技、增长科学素质的良好读物，也是各级图书馆珍藏的最佳版本。

目 录

第一章　农业科技大视野

第一节　古代农业制度

第二节 农业史话

第二章 农学科技大视野

第一节 古代农学

第一章 农业科技大视野

第一节 古代农业制度

屯 田

中国历代封建政府组织劳动者在官地上进行开垦耕作的农业生产组织形式。因参加垦种者不同而有军屯与民屯之分，以军屯为主。

发展概况

汉武帝刘彻元狩四年（前119）击败匈奴后，在国土西陲进行大规模屯田，以给养边防军，这就是边防屯田。自此经魏晋南北朝、隋唐以至两宋，各代都推行过边防屯田。当统一国家分裂为几个封建政权时，出于军事需要，都很注意屯田，如魏、蜀、吴三国鼎立时，南北朝对立时，宋、金对峙时，都常在两淮地区屯田（只有三国时的蜀汉屯田在汉中和秦陇地区），东魏、北齐和西魏、北周并存时，双方在黄河两岸屯田。这些屯田虽多是设置在中原地区，但因列国分立，仍然是属于边防屯田。真正的内地屯田在东汉、曹魏、北魏和唐代曾经存在过，不过为时短暂，成绩也不如边防屯田那么显著。

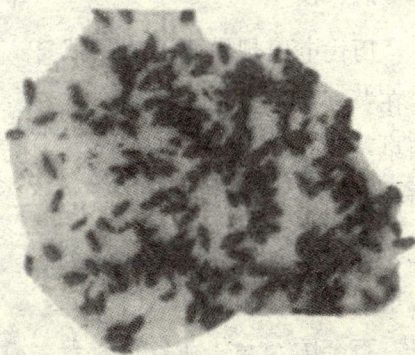

浙江河姆渡遗址出土的稻谷

姜寨黍粒及贮黍陶罐

金、元以来，屯田的地域分布发生了变化。女真族人主中原，为了稳定统治，驻军内外各地。金政府于驻军所在地分拨田土，兵士屯种自给，屯田由是遍及内地和边陲。元朝幅员辽阔，"内而各卫，外而行省，皆立屯田"。明代继承元代的军户制度，军户子孙世代为兵，作战而外，平时屯种。明代的兵士大致以五千六百人为卫，一千一百二十人为千户所，一百一十二人为百户所，军屯组织是和卫所制度相适应，卫所屯田因此遍及全国。明代为了充实边防力量，鼓励商人运粮至边地仓库交纳，由官给与盐引；而盐商惮于长途转运粮食，乃在官府拨给的边区荒地上招募游民屯垦，以所获粮食，换取盐引，称为商屯，它在整个屯田事业中所占比重很小。

屯田有时又被称为营田，原意是屯田以兵，营田以民。实际上，历代不少营田也常使用士兵，即使是民屯，通常也多采用军事编制，所生产的粮食主要也是用以供军需。

规　模

历代屯田规模不一。汉武帝在黄河河套以至河西张掖、酒泉一带屯垦戍卒六十万人。唐代屯田主要在辽东至陇右的北方边界，有五万顷左右。宋代屯田不多，北宋真宗时有四千二百余顷。元代在各行省普设屯田，不下十八万顷。明代

原始石磨盘

达于极盛，"东自辽左，北抵宣（府）、大（同），西至甘肃，南尽滇、蜀，极于交址，中原则大河南北，在在兴屯"，约达六十四万余顷。清代除保留漕运屯田外，裁撤卫所屯军，八旗和绿营诸兵都仰食于官府，只在蒙古、新疆和西南苗疆所在设有若干屯田。屯田制度进入尾声。

剥削形式

屯田是强制人们耕种官地。曹魏、元、明的屯田兵有特殊的军籍，世袭服役，地位比较卑下；汉、唐、宋的屯田兵只是编入军队的民户，身份与屯民及普通百姓无何差异。剥削形式大体有三种：

劳役地租。多是屯官给工具、种子，又常是集体劳作，收获除供

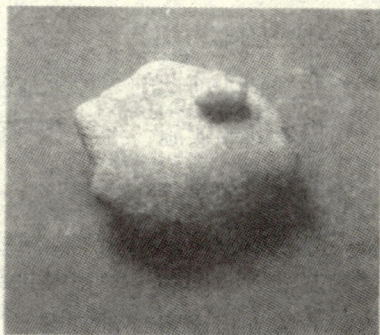

半坡粟粒和贮粟陶罐

屯户食用外，全部交官。唐、宋的屯田多属此类。明、清的漕运屯田，授给军户田五十亩，令其提供漕运徭役，也是一种劳役地租。

分成制实物地租。曹魏的许下屯田，用官牛的，其收获官六民四；用私牛的，对半分。西晋初年和前燕的屯田，用官牛的，官八私二；用私牛的，官七私三。

定额实物租。西汉在西北的屯垦，"田六十五亩，租二十六石"（《居延汉简甲编释文》，1585 简），即每亩租四斗。北魏民屯，一夫缴粮六十斛。南朝刘宋武吏屯田，每人缴米六十斛。明初，辽东每军限田五十亩，租十五石；惠帝时，军田五十亩，纳正粮十二石，供军士用，余粮十二石为地租，后余粮减为六石。清嘉庆间，伊犁屯田每兵每年交粮十三石。

作 用

屯田保证了边防军的粮饷需要，对于边疆可耕地的开拓和边防的巩固有积极作用。又因集中较多人力、物力，可以兴修较大的水

利工程，推广一些先进的生产技术。但屯田的成绩与历代屯田的政策密切相关。大致说来，凡是设置屯田的朝代，在建国初期，屯田成绩比较显著，随着封建统治者日趋腐朽，剥削日益加重，屯田劳动者大批死亡或逃散，幸存者怠工，屯田也就逐渐变质瓦解。屯田是一种强制劳动，明清以来，分租制日益普遍化，早期所设屯田，后期多召佃出租。

均田制

北魏到唐前期的一种土地制度。从北魏太和九年（485）政府颁布均田令开始实施，经东魏、西魏、北齐、北周、隋到唐建中元年（780）废弛，前后约三百年。

均田制的内容

北魏颁布的均田令由其前期实行的计口授田制度演变而来，是当时北方人口大量迁徙和死亡，土地荒芜，劳动力与土地分离，所有权和占有权十分混乱这一特殊情况下的产物。其主要内容是：十五岁以上男夫受露田四十亩、桑田二十亩，妇人受露田二十亩。露田加倍或两倍授给，以备休耕，是为"倍田"。身死或年逾七十者将露田还官。桑田为世业田，不需还官，但要在三年内种上规定的桑、榆、枣树。不宜种桑的地方，则男夫给麻田十亩（相当于桑田），妇人给麻田五亩。家内原有的桑田，所有权不变，但要用来充抵应受倍田份额。达到应受额的，不准再受；超过应受额部分，可以出卖；不足应受额部分，可以买足。贵族官僚地主可以通过奴婢、耕牛受田，另外获得土地。奴婢受田额与良民同。耕牛每头受露田三十亩，一户限四头。凡是只有老小癃残者的户，户主按男夫应受额的半数授给。民田还受，每年正月进行一次。在土地不足之处，有满十五岁成丁应受田而无田可受时，以

骨 耜

其家桑田充数；又不足，则从其家内受田口已受额中匀减出若干亩给新受田者。地足之处，居民不准无故迁徙；地不足之处，可以向空荒处迁徙，但不许从赋役重处迁往轻处。土地多的地方，居民可以随力所及借用国有荒地耕种。园宅田，良民每三口给一亩，奴婢五口给一亩。因犯罪流徙或户绝无人守业的土地，收归国家所有，作均田授受之用，但首先授其近亲。地方守宰按官职高低授给职分田，刺史十五顷，太守十顷，治中、别驾各八顷，县令、郡丞各六顷，不许买卖，离职时移交于接任官。

均田制与赋役制密切联系。均田令公布后，北魏又制定了新的租调制。均田农户除丁男负担征戍、杂役外，一夫一妇出帛或出布一匹（四丈），粟二石。十五岁以上未婚男女四人，从事耕织的奴婢八人，耕牛二十头，其租调都分别相当于一夫一妇的数量。

以上内容，各朝有过若干变动。北周主要是取消倍田之名，应受额改为一夫一妇一百四十亩，单丁一百亩；受田年龄改为十八岁成丁受田，六十五岁年老退田。赋役负担改为一夫一妇纳调绢一匹、绵八两（或布一匹、麻十斤），租粟五斛，单丁减半。十八至五十九岁丁男一年服役三十日。北齐河清三年（564）重新颁布均田令，规定邺城三十里内土地全部作为公田，按等差授给洛阳刚迁来的（原来从代京迁洛阳的所谓“代迁户”）鲜卑贵族官僚和羽林、虎贲；三十里以外、一百里以内土地按等差授给汉族官僚和兵士。一百里以外和各州为一般地区，应受田额与受田、退田年龄大致与北周同。奴婢受田人数按官品限制在三百至六十人之间。赋役负担，一夫一妇之调与北周同，租为垦租二石、义租五斗。奴婢则为良民之半。隋代开皇二年（582）令，丁男、中男的永业、露田受田额与北齐同。补充内容中突出的一点是官人永业田与品级相适应，自诸王以下至都督，最多授给一百顷，最小四十亩。此外，内外官按品级高下授给职分田（职田），最多五顷，最少一顷。内外官署又给公廨田，以供公用。赋役负担以一夫一妇为一床，纳租粟三石，调绢一匹（第二年减为二丈），绵三两。单丁及奴婢、部曲、客女按半床纳租调。丁男每年服役三十日（第二年减为二十日）。隋炀帝杨广即位，免除妇人和奴婢、部曲的租调，大概也同时废除了他们受田的制度。

采桑（甘肃）

唐代均田制，在隋代基础上，明确取消了奴婢、妇人及耕牛受田，土地买卖限制放宽，内容更为详备。综合武德七年（624）令、开元七年（719）令、开元二十五年令等记载，主要内容为：丁男和十八岁以上的中男（见丁中），各受永业田二十亩，口分田八十亩。老男、笃疾、废疾各给口分田四十亩，寡妻妾三十亩。丁男和十八岁以上中男以外的人作户主的，则受永业田二十亩，口分田三十亩。民户原有的永业田，在不变动所有权的前提下，计算在已受田内，充抵应受的永业、口分额。有封爵的贵族和五品以上职事官、散官，可以依照品级请受永业田五顷至一百顷。勋官可以依照勋级请受勋田六十亩至三十顷。道士受口分田三十亩，女冠受口分田二十亩。僧尼受田与道士、女冠同。官户（指官府所属的一种贱口）受田按百姓口分之半请受。工商业者在宽乡地区，可以请受永业、口分田，其数量为百姓之半。受田悉足的叫宽乡，不足的叫狭乡。狭乡的口

甘肃嘉峪关出土画像砖耙地图

分田减半授给。狭乡的人不准许在宽乡遥受田亩。五品以上官人永业田和勋田只能在宽乡授给，但准许在狭乡买荫赐田充。六品以下可在本乡取还公田充。永业田皆传子孙，不再收还。口分田身死后入官，另行授受，但首先照顾本户应受田者。庶民有身死家贫无以供葬以及犯罪流徙的，准许出卖永业田；迁往宽乡和卖充住宅、邸店、碾硙的，并准许出卖口分田。在职官依照内外官品和职务性质的不同，有八十亩至十二顷的职分田，以其地租充作俸禄的一部分，

扬场（甘肃）

离职时须移交后任。内外官署各有一顷至四十顷的公廨田，以其地租充作办公费用。均田农户法定的赋役负担，大致与隋同（见租庸）。

均田制的施行与作用

均田令，一方面通过奴婢、耕牛受田（隋以前）或依照官品授永业田（隋以后）等方式，保障贵族官僚地主利益，但限制他们占田过限。一方面又规定授田时先贫后富，以及限制民户出卖应受份额的土地，以期农民也能拥有一定数量的土地。其目的是建立一套限额授受的土地制度，协调统治阶级内部矛盾，缓和被统治者的反

甘肃嘉峪关出土魏晋画像砖牧牛图

抗，使劳动力与土地结合，以利于政府对农民的控制，以及恢复和发展农业生产，保证政府赋役来源。均田令规定的受田数量，指的是应受田，也就是受田的最高限额。实施均田令时，民户除原有私地和已占有的小块无主土地按田令规定进行登记，算作已受额外，不满应受额部分，是否可以补充，补充多少，则因时因地而异。总的说来，农民所拥有的土地绝大多数是达不到应受额的。在长期战乱，存在大量无主土地、荒田的地区，农民所受土地较多，如北魏及唐初的山东地区。但各个地区之间不平衡，北魏到唐的均田令都有宽乡、狭乡之分。唐贞观时，关中的灵口就是狭乡地区，一丁受田只有三十亩。有的地区还不到三十亩。在相对和平时期，缺乏无主土地；农户受田则很少。如隋初狭乡一丁只有二十亩，没有丁男的户，土地更少。从文献记载和敦煌、吐鲁番发现的手实、计账、户籍以及给田、授田、欠田等均田授受的簿籍看，均田令无疑是施

甘肃嘉峪关出土画像砖牧畜图

行了的。直到开元时期，西州仍在进行土地还授，尽管还授的田亩数很少。

学术界对均田制实施的范围一直存在着不同的意见。一种认为，北魏至唐，均田制始终仅施行于北中国，江南没有推行。一种认为，

甘肃嘉峪关出土画像砖牧马图

隋灭陈统一南北后，均田制已推行于江南地区。均田制的实施，肯定了土地的所有权和占有权，减少了田产纠纷，有利于无主荒田的开垦，因而对农业生产的恢复和发展起了积极作用。均田制的实施，

和与之相联系的新的租调量较前有所减轻以及实行三长制，有利于依附农民摆脱豪强大族控制，转变为国家编户，使政府控制的自耕小农这一阶层的人数大大增多，保证了赋役来源，从而增强了专制主义中央集权制。均田制是在鲜卑拓跋部由游牧、畜牧经济向农业经济转变，鲜卑及其他少数民族与汉族融合的过程中产生的，它的实施加速了上述转变过程。隋朝所以能够统一南北以及唐王朝的强大，均田制的实施是一个重要原因。

均田制的性质学术界看法不一。主要有两种说法：①均田制是封建国家土地所有制。但此说对均田制是否包括社会上早已存在的私有土地理解不同。一部分学者认为，原有的私有土地已包括在均田制内。还有一部分学者认为，私有土地存在于均田制之外，与均田制同时并存。②均田制具有两重性，既包括封建国家土地所有制，又包括土地私有制。北魏实施均田制时，中国北方一方面存在着大量无主土地和荒地，按照传统，属国家所有；一方面存在着以宗主为代表的巨大的地主势力和早已根深蒂固的土地私有制。实施均田制并没有改变私有土地的所有权性质。均田制的两重性，正是客观存在着的两种不同性质的土地所有制在法令上的反映。实施均田令，不仅把国有土地按桑田、露田名目请受登记，原有的私地在不变动所有权前提下，也按均田令规定进行了登记，充抵应受额。这一原则贯彻于北魏至唐的均田令中，始终未变。均田制范围的露田（正田、口分田）、职分田、公廨田等，属国家所有。原有的私田、园宅地、桑田（麻田、世业田、永业田）、官人永业田、勋田、赐田等，属私人所有。这两种封建所有制性质不同的土地，并存于均田制范围内，互相影响，互相转化，占支配地位的是封建地主土地所有制。

均田制虽然包括私有土地，但能用来授受的土地只是无主土地和荒地，数量有限。因而均田农民受田，开始就普遍达不到应受额。口分田虽然规定年老、身死入官，但实际上能还官的很少。随着人口的增多和贵族官僚地主合法、非法地把大量公田据为己有，能够还授的土地就越来越少。均田令虽然限制土地买卖、占田过限，但均田农民土地不足，经济力量脆弱，赋役负担沉重，稍遇天灾人祸，就被迫出卖土地，破产逃亡。地主兼并土地是必然要发生的。正因为如此，均田制在北魏实施以后不久即被破坏。经过北魏末年的战乱，无主土地和荒地增多。继起的东西魏、北齐、北周、隋，施行之后又破坏。隋末农民起义后，人口大减，土地荒芜，新建立起来的唐王朝重新推行均田令，成效显著。唐高宗以后，均田制又逐渐被破坏。随着大地主土地所有制的发展，国有土地通过各种方式不断转化为私有土地。到唐玄宗开元天宝年间，土地还授实际上已不能实行。唐德宗建中元年实行两税法后，均田制终于废弛。

职 田

中国古代按官职品级授予官吏作为俸禄的土地。施行于西晋至明初，其间亦曾称为菜田、禄田、职公田、职分田等。职田是国家掌握的公田，不属官吏私人所有，只以收获物或部分收获物充作俸禄的一部分，官吏离任时要把职田移交给下一任。这种土地严禁买卖，也不得换易。

东汉献帝时，曾将京畿三辅地区（今陕西中部）的公田按原俸禄等级给予百官，让他们自己收取租税，是职田制的萌芽。两晋时期，职田逐步形成固定的制度。西晋元康元年（291）正式规定中央官吏按一、二、三品授予菜田十、八、六顷。菜田的授受办法是：以每年立夏为断，立夏前到任的官吏，可收取当年的田租为俸禄；立夏后到任的，田租归前任，继任者另外领取一年的食俸。东晋时，始授予外官禄田，其数量大体上是都督二十顷，刺史十顷，郡守五顷，县令三顷。南朝刘宋各级官员所得禄田数量比西晋有所增加，禄田的授受也改以芒种为断。元嘉末年又一度改变为按官吏到职之月起，计月数而分其田禄。齐、梁、陈各代也都有禄田。北魏太和五年（481）对州刺史、郡太守等地方官依官品等差给以公田，是为北朝授职田之始，至太和九年颁布均田令时予以重申。隋给职分田，一品五顷，至五品则为三顷，其下每品以五十亩为差，至九品为一顷。唐代武德元年（618）诏令内外官各给职分田，数量亦以秩品高下为差。唐代的职田只授给职事官。未补正的内供奉和里行官不给职田，只从太仓领取相当职田地租最低量的"地子"；员外官则既无职田也不给"地子"。

职田形成制度以后，历代政府都十分注意职田的管理，以保障百官的经济利益。唐代职田由尚书省工部屯田郎中主管，具体事务由朝廷委派使职官和州县长官处理。州县每年六月要勘造一次职田籍帐，申报尚书省。这种籍帐记载职田四至、田租标准等，称之为"白簿"。当年十月依据白簿征收地租，给付本官。在白簿的基础上，又有三年一造的职田"黄籍"，供长期保存。唐代前期，基本上实行了此种造籍制度，但也有例外。由于职田常常是侵夺农民的熟田，严重妨碍均田制的施行，以致政府不得不承认职田"侵渔百姓"，在贞观十一年（637）和开元十年（722）两次暂时停给职田，改给仓粟（每亩折合二斗）。唐代后期，职田管理日渐混乱，职田籍帐多不能按规定勘造，贪官污吏和地方豪强常常乘机用各种手段兼并职田，使之成为"形势庄园"；与此同时，又换易荒闲薄地充作职田，照旧征取高额地租。

从两晋至唐，职田的经营及其直接劳动者的身份都有所变化。两晋南北朝时期，禄田由官府使役驺卒、文武吏及僮耕种。这些劳动者往往是全家服役，世代相袭，人身依附极强，其身份十分卑微。他们在禄田上受到分成制的地租剥削，每年至少要将收获物的五成或六成交给官吏。所以此时期禄田上的劳动者实际上是农奴。唐代授予职田，不再同时授予田驺、吏、僮等作为劳动力，而由职田的管理当局"借民佃植"或受职田的本官"自佃"。法令规定职田租佃"并取情愿，不得抑配"。因此，唐代的职田一般是分成小块，由国家编户即普通称之为"百姓"的人（主要是自耕农）佃种。这些职田劳动者同两晋南北朝的驺卒等相比，有较"自由"的身份，对受职田的官员一般不存在人身依附关系，但他们同样承受残酷的剥削。唐代职田实行定额租制，其租额通常限定在二斗至六斗，实际上职田佃农所受的剥削远不止此数。他们在交租之外要另交职田草，又要变米雇车搬送（或交纳脚钱），甚至还要交纳另立名目的桑课等。职田差税如此苛重，农民不愿耕种，唐后期不得不在局部地区临时将职田田租分摊在两税地亩上，使之成为两税的附加税，由两税户交纳。此法并未久行，更通常的办法是州县逐年将职田强行摊派给百姓租佃，甚至强令身居城镇的人虚额出税，给百姓造成极大的苦难。当时有人就指出"疲人患苦，无过于斯"。其结果是造成职田佃农相继逃亡，而官府又变本加厉，捕系亲邻，征赔地租，把负担摊配在其他农户身上，从而加速了更多的农民破产、逃亡。

北宋真宗咸平二年（999），沿唐制复置职田，以官庄及远年逃田充，然只授予外任官，中朝官不再享有。其数额：两京、大藩府四十顷，次藩镇三十五顷，防御、团练州三十顷，中、上刺史州二十顷，下州及军监十五顷，边远小州、上县十顷，中县八顷，下县七顷，转运使、副使十顷。其中州县长吏得百分之五十，以次官差减。仁宗庆历三年（1043）更定守令佐职田顷亩之限：大藩府长吏二十顷，通刺八顷，判官五顷，余并四顷。防、团、刺史州、小军监及上、中、下县，类此。陆田以三月底、水田以四月底、麦田以上年九月底为限，官员在限前到任者，才能享有当年的职田租入。元丰初诸路共约有职田二百三十四万八千六百九十七亩。职田佃户召浮客（客户）充，每顷不得过三户；公人及主户不许租佃。稍后又规定，第四、第五等主户亦可租佃。地租有实物分成租，也有实物定额租，后者日占优势，以致北宋末年规定，职田租课并折纳现钱。职田免二税和沿纳，租入全归各外任官分享。贪官污吏往往非法多占职田，以重租、折变侵渔佃户，至有无田而令民纳租者。

金循宋制授予外任官职田，按品秩和职事定其多寡，自正三品三十顷或二十五顷，下至从九品三顷或二顷。品同职异，所授职田有差别，如正五品刺史、知军监使十三顷，余官并十顷。猛安谋克、乌鲁古（群牧所）官等无职田。职田每亩取粟三斗，草一称，初就输于各官公字，天德二年（1150）改送官仓，按月均数，随月俸支给。

元制，诸路、府、州、县、录事司官及按察司（肃政廉访司）、转运司官有职田，其余并无。路以下各级地方官职田定于世祖至元三年（1337），按察司官职田定于十四年。自上路达鲁花赤、总管、按察使（约正三品）十六顷，以下递减至主簿、县尉（正、从九品）二顷。各官职田从官田及荒闲地、户绝地内标拨，招募佃客耕种，依乡原例收租；将拨到顷亩、条段、四至造册申报户部，以后继任官员相沿交割。江南职田初依腹里体例给与，因荒闲地少，实得者无几。至元二十一年改为比腹里减半。至大二年（1309）拘收职田入官，改支禄米，自三品每年一百石依次减至七品以下四十石；四年，仍复旧制。初，前后任官交割，北方以施工布种、南方以芒种时节为限，限前归后官，限后归前官；皇庆元年（1312）改为按支俸月份收租入。元职田租为定额租，交纳实物或折钞，由佃户送纳各官衙门。官员多倚势增租，如袁州路原额每亩米二斗二升，江南湖北道三斗，都增至六斗，福建道廉访司职田租更高达三石。而且不论丰歉，多是全收，并加收斗面、鼠耗，索要他物。各地都有勒迫附近民户认种职田，或佃户逃亡则令民户包纳，或未拨到职田而按应得数额摊配民户纳租的现象。

明太祖洪武十年（1377），赐百官公田，以其租入充俸禄。后（年代不明）收职田，改为折俸钞颁给，职田制遂废。

族田义庄

宋以后属于某一宗族所有的土地。族田分两种，一种是由一个家族共拨出一部分土地，征收地租，专作该家族祭祖开支的祭祀用，也叫祭产、祀田。这种祭祀田一般数量不大，但极为普遍。一种是由族内为官者、殷富者捐置或合伙捐置，用以接济贫穷，赈恤孤寡及协济族人读书应试的赡族田。这类族田又称义田、义庄。义庄原指掌管族田及租米分配的机构，后来不加区别，义庄和赡族田成为一个族姓土地的通称。

族田义庄创始于北宋范仲淹。宋仁宗皇祐二年（1050），范仲淹在苏州长洲、吴县置田十余顷，将每年所得租米，供给各房族人衣食、婚嫁和丧葬之用，始称"义庄"。范仲淹亲定规矩十三条，规定各房五岁以下男女，每人每天给白米一升；冬衣每人一疋，五到十岁减半。族人嫁娶、丧葬，则分等发给现钱。在以后续定规矩中，又规定义庄的经济管理有相对的独立性：尊长不得干预义庄掌管人依规办事；族人不得借用义庄的人力、车、船和器用，不得租佃义田，不得私自将义宅屋舍兑赁典当，不得占居会聚义仓。义庄不得典买本族族人土地。南宋时，范氏义庄田产逐渐增多，宋宁宗时，族人购置田产，另置"小庄"，以补义庄的不足。宋理宗赵昀时，义庄田产达三千多亩。

范氏义庄为宋代宗族置田开创了先例，各地官员竞相仿效。北宋吴奎、刘辉、李师中、韩贽、何执中，南宋史浩、楼踌、张浚、刘渊、熊庆胄及陈德高等，无不购置义庄。义庄田产的用途不仅在赡养本族族人，而且扩大到培养本族士人和赈济本地贫苦百姓。从此，建立义庄成为地主阶级维护宗族统治的一种手段。宋代以后，义庄更为盛行。

族田义庄在元明时有所增加，但为数不多。清代两百多年间发展比较迅速，各省都有关于族田义庄的记载。江苏省以江南最多，如官僚地主聚居的吴县，见诸记载的义庄，明代以前只有数处，有田不超过万亩；清代已达五十九族姓，共有田六万三千七百一十九亩。江南五府一州数十县厅，族田义庄田额从低估计也有数十万亩。江西省族田义庄也很多，据乾隆二十九年（1764）调查，全省宗祠凡八千零九十三处，其中置有族田的六千七百三十九姓，从低估算每族姓按两百亩计，也达一百三十四万多亩。安徽省皖南族田最多，以徽州府而论，据1949年统计，全府耕地一百一十八万三千四百七十七亩，其中族田为十六万九千四百三十一亩，占全部耕地的百分之十四还多，清代后期族田额与此当相去不远。据此估计，皖南四府一州二十余县，族田可能达数十万亩。广西族田，或谓道光末年平均每县有三万亩。广西共有八十多个州县厅，从低估计，全省族田也在百万亩以上。族田占比重最大的为广东省，清代前期，大户族田数千亩，小户数百亩。清代后期有所增加，光绪年间，或谓有的府县族田"粮额实占其邑之半"，所说可能夸大，但仍不失为族田数额巨大的具体反映。

族田义庄创建人多系"累世仕宦之家"，即官僚地主，也有少数富商。这类土地因系私人捐献，地权基本操在地主富户之手，他们凭借族田，通过租佃关系，操纵族众，剥削穷苦族人。这类族田相对稳定，一般不准买卖，并受到国家法令保护。清乾隆二十二年制定律例，盗卖族田照"盗卖官田律治罪"。

官绅地主创建族田义庄的目的是为了通过经济权力维护宗法关系，以巩固封建统治，因此受到封建政权的维护。明清时尤其是清代，伴随商品货币经济的发展，宗法关系趋向松懈，或谓"自宗法不行，士大夫无以收其族，昭穆既远，视为路人"。针对上述变化，官绅地主建祠修谱，加强宗法关系，同时建置族田义庄，用经济手段约束族众。清人大倡"祠堂敬宗"、"义田收族"之说，即源于此。方苞在论述吴县范氏义庄时曾明确提出：范氏族姓宗法之所以长期持续不坠者，"盖以文正置义田，贫者皆赖以养，故教法可得而行也"。乾隆年间，章学诚谓创建义庄可以"补王政所穷"，即通过族田义庄强化宗法关系，起稳定封建秩序的作用。直到清代后期，冯桂芬说："千百族有义庄，即千百族无穷民"，他的设想是推广族田义庄制，使"亿万户皆有庄可隶"，这样，广大农民都被控制在官绅地主所操纵的义庄之下，则"奸宄邪慝，无自而作"。所以，有清一代，在封建宗法关系趋向松懈、农村阶级分化加剧、社会秩序日益动荡的条件下，族田义庄曾成为地方行政的辅助，对封建统治起着一定维护作用。

租　佃

中国历史上地主向农民出租土地，收取地租的一种土地经营制度。租佃制度产生的历史前提是：一方面，地主占有了农民的主要生产资料——土地；另一方面，广大农民不占有土地，但占有在实际上或法律上属于他们的部分其他生产资料。他们利用这些生产资料租种地主的土地，独立经营农业以及家庭手工业，而把剩余劳动甚至部分必要劳动作为地租交纳给地主。相比于没有独立人格的奴隶，租佃农民的身份是自由的。但同时，经济上的依附关系又必然形成租佃农民对地主的人身依附关系。地租的实现，也必须有赖于地主对农民的超经济强制。

中国封建土地所有制的主要经营方式是租佃制度。在不同的历史时期、不同的地区，租佃制度呈现各种不同的形态。其产生和发展，大致可以分成三个阶段：

第一阶段　从先秦到魏晋南北朝（约前6世纪~6世纪），租佃制度产生并初步发展。

租佃制度产生于春秋、战国时代。春秋后期，周天子对土地的最高支配权丧失，"公田不治"，土地关系逐渐走向私有化，井田制破坏，封建依附关系开始产生、发展起来。新兴的地主阶级改变旧的剥削方式，招徕逃亡奴隶和破产平民，作为自己的"私属徒"，把土地分给他们耕种，从中收取地租，租佃制度于此产生。这就是董仲舒说的自商鞅变法后，土地得以买卖，小民破产者无以为生，"或耕豪民之田"的情况。所以中国古代的地租，从租佃关系产生之日起，就由实物地租占支配地位。而实物地租的基本形态是分成租制。

在秦汉时期，租佃制度得到初步发展。由于土地兼并，越来越多的小农丧失土地，沦为大土地所有者的佃农。同时，专制国家为解决流民问题，也将大量的封建国有土地出租给农民，即"假民公田"。西汉宣、元二帝时（前86～前50），前后凡八次下诏，"假民公田"。承租官田地者向国家纳租，租率一般在收成的四五成之间，称作"假税"，据居延汉简的记载，西汉宫田租中已出现个别定额租的情况。另外，当时也有一定数量的官田地被权家、豪民所揽租，他们或驱奴耕种，或转手再出租给小农，以致"公家有障假之名，而利归公家也"。这说明在官田地的租佃关系中已经出现了"二地主"的现象。

从东汉末年起，直至魏晋南北朝时期，随着豪强地主势力的膨胀，并进而形成士族地主集团，地主与农民之间的租佃关系也进入了一个人身依附关系特别严重的阶段。

这一时期依附于世家大族的租佃农民来源略有不同，主要来自由破产小农转化而成的徒附，此外还有宾客、宗人及被放免的奴隶。这些依附农民承租庄田，进行耕作，向主家纳粮完租，"输太半之赋"。除实物地租外，他们要无偿地为田庄主服劳役，如砍伐林木、修治陂渠、营造院宇、担任运输等。田庄主还把他们编制起来，组成私人武装，平时为主人看家护院、巡警守卫，战时则跟随出征，由此逐渐形成部曲、家兵制度。他们一般都脱离了专制国家的控制，系世家大族的私属。从曹魏的"给公卿以下租牛客户，数各有差"的措施，到西晋的官吏依品级占田、荫客、荫亲属制的规定，以及东晋的给客制，说明专制国家已逐渐对世家大族荫占人口的现象予以法律确认。所以当时的依附农民没有自己独立的户籍，而附注于主家之籍。他们只有通过自赎或田庄主的放遣，才能脱离依附关系，获得自由。

曹魏初年，曾广泛推行屯田，把民田的租佃制度应用于官田，因此民屯中的屯田客及军屯中的士家身份地位，明显地带有时代的特征，受国家的严格控制。

不过魏晋南北朝时期，在大田庄普遍存在依附性很强的租佃关系的同时，一般民田的租佃中已经出现个别的缔结契约关系的现象，新的租佃形式正在悄然形成。

第二阶段 从隋朝至元朝（6世纪后期～14世纪），立契租佃制度普遍流行。

唐朝前期，立契租佃制已经相当盛行。唐朝中叶，土地兼并愈演愈烈，大土地所有制迅速发展，均田制终于破坏，多数自耕小农丧失土地，沦为封建地主的佃农。租佃制在社会经济生活中的比例遂迅速扩大，并进而占据主导地位。

唐朝前期，除了封建贵族及其从属的部曲与奴隶外，其余都是编户百姓。唐律明确禁止百姓浮浪他所。中央曾多次遣使搜括浮逃户。中期以后，政府推行使浮逃户著籍的政策，著籍者称为客户。虽然这时客户中的多数是佃食客，但它却只是与"土户"对称的"客籍户"的简称。客户的含义到宋朝才发生重大变化，成了"无产而侨寓"的佃户的代称，而与主户（税户）相对称。根据宋朝户籍资料分析，当时客户约占全部户数的三分之一；同时，主户中的第五等下户也普遍租种地主的土地。所以宋朝以后，佃农成为社会生产的主体。由于租佃制度的流行，秦汉以来对大土地所有者带有贬义的称呼如"豪民"、"兼并之徒"等，逐渐废弃不用。在唐宋文书中，已公然称其为"田主"了。

普遍实行立契租佃制，是这一时期租佃关系发展的主要特征。据出土唐代文书证明，在西州的土地租佃中，契约关系十分流行，以致重要的生产工具例如耕牛的租赁，亦需缔结契约。入宋以后，缔结契约成为形成租佃关系的基本形式。官田的租佃，一般也订立契约文书。

这一时期的租佃契约，从本质上说虽然仍是封建地主剥削农民的凭据，但它毕竟在历史上第一次对主佃双方的权利和义务都作出了比较明确的规定。当时的租佃契约，一般都分画疆畎，写明田主、租田人和见知人，并规定地租的数量、交纳形式，以及租佃的期限等。对佃农来说，契约基本保证了他们在一定时期内对土地的耕作权，以及当契约限满之后退佃"起移"的自由。北宋天圣五年（1027），宋廷明确规定：今后"私下分田客"当每年收田毕日，可不必取得主家的凭由，商量去住，各取稳便。立契租佃制的普遍化，是一个巨大的历史进步。

隋唐以后租佃制度的发展还表现在其他方面。

首先，地租形式发生局部变化。唐宋时期，除个别经济比较落后的地区劳役地租的成分还比较高外，一般地区广泛实行产品地租，其中实物定额租的比例有了扩大。

在实物分成租下，因收成与地租额直接相关，所以地主往往监督、干预生产，他们对佃农的超经济强制也较为严重。定额租是从分成租发展而来的。在定额租下，不管收成多少，农民都得按契约规定交足地租，所以地主已不再直接干预佃农的生产，这有利于佃农的独立经营。同时，由于在定额租下增产部分可由佃农支配，所以他们的生产积极性也会因此提高。据文书分析，唐朝前期西州地方的土地租佃中，已主要流行定额租，宋朝两浙、江南等经济比较发达区域民田的租佃，也已较多地实行定额租制。租佃的官田，更是大多交纳定额租。

产品地租的租额，仍普遍实行"中分其利"的分成租，若佃户租借了主家的耕牛，还需另加牛租一二成。定额租视田地的肥瘠不同而相差很大，但一般仍为产量的一半。除正租外，地主们无不巧立名目征收各种额外地租，如耗米、斛面、佃鸡、麦租等。中国古代额外地租的各种名目，绝大部分宋朝都已出现。此外，地主还用"划佃"等手法，不断提高征收的地租额。

在普遍实行产品租的同时，货币关系也在不同程度上影响着地租形式。在唐朝的西州，租佃"常田"的预付租，大多为货币。宋朝的官田租大量采用货币形式，不过这主要是出于财政的需要。比较有意义的是当时民田桑麻地的地租普遍交纳钱租，以及一些侨居城镇的遥佃户收折钱租，这反映了商品货币经济的发展。

其次，在宋朝官田的租佃经营中，出现了大量的由形势户包佃的现象，形势户包占官田，已不再像两汉豪民将其部分直接经营，驱奴耕作，而是全部转手再租给小农，充当二地主，从而形成业主、田主和种户的三层关系，使租佃关系更加复杂化。此外，部分官田佃户已经取得了实际上的永佃权，他们常常子孙相承，视官田"如同永业"。因此，宋朝的法律又规定租佃官田的佃户可以将佃权转移让渡。在转让中，新佃户须向旧佃户支付一定的代价，这就是所谓酬价交佃或随价得佃。不过土地的所有权与使用权（佃权）分离的现象，当时在民田中尚未发现，说明永佃权还处在萌芽状态。

最后，佃户的法律地位逐渐明确。

秦汉以来，佃农一直是世家大族的私属。直至唐朝，佃种大地主庄田的农民仍多"王役不供，簿籍不挂"。赵宋立国后，把客户登录簿籍，从而成了封建国家的编户齐民，他们的户籍权得到了承认，同别的编户齐民有了平等的关系。

尽管如此，佃客与主人的关系，在法律地位上却始终存在着主仆名分，是不平等的。而同罪异罚，则是主客法律地位不平等的主要表现。只是在宋初，佃客与田主在服刑上，封建法律尚未作出不平等的明确规定。仁宗嘉祐七年（1062），宋廷才规定，地主殴杀佃农，地方官可以奏申朝廷，"取敕原情"。到了神宗元丰七年（1084），又进一步规定田主殴杀佃客，可减罪一等，即将佃客的法律地位比平民降低了一等。此后，直至元代，主客这种法律地位上的不平等日趋扩大，佃客甚至低于平民三到四等。此外，在这一时期，有关佃农的其他各项法律条文，也日臻明确。

封建法律上的主佃关系是根据宗法家长制下不同关系来规范的，这表明中国的主佃关系具有家长制度的形式。

宋元间佃农法律地位低下的事实，说明自唐宋以来租佃制度虽普遍流行，但佃农对地主仍存在较严重的人身依附关系，租佃关系的发展还没有进入完全成熟的阶段。

第三阶段　自明朝到中华民国时期（14 世纪末～1949 年），单纯纳租关系的租佃制度逐步发展。

明清以后，封建租佃关系发展的主要标志是主佃之间严格的人身依附关系的衰落，宋元以来关于贬抑佃农地位的法律条文已被废弃。明清时期各地此起彼伏的佃农反抗斗争，既是导致人身依附关系削弱的重要原因，又是这种削弱的反映。洪武五年（1372），明太祖朱元璋下诏规定："佃户见田主不论齿序，并行以少长之礼；若在亲属，不拘主佃，止行亲属礼。"主佃间虽仍有少长之别，但封建礼仪毕竟不同于法律条文，它更多地属于社会道德的范畴。这一诏书第一次使中国历史上的佃农在同田主的关系上也享有了平民的法律地位。到了清朝雍正五年（1727）颁定新制，进一步禁止"不法绅衿私置板棍擅责佃户"。当然，明清佃户还远没争得与田主完全平等的地位，地主们还可以利用政权、族权、神权来压迫他们，但封建法典的更改毕竟反映了租佃关系的深刻变化。

明清时期，局部地区还存在着一种依附关系较强的租佃制，即佃仆制，它靠习惯和文约来维持，是宋元以来某些落后生产关系的残存，但它的延续，又与明清时期绅衿地主集团的发展有关。佃仆制流行于安徽、江苏、浙江、江西、湖南、湖北、河南、广东、福建等省的某些地区，皖南的徽州地区尤为盛行。不同地区对佃仆的称谓也有差异，如世仆、庄奴、庄仆、火佃、细民、伴余、伴俏等。佃仆制度的主要特征是佃仆比一般佃农更为穷苦，处于与奴婢或雇工相似的地位。他们除土地以外的主要生产资料均需由地主提供，与地主之间有严格的终身及子孙相继的主仆名分关系。即使退佃，名分永存。

不过明清的佃仆制已处于不断衰落的过程中，尤其是清中叶以后，佃仆对主家的隶属关系出现了松弛的趋向。如服役范围从无休止的"分外之征"趋向相对固定化，并需支付一定的酒资、小费。佃仆的数量日益减少。部分佃仆用赎身的办法，解除了与地主的主仆名分。同时，封建法律也有所变化。清雍正五年上谕，要将皖南伴俏、世仆中"文契无存，不受主家豢养者"开豁为良，开始了一个在法律上缩小世仆范围的过程。嘉庆十四年（1809），皖南被开豁为良的世仆达数万人。道光五年（1825），又下达过类似的上谕。清末，佃仆一般只存在于一些强宗大族和缙绅地主的宗族内；民国年间，则多为封建宗法势力强固的宗族之祠堂所拥有，私人占有者已属罕见。

明清时期，地租形式也发生了较大的变化。实物分成租仍流行于全国，但已经开始了从分成租向定额租的全面转化。定额租制下的主佃关系，一般只是一种单纯的纳租关系。这是当时租佃制度的主流。劳动地租只在个别地区残存。有的地方，地主欲求佃农送租上门，已须支付一定的"脚力钱"。地主不再指挥生产或关心生产的好坏，以致出现了"惟知租之人而不知田之处者"的现象。在商品货币经济的刺激下，从定额租转化而来的由以折纳实物的货币租也有了一定程度的发展。但当时的货币租仍属于封建地租的范畴，在各类地租形式中所占比例也不大。至20世纪30年代，在经济比较发达的江苏省，货币租约占地租的百分之十六；浙江、安徽均为百分之十。

商品经济发展、人身依附关系削弱和定额租的流行，带来了押租制与永佃权的发展。

押租制就是佃客在开始承佃田地之时向地主交纳一定数量押金的制度。明朝万历年间（1573～1620），福建的个别地区已有实行押租的记载。清初，押租制渐次流行，至乾、嘉年间（1736～1820），已遍及十八个行省。押租一般具有两种涵义，其一，它代表一定的地权，故又称"顶首"、"基脚"等；其二就是作为地租的保证金，所以有的地区称之为"信钱"、"押脚"、"垫金"等。"若有欠租，便可扣抵"，就这一点说，押租制的性质与当时流行的预租制相近。押租制发展的主要原因，是由于佃农抗租斗争激化，租佃间人身依附关系松弛化，使单纯靠超经济强制实现地租遭到了严重困难，因而需要经济关系作保证。押租额一般都视地租额为高低，但各地区并不一致，有的地方押租额高出地租许多。押租一般交纳货币。由于交纳押租使佃农损失了一定的利息，以及地主常常抑勒佃农加押，或当佃农退佃时拒绝退还押金，即所谓"烂押"，押租制使佃农所受的经济剥削加重了。民国年间，押租制仍在各地普遍流行。

所谓永佃权，就是对同一块土地，在地主对它拥有田底权（所有权）的同时，由佃农拥有它的田面权（使用权）。地主在买卖田底时，不能随意更换这块土地上的佃农，而佃农对土地的使用，以及在转让田面时，也不应受地主的干预。永佃权出现于宋代，元代也有个别的记载，但它的普遍发展，并形成一种较为广泛流行的制度，还是在明中叶以后。清代在南方经济较为发达的江苏、江西、福建、广东、浙江、安徽等省盛行此制。民国时期，永佃权更为发达。1936年，江苏省永佃农占佃农总数的百分之四十，浙江占百分之三十，安徽占百分之四十四。各地对永佃权称谓不一，如称之为田面、田皮、田脚、水苗、水租等等。永佃权的形成是通过买卖田皮、田面、佃业、质业，向地主交纳押金，及农民典押或出卖田底而保留田面等等而来。有少数富农为了扩大经营，也常常通过价买获得大批土地的永佃权，雇工经营，榨取剩余劳动。另有一些人，甚至包括绅监土豪，他们买取永佃权，是为了将土地转手出租，从事地租再剥削，这就是典型的二地主了。但多数贫苦佃农争取永佃权，是为了维持简单再生产，发展个体经济。永佃权的发展，虽然并未减轻佃农所受的经济剥削，却使他们基本摆脱了地主对生产过程的干预，争得了较为稳固的耕作权，在地权集中、佃权竞争激烈的情况下，有了反对地主增租划佃的手段，从而也就赢得了更多的人身自由。

明清以来，随着佃农队伍的扩大和自由租佃关系的发展，封建政府逐渐介入、干预租佃关系，代表地主阶级集中行使对佃农的控制权。一方面，早在元朝，封建政府就曾诏令私人地主蠲减地租。在清初，类似的蠲减地租的诏书颁发次数更多，意在推行与民休息政策，防止私人地主竭泽而渔，激化阶级矛盾。另一方面，行使保障私人地主经济利益的政策。南宋末年的法令中，已有"十月初一已后，正月三十日已前，皆知县受理田主词诉，取索佃户欠租之日"的规定。雍正五年清廷在禁止地主责打佃农的同时，又以法律形式规定了佃农欠租的刑事处分条文。此后各地方政府发布禁止佃农拖欠、拒交地租的告示，用政权的力量协助私人地主催租的现象日渐普遍。太平天国失败后，苏浙地区出现一种叫做"租栈"的组织，有的为官私合办，有的由豪商地主出面，官府为幕后支持者，联合某一地区的地主，置田业公会，设收租总栈，统一向农民收租。每年从租粮中抽出一部分上交地方政权，作为他们协助收租的报酬。民国时期，租栈组织仍是苏浙地区向农民实行超经济强制的主要工具。这是政权力量介入租佃关系的一种具体形式。

从总体看，1949年以前，中国的租佃制度并没有全面进入单纯纳租关系阶段，资本主义性质的租佃关系尚未发生。土地改革运动后，中国内地的封建租佃制度被取消。

常平仓

中国古代政府为调节粮价，储粮备荒以供应官需民食而设置的粮仓。常平源于战国时李悝在魏所行的平籴，即政府于丰年购进粮食储存，以免谷贱伤农，歉年卖出所储粮食以稳定粮价。范蠡和《管子》也有类似的思想。汉武帝时，桑弘羊发展了上述思想，创立平准法，依仗政府掌握的大量钱帛物资，在京师贱收贵卖以平抑物价。宣帝元康年间连年丰收，谷价有贱到一石五钱的，"农人少利"。大约就在这以后，大司农中丞耿寿昌把平准法着重施之于粮食的收贮，在一些地区设立了粮仓，收购价格过低的粮食入官，以"利百姓"。这种粮仓已有常平仓之名。当时边疆金城（今甘肃永靖西北）、湟水（今青海湟水两岸）一带，谷每石八钱，耿寿昌曾在这带地区收购谷物四十万斛。五凤元年到二年（前57～前56），耿寿昌鉴于过去每年从关东向京师漕谷四百万斛，用漕卒六万人，费用过大，建议从近处的三辅（今陕西中部地区）、弘农（今河南西部和陕西东南部地区）、河东（今山西沁水以西、霍山以南地区）、上党（今山西和顺、榆社以南、沁水流域以东地区）、太原等地籴谷以供京师，可省关东漕卒过半。这一措施收到成效后，耿寿昌又于五凤四年奏请在边郡普遍设置粮仓，"以谷贱时增其贾而籴，以利农，谷贵时减贾而粜，名曰常平仓。民便之"。常平遂作为一项正式的制度推行于较大范围之内。元帝初元五年（前44），在位儒臣借口关东连年灾荒，常平仓与民争利，遂与盐铁官、北假（今内蒙古河套以北、阴山以南地区）田官等一同废罢。事实上，常平仓虽为利民而设，但施行既久，也确有"外有利民之名，而内实侵刻百姓，豪右因缘为奸，小民不能得其平"的弊病。东汉明帝永平年间又拟设置常平仓，刘般即上述理由反对，因而作罢。

户等制

中国一些封建王朝在登记户籍时，按编户资产多少，划分为不同等级，以作为税役多少轻重的标准和依据。汉代已依据各户财产多少，分等征税，但没有户等制的明文记载。自三国时曹魏至北齐、隋、唐，实行九品户和九等户制。唐朝将上上户、上中户、上下户和中上户四等作为"上户"，中中户、中下户和下上户三等作为"次户"，下中户和下下户二等作为"下户"。按户等的差别，分摊户税、地税等。大致在五代时，开始出现五等户制。宋承五代遗制，将乡村主户，按财产多少，划分为五等，一、二、三等户为上户，其中，二、三等户也称中户，四、五等户称下户。坊郭户则分成十等。宋朝规定，每隔三年，各地乡村要重造五等丁产簿。乡村划分户等的财产标准，南北各地极不一致，大致依据：①各户家业钱的多少，家业钱额是将各户的田地与浮财折算而成；②各户税钱和税物的多少；③各户田亩的数量；④各户播种种子的多少等。但归根结底主要还是依土地多少和肥瘠以定高低。宋代户等制远比前代完备，在赋役制度上的重要性更为突出。两税的支移和折变，规定先富后贫，自近及远的原则，往往上户从重，下户从轻。其他如和买、义仓、科配等等都有类似规定。在灾年则往往按户等高低，首先蠲免或减少下户的赋税，并对下户实施赈济。在差役方面，北宋前期和中期，第一、二等户任耆长、户长、里正、衙前，第三等户充弓手，第四、五等户充壮丁，也体现了户等愈低，差役愈轻的精神。摊派夫役，有时也按户等规定各户出夫多少。封建国家实行户等制是从维护地主阶级长远利益出发的，目的在加强对广大农民的控制，增加更多的赋役。但在实行的过程中，首先破坏户等制的正是地主土豪。大家富户勾结地方官吏，往往将赋役转嫁给贫民下户。

金元两代也继承了这一制度。金世宗大定年间（1161～1189），遣使验各户土地、牛具、奴婢之数，分户为上、中、下三等。有些地方又析每等为三级，故又称三等九甲户，或九等户。元世祖至元元年（1264）于北方行三等九甲之法。后又推行于南方。科差、杂泛差役、和买、和雇等均按户等承担。签充军、站户亦以户等为依据。但元朝户籍制度混乱，没有定期的户籍登记和调整户等的规定。户等名不副实。元朝末年，户等制名存实亡。

明朝，户等仍是各地编发徭役的依据，但明政府对户等的划分及调整始终没有统一的规定。随着徭役负担逐渐向土地转移，户等制亦渐趋消亡。

杂泛差役

元、明时期与正役相区别的徭役制度。杂泛主要是征发人夫从事造作官舍、治理河渠、修建城池、递运官物等项力役。差役源于宋代的职役制度，有里正、主首、隅正、坊正、仓；官、库子以及弓手等项职役。元代前期，杂泛差役的承担者是汉人和南人中的民户，还有一部分色目人民户。因为享有免役特权的户较多，不少民户亦设法避役。因此元政府于大德七年（1303）发布诏令：原来不当役的军户、站户、匠户、打捕鹰房户和投下户，也要一律当役。这种扩大应役范围的做法引起了较大的争议，实施时也变化无常。

杂泛差役的差充是根据资产、丁力进行的。至元二十八年（1291）颁布的《至元新格》规定：根据民户贫富情况，按人丁多少，开具姓名，编定差科簿，作为编发力役的依据。差役的编发标准是"各验丁产，先尽富实，次及下户"，应役对象主要是地主和一部分富裕的自耕农。元朝一代，对力役的服役期限并无明确规定，各级官吏任意签发力役，毫无限制。沉重的力役主要由中下等人户承担。对于可以借机把持地方、鱼肉乡里的里正、主首等役，地主豪强千方百计营求；若无利可图的差役，则用投充或诡名析户的方法避役，使差役负担转嫁于中下等人户。至于库子、仓官等，因其既无利可图，又极易出现亏空，所以上至富家大户，下至自耕农，皆设法躲避。元朝中后期，赋役不均的情况不断发展，成为元朝社会矛盾加深的一个侧面。

明代亦以民户丁粮多寡、事产厚薄为基准，分别编签人丁从事不定期的各种力役。赋役黄册定民户为三等九级，凡遇徭役，发册验其轻重，按照所分上中下三等人户当差。此类杂泛差役，名目繁多，按服役对象，可分为京役、府役、县役及王府役，按服役性质，可分为官厅差遣之役（如皂隶、门子、斋夫、膳等），征解税粮之役（如解户、贴解户、巡拦、书手等），仓库之役（如库子、斗级、仓夫等），驿递之役（如馆夫、水手、铺司、铺兵、渡夫等），刑狱之役（如弓兵、狱卒、禁子、防夫、民壮等），土木之役（如民夫、柴夫、闸夫、坝夫、浅夫等）。随着统治机构的庞大，杂泛差役的征发日趋频繁，正统年间出现了均徭法。定期编审，在赋役黄册外另编均徭册，以税粮人丁多寡为基准均摊杂役。除部分杂役编入均徭者外，其他一切非经常性的使役科派，诸如砍薪、抬柴、修河、修仓、运料等，多属临时编签，名曰杂泛。一条鞭法实行后，杂役折银，按丁地编派，随秋粮带征。

代田法

西汉赵过推行的一种适应北方旱作地区的耕作方法。由于在同一地块上作物种植的田垄隔年代换，所以称作代田法。

汉武帝刘彻末年，为了增加农业生产，任赵过为搜粟都尉。赵过把关中农民创造的代田法加以总结推广，即把耕地分治成内（同畎，田间小沟）和垄，内垄相间，刚宽一尺（汉一尺约当今0.694尺），深一尺，垄宽也是一尺。一亩定制宽六尺，适可容纳三内三垄。种子播在刚底不受风吹，可以保墒，幼苗长在内中，也能得到和保持较多的水分，生长健壮。在每次中耕锄草时，将垄上的土同草一起锄入内中，培雍苗根，到了暑天，垄上的土削平，内垄相齐，这就使作物的根能扎得深，既可耐旱，也可抗风，防止倒伏。第二年耕作时变更过来，以原来的内为垄，原来的垄为内，使同一地块的土地沿内垄轮换利用，以恢复地力。

在代田法的推广过程中，赵过首先令离宫卒在离宫外墙内侧空地上试验，结果较常法耕种的土地每汉亩（大亩，约合0.69市亩）一般增产粟一石（大石，合今二市斗）以上，好的可增产二石。随后，赵过令大司农组织工巧奴大量制作改良农具——耦犁、耧犁，又令关中地区的郡守督所属县令长、三老、力田和里父老中懂农业技术的使用改良农具，学习代田法的耕作和养苗方法，以便推广。在推广过程中，发现有些农民因缺牛而无法趁雨水及时耕种，于是赵过又接受前平都令光的建议，令农民以换工或付工值的办法组织起来用人力挽犁。采用这样的办法，人多的组一天可耕三十亩，人少的一天也可耕十三亩，较旧法用耒耜翻地，效率大有提高，使更多的土地得到垦辟。后来代田法不仅行于三辅地区，也推广到河东、弘农、西北边郡乃至居延等地，都收到了提高劳动生产率和增产的效果。

服 官

为皇室专门制作高级丝织服物的一种工官。西汉时，因齐、鲁一带丝织业发达，政府在齐郡临淄（今山东淄博东北临淄镇北）和陈留郡襄邑（今河南睢县）两地设置服官，产品专供宫廷使用。襄邑服官刺绣好于机织，主作皇帝礼服。临淄服官则机织比刺绣更好，主作宫廷所需的其他衣料；春献冠帻肜（方目纱）为首服，纨素（绢）为冬服，轻绡（轻纱）为夏服，故临淄服官又称齐三服官。齐三服官主管有长及丞。织工主要用民间技术工匠和女工，产品质量较好。西汉前期进献数量尚少，每年不过十笥。到元帝时，齐三服官作工各达数千人，每年费钱数亿，浪费很大。经贡禹奏请，于元帝初元五年（前44）停罢。未几，恢复。哀帝绥和二年（前7）又诏齐三服官止作勿输，但未全罢。东汉初沿置。章帝建初二年（77）复诏罢之。

算　赋

秦汉时政府向成年人征收的人头税。创于商鞅。这种作为军赋征收的人头税，在秦时或称口赋。汉四年（前203）汉高祖刘邦下令，确定民年十五以上到五十六岁出赋钱，每人一百二十钱为一算，是为算赋（东汉时也称口算），从此成为定制。

汉代每年八月进行户口调查，称作"案比"，即于此时征收算赋，因此称"八月算人"。算赋是汉政府财政收入中的一个主要项目，归大农经管，"为治库兵（兵器）车马"，仍是军赋性质。元帝时贡禹上书主张把算赋起纳年岁从十五推迟到二十岁，但未被采纳。算赋一律用货币缴纳，除昭帝时因谷价过贱伤农，有两次特诏暂用菽粟代钱外，几乎没有例外。算赋数额偶然有因特殊情况而减轻的，如文帝时曾减到四十钱，宣帝甘露二年（前52）曾暂减民算三十钱（收九十钱），成帝建始二年（前31）每人暂减四十钱（收八十钱）。算赋也有因各种原因而蠲免的，如武帝元封元年（前110）令巡行所经郡县特诏免算，宣帝地节三年（前67）令流民欲还本土者免算；武帝初即位时（前140）免民八十以上家两人算赋以示敬老；东汉章帝元和二年（85）免产子之家三年算赋，怀孕女子之夫一年算赋，以奖励人口增殖；明帝永平九年（66）诏与徙朔方的罪犯同行之妻，若死而又无父兄的，复其母口算；章帝元和元年免无田而应募徙往他处的贫民三年算赋；安帝永初四年（110），桓帝永寿元年（155）暂免战乱地区算赋；安帝元初元年（114）免受灾的三辅地区三年口算等。另方面，算赋也有偶然增加的，灵帝时南宫着火，即曾令敛天下口四十钱供修治宫室。

算赋数额一般为每人一年一算。但也有几种特殊情况。秦时曾有"民有二男以上不分异者，倍其赋"的法令。惠帝六年（前189）为鼓励户口增殖，提倡早婚，令女子年十五以上至三十未嫁五算，即算赋五倍于常人。又，《汉书·惠帝纪》六年注引《汉律》，贾人与奴婢倍算，即为了抑商和限制蓄奴，商人与奴婢的算赋比常人加一倍。新莽时为限制私人占有奴婢，曾令上公以下要为其占有的奴婢每口出钱三千六百，即为常人的三十倍。令下未久，新莽就告败亡。

算钱，还有口赋、更赋的征收货币，使农民不得不出售相当多的农产品来换钱交赋，从而加强了同市场的联系。汉代商品经济之所以比较活跃，赋税的货币化也是其中的一个因素。

更 赋

由更卒之役的代役钱转化而来的一种赋税。汉制，成年男子均须为政府服徭役，共有三种，即正卒、戍边、更卒。更卒之役是每人（除享有免役特权者外）每年须在本地为地方官府服一个月的无偿劳役，从事修路造桥、转输漕谷等等。因役人轮番服役，所以叫作"更"，役人叫作"更卒"。有不愿或不能亲身服役者，可出钱三百（一说两千）交官府雇人代替，是谓"过更"，即把更卒之役过与他人；而所出之钱，即谓之更赋。实际上，尤其在汉武帝以后，人们都不大肯亲践更卒之役，而愿意出钱了事，或是地方官府不愿役人亲身践役而强令他出钱代役，于是这笔代役钱就逐渐转变成为类似人丁税的一种赋税了。

口　赋

汉代政府向十四岁及其以下的儿童征收的人头税。亦称口钱、口赋钱。汉初是人二十钱，起征年龄是七岁，武帝时提前至三岁起征。元帝同意贡禹的主张，把起纳年龄再推迟到七岁。武帝时为弥补抗匈奴战争的军费支出，自元狩四年（前119）起，在起征年龄提前的同时，又在原口赋的二十钱外附加了三钱，以供军马粮刍的用费，故称作"马口钱"，以后遂成定制。汉代的算赋是政府的税收，归大司农；口赋是帝室的税收，归少府；据《汉仪注》，马口钱是"以补车骑马"，系特殊军用的附加税，不属少府，而属大司农，以供军用（军用车马及兵器费用均由大司农开支）。口赋和马口钱，在昭帝、宣帝以后以及东汉安帝、顺帝时，也偶然酌减或蠲免，但都是很少见的措施。东汉末年政治混乱，口赋甚至婴儿一岁即令起纳。《零陵先贤传》说"汉末产子一岁则出口钱，民多不举产"，这是人民口赋负担最重的记载。

佣　作

秦汉时，雇佣劳动称为佣、佣作。雇佣劳动战国时已出现。秦末农民战争领袖陈胜少时就曾为人佣耕。汉代土地兼并加剧，破产农民多数沦为佃客。甚至一些没落的贵族、官僚、地主及其子弟也有潦倒到为人佣作的，使用雇佣劳动的范围也相当广泛，农业、手工业、商业、运输业、建筑业中，都见有使用佣工的。西汉倪宽家贫为人佣耕；东汉第五访少孤贫，常佣耕以养兄嫂；合浦太守孟尝也曾身自耕佣。在手工业中，武帝官营盐铁之前，豪强大家采铁煮盐，往往役使大量流亡人民充当他们的佣工。盐铁官营之后，采铁煮盐，大抵使用卒、徒。但郡中卒轮到践更时多有雇人以代的。私人采矿业如采黄金珠玉及东汉的冶家，使用佣工，亦见记载。司马相如设酒肆，与佣保杂作；东汉李固幼子为避祸变姓名为酒家佣，则是商业特别是酒店中使用佣工的事例。此外，漆器制作、纺织、运输、官府的治河、修陵等工程，以及官府、学校的烹炊、春米、抄写等，也都有使用佣工的，东汉班超投军从戎之前，即曾为官佣书。佣工有的是短期出卖劳动力，有的是长期佣作为生。佣工一般由主人供给饮食及付工资，也有只付工资或仅供饮食的。汉代不同时期不同地区的佣值各有差等。西汉政府参照市价规定的女工雇值为每月三瓦钱，一些记载中提到男子的雇值每月由一千至两千钱。农民在农忙时也有雇工或按雇值换工的。东汉章帝元和元年（84）诏无田农民应募迁徙他乡，官府赐与公田，为雇耕佣。佣作在两汉农业生产中也占一定的比重。

佣工对主人的关系，可分两种类型。一种是自愿的雇佣，自来自去，有行动自由，其身份和雇值都较高，有些佣工还是士人出身，在受雇期间可以自己读书。这类雇佣可称为"卖佣"、"市佣"。另一种是依附性的雇佣，逃罪、逃债、逃税、逃役的农民和其他人，流亡他乡，"依倚大家"，受其雇佣，脱离名籍，失掉爵命（亡命），逃避了国家的赋役负担，却作为依附，对豪强大家有一定的人身隶属关系，身份地位较低（近似农奴）。西汉前期私人盐铁主一家聚众至千人的即为这种依附性的雇佣劳动。这类雇佣有"隶佣"、"仆赁"之称。史书所说的"流庸"大都为隶佣。

依附性雇佣在手工业中较多，人数也比战国时增加，但不是自由的雇佣关系，而带有封建的依附关系，所以不成其为新的生产关系的萌芽。在农业中，自由身份的雇佣关系虽有不少记载，农忙时短工更是属于自由的"市佣"，但毕竟还是一种零星现象、救急办法，临时外出佣耕者一般都有自己能借以糊口的几亩土地。所以，秦汉时的佣作还是前资本主义时代的雇佣劳动，与资本主义社会中的雇工完全不同。

占田课田制

西晋颁布的土地、赋税制度。战国、秦汉以来"名田"制度和限田政策的产物。名田，即以名占田，人民向国家登记户口并呈报所占田亩数。名田制度导致土地兼并发展，于是西汉中叶董仲舒提出"限民名田"。西汉末年，大司空师丹曾主持制订"限民名田"的具体措施，但未贯彻执行。东汉末年战乱蜂起，人民大量流亡，造成"土业无主，皆为公田"的情况，曹操在这种条件下推行屯田制度。随着曹魏社会经济的恢复发展，自耕农经济的复兴，屯田日益失去存在的条件和意义，于是魏末晋初宣布废除屯田。晋初社会经济和土地兼并有所发展，为加强对自耕农民的控制，限制土地兼并，保证国家赋税徭役的征发，太康元年（280）灭吴统一全国后，西晋政府颁布占田、课田令。

占田、课田令规定：男子一人占田七十亩，女子三十亩。丁男课田五十亩，丁女二十亩，次丁男减半，次丁女不课（男女年十六以上至六十为丁，十五以下至十三、六十一以上至六十五为次丁）。官吏以官品高卑贵贱占田，从第一品占五十顷，至第九品占十顷，每品之间递减五顷。此外规定，依官品高低荫亲属，多者九族（一说指本姓亲属，上至高祖，下至玄孙；一说包括他姓亲属，即父族四、母族三、妻族二。从后文与三世对举来看，这里当指前者），少者三世（自祖至孙）；荫衣食客，第六品以上三人，第七、八品各二人，第九品一人；荫佃客，第一、二品不得超过五十户（疑当作十五户），第三品十户，第四品七户，第五品五户，第六品三户，第七品二户，第八、九品各一户。

占田制规定男子一人占田七十亩，女子三十亩，没有年龄限制，原则上任何男女都有权按此标准占有土地。这种土地不是由政府授予或分配，而是规定人民可以占有土地的法定数量和最高限额，但政府没有任何措施保证人民占有足够数量的土地。占田制并没有改变原有的土地所有制关系，地主和农民所有的土地仍然得以保留，不足规定限额的还可以依限占垦。

课田的意义，一是课税，二是课耕，前者是目的，后者是手段。在占田数内，丁男课田五十亩，次丁男二十五亩，丁女二十亩。课田租额，每亩八升。政府不管人民是否占足限额土地，一律按照上述标准征收田租。只有边远地区少数民族不课田者，交纳"义米"，每户三斛；更远者交五斗；极远者交"算钱"，每人二十八文。

占田、课田制的施行，产生了一定的积极作用。此制颁布后，出现了太康年间（280～289）社会经济繁荣的局面。太康元年西晋有户二百四十五万余，口一千六百一十六万余；到太康三年有户三百七十七万，增加一百三十多万户。表明在占田制实行后，许多流民注籍占田，使国家户籍剧增。史称当时天下无事，赋税平均，人民在一定程度上得以安居乐业，从而促进了农业生产的发展，"牛马被野，余粮栖亩"，农村经济自汉末破坏之后，一度呈现欣欣向荣的景象。

占田制的精神，一方面是限制官僚士族过度占田，另一方面则企图使小农占有一定耕地，以保证国家赋税收入。但是，从实际情况来看，其效果有限。对于官僚地主来说，可以通过品官占田荫客制，大量占有土地和依附人口，不足限额的还可以通过各种途径依限占足，超过限额的，在占田令中又没有规定任何惩处措施，官僚地主得以继续兼并土地，有利于士族地主经济的发展。因此，"园田水碓，周遍天下"的大土地所有制依然存在。然而占田制对于官僚士族兼并土地、人口毕竟有一定限制作用，西晋土地兼并不如两汉和东晋南朝剧烈。农民虽然名义上有权占有一小块土地，但事实上仍有许多"无业"或"业少之人"。农民所受剥削也较前加重，西晋课田按丁征收田租，租额比曹魏时期增加一倍。而且不论土地占足与否，都按法定课田数征收。

西晋占田、课田令颁布后十年，就爆发了统治阶级内争的八王之乱，不久刘渊、石勒相继起兵，北部中国又陷入干戈扰攘的时代，包括占田、课田制在内的西晋典章制度均遭受严重破坏。直到北魏太和九年（485）才颁布均田制，以取代占田、课田制。

对于占田、课田令文，学术界理解不一，其关键是对占田、课田的含义、性质及其相互关系的认识。关于占田与课田的关系，一种意见认为课田在占田之外，即每户一男一女占田一百亩，课田七十亩，合计一百七十亩；一种意见认为课田在占田之内，即丁男占田七十亩，丁女三十亩，合百亩，分别以其中五十、二十亩为课田。关于占田与课田的含义和性质，一种意见认为占田是国家授田，是国有土地；一种意见认为占田是私有土地，其收获物归己，但课田是国有土地，收获物全部归政府，即劳役地租。持这种意见的人中，有的认为课田不是劳役地租而是实物地租。一种意见认为占田不是授田而是限田，是一种限制占垦土地于一定数量的办法。持"限田"说的学者，也有认为占田属于国有土地的；一种意见认为占田（含课田）是私有土地；还有的学者主张课田不是土地制度而是赋税制度。由于对上述问题认识的歧异，学术界对于占田、课田制的产生也有不同看法，主要有四：①认为它是西晋新制，与前代制度无关；②认为它是曹魏屯田的继续和发展；③认为它是汉代"限民名田"的发展；④认为它是战国秦汉以来占田制度的总结。

占田、课田制是封建国家为保证赋税剥削而制订的一套完整的土地、赋税制度。统治者允许人民占田是为了课田，课田建立在占田基础上，两者密不可分，没有占田，则无从课田，没有课田，则占田也就落空，失去意义。西晋占田、课田制总结了古代土地、赋税制度的经验，规定了占田的最高限额和课田的最低限额，允许人民在这两个限额之间有机动余地，从而既保证了国家赋税收入，又在一定程度上调动了农民的生产积极性，起到了"劝课农桑"的作用，有利于促进个体农民经济的发展。

佃　客

魏晋南北朝时期官僚贵族、地主豪强所荫占的依附农民。亦称田客。在汉代，原自由身份的宾客逐渐降为贵族、豪强的附从。东汉时期，宾客参加农业生产的渐多，对主人的依附性渐强，身份越来越卑微，以致有"奴客"、"僮客"之称。自魏晋开始，不仅从法律上确认了客作为世族、豪强私属的依附地位，而且数量也大大增加。佃客的来源主要有政府"赐客"、"复客"和"给客"，世族豪强私相招募、荫庇以及放免奴婢为客等多种途径。

世族豪强拥有占客的特权，是佃客的主要占有者。三国时，曹魏政府赐给公卿数目不等的客户，以后农民为避课役，乐于投庇，以致贵势之家动辄拥有佃客数百人。孙吴也通过复客方式，赏赐给世族豪强大量佃客，其中不仅有屯田客，也有编户农民，吕蒙破皖城后获赐的是寻阳屯田六百户。陈表所得复客二百家则是编户农民。复客属于合法佃客，而非法荫庇的佃客往往也被追认为合法。如孙权曾下令，故将军周瑜、程普的所有人客，"皆不得问"。西晋也有赐客制度。太康元年（280），西晋政府颁布户调式，规定贵族官僚得荫人以为佃客，具体数量是：第一、二品官荫庇佃客不超过五十户（疑作十五户），第三品十户，第四品七户，第五品五户，第六品三户，第七品二户，第八、第九品各一户。此外，还可荫人以为衣食客。又可荫庇亲属，多者九族，少者三世。按官品荫庇佃客数的公布，目的在于限制非法荫庇。但实际上作用甚微，却使更多的非法佃客获得了合法地位。许多世族豪强在荫庇亲属的名义下得以合法地占有大量超额佃客。东晋不得不再次颁布给客制度，规定第一、二品荫庇佃客不超过四十户，第三品三十五户，第四品三十户，第五品二十五户，第六品二十户，第七品十五户，第八品十户，第九品五户。各品的给客数都比前大大增加。限额以外非法占有的佃客数，自然增加得更多。十六国和北朝世族豪强荫占佃客的情况同样存在。南燕时，百姓"迭相荫冒，或百室合户，或千丁共籍"，"公避课役"。这种现象在北方十分普遍，只是荫附常常是以宗族相聚，结坞自保的形式出现，带有浓厚的宗族色彩。北魏初实行的宗主督护之制，则使世族豪强在宗族名义下荫占的佃客取得了合法地位。此后，实行均田制，曾以减轻赋役和政治强制兼施的手段，在不同程度上使荫户恢复为国家编户。但随着赋役的加重和土地兼并的剧烈，均田农民浮逃越来越多，其中大部分又成为世族豪强所荫占的非法佃客。

寺院是佃客的另一类占有者。北魏末有僧尼二百万，寺院三万余所。南朝仅建康一地就有僧尼十余万，寺院五百余所。遍布各地的寺院通过皇帝、官僚的施舍和侵夺民田，多数拥有大量土地。"假慕沙门，实避调役"的农民，在寺院的庄园里从事耕作，负担寺内各种杂役，受僧侣地主的剥削和奴役，实际上是变相的佃客。北朝属僧曹管辖的僧祇户，每年输谷六十斛，可以说是寺院团体的合法佃客。从凉州赵苟子二百家僧祇户"弃子伤生，自缢溺死五十余人"来看，他们所受的剥削压迫是很重的。

对主人处于依附关系的佃客，身份地位高于奴婢，奴婢经放免才得为客，而客身份地位又低于自耕农。国家所承认的佃客，也不能单独立户，只能附注于主人的户籍上。他们不属国家编户，"皆无课役"，不必向国家纳租服役，但终年为主人耕种田地，从事杂役，以至荷戈作战。按照法令规定，佃客所耕种土地的收获物和主人对半分，剥削量是相当重的。他们通常都是世代相袭，只有经过主人的放遣才能获得自由。限额以外的大量非法佃客，国家并不承认他们的依附关系，并且常常采取检括户口的手段促使他们重新成为编户农民。

色　役

唐代把各种有名目（即色）的职役和徭役称为色役。担任某种色役的人可以免除课役或免除正役、兵役及杂徭，因此投充色役在某种程度上逐渐成为逃避正役、兵役及杂徭的一种手段。

色役的名称当起于南北朝的后期，北齐天保二年（551）"诏免诸伎作、屯、牧、杂色役隶之徒为白户"，所谓"杂色役隶"是色役一辞的始见。唐代色役一辞开元后始普遍使用。但天保诏书中的"杂色役隶之徒"身份低微，而唐代服色役的一般是良民及具有资荫的人，大致可以分为三类：

一是由具有资荫的五品以上官子孙及品子、勋官所承担的色役。

如三卫、亲王执杖、执乘、亲事、帐内等。三卫、执杖、执乘是侍卫皇帝、太子和亲王的卫官，由五品以上官子孙和勋官二品子担任。这种色役，同时也是一种出身，当番达一定年限以后考试合格即可参加职事官（实任官）的铨选；不上番的可以每番交一笔钱代役，叫作纳资。品子是六品以下官的子孙和勋官三品以下五品以上子，他们主要充当王公和三品以上官的亲事、帐内，定期上番；不上番的，纳钱代役，叫做纳课。品子也有被差经管公廨本钱的，称为"捉钱品子"。此外，品子也和白丁一样派充地方杂任，即县史、渠头、里正等。勋官是以军功授勋的人，每年分番在中央和地方各机构服役，不上番的可"纳资"。品子当番或捉钱满一定年限，勋官充任某些色役达一定期限以后，均由州解送兵部参加武选，合格者量文武授予散官。渠长、堰头等杂任并无一定期限后可以选官的规定，只有部分色役如充当诸司杂役的才得以选官。

二是由白丁充任的色役，这是最大量的一类。唐代规定，凡王公有亲事、帐内，公主、郡主、县主有邑士，一品至五品职事官有防阁，六品至九品职事官有庶仆，州县官有白直、执衣，镇戍官有仗身。亲王府属还有士力，每官（或王公、公主）所占有数量多达一百数十人，少的也有数人。这些供王公、贵主、官僚私人役使的色役，是作为他们俸禄待遇的一种而给予的，因此除少数实际上番以外，多数是由服役人交一笔钱（通常是二千五百文）作抵偿，叫作纳课（除亲事由六品、七品官子孙充当，帐内由八品、九品子充当外，其余都从普通百姓即由丁或中男中抽取。他们没有"资荫"，有服正役的义务，充当上述色役后得免正役，如不上番就纳课代替，故称纳课）。此外，还有很多种类，如在殿中省卫尉寺张设帐幕的叫幕士，在闲厩使管养马的叫掌闲，在驿站递送文书的叫驿丁（或叫驿子），在内苑种植花木的叫内园丁，在屯田上劳动的叫屯丁，负责防护浮桥的叫桥丁，管理渠、堰的叫渠头、堰头，操驾官渡渡船的叫津子，以及掌烽火的烽子，管马的马子，等等，凡是下面带上个"子"字的诸色役人和地方机构的胥吏和乡官，如佐、史、仓督、公廨白直、里正、坊正，以及伺候宫府的白直、执衣等等，名目繁多，不可胜举。其中除有少数是由品子、勋官充任外，绝大多数都是由白丁充任。有的则规定由残疾或中男担任，如州县城门及仓库看门的门夫即是。这种色役有的长期任职，如里正、坊正；有的是必须上番的，如桥丁；有的则可以纳课代替。这是百姓用以逃避正役或其他重役用得最多的一类。

三是由特殊身份的人或贱民充任的色役。唐代工匠虽算良民，但身份却与农民不同，不许入普通户籍，不得预于士伍。作为具有某种技艺的工匠是世代相传，不准改业的，他们所服的番役也类似一种色役，除长上匠外，短番匠可以纳课代役。属于太常寺的音声人是供皇室和官府宴乐的人，身份低于普通百姓，但由于享有免除正役、杂役和某些苛重色役，所以也有良民冒入的情况。此外有由官奴婢释放和犯罪配役的官户（番户）、杂户，依其所长的技艺而配于诸司，也是分番赴役。没有技艺的则配给司农寺去作屯民。他们所承担的某些色役如乐工、兽医、骟马、调马、辟头、栽接等，由于是贱民所业，普通良民一般不愿意去冒充。

由于广泛存在冒充色役以避正役、兵役和杂徭的情况，因此封建政府要设法制止。开元九年（721）宇文融"请急察色役伪滥"。玄宗命他为使检查，结果"获伪滥及诸免役甚众"。但并不能阻止伪冒活动，政府又采取裁减最大量的色役的办法。开元二十二年减诸司色役十二万余人。天宝五载（746）统计，全国单白直一项就一年损失十万丁。于是下令停止郡县给丁充当白直，官僚所应得的白直课钱，改由政府用征税办法发给料钱。即本应由白直承担的课钱改为向全体课丁征收。其他类似性质的色役如防阁、庶仆、使身等如何处理，不见明文，可能也改由政府征税，发给官僚。安史之乱爆发，政府财政困难，停止发给百官料钱。代宗以后，百官料钱大体上是由按垦田面积征收的青苗地头钱中出。以上是作为百官俸料的色役，至于其他色役，如内园丁、幕士、掌闲、津子、驿子之类仍然存在，不过这类人的数量不是太大。唐后期的色役也叫做差役，实际上和杂徭混合，但京师的禁军和各机构（所谓"诸军诸使"），特别是宦官直接主管的禁军和内诸司使仍然在投军或充役名义下收纳大量纳课人户，许多富人为了借此逃避差役，大量投充这些机构所属的兵士和色役，称为"纳课户"。色役名目繁多，原先就轻重不一，苦乐不均，中叶以后，由色役、杂徭演变而来的差役十分苛重；同时另一部分如工匠、太常乐人、金吾角子、五坊色役户、中书门下陪厨户等等也是色役，但仍然是富人避役的隐庇场所。

关于色役的含义或特色，学术界有不同看法。有的认为凡是职役和有名目的徭役都统称为色役；有的认为色役即律令上的杂任役；还有的学者认为色役必须具备番上服役和纳资代役两个特点，常役无番、不能纳资代役的，不包括在色役范围之内。

草　市

宋代紧临州县城郭发展起来的新的商业市区。草市原来是乡村定期集市，经过长时期的发展，到宋代，其中一部分发展成为居民点，个别的上升为县、镇；而紧临州县城郭的草市，则发展成为新的商业市区。这类市区，居民稠密，商铺店肆林立，交易繁盛，与城郭以内的原有市区，并无区别。有的地方，甚至远远超过了城郭内的旧市区。如南宋年间鄂州的南草市，"沿江数万家，廛闸甚盛，列肆如栉"，"虽钱塘、建康不能过"，"盖川广荆襄淮浙贸迁之会，货物之至者无不售"。这类草市，已经突破了原来乡村集市的涵义，成为州县城市的一个重要组成部分。对于这类草市，宋政府并不把它作为乡村的一部分，而是作为城市的一部分加以管理。宋神宗熙宁年间，全国各地乡村都编排保甲，按时教阅，而对"诸城外草市及镇市"虽也编排保甲，但不把它们"附入乡村都保"，亦不按时教阅，而是与城市坊郭户一样，受厢的管辖，而在没有厢制的州县，则直接受县的管辖，同乡村完全脱节。城郭草市的发展表明：宋代城市的商业贸易，不但打破了唐代坊市制度的限制，而且也打破了城郭的限制，进一步发展到城郭以外的地区。

两税法

唐代后期用以代替租庸调制的赋税制度。开始实行于德宗建中元年（780）。两税法的实行，是封建大土地所有制发展、均田制破坏的必然结果。唐初实行均田制，在一定程度上保证了每户农民有一块土地。凭借这些土地，可以承担国家的租税和徭役，并维持一家生计。以"丁身为本"的租、庸、调制便是在这个基础上实行的。但是在唐朝建国以后，土地兼并便在逐步发展。到武周时期，失去土地而逃亡的农民已经很多，玄宗时宇文融的括户，括出逃户八十余万和相应的籍外田亩数，就反映了当时均田制度破坏的严重程度。农民逃亡，政府往往责成邻保代纳租庸调，结果是迫使更多的农民逃亡，租庸调制的维持已经十分困难。与此同时，按垦田面积征收的地税和按贫富等级征收的户税逐渐重要起来，到天宝年间，户税钱达二百余万贯，地税粟（谷）达一千二百四十余万石，在政府收入中的比重已经和租、调大约相等。安史之乱以后，国家失去有效地控制户口及田亩籍账的能力，土地兼并更是剧烈，加以军费急需，各地军政长官都可以任意用各种名目摊派，无须获得中央批准，于是杂税林立，中央不能检查诸使，诸使不能检查诸州。赋税制度非常混乱，阶级矛盾十分尖锐，江南地区出现袁晁、方清、陈庄等人的武装起义，苦于赋敛的人民纷纷参加。这就使得赋税制度的改革势在必行。

在建中以前，已有多次试探性的或局部地区的改革。代宗广德二年（764）诏令：天下户口，由所在刺史、县令据当时实在人户，依贫富评定等级差科（差派徭役和科税），不准按旧籍账的虚额（原来户籍上的人丁、田亩、租庸调数字）去摊及邻保。这实际上就是用户税的征收原则去代替租、庸、调的征税原则。不过似乎没有贯彻下去。永泰元年（765）又命令，"其百姓除正租庸外，不得更别有科率。"但是在同年五月,京兆尹第五琦奏请夏麦每十亩官税一亩,企图实行古代的十一税制。实际上是加重地税。到大历四年(769)、五年又先后有几次关于田亩征税的命令,五年三月的规定是京兆府夏税,上田亩税六升,下田亩税四升;秋税,上田亩税五升,下田亩税三升。分夏秋两次并且按亩积和田地质量征税,都是试行的新原则。与此同时,在广德二年至永泰二年已开始征青苗地头钱,按垦田地积,每亩征税十五文,也是按占有土地的面积科税,不过是征钱而不是征租。

大历十四年五月,唐德宗即位,八月以杨炎为宰相,决心把税制改革进行下去。杨炎建议实行两税法。到次年(建中元年)正月五日,正式以赦诏公布。

两税法的主要原则是"户无主客,以见居为簿;人无丁中,以贫富为差"。即是不再区分土户(本贯户)、客户(外来户),只要在当地有资产、土地,就算当地人,上籍征税。这是为了解决一些官僚、富人在本乡破除籍贯,逃避租庸调,而到其他州县去购置田产,以寄庄户、寄住户或客户的名义享受轻税优待的问题。同时不再按照丁、中的原则征租、庸、调,而是按贫富等级征财产税及土地税。这是中国土地制度史和赋税制度史上的一大变化,反映出过去由封建国家在不同程度上控制土地占有(或私有)的原则变为不干预或少干预的原则。从此以后,再没有一个由国家规定的土地兼并限额(畔限)。同时征税对象不再以人丁为主,而以财产、土地为主,而且愈来愈以土地为主。具体办法:

①将建中以前正税、杂税及杂徭合并为一个总额,即所谓"两税元额"。分两种:一种是斛斗(即谷物),按土地面积摊征;一种是税钱,按户等高下摊征。元额虽规定以大历十四年的数字为准,实际上是以大历中各种税额加起来最多的一年为准(但两税元额中不包括青苗地头钱,青苗钱以后仍然单独征收)。各州、县都有自己的"元额",也是以大历中最高的一年为准。

②将这个元额摊派到每户，分别按垦田面积和户等高下摊分。以后无论有什么变化，各州、县的元额都不准减少。

③每年分夏、秋两次征收，夏税不得过六月，秋税不得过十一月，因此被称为两税（一说是因为它包括户税、地税两个内容）。

④无固定居处的商人，所在州县依照其收入的三十分之一征税。

⑤租、庸、杂徭悉省，但丁额不废。

两税法把中唐极端紊乱的税制统一起来，短期内曾在一定程度上减轻人民的负担，并且把征税原则由按人丁转为按贫富，扩大了征税面，也对无地少产的农民有好处。但是实行中的弊病也确实不少。首先是长期不调整户等。建中元年定两税时定户已不严格，贞元四年（788）又诏令定户等，并且规定三年一定，以为常式，但是许多地方的材料反映，自建中以后就长期没有再定户等，这样就不能贯彻贫富分等负担的原则。其次是两税中户税部分的税额是以钱计算，由于政府征钱，市面上钱币的流通量不足，不久就产生钱重物轻的现象，农民要贱卖绢帛、谷物或其他产品以交纳税钱，无形中增加了负担，到后来比之定税时竟多出三四倍。再次是两税制下土地合法买卖，土地兼并更加盛行，富人勒逼贫民卖地而不移税，产去税存，到后来无法交纳，只有逃亡。于是土地集中达到前所未有的程度，而农民沦为佃户、庄客者更多。由于这些弊病，它遭到当时很有影响的人物如陆贽等的强烈反对，但是他们拿不出更好的办法代替它，只是主张恢复租庸调，而租庸调已根本无法再实行，地主私有经济的发展趋势不可能逆转，这种税制也就成为后代封建统治者所奉行的基本税制了。

折 估

唐朝后期财政收支上市价和官价的相互折算。南朝宋、齐在征收赋税时，往往把租折成绵绢。当绢布价廉时，又将折成绵绢的租和原来纳布的调都折成钱征收。南齐时钱贵物贱，布价大跌，而官价仍照宋初旧估，百姓负担加重若干倍。唐朝从前期开始，市场上的货物由政府估定牌价，按质好坏，分为上、中、下三等，是为官估。建中（780～783）以后，货轻钱重，物价下跌，各地的实际物价被称为时估，又称实估。两税中的户税，以钱定税。定税数额，皆用缗钱计算，纳税之时，又折为绫绢。由于物价下跌幅度太大，四十年间，绢一疋由四千文降为八百文，米一斗由二百文降到五十文以下，按原定税钱数额折纳实物，百姓负担无形中增长四五倍，大大超出了农民的负担能力。因此，中央政府又定出一个高于实估，接近建中元年初定两税时物价的价格，称为虚估。因为是尚书省所定，所以又称省估。尚书省户部的度支司在接受各地的税物和把物资发给各政府部门时，都要增长本价，即按虚估折算，称为折估。官吏的俸禄，布帛部分也按虚估付给。地方官吏在把税物送交中央时均按照省估，而留州和送交节度使或观察使的税物则按照实估即时价征收。元和三年（808）裴垍为相，奏准留州、送使的钱物，一切令依省估征收，由此唐后期财赋主要基地江淮一带百姓的负担有所减轻。其后，唐政府又规定，两税中折纳的绢帛，按一定比例，一部分按虚估即省估征收，一部分按实估即实价征收。但事实上，各地官吏以实估征敛的情况一直没有停止。

上供、送使、留州

唐朝后期逐步形成的朝廷和地方分割赋税的制度。即将中央政府直接控制的各州的赋税分为三：一部分上交给中央政府；一部分输送于节度使、观察使府，亦称留使；一部分留作本州用度。

安史之乱以后，政府控制的户口十亡八九，州县多为藩镇所据。当时军国费用，依靠度支使、转运使临时筹措，各地军镇由节度使、团练使等就地自己筹款。驻有重兵的地方都截留大宗赋税自行花费，输入于朝廷的无几。建中元年（780）初行两税法，派黜陟使到各地与观察使、刺史确定各州府征税总数，以及送使、留州的钱物和粮食数字，初步确定了中央和使、州各得赋税的份额。但由于不久就爆发了对藩镇的战争，各地节度使和州县多违法聚敛，有的不仅自己不按规定上交，还截留度支使由他州取得的上供钱帛。朱泚之乱平定后，唐德宗专意聚敛，各地方长官投其所好，常赋之外，进奉给皇帝作为私收入的贡纳不息。有的节度使即以常赋入贡，名曰"羡余"，有的则以进奉为名，矫称密旨，以便加敛百姓。所得大部分进入节度使、观察使和刺史的私囊，进奉给皇帝的只有十分之一二。

顺宗、宪宗统治的一个短时期内曾罢除了进奉及两税外的征敛。宪宗时又正式分天下之赋为上供、送使、留州三部分。宰相裴咱还奏请诸道留使钱物，先以治所所在州赋税充，不足再取给于属州。各州剩余的送使钱物与原应上供者皆输于度支。

定　户

封建政府将编户按贫富高下定户等的制度。三国时，曹操为了表率群下，每年征调税物前都令谯县令评定他家的资产。谯县令曾评定他家和曹洪家为同等，曹操说：我家的资产哪里比得上子廉（曹洪字）！可见据资产评定户等早已有之。北魏献文帝时，根据贫富为租输三等九品之制，上三品户输入京师，中三品户输入他州要仓，下三品户输入本州。这是根据户等高低定租粮送达的远近。北齐文宣帝受禅，始立九等之尸，富者税其钱，贫者役其力，按户等的高低来决定税钱或服役，可能是一种临时性的措施。北齐河清三年（564）令规定，人一床（一夫一妇）垦租二石，义租五斗。"垦租皆依贫富为三枭，其赋税常调，则少者直出上户，中者及中户，多者及下户。上枭输远处，中枭输次远，下枭输当州仓"。赋税常调的征收和送租的远近，均与户等有关。西魏苏绰作《六条诏书》，其中有："租税之时，虽有大式，至于斟酌贫富，差次先后，皆事起于正长，而系之于守令。"足见西魏赋税徭役，也要参酌贫富等第。隋代高颎向隋文帝杨坚建议，由中央政府制定划分户等的标准，叫做输籍定样，发到各州，每年正月初五县令派人到乡村，以三党、五党（一党为一百家）为一团，依定样确定户等。

唐朝建立后，唐高祖李渊于武德六年（623）下令将民户按资产定为三等。贞观九年（635，一作武德九年）三月又以为三等未尽升降，改为九等。按规定，户等每三年审定一次，由县注定，州复核，然后注入户籍申报到尚书省，每定户以仲年（子、卯、午、酉）、造籍以季年（丑、辰、未、戌）。定户等是造户籍的重要步骤之一。

在实行均田制的时期，租、调、徭役（庸）虽然是按丁征收和调发的，但受田先后，租调、地税的蠲免，正役和杂徭征发的先后，卫士、征人的拣点，租调送交的远近，则都是以户等的高低为依据的。户税按户等征发；地税从高宗永徽二年（651）到玄宗开元二十五年（737）期间，也是按户等高低征收的。因此，户等高低与每丁租庸调的数量虽没有关系，但与农民赋役负担的轻重却有着密切的关系。

安史之乱后，按户等交纳的户税数额提高，成为农民的主要负担之一。特别是两税法实行后，按丁产定户等，按户等税钱，按土地多少税粮。户等直接成为赋税轻重的标准之一，与农民负担的关系更为密切。但两税法实行后却长期不调整户等，贞元四年（788），唐德宗李适诏天下两税更审定等第，仍令三年一定，以为常式。此后，唐朝政府也不断重申此令，然而由于户等高低直接涉及地主官僚的利益，故不被认真执行，三年一定的规定实际上成为一纸空文。

官 户

唐代隶属官府的一种贱民。又称番户。唐律规定，谋反及大逆者，本人及父、子年十六以上皆处死刑，其余依法相坐的男女及奴婢没官，谓之官奴婢。官奴婢经一次赦免为官户，再免为杂户，三免为良人。官奴婢初配没时，刑部都官司将有技能的按所能分配诸司，诸如少府、将作监和诸州所属的各种手工作坊；无技能的分配到司农。被免为官户者，仍隶司农和诸司，专立籍账，在州县没有户籍。官户在本司分番劳动，一年三番，每番一月。十六岁以上的都要当番；但也允许纳资代役。其中长上服役的，则衣粮由官府供给。

官户的法律地位和部曲一样，比良人低一等，比奴婢高一等。量罪定刑时，比良人重一等，比奴婢轻一等。依户令，官户当色（同类）为婚，不能和其他等级的人通婚。所生子女亦为官产。年六十及废疾者，免为杂户；年七十则免为良人。

土　户

通常是指在本地户籍上登记的国家编户。在南北朝时，它相对于流民、侨民、城民，也称为土著、土民；在唐代，相对于客户，被称为土户（主户）、居人。

南北朝时期，战乱频繁，流民往往在豪强大族的控制或影响下形成有势力的集团向外流徙，本地的土民也在豪强大族的控制或影响下形成土民集团。因此，不断发生所谓"客主势异，竞相凌侮"的土客矛盾。北朝时期，除"土客矛盾"之外，又有所谓"城土矛盾"。这是因为鲜卑拓跋贵族凭借其部落兵入主中原，在中原各地依城立镇，士兵及其家属城居，称为"城民"。这种城民往往以征服者自居，"城民陵纵，为日已久，人人恨之，其气甚盛"，从而爆发"城土矛盾"。它实际上是当时政府与地方势力之间矛盾的表现。因此，这一时期土、客之间只是在地域、户籍上的区别。

隋唐统一之后，推行均田和租、调、徭役制，自耕农数量增加。这时所谓土户，一般指在本土受田纳租调和服役的均田民。随着赋税徭役的增加，土地兼并激化，大批均田农民破产，背井离乡成为流民。到唐德宗时，杜佑指出全国土户与客户共三百余万户，其中土产只占五分之三。德宗说，"百姓有业怀土为居户，失业则去乡为客户"，这是指客户中的大多数，他们是丧失产业的贫苦农民。但是，当时也有不少官僚或一般地主，为了规避赋役，把产业转移到他州外郡，成为寄住户、寄庄户，也是客户的一部分。因此，唐中叶以前，土、客（或主、客）之间，仍然主要是户籍和地域上的区别。

建中元年（780）两税法颁布，规定"户无土（亦作"主"）客，以见（现）居为簿；人无丁中，以贫富为差"，土户（或主户）、客户的含义又增加了一层新的内容。不论原先是土户还是客户，只要拥有资产，均成两税户，列入现居地的正式户籍，而雇农、佃农等客户，因为没有资产，不是两税户，则不列入国家正式户籍。自此以后，列于正式户籍的两税户通常只称主户，不再与土户通称。这种作为两税户的主户，虽包括地主、自耕农、半自耕农，并非一个阶级，但均属"有产者"；而作为雇农、佃农的客户，则明显地属于被剥削、被压迫的阶级。经过唐末、五代，到宋代主户与客户的区别，成为地主及自耕农与佃农的区别。那种仅限于地域、籍贯不同的土、客户虽仍在习惯中保留，但在史籍记载中土客含义已经发生了很深刻的变化。

杂 户

属贱民阶层。产生于南北朝时期。鲜卑拓跋部在统一北部中国的过程中，往往把俘虏作为官府役使的各种特殊户口，如工匠、乐人、屯、牧等杂役人，因为名色繁多，故称为百杂之户，即杂户。他们的名籍写在赤纸上，子孙相袭。北魏不仅将俘虏配给官府作为杂役入户，而且也把犯罪入官的人户配没为杂户。因为俘虏和囚犯同被贱视，同样具有奴隶性。在北朝史籍中，常见以杂户充作赏赐的记载。

北魏末，东西魏分立。东魏都邺，洛阳官府所属隶户（即杂户）随之转移到邺，经历北齐，因仍不改。北周建德六年（577），周武帝灭北齐，下诏"凡诸杂户，悉放为民"，从北魏洛阳官府遗留下来的杂户到这时被放免了。但这并不意味全部杂户的放免和杂户名目的消失，实际上北周直到隋唐都有杂户存在。北朝杂户不属州县，因而也不承担租调徭役。他们由所属官府役使，职业世袭，不准自由经营，不准与良人通婚。史籍记载，杂户是与奴婢有区别的，但他们仍然是低于良人的贱民。

　　唐代的杂户，除一部分为前代所遗留者外，也有一部分是新以俘虏配没及犯罪没官配隶诸司的人户。唐朝法律对杂户的经济权益、身份地位作了明确规定。按唐律规定，凡反逆相坐，没其家为官奴婢，一免为番户（官户），再免为杂户，三免为良人。据法令，杂户遇赦应即免为良人。由此可见，杂户的身份高于官奴婢及番户，其籍附州县，而番户却属本司。番户、杂户上番服役的番数也不同，番户一年三番，杂户二年五番，番皆一月，计杂户一年上番七十五日。年十六以上当番，若不上番，可纳资代役（官奴婢却是长役无番）。如果杂户被留长上者，由官府配给口粮，丁口每日给三升半，中男三升，其他家口依其性别、年龄分别差等给粮。杂户老免、进丁受田依百姓例，所不同者，良人给园宅地，三人一亩，杂户属贱色则五人给一亩。又各于本司上下，职掌课役，不同于百姓。诚然均田令没有严格施行，受田额与法定数相差甚远，可是在法律上确认了杂户可以拥有土地，每年除一定时间在本司上番外，有一部分时间个体经营，形成少量的私有财产。律令还规定，杂户虽籍附州县，但仍是贱民，若诈贱为良，要处以徒刑。杂户只能当色（同类）为婚，甚至良人收养杂户子为己子亦要治罪；倘若发生斗殴，杂户殴打良人罪加一等，反之则减一等；如发现杂户逃亡，一日笞三十，十日加一等，罪止徒三年。概而言之，唐代杂户的社会地位低于良人，高于奴婢，在贱民阶层中略高于官户，与太常音声人相等，接近良人，而官户则接近奴婢。唐代杂户是北朝杂户制度的继续和发展。杂户除了伎作、屯、牧之外，其中绝大多数应是在官府各机构充当非生产的杂差，仍是供给官府役使的各项特殊人户。封建国家对杂户是不完全的人身占有，杂户既与被视作财产的奴婢不同，又与编户有别，其地位大致与部曲相似，只不过部曲隶属私人，而杂户隶属国家，可以说这类人户的身份接近于农奴，或者说是农奴化的人口。

括　户

通过检查户口，将隐漏不报和逃亡人口搜括出来，遣送还乡或就地入籍。又称括客。这种清查浮客的活动，历代均有。东魏末，高隆之为河北括户大使，是以括户名使的第一次见于史籍。隋朝的租调徭役和唐朝的租庸调都以人丁作为征发对象，因此封建国家十分重视对户口的控制，严禁百姓逃亡。隋朝建立后，在山东地区检括户口，乞伏慧在曹州检括得户数万，令狐熙在沧州令隐户自归首，至者万户。开皇三年（583）大索貌阅，其后又实行输籍之法，大业五年（609）又进行貌阅（也有学者认为大索貌阅实只大业五年一次），也都是为了把隐漏、逃亡的农民变成国家控制的编户。

唐朝建立后，高祖武德四年（621）、太宗贞观十六年（642）都曾下诏检括户口。高宗、武则天以后，土地兼并发展，农民土地日益减少，无力负担赋税徭役，被迫弃家离乡。特别是武则天晚年，赋役繁重，迫使大量农民逃亡，出现了"天下户口，亡逃过半"的形势，于是武则天遣十道使括天下逃户。敦煌发现的唐代文书中，有武则天长安三年（703）关于检括甘、凉、瓜、肃等州所居停的沙州逃户的牒一件。《吐鲁番考古记》中也著录了武则天时期的上括浮逃使状一件。说明这次括户确是在广大地区实行了的。

唐代最大的一次括户是玄宗开元九年至十二年（721～724）由宇文融主持的。开元初年，农民逃亡的情况继续发展，他们有的逃入山林或到他乡开垦土地耕种，有的逃入城市充当雇佣，更多的则成为地主隐匿的佃客和佣保（在逃亡队伍中也存在着极少数地主），还有许多人制造伪勋和充当色役以逃避徭役。为了增加封建国家的财赋收入，扩大徭役、兵役的来源，开元九年宇文融建议检查色役伪滥，搜括逃户。二月，唐玄宗下令州县逃户限百日内自首，并令宇文融充使推勾。由于逃亡农民只有准令式合附者，才能"所在附籍"，其余的一律要"牒还故乡"，因此受到农民的抵制。唐朝政府被迫改变逃户自首的条件。开元十二年，玄宗在《置劝农使安抚户口诏》中明确规定："先是逋逃，并容自首。如能服勤垄亩，肆力耕耘，所在闲田，劝其开垦。"允许农民所在附籍，不再提牒还故乡。唐玄宗再次任命宇文融兼充劝农使。宇文融奏置劝农判官二十九人并摄御史，分往全国各地，检括逃户和籍外田，对新附客户免除他们六年的租调徭役，只收轻税。这次检括，效果很大，诸道括得客户八十余万户和相应的田亩。开元十八年，裴耀卿建议以括出客户营田，大约未被采纳。开元天宝年间，曾以括出客户置县，足见各地客户数量之多。此后，由于土地兼并规模更加发展，农民失去土地更加严重，赋役日益繁重，农民逃亡的情况越来越多，唐王朝不断下令检括逃户，但逃户问题始终没有能够解决。

沿　纳

宋两税附加税名。源自唐末五代，是在两税以外临时加派的各项税目钱物逐渐固定下来而形成的。计有农具钱、桥道钱、盐钱（绸绢、绵、米）、曲钱、加耗、斗面、脚钱、率分纸笔钱、铺衬芦苇、析生望户钱、军须钱、牛皮钱、甲料丝、鞋钱、公用钱米等等，各地名品烦细，其类不一，随夏秋两税送纳。宋朝统一后，废去一些，绝大多数沿袭下来，统称沿纳，又称沿征或杂变。明道二年（1033），曾下诏将沿纳物以类并合为一，悉除诸税名。可是直至宋末，有些税名仍然存留。唐末五代，江东西酿酒才纳曲钱，食盐才输盐米，宋代则江南榷酒仍收曲钱，民不得盐而入盐米，某些沿纳的征敛，比五代还要苛刻。

支　移

宋代赋税输纳方式之一，实际上是赋税与劳役相结合的又一种两税加税名目。赋税输纳有固定的地点、仓库；而以有余补不足，则移此输彼，移近输远，谓之支移。支移始行于河北、河东和陕西等路，以便充实边境军储。有些地区的支移，则是一州一县的"递趱"。如广南西路钦（今广西灵山）、横（今广西横县）二州每年支移苗米，纳于邕州（今广西南宁）太平寨诸寨，廉州（今广西合浦）再支移于钦州；白州（今广西博白）复支移于廉州。元丰七年（1084）规定，陕西沿边支移毋过三百里；元祐二年（1087）又规定，以户等高下区分支移的远近，第一、二等户主百里，第三、四等户二百里，第五等户一百里；不愿支移而愿纳道里脚钱的，也按三等折收。起初，税户因路远物重，多携现钱至支移所在籴粮米输纳，沿途税务要根据携带现钱多少征收过税。道里脚钱的办法颁布之后，对税户相当普遍地实行了这项办法，于是，脚钱演变成为一项固定的附加税。元祐初，陕西斗输脚钱十八文；至崇宁中，一向不支移的京西路，所输脚钱每斗竟至五十六文，几乎相当于元丰年间所输正税之数。广德军（今安徽广德）苗税一石，贴纳脚钱为三斗七升，在建中靖国元年（1101）以前已随正税缴纳。脚钱也反复折变，不断加码。

职　役

宋代役法之一。也称吏役。封建国家按照户等高下，轮流征调乡村主户担任州县公吏和乡村基层组织某些职务，称差役。这些职务如由封建国家出钱雇人担任，则称"雇役"。差役、雇役、保役及义役都是实行职役的方法。

宋代官府按照税钱、物力等的多寡，将乡村民户划分为五等，再按户等的高下及丁口多少轮差相应的色役。差役分为乡役、州县役两大类：①乡役，是指在乡村基层组织"乡"、"管"或"耆"中担任头目和一般办事人员。包括里正、耆长、户长、壮丁等。里正为一"乡"之长，负责催督赋税，在乡村第一等户中轮差，役满后，勾集去州衙担任衙前。乡书手隶属于里正，为文书会计，轮差第三或第四等户。耆长和户长是一"耆"或一"管"之长。耆长负责督捕盗贼和防止烟火，轮差第一、二等户。户长承受官府的符帖催税，轮差第二等户。壮丁隶属于耆长，轮差第四、五等户。②州县役，是指在州县官府中担任公吏，包括衙前、人吏、承符、散从、步奏官、弓手、手力、院虞候等，还有杂职、斗子、拣子、掏子、秤子、仓子、解子、拦头、医人、所由等。衙前在州衙管理府库，运输上供官物，筹办时节宴会，送迎官吏，管理馆驿；衙前有军将至左右押衙、都知兵马使等阶，任职日久，一般升到都知兵马使，可出职补官。人吏或吏人，主管文书等，州衙的人吏在雇募不足时，选差中、下户任职；县衙的人吏，有押司、录事等，选差有田产并谙熟公事的乡户任职。承符、散从、步奏官，分属州衙各曹，负责追催公事，选差乡村第三等以上户或坊郭户（有的地区实行雇募）。其下有人力当差。弓手，隶属于县尉，"专捉盗贼"，轮差第三等户。手力，在县衙负责追催公事和在城赋税，轮差第二、三等户。院虞候、杂职，依承符、散从官例，选差乡户。斗子、库子、秤子、拣子、掏子、仓子等，是州县仓库的下级管理人员，选差下户或中户"有行止人"充当。拦头在村店要津设卡收商税，差第五等户。

宋代的职役始终是差、雇两法兼行，但各代比重有所不同。宋太祖赵匡胤至宋真宗赵恒时期，差役法逐渐确立。此法规定，官户、坊郭户、未成丁户、单丁户、女户、寺观户免役，乡村下户的职役较少，上户的职役较多较重。对于乡村上户，差役使他们完全控制农村基层政权，并占据部分州县吏职，便于统治广大农民，这是封建国家赋予他们的权利；同时，又使他们承担官府规定的一些义务。对于乡村下户，差役是继唐中叶以来封建徭役的新形式，是封建国家对下户无偿劳动的直接掠夺。

从宋仁宗赵祯朝起，差役法的弊病日益显露。主要是许多乡村上户在担任衙前期间，因丢失官物或为官吏敲诈等而倾家荡产。因此，乡村上户普遍视衙前役为畏途，想方设法逃避。至和二年（1055），朝廷改行衙前"五则法"：废除里正衙前，只差乡户衙前，将上户按财力和衙前役按重难各分为五等，根据户等的高低轮差相应的衙前。但是，直到宋神宗赵顼朝前，乡户衙前依然是乡村上户的沉重负担。所以，从神宗熙宁四年（1071）开始，在全国范围实行新役法，改差法为雇法，以前的当役人户交纳免役钱，坊郭户、官户等以前无役者交纳助役钱。统称新役法为雇役法或募役法。在雇役的同时，也保留部分差役，如开封府界仍旧轮差下户充当壮丁，上户充当耆长。又如自熙宁七年起，恢复了乡役方面的差法，并与保甲法相结合，形成了"保役法"。这时，既废除户长和坊正，又轮差城乡保丁充当"甲头"，使之催纳赋税、青苗钱和役钱。不久，又废除壮丁、耆长，其职责归于都副保正、大保长；裁减各地弓手名额，用保丁补充原额的人数。宋哲宗元祐元年（1086），除衙前外，恢复差法，按五等丁户簿定差。接着，又逐步实行部分雇法。绍圣年间（1094～1097），改进免役法，同时兼行部分差役法：各地有不纳役钱而轮差壮丁者，依旧；仍以保正、保长代替耆长，甲头代替户长，承帖人代替壮丁，后又以保长取代甲头，负责催税。南宋时，兼行差雇二法，免役钱照旧征收，而大量地差乡户应役。保正承行文书，保长催税，不免赔累甚至破产，因而上户多将此役转嫁给中、下户。宋高宗赵构时，婺州金华县百姓结伙出田和米，帮助役户轮充，称为"义役"，各地陆续仿效。宋孝宗赵昚时，一度命官户跟民户一样，轮差保正。宋宁宗朝直至南宋末年，不少地区实行两浙路的义役，以保证差役的实行，但常遭猾胥奸吏的阻挠和破坏。

元代以后，职役通称为"差役"。

夫　役

宋代役法之一，又称工役。宋官府按照坊郭、乡村民户丁口多寡或户等高低，征调丁夫，从事劳役。宋初规定男子二十到五十九岁为丁，凡城乡有一丁以上的民户都须承担夫役，但官户享有免役特权。正在担任职役的乡村上民暂免夫役。客户作为国家的编民，也要按丁应役。宋代夫役多用厢兵，故民户夫役负担比前代略有减轻。北宋时，每年春季征调丁男修筑黄河堤岸，谓之"春夫"。一旦出现水患，则征调"急夫"。此外，夫役还用于筑城、开河、盖屋、修路、采矿、运粮等。北宋时还出现所谓免夫钱，如宋神宗熙宁十年（1077），允许距河七百里以上的民户交钱免差，谓之"免夫钱"，以雇民夫，但尚未成定制。宋哲宗元祐三年（1088），正式改变差夫旧制为雇夫新法。但此后也未全用雇法。元祐时曾规定，夫役不问户等贫富，概以男丁科差，以至出现上户偏轻、下户偏重之患。五年，改为各地州县可用丁口、也可用户等科差夫役。宋徽宗大观间，命修河春夫，皆纳免夫钱，"定为永法"。宋徽宗末年，征调山东、河北民夫运粮到燕山府（今北京），民力告竭，纷纷起义。接着，又在全国范围征收免夫钱，每税钱一贯收免夫钱十贯，或按照户等计口出钱，每夫二十到三十贯。南宋时，某些地区继续征收免夫钱，但民户并未免役。地方官府往往计算田亩，强征民夫筑城，护送官员，运输军粮武器，修治桥道，建造馆舍等，劳役仍然十分沉重。上户富室出钱雇人或强迫客户代役，夫役的实际负担者是下户和客户。所以，夫役是封建国家强迫广大农民负担的无偿劳役。

义 役

宋代役法之一。南宋乡村民户为了减轻上户轮差保正、保长的重役，自行结合，割田出粮，帮助当役户，称为"义役"。义役始于婺州（今浙江金华）、处州（今浙江丽水）等地。约在宋高宗赵构绍兴年间（1131～1162），婺州金华县长仙乡的一些"大姓"，因轮派保正役而时起纠纷，乃倡议合伙捐田一百亩，帮助当役者应差；每年三月旧保正将田移交给新保正，作为应役之资。由此，"义役"便在民间实行，并于绍兴三十二年得到知婺州吴芾的称赞。大约与婺州义役同时，处州民间也实行义役，宋孝宗乾道时（1165～1173），知处州范成大言于朝廷，于是义役遂从两浙路扩展到江东、江西和福建等路，各地上户纷纷实行。义役的实行有所谓"义役规约"，各地虽颇不相同，但其主要内容是：①由本"都"或本"甲"的上户担任役首，主持义役的实施，如收取役田租课，排定各户服役顺序等。但有的地方不设役首。②役户按年月顺序轮流充当都保正、副都保正、保长或户长，义役田均给保正、保长或户长，收取租课，以供服役费用。③一都或一甲全体人户按户等高低割田或捐粮、钱，置义役田庄。有时地方官府亦买田支助。有的地区只由乡户自行按户等商定服役顺序，不置义役田；有的地区则集资雇人代役。④有些地区在义役田租课有剩余时，则另置新田，将旧田归还原主，义役大都由乡村上户把持，实际上减轻了上户的负担。原来役轻或无役的中下户，在上户勒索敲诈之下，加以吏胥的阻挠和破坏，负担增重，以至破家荡产，因而义役成为"不义之役"。

身丁钱

宋代赋税名。男子年二十或二十一成丁，六十为老。人户每岁按丁输纳钱米或绢，总称身丁钱。在四川以外的南方各路征收，不分主户、客户，均须负担。其中多数为五代割据政权在两税之外所创立。税额各不相同，如宋初，睦州每丁纳钱六百九十五文，处州五百九十四文，温州、台州两百五十文，苏州两百文，福州一百文；漳州纳米八斗八升八合，泉州、兴化军七斗五升；两广纳钱数百，输米一石。

大中祥符四年（1011），两浙、福建、荆湖、广南六路诸州身丁钱，岁凡四十五万零四百贯，诏悉除之。福州原有夏税及身丁钱共两万九千七百四十四贯，经此蠲放，只留下夏税七千零六十九贯，身丁钱超过夏税三倍以上。但如广南东、西路多征丁米，福建路漳、泉州、兴化军（今福建莆田）丁钱先曾折米，仍然依前科纳，如两浙路身丁钱虽曾放免，而丁盐钱继续保留，几经演变，又径称身丁钱；如湖北路，在宋金战火之余，竟有以丁定田税的。故南宋一代，身丁钱仍极普遍。绍兴十四年（1144），湖南路道州（今湖南道县）、永州（今湖南零陵）、郴州（今湖南郴县）、桂阳军、衡州茶陵县身丁钱绢米麦，尽予除放。建炎三年（1129），两浙身丁钱额，岁为绢二十四万匹，绵一百万两，钱二十万缗。开禧二年（1206）以后，也永远免除。广南诸州田税不足，赖身丁钱米以补常赋，往往年才十二三，身未成丁，便行科纳，谓之挂丁钱。其身丁钱米，直至南宋末，未见有蠲放记载。

二税户

辽、金户籍名称之一。辽代头下军州所属的人户，具有既依附于领主，又从属于国家的两重性质。头下人户在缴纳赋税时，既"输租于官，且纳课给其主"，故称为二税户。凡官位九品之下及井邑商贾之家，征税务归头下，唯酒税课纳上京盐铁司。辽代的皇帝、贵族迷信佛教，经常把民户或所属人户作为施舍，大量赐送给寺院。这些民户所应纳的赋税，一半输寺，一半输官。因此，他们也同称为二税户或寺院二税户，两种二税户的负担各不相同。辽亡，头下军州制已不存在，头下的二税户也随之消失；唯寺院二税户的名目仍为金所继承。在辽金之际的混乱局势中，寺院多隐匿实情，把这些人户抑为低贱的奴婢户役使，以致诉讼屡起。金世宗大定二年（1162），政府规定将这种二税户之能提出证件者放免为民。二十九年，金章宗完颜璟即位，又遣使分括北路及中都路二税户，"凡无凭验，其主自言之者；及因通检而知之者，其税半输官，半输主。而有凭验者悉放为民"。据记载，这次北京等路所免二税户凡一千七百余户，一万三千九百余口。

主 户

宋代户口中的一类。凡属有常产的税户，都划为主户。其中一小部分居住于城镇，称为坊郭主户，根据房产等的多少区分为十等。乡村主户根据常产的多少划分为五等。第一、二、三等户也称上三等户或上户。一等户一般占田三、四顷以上，多至数十、百顷，南宋晚期的民户有的收租达到百万斛。他们同部分官户及坊郭户中的大商人组成大地主阶层。第二、三等户，也称中户，占田一般自一顷到三四顷之间，属中小地主阶层。在宋代，整个地主阶级约占总人口不过百分之六七，但所占有的土地，约占全部垦田的百分之五十或六七十。而其中占总人口不过千分之二三的大地主，占田达全部垦田的百分之四五十左右。被称为下户的第四、五等户和客户，为农民阶级。其中，第四等户以及部分三等户，一般占田三四十亩至五七十亩，属于自耕农民阶层，较为富裕的则属于自耕农民上层或富农。第五等户占田一二亩至二三十亩，所纳税钱在五百文以下，他们当中的大多数靠租佃部分土地为生，构成半自耕农民阶层。在宋代，自耕农民、半自耕农民约占总人口百分之五十左右，而所占土地仅占全部垦田的百分之三四十。按照国家规定，根据占田多少、户等高低承担国家的赋役；占田越多，户等越高，承担的赋役也就越重。可是由于大地主隐田漏税，规避差役，大部分赋役落在中下层地主，特别是广大自耕农民、半自耕农民身上。因此，自北宋晚期到南宋，中下户的产业日益缩小，其中不少第五等户变成了没有产业却承担赋税的无产税户，而大地主阶层则在土地兼并过程中更加膨胀起来。

坊 郭 户

唐代以来即称城市居民为坊郭户。宋代坊郭户包括居住在州、府、县城和镇市的人户，以及部分居住在州、县近郊新的居民区——草市的人户。宋朝依据有无房产，将坊郭户分成主户和客户，又依据财产或房产的多少，将坊郭户分成十等。坊郭上户中有地主、商人、地主兼商人、富有的房产主等，坊郭下户中有小商小贩、手工业者、贫苦秀才等。按宋朝法律规定，坊郭户须承担劳役，缴纳屋税、地税等赋税。由于统治中心设在城市，官府对坊郭户的临时摊派"科配"，也往往比乡村户为多。

形 势 户

唐五代，已出现"形势"一词，用以指地方上有势力的豪富之家。宋朝的形势户包括官户和充当州县衙门的公吏、乡里基层政权头目的上户。其中官户占少数，吏户占多数。与形势户相对称的平户，则包括形势户以外的全部人户。形势户是宋朝封建统治的基础，宋皇朝依靠形势户管理国家，统治人民。在法律上，形势户中的吏户没有特定的权利。但是，形势户依仗当官做吏的权势，为非作恶，却是史不绝书。宋朝对形势户在纳税、租佃官田、向官仓出售粮食等方面定有禁约。北宋初，在各州府专设"形势版簿"，南宋时又改为在税租簿上用朱笔标明"形势"两字。规定形势户比平户须早半月纳税，如拒不纳税，要加重刑罚。

通检推排

金代清查人户的人口、驱奴、土地、车马、资财，核定其财产总额的制度。据以征收物力钱（财产税），并排定户等，征发差役。金初对人户三年一籍。金世宗完颜雍大定四年（1164），以贫富变更，赋役不均，始行通检，分遣泰宁军节度使张弘信等十三人（一说二十四人）分路通检天下物力。由于标准不一，一些官吏又以苛酷多取为功，因而出现诸路不均，百姓无法承受的弊害。金世宗在次年发布了"通检地土等第税法"，使轻重不均的现象有所改善。十五年，世宗又命济南尹梁肃等二十六人分路推排。推排在手续上较通检简化。二十年底，在猛安谋克人户内也开始进行推排，先自中都路起，然后于二十二年八月在外路推行，办法是"集耆老推贫富，验土地、牛具、奴婢之数，分为上、中、下三等"。大定二十六年又分路推排，总计全国物力钱约为三百余万贯。其后，金章宗完颜璟泰和八年（1208）又进行过全国性的推排。此外，在一些受水灾和兵荒的地区又往往随时遣官推排，以济贫乏。这一制度的实行，虽不免有官吏苛增物力，为害百姓的事，但对均平赋役仍然有一定的积极作用。

科　差

元朝赋税名目之一。包括三项：①丝料。窝阔台汗灭金后，在1236年将北方原金统治区居民分封给诸王、贵族和功臣，规定居民每二户出丝一斤输于官，每五户出丝一斤输于本投下。元世祖忽必烈即位后，改为每二户出丝二斤输于官，每五户出丝二斤输于本投下，合计每户每年出丝料一斤六两四钱（按一斤十六两计算），称二五户丝，其中交给各投下的称为五户丝。凡不曾分拨与各投下的居民，也要交一斤六两四钱丝，全数归官府收受。诸投下应得五户丝，原来可以直接派人去分封地征取，流弊极大。忽必烈即位后，下令二五户丝全部上缴国库，每岁令各投下差人到中书省验数关支。②包银。金朝灭亡前后，河北、山东军阀林立，对人民肆意掠夺，赋税名目极多，毫无限制。真定军阀史氏对此加以改革，将各项赋税合而为一，统一征收，称为包银，以后其他各地军阀也相继施行。1251年，蒙古国定汉地包银额为每户六两，各地地方长官提出异议，改为四两，并许一半折输他物。忽必烈即位后，推行钞法。包银改为以钞输纳，每户钞四两。当时发行的中统钞二两（贯）同白银一两，所以实际上比原额减低了一半。元代纸币不断贬值，政府根据白银与纸币比值的变化而对包银额加以调整。延祐七年（1320），又在江南征收包银，对象是商人和回回人户，每户银二两，折合至元钞十贯（等于中统钞五十贯），可以推知北方包银也应改为同样数额。江南包银在至治二年（1322）即停征。③俸钞。蒙古政权统治下各级官吏并无俸禄，都以克剥人民为事。忽必烈即位后，始定官吏俸禄。至元四年（1267），令缴纳包银的民户每四两增纳中统钞一两，称为俸钞，专作官吏俸禄之用。俸钞实际上是包银的一部分，所以一般记载只说科差包括丝料、包银两项。

负担科差的主要是民户，还有医户、猎户等，军、站、僧、道、儒等户均免征。民户中根据交纳科差种类、数量的区别和隶属关系的不同，又有各种不同的名目。在各类户中，包银、丝料"俱各验贫富品答均科"。也就是说，每户的定额只是一个平均数，实际上则是按各户贫富不等、户等高低而分别摊派不同的数额。据至元四年统计，科差所入丝一百零九万六千四百八十九斤，钞七万八千一百二十六锭（一锭五十两）。

窝阔台汗在1236年曾宣布"依仿唐租庸调之法"，来制定赋税制度。元代有人说："包银，谓民纳钞，包以充差发，即古之庸也。丝线，亦差发，古之调也。"元代北方的赋税制度与前代的租庸调制是有密切关系的，科差（包银、丝料）就是庸调的继续。但唐代租庸调以人丁为本，元代的科差则以户为本（税粮仍以人丁为本），而且收丝不收布，反映了北方家庭养蚕业的发达，这是两者不同的地方。

税　粮

元朝主要赋税项目之一。以征收粮食为主，故得此名。其征收办法，南、北不同。北方的税粮分为丁税、地税，因户而异。大体有以下几种情况：①工匠、僧道、也里可温、答失蛮、儒人等户，都是"验地"（按占有的地亩数）缴纳地税，每亩三升。②军户、站户占有土地四顷以内的可以免税，四顷以上要按亩纳地税。③民户、官吏、商贾等"验丁"纳丁税。成丁的年龄估计是十五岁。丁税每丁粟两石，驱丁（即驱口）减半。凡当丁税者不纳地税，反之，当地税者也不纳丁税。但是，由于前两类户与后一类户之间，互相买卖土地，以致发生纳税混乱。常常有一户同时负担丁税和地税的情形。南方的税粮分为夏、秋两税。秋税按亩征粮，税额没有统一的标准，各地区差别很大，同一地区内也因土地好坏分很多等级，有的低至一两升，有的高达两三斗。夏税征收的办法各地不一，有的地方征收粮食和丝、绵、布等实物，有的地区则征收货币（钞）。据某些地区资料估算，夏税约当秋粮的一半。元朝统一江南之初，只在江东、浙西征收夏税。元贞二年（1296）起，在浙东、福建、湖广等地征收夏税，后来江西也征收夏税。元代江南夏、秋两税的税额是沿袭宋代的，但在延祐七年（1320）政府下令每斗添加两升，即增收百分之二十。

在征收税粮时，无论南北，都要加收鼠耗、分例。按规定，每石税粮加征七升。各级官吏还常与地方上豪强地主相互勾结，巧立名目，进行剥削，因此，一般百姓的税粮负担要比法定数额大得多。有的每石外加五斗，有时甚至一石税粮实际要交三石之多。

站　户

元朝户籍名称之一。因政府签发部分人户专门承担站役，故得此名。元朝为了"通达边情，布宣政令"，在全国范围内建立了周密的站赤系统。站有水、陆之分，水道用船，陆道以马、牛、狗等作交通工具，故又有船站户、马站户、牛站户、狗站户等名称。各种站中以马站为最普通，马站户的数量也最多。据统计，全国驿站共有一千五百余处，以每站平均二百户计，站户约达三十余万户，实际数字可能更高。

站户承担的站役主要包括三个方面：①陆站站户养马、牛、狗等，水站站户则备船；②马站出马夫，称为兀剌赤，水站出船夫；③部分站户需向过往人员供应首思（原意为汤汁，元代以此指驿站过往人员的饮食分例）。江淮以北农业区的站户，大致平均四户养马一匹，每户可免四顷土地的地税，江淮以南对养马户数没有限制，但规定同养一匹马的诸户总共可免税粮七十石。站马来源不一，有的由国家出钱购买，发给站户饲养应役；有的由驿站所在地区诸色户计共同出资购买，发给站户；有的则由站户自行购置。不管来源如何，一旦倒毙，都由站户赔补。站户除可以免税的田亩税粮之外，其余部分仍须纳税。供应首思的站户可以免除和雇、和买、杂泛差役，有一部分地区的站赤由官府供应首思，这些站赤的站户与民户一样承当和雇、和买、杂泛差役。牛站户、狗站户和船站户的情况与马站户差不多。

站赤是当时最便利的交通体系。元朝政府规定，只有军政事务才许乘驿，而且必须持有铺马圣旨或圆牌，作为凭证。但是王公贵族、上层僧侣和各级官吏纷纷巧立名目，乞求铺马圣旨和圆牌，任意乘驿。站道上往来人员日益增多，站马因使用过度不断倒毙，马夫疲于奔命，首思供应不断加多，站户的负担愈来愈重。牛、狗、船等各站户的负担也是一样。再加上站官多方勒索，站户中的富户又与官吏相互勾结，逃避站役，把负担转嫁给一般站户，因而站户日益贫困化，许多人被迫逃亡。为了防止站赤制度废弛，元朝政府采取了一些措施，如发放救济物资，限制铺马圣旨和圆牌的使用，重新签发站户进行补充等，但是效果都很有限。元代后期，站户消乏和逃亡已成严重问题，站赤的运行受到很大影响。

驱　口

原意为"被俘获驱使之人"，即战争中被俘强逼为奴、供人驱使的人。驱口一词始见于金代。蒙古灭金过程中，掠民为奴的现象非常严重。据记载，窝阔台汗灭金后，贵族、将校所得驱口，约当原金统治区残存人口的一半。在蒙古灭南宋的战争中，掠民为驱尽管程度有所减轻，但仍相当普遍。元朝统一全国后，以战俘为驱口的现象显著减少，在镇压人民起义过程中仍有掠民为驱的现象。后来，驱口成了奴婢的通称。直至明代初期还有个别驱口的记载，但此后不久便逐渐消失。

元代驱口的总数缺乏统计，但从各种记载来看，为数是相当多的，北方更多。宫廷和官府都占有大批驱口，称为官户、监户等。贵族、官僚占有驱口的数字是很惊人的，如忽必烈宠臣阿合马拥有驱口七千。侍卫亲军都指挥使李伯祐家有驱口三千。驱口主要被用于家内服役，用于农牧业、手工业生产的情况也屡见不鲜。许多使长（驱口所有者）过着不劳而获的生活，生产、家事完全由驱口经营。但是，无论在南、北方的农业中，主要劳动者还是农民（自耕农和佃农），驱口只占次要地位。驱口在手工业中所占比重也不大。

元代法律规定，驱口属于贱人，与钱、物同，是主人财产的一部分。使长对驱口有人身占有权利，可以任意转卖，在大都和上都等城市中设有人市，买卖驱口。大都人市在元代中期废止。驱口本人以及子女的婚配，都要由使长做主。有的驱口得到允许可以自立门户，但使长可以用各种借口抄没他们积蓄的财产。法律禁止良贱通婚，但使长强奸奴妻者无罪。蒙古统治北方之初，使长可以任意杀害驱口。元朝建立后，这种情况受到一定限制，使长杀死无罪驱奴要受到法律的一定制裁，但实际上这种限制所起作用不大。至于使长对驱口施加各种刑罚，更是很普通的事。驱口只有通过赎身才能摆脱贱人的身份，成为良人。赎身的费用通常要相当于或大于该驱口终身劳动所创造的价值，对于绝大多数驱口来说，赎身是根本不可能的。就是少数侥幸得以赎身的驱口，脱离奴籍之后，一般仍需与使长保持一定依附关系，如军户的驱口赎身后就成为该军户的贴户，津助军役。而且使长也总是千方百计设法将他们重新抑逼为奴。

驱口所受压迫较之一般劳动者更加惨重，因而引起各种形式的反抗。金末山东红袄军起义，就有驱口参加。蒙古时期和元代经常发生驱口逃亡事件。14世纪初期，在一个下层僧侣鼓动下，北方许多从江南被掳而来的驱口，带着妻子儿女，纷纷逃回故乡，用船筏偷渡过黄河、长江。当使长赶来追捕时，他们群起抵抗，夺回被捉获的其他驱口。这次声势浩大的驱口反抗事件，使元朝统治者大为震动。在元末农民战争中，许多驱口也纷纷参加起义，向他们的使长展开斗争。

斡　脱

蒙古语的音译，蒙古和元朝经营高利贷商业的官商。徐元瑞《习吏幼学指南》说："斡脱，谓转运官钱，散本求利之名也。"又称斡脱为"见赍圣旨、令旨，随处做买卖之人"。从成吉思汗时期起，蒙古贵族就提供本银，委托中亚木速蛮商人经营商业，发放高利贷，从中坐收高额息银。当时这种官商有"黄金绳缆"之称。大汗以及诸王、公主、后妃，都各自设置斡脱，获取巨利。斡脱经营的商品中很大一部分是金银珠宝、名贵皮毛、金锦罗缎等供皇室和贵室享用的奢侈品。蒙古初期，高利贷的年息是百分之百，次年息转为本，又复生息，一锭银十年之后竟能本利共合一千零二十四锭。这种掠夺性盘剥当时称为"羊羔息"。蒙古汗廷曾经规定，斡脱被偷盗或抢劫而一年之内不能破案，由当地居民代偿，如不及时赔偿，就作为债务，迫令纳"羊羔息"。斡脱钱债使许多民户甚至一些地方官吏破产，陷入典卖妻孥还不足以偿债的境地，造成严重的社会问题。1240年，窝阔台汗不得不下诏以官府钱物代还民户和官吏欠下的斡脱钱债，总值达七万六千锭。同时取消各地官民代偿斡脱失盗损失的规定。根据耶律楚材的建议，规定钱债"子母相侔，更不生息"，即不论欠债多久，全部利息最终不得超过本银的百分之百。蒙哥汗时期，曾令孛阑合剌孙专掌斡脱。

入元以后，皇室、妃主、诸王的斡脱不断发展。政府为持有圣旨、令旨的官商专立户籍，称为斡脱户。元世祖时，前后曾设诸位斡脱总管府（至元四年，1267）、斡脱所（至元九年）、斡脱总管府（至元二十年）等机构，掌管斡脱事务。尽管由于某些朝臣一再陈述斡脱扰民害政，曾经暂时废止斡脱机构，但斡脱高利贷商业是元朝官府、皇室和诸王妃剥削收入的重要来源，不久便恢复，而且扩大了经营范围和权限。斡脱贸易还发展到远洋海外。在地方，元政府也前后设有斡脱局、斡脱府等官衙。

斡脱商人向元廷和诸王不断贡献奇珍异宝和大批钱物，从而得到特殊庇护。元政府为斡脱提供了种种特权。这些官商手持圣旨、令旨，可以使用驿站铺马，官给饮食。他们或携带军器，或有官军护卫。货物可以减免课税。行船鸣锣击鼓，不依河道开闸时间，强行通过，动辄殴打守闸人员。办买盐引，欺侮仓官。斡脱商人还假公济私，夹带私人资金，营运牟利，发额外横财。斡脱户常常不当差役，与僧、道、也里可温、答失蛮等神职人员享受同等或类似的优待。

追征斡脱钱债，对居民为害很大。如果负债人无力偿还，便籍没财产，甚至断没妻子儿女。大德六年（1302），札忽儿真妃子、念不列大王派人在杭州路追征钱债，并无负债人花名和欠债钱数，只指出三个债务人的名字，这三人转而把一百四十余户人家都说成债户，空口无凭，强行追索，造成很大骚扰。这类事屡次发生，以致元政府不得不下令制止。由于斡脱钱债导致许多人户破产，危及元朝统治秩序，元廷也曾下令免除某些居民的债务。但在有元一代，斡脱高利贷商业的盘剥始终是官府、皇室和诸王榨取人民膏血的手段之一，也是造成元代尖锐社会矛盾的根源之一。

由于译音无定字，斡耳朵也间或译写成"斡脱"，突厥——蒙古语中敬酒套语（请用），也译写为"斡脱"。

勋贵庄田

明代因授爵而拨赐的庄田，时称"给爵"。勋贵指勋臣（武将功臣）和贵戚（皇亲国戚），即所谓异姓贵族。有明一代，除李善长和刘基因为在奠定朱明皇朝的基业中，具有特殊建树而分别封公、伯外，其他文臣即使有大功勋也不封爵。贵戚中，皇后的父亲一般封侯，兄弟一般封伯，凡有封爵的勋贵都享有皇帝赐给的田土和佃种人户，但其爵位低于王爵，而且是异姓，故其庄田数量也少于王府庄田。

勋贵庄田的来源，除皇帝拨赐外，也有奏讨的庄田、占夺的民田、霸佃的官田等。洪武三年（1370）大封功臣，赐勋臣田，受封功臣计有六公、二十八侯、二伯。赐给这些公侯的佃户是三万八千一百九十四户。其中赐给李善长的即有一千五百家。以一户佃种土地十亩计，赐田数量当在四万顷左右。此外还有额外奏讨、受纳投献和抑买占夺的土地。由于勋贵的家人奴仆多倚势干禁，侵夺田土。明太祖朱元璋于洪武五年六月铸公侯铁榜，申诫公侯：不得强占官民山场、湖泊、茶园、芦荡及金银铜场、铁冶；其屯田佃户、管庄干办、火者、奴仆及其亲属，不得倚势凌民，夺侵田产财物；不许收纳为避差徭而欲私托门下者；不许虚钱实契侵夺民人房屋孳畜；不许受诸人田土及投献的物业；不许管庄人等在乡欺殴人民。二十三年又令礼部编《稽制录》，严禁公侯潜奢逾制，有的公侯惧怕诛戮，交还给爵地。二十五年又尽收赐田归官，公侯只给岁禄。在胡惟庸案和蓝玉案中，开国功臣被杀戮殆尽，尚未归官的赐田，也都被籍没。

洪武之后，钦赐功臣田土之事少见，辅佐明成祖朱棣取得天下的功臣淇国公丘福、成国公朱能都没有赐田的记载。此后的勋贵庄田的来源多是占夺，名曰"自置者"。在内地多占夺民人纳粮当差的田土；在北方九边，则占夺军屯土地和民田。宣宗而后，滥赐勋贵庄田，受恩眷的主要是外戚、公主、驸马和太监。佃种勋贵庄田的农民，除钦赐者外，还有私自役占的官军、隐占的逃亡人户、投为门下的人户、招募的人户等，称"佃户"，也有"庄户"或"庄民"等名称。

王府庄田

明代各亲王王府的庄田。明朝祖制，皇帝嫡长子例封皇太子，继承皇位；其余诸子封王，又称亲王。诸王享有禄米岁万石（初为五万石）。又给与护卫和牧马草场，使其布列各地，尤其是北方及西南的少数民族地区，以屏藩皇室，故俗称藩王。

明初无藩王之国没有拨赐田土的记载，但他们可以役使人民开垦朝廷赐给的牧马草场及废壤河滩。开垦之地，即形成庄田，征收籽粒。朝廷给赐亲王田园，作为庄田，始自宣宗。洪熙元年（1425）宣宗叔父、赵王高燧之国彰德府时，宣宗曾赐给田园八十顷。此后亲王就藩，辄奏讨庄田，且数量越来越多。明神宗朱翊钧时，潞王翊镠于万历十七年（1589）之国卫辉府，拨赐庄田多达四万顷。万历四十二年福王朱常洵之国河南府，也如数乞请。河南田土不足，乃坐派山东湖广协济，且以"零芜地"易良田以给之。王府庄田土地的来源除"钦赐"外，还有：①奏讨，即指某处田土为荒闲地，具奏请乞，据为己有。洪武永乐间，北直隶、山东、河南等处多抛荒地，曾命人民开垦永不起科，永远管业，但亲王以"未税地"、"无粮白地"名色奏讨管业，皇帝也照例允准。由永不起科地，又至于奏讨民人世业田地，福王的庄田"尺寸皆夺之民间"，是最突出的一例。②受纳投献。亲王们受纳投献而获得的田土有民田、民人起科地、租地、军民祖业征粮地、民种淤地、湖地、空闲地、官地、民间公共祖坟山地等名目。投献之人既有企图借王府之力以自丰殖的奸诈之徒，也有为朝廷赋役所困而不得已献出田地脱避差役的农民。③侵夺。民人因水旱饥荒、粮差繁重、势要欺凌、钱债所迫等，往往被迫出卖田土，王府则乘人之危，抑价勒买，且拒绝过割差粮，夺田侵税，名曰"买置"。佃种庄田者称庄民，俗称佃户。其主要来源为钦赐和奏讨土地的原田主，随着自己的土地被赐与王府，他们也成为王府佃户，此即"钦赐佃户"或"原隶佃户"。另外还有无以为生的贫民自动应募和民人为赋役所累逃亡投充而成为佃户的。

明制，王府亲王的嫡长子继位为王，其他诸子则封郡王。洪武五年（1372）规定，郡王诸子年及十五，人赐田六十顷。二十八年拨赐的土地减为十六顷。此数虽较原额为少，但仍不失为一个大庄主。郡王之下的为镇国将军也有赐田。有明一代，皇诸子受封为王的有六十二人，建藩就国的有五十人。其庄田和庄民（佃户）不隶有司册籍，故庄田顷亩和庄民数量，不可确知。

烧　造

专供官府和宫廷之用的砖瓦和陶瓷器皿的制造。明代官营烧造事务。砖瓦隶工部营缮司，陶瓷隶工部虞衡司。

砖瓦烧造，洪武二十六年（1393）定，凡南京营造需用砖瓦，每年于聚宝山置官窑烧造。永乐初，营建北京，工部设临清砖厂、琉璃厂（在今北京市和平门外）、黑窑厂（在今北京市左安门外）等官窑，分别烧造城砖、琉璃瓦和一般砖瓦。临清厂每年派遣白城砖一百万块，斧刃砖四十万块。每块白城砖，工部发给价银二分四厘，斧刃砖每块一分二厘。此外，河南、山东以及北直隶河间诸府均于运河沿岸建窑烧砖。工部派管造官常驻临清、直隶、山东、河南军卫州县有窑座处统辖。明中期以后，宫殿营建最繁。近京及南直隶苏州等处皆建有砖厂。苏州窑烧造二尺、一尺七寸两种型号的细料方砖。应天、池州、太平、苏州、松江、常州、镇江各府，每逢派遣城砖，便派官于苏州府地方立窑募夫，选拔技术熟练匠作烧造。嘉靖九年（1530），以大工紧急，所需砖除南直隶军府照旧烧造外，又命河南、山东、北直隶等司府一律征收砖价。辟临清有窑处所，召商烧造。万历二年，武清县自立窑座，分造城砖，每年三十万块，每块给价银二分二厘。

陶瓷方面，宋元时代为宫廷烧造瓷器的著名窑场——定、磁、钧、龙泉和景德镇等窑，入明以后大多仍继续烧造。宣德和嘉靖年间，河南钧、磁二州，北直隶真定府曲阳县每年烧造供光禄寺使用的瓷缸瓷坛多达五万一千余件；仪真、瓜州二厂也负担有年造酒缸十万个的派遣任务。明代龙泉青瓷称处瓷，明初与景德镇几乎处于同等重要的地位。南北各地官窑中，以景德镇御窑最负盛名。宋应星在《天工开物·陶埏》中写道："若夫中华四裔，驰名猎取者，皆饶郡浮梁景德镇之产也。"

里　甲

明代社会基层组织。城市中的里又称坊，近城者则称厢。每里人户为一百一十户。洪武三年（1370）始在江南个别地区实行。十四年，经户部尚书范敏倡议，推行于全国城乡。

一里之中多推丁粮较多的十户为里长，其余百户分为十甲，甲设甲首。里长对上级官府负责，管束所属人户，统计本里人户丁产的消长变化，监督人户生产事宜，调理里内民刑纠纷，并以丁粮和财产多寡为序，按赋役黄册排年应役。初期里甲不可挪移。正统六年（1441）规定：排年里长"设有消乏，许于一百十户推丁多粮多者补充"；如里内有死亡绝户，本里又无带管分析人户补充，可从邻里多余人户中拨补。如邻里亦无多余人户，准许同人户至少的里合并。

以里甲为单位编派的徭役称里役或甲役，有正役和杂泛差役两种。里甲正役是里甲人户应当的重要差役。里长和甲首为十年轮役制。每年由里长一名偕同甲首督率一甲十户应役，称"见年"或"当年"。其余九里长及九甲人户在此后九年内轮流应役，称"排年"。里甲正役主要项目是：①征收税粮。税粮包括夏税和秋粮，分别在夏秋两季依地亩由里甲负责催收。若里甲有逃亡人户，税粮照征，由里甲赔纳。②办运上贡物料。《禹贡》有所谓"任土作贡"，历代沿袭，各地方以其物产上贡。明朝天子玉食，军国所需等物料皆责之里甲，科派民间。北方的府、州、县上贡的比较少，南方，尤其是江南地区比较多。如遇派纳的物料非本地所产，里甲人户必须出银购买供办。③支应官府的公用，一些地方衙门中的皂隶、禁子、库子、斗级等均出自里甲，官员们的生活用具，学校生员的用项，乡官的年例礼物、夫役，地方上的乡饮酒礼费用，送生员赴考的路费，为进士和节妇建立牌坊，馈送过往官员，支应驿夫铺陈酒食，甚至刑场上杀人用的木桩石灰，也由民人备办。至于额外需索，以一科十，中饱私囊，更是到处皆是。而由于里长"放富差贫"，导致徭役严重不均。明代中叶后，随着一条鞭法的实行，里甲正役逐渐摊入地亩，折银征收，雇募应役，里甲十年应役之法逐步废弃，里甲逐渐失去其原来对人民的控制作用。

一条鞭法

明代中叶后赋役方面的一项重要改革。初名条编，又名类编法、明编法、总编法等。后"编"又作"鞭"，间或用"边"。主要是总括一县之赋役，悉并为一条，即先将赋和役分别合并；再通将一省丁银均一省徭役，每粮一石编银若干，每丁审银若干；最后将役银与赋银合并征收。

一条鞭法改革主要是役法改革，也涉及田赋。明代徭役原有里甲正役、均徭和杂泛差役。其中以里甲为主干，以户为基本单位，户又按丁粮多寡分为三等九则，作为编征差徭的依据。丁指十六至六十岁的合龄男丁，粮指田赋。粮之多寡取决于地亩，因而徭役之中也包含有一部分地亩税。这种徭役制的实行，以自耕农小土地所有制广泛存在及地权相对稳定为条件。明中叶后，土地兼并剧烈，地权高度集中，加以官绅包揽、大户诡寄、徭役日重、农民逃徙，里甲户丁和田额已多不实，政府财政收入减少。针对这种现象，不少人提出改革措施，国家从保证赋役出发，遂逐渐把编征徭役的重心由户丁转向田亩。商品经济的发展，货币作用的上升，也为这一变革创造了条件。

早在宣宗宣德年间（1426～1435）江南出现的征一法，英宗正统年间（1436～1449）江西出现的鼠尾册，英宗天顺（1457～1464）以后东南出现的十段锦法，至成化年间（1465～1487）浙江、广东出现的均平银，弘治年间（1488～1505）福建出现的纲银法，都具有徭役折银向田亩转移的内容。但这些改革只是在少数地区实行。推行全国的一条鞭法是从嘉靖九年（1530）开始的。实行较早的首推赋役繁重的南直隶（约在今江苏、安徽一带）和浙江省，其次为江西、福建、广东和广西，但这时也只限于某些府、州、县，并未普遍实行。由于赋役改革触及官绅地主的经济利益，阻力较大，在开始时期进展较慢，由嘉靖四十年至穆宗隆庆（1567～1572）的十多年间始逐渐推广。万历初首辅张居正执政时期，经过大规模清丈，才在全国范围推行，进展比较迅速。万历十年（1582）后，西南云、贵和西北陕、甘等偏远地区也相继实行。但即在中原地区，有些州县一直到崇祯年间（1628～1644）才开始实行。这一改革由嘉靖至崇祯，前后历经百年。当时积极主张实行的，中央大吏除桂萼、张居正等人外，嘉靖间有大学士顾鼎臣、御史傅汉臣、吏部尚书霍韬；地方官吏中，嘉靖年间有江南巡抚欧阳必进、应天巡抚欧阳铎、苏州知府王仪、江西巡抚蔡克廉、广东巡抚潘季驯等，而以历任广东、南直隶、浙江等省高级地方官的庞尚鹏，历任应天、江西巡抚的周如斗，以及隆庆间江西巡抚刘克济、应天巡抚海瑞、凤阳巡抚王宗沐等人推行尤力。

一条鞭法的实行，在役银编征方面打破了过去的里甲界限，改为以州县为基本单位，将一州县役银均派于该州县之丁粮。编征时并考虑民户的土地财产及劳动力状况，即所谓"量地计丁"。据隆庆四年（1570）户部奏：江南布政司所属府、州、县各项差徭，通计一岁共用银若干，照依丁粮两项编派，有丁无粮者作为下户，仍纳丁银；有丁有粮者编为中户，丁粮俱多者编为上户，"俱照丁粮并纳"。此经批准"著为定例"。可见"量地计丁"是当时编征役银的基本原则。

一条鞭法执行过程中，各地仅具体做法有很大差异。有的固定丁粮编征的比例，如南直隶江宁、庐州、安庆等府，河南邓州（今河南邓县）和新野等县役银按"丁一粮三"比例编征；陕西白水县役银按"丁六粮四"比例编征；有的固定民每丁、粮每石或地每亩摊征的银额，如江苏嘉定县每丁摊征役银一分、每亩摊征役银七厘七毫，浙江余姚县每丁摊征役银五分、每亩摊征役银四厘，山东曹县每丁摊征役银七分二厘、每大亩摊征役银七分一厘；也有将役银全部摊派于地亩的，如广东始兴县每粮一石带征丁银二钱六分，山东鱼台县将役银均派于税粮。就役银由户丁摊入地亩的比例而言，除明代晚期少数地区将役银全部摊入地亩，户丁不再负担役银者外，可以归纳为以下三类：①以丁为主，以田为辅，以州县为单位，将役银中的小部分摊入地亩，户丁仍承担大部分役银。②按丁田平均分摊役银，即将州县役银的一半摊入地亩，另一半由户丁承担。③以田为主，以丁为辅，即将州县役银中的大部分摊入地亩，其余小部分由户丁承担。

差徭和田赋，对农民来说是两种不同性质的剥削。在未实行一条鞭法以前，差徭之中虽然有一部分摊派于田亩，但所占比重很小。实行一条鞭法后，役银由户丁负担的部分缩小，摊派于田亩的部分增大，国家增派的差徭主要落在土地所有者身上，已初步具有摊丁入地的性质。它不只减少了税目，简化了赋役征收方法，更重要的是赋役性质的变化。这种变化具体反映了两个过渡，一是现物税和现役制向货币税过渡，一是户丁税向土地税过渡。但除少数府州县外，绝大多数地区的人丁还须承担多寡不等的役银，清代实行摊丁入地后，这一过渡才最终完成。

在中国封建社会后期，一条鞭法的出现具有一定历史意义。首先，明代中叶后，由于官绅地主的剧烈兼并，各里之间的土地多寡日益悬殊，原以里甲为编审单位的徭役制使民户的负担越来越不平均，不少农民破产逃徙。改行一条鞭法后，役银编审单位由里甲扩大为州县，对里别之间民户负担畸轻畸重的现象有一定调节作用，使由赋役问题产生的阶级矛盾暂时缓解，有利于农业生产的发展。其次，明初为保证赋役征发而制定的里长制和里甲制，对人户实行严格控制，严重限制了人民的行动自由。一条鞭法的实行，使长期以来因徭役制对农民所形成的人身奴役关系有所削弱，农民获得较多的自由。另外，相对明初赋役制而言，一条鞭法较能适应社会经济的发展，对商品生产的发展具有一定促进作用。赋役的货币化，使较多的农村产品投入市场，促使自然经济进一步瓦解，为工商业的进一步发展创造了条件。

由于历史条件的限制，有明一代，一条鞭法未能认真贯彻执行。在已实行的地区，有的地方官府仍逼使农民从事各种徭役；有的额外加赋，条鞭之外更立小条鞭，火耗之外复加秤头；更严重的是借一条鞭法实行加赋，有的地区条鞭原额每亩税银五分，崇祯年间有的加至一钱以上。

十段锦法

明代中叶在江南地区实行的赋役改革。全名为十段锦册法，又名十段册法、十段田法、十段丁田、十段粮米、十段均徭、均徭提编、均平提编或提编，名称因地而异。始行于福建，有确切记载的是宪宗成化年间（1465～1487）邵武知府盛颐所进行的改革。嘉靖四十四年（1565）推行于江南。一条鞭法行后渐废，惟云南一直延续到万历朝。这一改革对稳定封建秩序，发展农业生产有一定影响。

明代中叶，江南地区土地兼并剧烈，里甲之间户等相同而贫富悬殊，兼以官绅优免，在赋役方面出现丁粮多者役轻，丁粮少者役重的现象，贫苦民户力不能支，每每破产逃亡。地方官府因此而推行十段锦法，以整顿役法，改革均徭，并清理田赋。其法仍保持明初轮役制，只是在编审之时打破以户为编审单位的界限，而将一州一县应役丁粮分作十段（间有分为五段者），每段丁粮（田）大致相等。一州一县之均徭里甲等役，逐年按段编派，每十年一轮。各府、州、县在具体执行上也有区别，福建按原额丁粮分作十段，江苏常州府将一县田地分作十段，浙江衢州将各县粮米均作十段，云南各州县按丁田分作十段。编审之年，有的将田折丁，但更多的是将丁折田核算。应役之年，将全县银力两差共需银额，编派于一县之丁田，以应力役。轮役之年，此段有余则留供下段；此段不足则预从下段补足。

以此法编审徭役虽人田并计，丁粮兼派，但尤重于田粮，人丁之负担较轻，已具有摊丁入地因素。因各地丁粮、丁田折率不同，人丁徭役负担也有差异。如邵武府各县每丁折粮一石，人丁负担约占全部徭役的20%；武进县（今江苏常州）每丁折田一亩，人丁负担占全部徭役的8.5%。在力差改折银两及按丁粮分别编征徭银方面，十段锦的编审方法与一条鞭法略同，只是尚未与田赋合并征收。

匠班银

明代定期当班工匠缴纳的代役银。明代官手工业中的工匠，大都由匠户承担。洪武十九年（1386）法令：工匠以三年为班，轮流到京师服役三个月，如期交代，名曰轮班，二十六年改定为一年至五年五种轮班法。景泰五年（1454）实行全国轮班匠划一为四年一班。服役地点，洪武年间集中在南京，永乐迁都后以北京为重点。轮班匠隶属于工部主管，为工部所属的作坊工场和临时工程供役。班匠除赴京轮班外，也有因特殊制作的需要而存留于本府，执役于织染局和御器厂等处，称存留。轮班、住坐和存留都是一种劳役形式。所提供的劳动都是无偿劳动。工匠每应一班，虽名为三月，实际连同路程往返，往往需六七月，此外还受到官吏与作头的勒索；工匠为服役，常常要借钱物绢帛，甚至典卖田地子女，故消极怠工、粗制滥造或浪费原料，乃至逃亡时有发生，明政府屡禁而不能止。

明代中期，随商品生产的发展，货币经济的上升，政府对轮班匠制度进行了改革。

成化二十一年（1485）规定轮班匠可以银代役。凡愿出银者，每月每名南匠出银九钱，北匠出银六钱，不愿者仍旧当班。弘治十八年（1505），规定每班征银一两八钱，遇闰征银二两四钱。嘉靖四年（1525）补充规定，工匠无力者，亦只令上班，不许一概追价类解。八年后令南直隶等处远者纳价，北直隶等处近者当班，各从民便。嘉靖四十一年规定，班匠通行征价类解，不许私行赴部投当。当时各省工匠共十四万二千余人，每年征银六万四千一百多两。此法实行后，官手工业中只剩下存留军民匠一万二千余名，官手工业明显衰落，值班匠只要缴纳匠班税，就可自由经营，不再服役。官府所需产品，越来越依靠市场，从而推动了商品生产的发展。

明朝政府因匠户逃亡严重，改征匠班银，有一定的积极意义，但并不曾真正解除手工工匠所受的封建劳役的束缚，因为匠班银就是基于匠户所具有的封建劳役义务的身份关系交纳的；并且这一劳役剥削方式的改变，也仅限于轮班工匠，住坐工匠仍照旧供役。

三　饷

明末加派的辽饷、剿饷和练饷三项赋税的合称。①辽饷亦称新饷，始征于万历四十六年（1618），主要用于辽东的军事需要。到四十八年止，全国除贵州等少数地区外，平均每亩土地加征银九厘，计五百二十万零六十二两。天启时，并征及榷关、行盐及其他杂项银两。崇祯四年（1631），又把田课由九厘提高到一分二厘，派银六百六十七万余两，除兵荒蠲免，实征银五百二十二万余两，另加关税、盐课及杂项，共征银七百四十万八千二百九十八两。②剿饷为镇压农民起义的费用，总数两百八十万两，主要也征自田土。原议只征一年，实际上从崇祯十年起，直到十三年才被迫停止。③练饷是崇祯十二年根据杨嗣昌的提议征派的，名义是训练"边兵"，加强九边各镇防御力量，实际是为了对付农民起义。此饷共征银七百三十余万两，其中田赋每亩加一分，约占总数一半以上。

三饷的加派反映了明末统治的腐败，使已经激化的社会矛盾更趋尖锐，并成为明朝灭亡的重要原因之一。清朝统治者入关后，为笼络人心，曾下诏蠲免三饷，但没有认真实行，特别是辽饷中的九厘银，不久即被编入《赋役全书》，成为田赋的正式份额，终清一代，再未蠲除。

金花银

明代税粮折收的银两。原意为足色而有金花的上好银两，又名折色银或京库折银。明初征收赋税主要是实物，仅坑冶税有金银。夏税秋粮折收金银惟在陕西、浙江偶一行之，俱解南京供武臣俸，各边费用间亦取于其中。永乐迁都后，京师官员需持俸帖往南京支领俸米，道远费多。辄以米易货，贵买贱售，有时俸帖七八石，仅易银一两。于民于官均不利。为解决这一问题，宣德时江南巡抚周忱乃请检重额官田、极品下户税粮，准折纳金花银，每两当米四石，解京充奉，取得较好的效果。正统元年（1436），副都御史周铨建议于南直隶、浙江、湖广、江西不通舟楫处，将税粮折收布绢白银，解京充俸，江西巡抚赵新、户部尚书黄福等也先后奏请。明王朝遂决定将南直隶、浙江、江西、湖广、福建、广东、广西之夏税秋粮四百余万石折银征收。米麦每石折银二钱五分，共折银一百零一万二千七百余两，于北京内承运库缴纳，每季分进二十五万余两。其后概行于全国其他各布政司，以为永例。实行结果，内府库中金花银的数字最大。万历六年（1578）后，每年又增银二十万两，除折放武官月俸外，主要用于皇帝赏赐。

税粮折银与徭役折银，自明中叶以后陆续实行。这是中国古代赋役制度方面的一个重大进步。税粮折银，减少了农民运送税粮的痛苦，也推动了商品经济的繁荣。

三　办

明代物料征调方式的合称，指岁办、额办、采办。明代皇室的日用消费品，按"任土作供"原则，每年由产区进贡物料，以供皇室，称岁办；许多物料设有定额，按定额征解、造办，称额办；当进贡的物料不能满足需求时，由官府出钱购买，送京供用，称采办。明初，尤其在太祖时期，皇室生活上尚较节俭，明代中、后期商品经济的发展，极大地刺激了统治集团的贪欲，其腐朽性日益加深，生活上更加荒淫无度，便运用皇权，派出宦官四出采办，大肆搜刮，扰民极大。明代皇室的挥霍大致始于英宗朝，中经宪宗、武宗两朝，到世宗和神宗时达到登峰造极的地步。明代掌管三办事宜的机构是工部四司（营缮、虞衡、都水、屯田四清吏司），以及内府监、局，即宦官二十四衙门，酒膳珍馐则掌于光禄寺。岁岁采办，常派专使，最为民害。所需物品数额日益增多，天顺时，仅光禄果品物料即增旧额四分之一，而正德时每日、每月给宫中进奉的供应物品又数倍于天顺时。皇室的消费欲无限膨胀，岁办自然远远超出土产范围，而原有定额更不敷需求，于是明中叶以后，本折兼收，采办益繁，始而召商置买，由官府出钱召商人承办，实际上不给钱或给钱很少，商人多因此赔累破产。嘉靖二十七年（1548）明朝政府核编商人，然后按照编定的名单摊派采办，此即金商采办。万历年间，商人不堪赔累，竞相逃匿。明朝政府因之又金京师富户为商承办，令旨一下，中金者如同赴死，纷纷重贿求免，而官府勾缉如奸盗，商民苦不聊生。明神宗朱翊钧贪财好货，中使四出，巧立名目，百般搜刮，兴三大殿之工，采办楠杉木料，费银九百三十万两，全部征之于民间，而岁办金珠宝石，更不遗余力。三办进一步加深了人民的苦难，严重阻碍了社会经济的发展。

忙 工

明代农业生产中的雇工、短工的一种。明代，雇工根据受雇时间的长短，有长工、短工和忙工之分。以年为限，受雇于人，计年取得工值者，称长工；短期受雇、按受雇时间之多少，计时取得工值者，称短工；夏秋农忙季节，暂时受雇于人，计日而取得工值者，称忙工。忙工中有的是破产农民，也有服用不足的自耕农。明中叶以后，有的地区农业上使用雇工的现象较普遍，尤其在苏、松、嘉、湖等经济作物种植较多的地区更是如此。由于忙工受雇的时间短，所以出雇时不需向雇主写立文约，可随意出雇给任何雇主，在身份上比长工具有较多的自由。明初，根据明律，雇工人的地位与奴仆接近，明中叶以后，经过广大雇工长期的斗争，出现了变化。万历十六年（1588）正月正式规定，议有年限、立有文券的人，确定为雇工身份；而短期受雇，受值不多者，身份则为凡人。这样，忙工不仅在实际上，而且在法律上摆脱了人身依附关系，取得了与凡人相同的自由身份。明代中叶以后虽然出现为市场生产，并使用大量雇佣工人的雇主，采取经营地主的方式，但这种经营方式在全国还只是稀疏地出现在少数地区。农业中占主导地位的仍是自耕农民和封建地主的租佃关系，即使在经济比较发达的江南地区，有田者仍居十之一，而为人作佃者却有十之九。

均　徭

明代按民户丁粮多寡而编制的杂泛差役。英宗正统二年（1437），江西佥事夏时根据知州柯暹的《均徭册式》而创行于江西。十年诏罢。景泰元年（1450）重新推行。天顺、成化年间（1457～1487）逐渐在各地施行。弘治元年（1488）令全国各地编审均徭，查照岁额差役，于丁粮有力之家编派本等差役，贫困下户、逃亡人户听其空闲。

均徭法以人丁、税粮（即丁粮）多寡为基准设定户则，均派杂役，丁粮多者为上户，编重差；次者为中户，编中差；少者为下户，编下差；一户或编一差，或编数差，也有数户共编一差的。轮差次序常和里甲同时排定，十年或三五年一次。服役期在里甲正役满后的第五年。在具体实行上，南北方略有差异，南方以丁田为基准，北方以丁粮为基准。

均徭分力差和银差两种。力差指应役户亲身充役（后准由应役户募人代役），名目常见的有皂隶、狱卒、门子、马夫、驿馆夫等，多在近地承当，士绅有免役特权；银差行于弘治、正德年间，即应役户缴银代役，岁于均徭人户内点差，每名折收银若干，雇人充役。名目主要有岁贡、马匹、草料、工食、柴薪、膳夫折价等，多由下户承充，派在远地。力差与银差的编派原则是丁多则力差，粮多则银差。正德以后，力差亦折征银两，均徭法被一条鞭法所取代。

永佃权

土地关系中佃方享有长期耕种所租土地的制度。佃农在按租佃契约交纳地租的条件下，可以无限期地耕作所租土地，并世代相承。即使地主的土地所有权发生变化，佃农的耕作权一般仍不受影响。永佃权最早出现在宋代，明代有所发展，有永耕、长租、长耕等名。明代中叶以后，首先在福建等东南省份的某些地区流行，清代盛行于东南诸省及华北、西北、华南的部分地区，民国时范围又有所扩大。

永佃权的形成与定额地租形态的发展有密切关系。在定额地租形态下，地主只是收租，而不关心土地的经营情况，这使土地所有权与耕作权的分离成为可能。在这种情况下，佃农或因垦荒付出工本，或因投资改良土地，或因支付"佃价"，或因长期租种同一块土地，或因集体"霸耕"而获得永佃权。另外，也有自耕农出卖土地、仅保留耕作权而结成永佃关系。在地广人稀地区，有的地主为保障土地收益，也强迫佃农结成永佃关系。永佃权的产生和发展，有利于作物种植的扩大和土地收益的提高，也有利于佃农经济独立性倾向的发展和人身依附关系的削弱。但当地主权势嚣张时，每每任意改变永佃条件，使佃农丧失永佃权，明清时代经常发生佃农争取耕作权的斗争。

有永佃权的农民往往"私相授受"，将田面出顶、典押或买卖，还有的保留或转移征租权，造成土地所有权的再分割。许多官绅、豪民、债主也竞相从自耕农或永佃农手中掠取或购置田面，进行地租剥削。这是明中叶以后土地关系中出现"一田两主"、"一田多主"现象的渠道之一。在"一田多主"制下，出租田面的人都是二地主，俗称面主、皮主、赔主。

在永佃制下，土地所有权和耕作权的名称因地而异。又有田骨田皮、田底田面、大苗小苗、大租小租、大田小田、大卖小卖、大买小买、大业小业、粮田税田、粮田质田等，呈现出错综复杂的关系。清宣统三年（1911）编纂的《大清民律》草案在承认永佃权的同时，又规定其存续时间为二十至五十年，实际上否认其永久性。1929年公布的《中华民国民法》基本沿袭上述规定。

第二节　农业史话

农　书

古农书的产生

我国不但有悠久的农业历史，而且产生和保存了丰富的农学典籍。据国家图书馆主编的《中国古农书联合目录》统计，在西方近代农学传入我国以前，我国大小农书共出现634种，保存至今的有300余种（包括辑佚）。而近年来又发现许多以前所不知道的农书。这些农书可以区分为综合性农书和专业性农书两大类。在我国古代农业发展的每个时期，都有一些代表性农书，深刻地反映了当时的农业面貌和农学水平，成为中国古代农学发展各个阶段的标志。

我国战国的诸子百家中有农家。农家的来源，一部分是历代农官，他们负有劝督农业生产、组织修建沟洫等任务，另一部分是与农民有较多联系的平民知识分子，他们都积累了不少农业生产知识，并有专著。《汉书·艺文志》收录了农家著作九种，其中《神农》、《野老》为战国时作品，都没有保存下来。但成书于公元前239年的《吕氏春秋》中有《上农》、《任地》、《辩土》、《审时》四篇，《上农》讲农业政策，其他三篇讲农业技术，这是我国现存最早的一组农学论文。《任地》等三篇以如何把涝洼盐碱地改造为畎亩结构的农田为中心，阐述了土壤耕作、合理密植、中耕除草、掌握农时等技术环节，是先秦时代（主要是战国以前）农业生产技术的光辉总结。它第一次明确地阐述了农业生产中环境因素、人的因素和农业生物之间的辩证统一关系，是我国精耕细作农学的奠基之作。此外，成书于战国的《尚书·禹贡》和《管子·地员》篇，是水平颇高的农业地理和土壤学方面的著作。

秦汉至南北朝高水平农书的问世

秦汉到南北朝最重要的农书有《氾胜之书》、《四民月令》和《齐民要术》。

氾胜之是西汉末年人，做过汉成帝的议郎，曾在关中地区指导农业生产，成绩卓著。所著农书已佚，仅从其他古书中保存了片断，收集起来只有3500多字。它提出了"趋时、和土、务粪泽、早锄、早获"这一北方旱地耕作栽培的总原则，记载了在小面积土地上深耕细管、集中使用水肥以求高产的区田法，并具体论述了若干种作物的栽培技术。内容丰富。

公元2世纪（东汉末）著名政论家崔寔所著《四民月令》现今也只有辑佚本。它是农家月令类农书的代表作，反映了黄河流域地主田庄中的各项生产经营活动。

对两汉以来黄河流域农业生产技术作了最为系统而精彩的总结的，是公元6世纪（北魏）的《齐民要术》。这本书的作者是北魏人贾思勰，他在写书的过程中，广泛收集历史文献和农谚中的有关资料，向老农和有经验的知识分子请教，并以自己的实践（观察和试验）来检验前人和今人的经验和结论。全书写得严谨、质朴、精到、详明，堪称后世农书的典范。《齐民要术》内容包括粮食、油料、纤维、染料、饲料、蔬菜、果树、林木的种植，以及蚕桑、畜牧、养鱼和农副产品的加工，以至烹调等。诸如作者所说，它"起自耕农，终于醯（醋）醢（肉酱），资生之业，靡不毕书"。书中所总结的耕—耙—耢—压—锄、种植绿肥、轮作倒茬和选育良种等原则与方法，标志着我国北方旱地精耕细作技术体系的成熟。此后1000多年，我国北方旱作技术的发展始终没有超越它所指出的方向和范围。其中许多科学原理至今仍然有效。此书虽以黄河流域农业为主，但篇末记载了100多种有实用价值的热带亚热带植物，又是最早的南方植物志之一。总之，《齐民要术》是我国最早最完善的综合性农书，在中国和世界农业史上居重要的地位。西方和东方的学者对《齐民要术》的成就都给予了高度评价，研究的人越来越多。如日本有所谓"贾学"。《齐民要术》已成为世界人民的共同财富。

唐宋元农书的新发展

这一时期农学的发展，首先表现在农书数量的增加。已知农书数量几乎是前代农书总和的一倍。综合性农书中重要的有唐末韩鄂的《四时纂要》；南宋的陈旉《农书》；元代司农司编的《农桑辑要》，王祯《农书》，维吾尔族人鲁明善写的《农桑衣食撮要》等。

唐宋时代专业性农书大大增多，分科更细，内容更专。比较重要的有唐陆龟蒙的《耒耜经》、陆羽的《茶经》、李石的《司牧安骥集》、宋代秦观的《蚕书》、赞宁的《笋谱》、陈翥（柱）的《桐谱》、蔡襄的《荔枝谱》、韩彦直的《橘录》、陈景沂的《全芳备祖》等。还出现一批劝农文和耕织图，它们以通俗的文字和图像介绍农业技术，或针对农业生产中的问题，提出解决办法，具有农业推广性质，是我国古农学的一种新形式。所有这些，难以一一尽述。下面只着重介绍两部最重要农书。它们的作者分别是陈旉和王祯。

陈旉（1076～1154）生于北宋、南宋之交，居于长江下游地区，曾"躬耕西山"，"种药治圃"，有丰富的农业生产实践经验。他于绍兴十九年（1149）写成的《农书》，是总结江南地区农业生产和经营管理经验的一本地区性农书。他写书的态度不是人云亦云，不因袭成论，必经自己实践检验证明切实可靠的才写下来。因此，该书虽然篇幅不大，范围较小，但充满新鲜经验和新鲜思想，这在

《齐民要术》以后的综合性农书中，几乎是独一无二的。其中有对水田耕作栽培技术和各类土地合理利用的精辟论述，标志着南方水田精耕细作技术体系的成熟。它和《齐民要术》可算得是双星拱照，南北辉映。书中提出"盗天地之时利"和"地力常新壮"等命题，在传统农学的发展史上具有里程碑式的意义。

王祯（生卒年月不详）是元朝人，原籍山东东平，在安徽和江西当过县尹，对南北各地农业生产都比较熟悉，又是一位多才多艺的人。他在14世纪初写成的《农书》，第一次囊括了北方旱地和南方水田的生产技术，并作了比较，系统全面，源流清晰。尤其是全书约2/3的篇幅用以介绍260种"农器"（主要是农机具，也包括部分农产品加工工具和其他与农业有关的设施），每种农器有图一幅，文字说明一篇，并配上诗歌，真是图文并茂，洋洋大观，实为我国现存最古最全的农器图谱。

明清农书创作的繁荣

明清是农书创作繁荣、成果丰盛的时代。流传至今的明清农书有几百种之多，占我国农书总数的一多半。这些农书内容丰富、形式多样，其中不乏高水平的佳作。这是当时农业生产和农业技术继续发展的一种反映。在本时期的大型综合性农书中，最重要的是《农政全书》和《授时通考》。

《农政全书》刊刻于明崇祯十二年（1639）。作者徐光启（1562~1633）是明末伟大的科学家，他虽曾官至礼部尚书兼东阁大学士，但仕途坎坷，主要精力放在科学研究上，对天文、数学、农学均有深入研究，是我国介绍西方自然科学的第一人。农学是他用力最勤、收获最丰的领域。他青壮年时一面读书教学，一面参加农业生产，后来又在上海、天津等地进行过广泛的农学试验，并收集了大量前代和当世的农业资料，在此基础上用毕生精力写成的主要著作《农政全书》，是一部50余万字的皇皇巨著。全书分农本、田制、农事（以屯垦为中心）、水利、农器、树艺（谷物、园艺）、蚕桑、蚕桑广类（木棉、苎麻等）、种植（经济作物）、牧养、制造（农副产品加工等）、荒政等十二目，内容比前代农书大为拓宽。它有鉴别地搜罗了历代农书和农业文献的精华，补充了屯垦、水利、荒政等前代农书的缺环，总结了宋元以来在棉花、甘薯引种栽培等方面的新鲜经验，又第一次把"数象之学"应用于农业研究，通过对历史资料的统计分析和实地观察，正确地指出了蝗虫的滋生场所，书中还收录了反映西方近世科技成果的《泰西水法》，堪称我国传统农书中体大思精、内容宏富、继承与创新相结合的集大成之作。

《授时通考》成书乾隆七年（1742），是清政府组织编纂的。全书分天时、土宜、谷种、功作、劝课、蓄聚、农余、蚕桑八门，汇集和保存了丰富的资料，但内容没有什么创新。

这一时期的综合性农书中，地方性小农书显著增多。最著名的有浙江的《沈氏农书》和《补农书》，四川的《三农记》，山东的《农圃便览》、《农蚕经》，陕西的《农言著实》，山西的《马首农言》等，不少是出于经营地主之手的实录性的经验总结，反映了各地区农业生产和农业技术的发展状况。

专业性农书也大量涌现。蚕桑类、畜牧兽医类专著最多，园艺、花卉、种茶、养鱼的农书也不少。有的内容很专门，如记载水稻品种的《稻品》，提倡在江南推广双季稻的《江南催耕课稻编》，论述新兴作物的《烟草谱》、《木棉谱》、《金薯传习录》等，种菌、养蜂、放养、柞蚕等都有专书。是人们为解决农业生产新问题，总结新经验而写的。还值得提出的是，在人多地少的条件下，人们追求小面积高产，纷纷进行区种法试验，于是出现不少以"区田"为名讲述区田法的农书，近人把它们收进《区种十种》中。人们总结抗灾救荒经验，又撰写了一批关于蝗虫防治和救荒植物的专书。以上两类农书均为前代所无。

还有一类农书偏重于理论分析，例如明代马一龙的《农说》和清代杨岫的《知本提纲》，用阴阳五行的理论解释农业生产，把传统农学理论进一步系统化，有相当高的水平。不过，它们还停留在以比较抽象的哲理来阐释农业生产现象，当时仍缺乏显微镜一类科学观察实验手段，难以深入探索农业生物内部的奥秘，形成建立在科学实验基础上的理论，这就不能不妨碍我国农学以后的进一步发展。

纵观我国古代农书，在卷帙浩繁、体裁多样、内容丰富深刻、流传广泛久远等方面，远远超过同时代的西欧。这是我们的祖先给我们也是给全人类留下的宝贵遗产。

农　时

从农业的总体来分析，农业技术措施可以区分为两大部分：一是适应和改善农业生物生长的环境条件，二是提高农业生物自身的生产能力。我国农业精耕细作技术体系包括了这两个方面的技术措施。

"食哉唯时"和"勿失农时"

《尚书·舜典》中有一句话，叫"食哉唯时"，意思是解决民食问题的关键是把握时令、发展生产。历代统治者总是把"敬授民时"作为施政的首务。春秋战国诸子百家尽管有诸多分歧，但在主张"勿失其时"、"不违农时"、"使民以时"方面，却是少有的一致。

为什么"时"受到如此的重视？这是因为农业是以自然再生产为基础的经济再生产，受自然界气候的影响至大，表现为明显的季节性和紧迫的时间性。这一特点，中国古代农业更为突出。中国古代农民和农学家农时意识之强为世所罕见。他们认为从事农业生产首先要知时顺天。《吕氏春秋·审时》提出"凡农之道，厚（候）之为宝"的命题，并以当时主要粮食作物为例，详细说明了庄稼"得时"和"先时"、"后时"的不同生产效果，指出"得时之稼"籽实多、出米率高、品质好，味甘气章，服之耐饥，有益健康，远胜于"失时之稼"。西汉《氾胜之书》讲旱地耕作栽培原理以"趣（趋）时"为首，明马一龙《农说》阐发"三才"理论以"知时为上"，等等。作为农时观念的产物，形成了中国特有的月令体裁农书，特点是根据每月的星象、物候、节气等安排农事和其他活动。它在中国农书和农学文献中不但占有相当大的比重，而且是最早出现的一种，如《夏小正》。在其他体裁的农书中，也往往包含类似月令的以时系事的丰富内容。

中国古代农时意识之所以特别强烈，与自然条件的特殊性有关，也和精耕细作传统的形成有关。

黄河流域是中华文明的起源地之一，也是中国农学的第一个摇篮。它地处北温带，四季分明，作物多为一年生，树木多为落叶树，农作物的萌芽、生长、开花、结实，与气候的年周期节奏是一致的。在人们尚无法改变自然界大气候的条件下，农事活动的程序不能不取决于气候变化的时序性。春耕、夏耘、秋收、冬藏早就成为人们的常识。黄河流域春旱多风，必须在春天解冻后短暂的适耕期内抓紧翻耕并抢栽播种，《管子》书中屡有"春事二十五日"之说，春播期掌握成为农时的关键一环。一般作物成熟的秋季往往多雨易涝，收获不能不抓紧；冬麦收获的夏季正值高温逼熟，时有大雨，更是"龙口夺食"。故古人有"收获如盗寇之至"之说。黄河流域动物的生长和活动规律也深受季节变化制约。如上古畜禽驯化未久，仍保留某些野生时代形成的习性，一般在春天发情交配，古人深明于此，强调畜禽孳乳"不失其时"。大牲畜实行放牧和圈养相结合，一般是春分后出牧，秋分后归养，形成了制度，也是与自然界牧草的荣枯相适应。

随着精耕细作技术的发展和多种经营的开展，农时不断获得新的意义。如牛耕推广和旱地"耕、耙、耢"及防旱保墒耕作技术形成后，耕作可以和播种拉开，播种期也有更大的选择余地，而播种和耕作最佳时机的掌握也更为细致了，土壤和作物等多种因素均需考虑。如《氾胜之书》提出"种禾无期，因地为时"。北魏《齐民要术》则拟定了各种作物播种的"上时"、"中时"和"下时"。施肥要讲"时宜",排灌也要讲"时宜"。如何充分利用可供作物生长的季节和农忙以外的"闲暇"时间,按照自然界的时序巧妙地安排各种生产活动,成为一种很高的技巧。南宋陈旉《农书·六种之宜》说:"种莳之事,各有攸叙能知时宜,不违先后之叙,则相继以生成,相资以利用,种无虚日,收无虚月,一岁所资,绵绵相继。"他认为农业生产是"盗天地之时利",这种道家的语言出自这位农学家之口,带有主动攘夺、巧妙利用天时地利的意义。明清一些地方性农书的作者(多为经营地主),在他们的农事时间表上,农忙干什么,农闲干什么,晴天干什么,雨天干什么,都有细致的安排。

物候、星象、节气

那么,中国古代人民是如何掌握农时的呢?

这有一个发展过程。对气候的季节变化,最初人们不是根据对天象的观测,而是根据自然界生物和非生物对气候变化的反应(如草木的荣枯、鸟兽的出没、冰霜的凝消等)所透露的信息去掌握它,作为从事农事活动的依据,这就是物候指时。在中国一些保持或多或少原始农业成分的少数民族中,保留了以物候为农时主要指示器的习惯,有的甚至形成了物候计时体系——物候历。我国中原地区远古时代也应经历过这样一个阶段。相传黄帝时代的少昊氏"以鸟名官":玄鸟氏司分(春分、秋分),赵伯氏司至(夏至、冬至),青鸟氏司启(立春、立夏),丹鸟氏司闭(立秋、立冬)。玄鸟是燕子,大抵春分来秋分去,赵伯是伯劳,大抵夏至来冬至去,青鸟是鸧鹅,大抵立春鸣,立夏止,丹鸟是鷩雉,大抵立秋来立冬去。以它们分别命名掌管分、至、启、闭的官员,说明远古时确有以候鸟的来去鸣止作为季节标志的经验。甲骨文中的"年"字是人负禾的形象,而"禾"字则表现了谷穗下垂的粟的植株,故《说文》讲"谷熟为年"。这与古代藏族"以麦熟为岁首"(《旧唐书·吐蕃传》)、黎族"以藷蓣之熟,以占天文之岁"(《太平寰宇记》)如出一辙,都是物候指时时代留下的痕迹。物候指时虽能比较准确反映气候的实际变化，但往往年无定时，"月"无定日，同一物候现象在不同地区不同年份出现早晚不一，作为较大范围的记时体系，显得过于粗疏和不稳定。于是人们又转而求助于天象的观测。据说黄帝时代已开始"历法日月星辰"（《史记·五帝本纪》）。当时测天活动是很普遍的，其流风余韵延至三代，顾炎武就有"三代以上，人人皆知天文"的说法。人们在长期观测中发现，某些恒星在天空中出现的不同方位，与气候的季节变化规律吻合，如北斗星座，"斗柄东向，天下皆春；斗柄南向、天下皆夏；斗柄西向，天下皆秋，斗柄北向，天下皆冬"（《鹖冠子》），俨然一个天然的大时钟。有人研究发现，我国远古时代曾实行过一种"火历"，就是以"大火（即心宿二）昏见"为岁首，并视"大火"在太空中的不同位置确定季节与农时。但以恒星计时适于较长时段（如年度、季度），有时观测也会遇到一定困难；较短时段纪时的标志则莫若月相变化明显。于是又逐渐形成了朔望月和回归年相结合的阴阳合历。所谓朔望月是以月亮圆缺的周期为一月，所谓回归年是以地球绕太阳公转一次为一年。但回归年与朔望月和日之间均不成整数的倍数，十二个朔望月比一个回归年少 11 天左右，故需有大小月和置闰来协调。朔望月虽然便于计时，却难以反映气候的变化。于是人们又尝试把一个太阳年划分为若干较小的时段，一则是为了更细致具体地反映气候的变化，二则也是为了置闰的需要。探索的结果最后确定为二十四节气。二十四节气是以土圭实测日晷为依据逐步形成的。不晚于春秋时已出现的分、至、启、闭是它的八个基点，每两点间再均匀地划分三段，分别以相应的气象和物候现象命名。二十四节气的系统记载始见于《周髀算经》和《淮南子》。它准确地反映了地球公转所形成的日地关系，与黄河流域一年中冷暖干湿的气候变化十分切合，比以月亮圆缺为依据制定的月份更便于对农事季节的掌握。它是中国农学指时方式的重大创造，至今对农业生产起着指导作用。

中国农学对农时的把握，不是单纯依赖一种手段，而是综合运用多种手段，形成一个指时的系统。如《尚书·尧典》以鸟、火、虚、昴四星在黄昏时的出现作为春夏秋冬四季的标志，同时也记录了四季鸟兽的动态变化。《夏小正》和成书较晚但保留了不少古老内容的《礼记·月令》，都胪列了每月的星躔、气象、物候，作为安排农事和其他活动的依据，后者还实际上包含了二十四节气的大部分内容。这成为后来月令类农书的一种传统。二十四节气的形成并没有排斥其他指时手段。在它形成的同时，人们又在上古物候知识积累的基础上，整理出与之配合使用的七十二候。春秋战国时代，人们还在长期天文观测的基础上，试图依据岁星（木星）在不同星空区域中12年一循环的运行，对超长期的气候变化规律以及它所导致的农业丰歉作出预测。二十四节气作为中国传统农学的主要指时手段，是和其他手段协同完成其任务的。元人王祯在其《农书》中说："二十八宿周天之变，十二辰日月之会，二十四气之推移，七十二候之变迁，如循之环，如轮之转，农桑之节，以此占之。"他为此制作了"授时指掌活法图"，把星躔、节气、物候归纳于一图，并把月份按二十四节气固定下来，以此安排每月农事。他又指出该图以"天地南北之中气作标准"，要结合各地具体情况灵活运用，不能"胶柱鼓瑟"。这是对中国农学指时体系的一个总结。

"侔造化、通仙灵"的人工小气候

人们无法改变自然界的大气候，但却可以利用自然界特殊的地形小气候，并进而按照人类的需要造成某种人工小气候。我国人民很早就在园艺和花卉的促成栽培上利用地形小气候和创造人工小气候，从而部分地突破自然界季节的限制和地域的限制，生产出各种侔天地之造化的"非时之物"来。

早在秦始皇时代，人们已在骊山山谷温暖处取得冬种甜瓜的成功。唐朝以前，苏州太湖洞庭东西山人民利用当地湖泊小气候种植柑橘，成为我国东部沿海最北的柑橘产区。唐代官府利用附近的温泉水培育早熟瓜果。王建《官词》说："酒幔高楼一百家，宫前杨柳寺前花。御园分得温汤水，二月中旬已进瓜。"

温室栽培最早出现在汉代宫廷中。《汉书》说，西汉时政府的"太官园"，在菜圃上"覆以屋庑"，"昼夜燃蕴火"，冬天种植"葱韭菜茹"。这是世界上见于记载最早的温室，比西欧的温室早了1000多年。类似的还有汉哀帝时的"四时之房"，用来培育非黄河流域所产的"灵瑞嘉禽，丰卉殊木"。汉代温室栽培蔬菜可能已传到民间，有些富人也能吃到"冬葵温韭"了。唐代温室种菜规模不小，有时"司农"要供应冬菜2000车。北宋都城汴梁（今河南开封）的街市上，十二月份还到处摆卖韭黄、生菜、兰芽等。王祯《农书》记载的风障育早韭、温室囤韭黄和冷床育菜苗等，也属于利用人工小气候的范围。这种技术推广到花卉栽培，有所谓"堂花术"。南宋临安（今浙江省杭州市）郊区马塍盛产各种花卉。凡是早放的花称堂花。方法是：纸饰密室，凿地为坎，坎上编竹，置花竹上，用牛溲硫磺培溉；然后置沸水于坎中，当水汽往上熏蒸时微微煽风，经一夜便可开花。难怪当时人称赞这种方法是"侔造化、通仙灵"了。

在古代农业生产中，反常气候造成的自然灾害，如水、旱、霜、雹、风等，一般是难以抵御的，但人们还是想出了各种避害的办法。其中之一就是暂时地、局部地改变农田小气候。例如，果树在盛花期怕霜冻，人们在实践中懂得晚霜一般出现在"天雨新晴（湿度大）、北风寒切（温度低）"之夜，这时可将预先准备好的"恶草生粪"点着，让它暗燃生烟，藉其烟气可使果树免遭霜冻。这种办法在《齐民要术》中已有记载。清代平凉一带还施放枪炮以驱散冰雹、保护田苗。

第二章　农学科技大视野

第一节　古代农学

中国原始农业的分布

到距今 4000 ~ 5000 年前，我国的原始农业已遍布祖国大地。由于我国幅员辽阔，地理条件复杂，所以原始农业一开始就具有不同的特点。大致来说，可以分为以下四大类型。

黄河流域原始旱地农业

黄河流域是我国原始农业发生最早、生产最发达的地区。这一地区是我国主要的黄土地带。这里地势平坦，土壤疏松，土地肥沃，适宜木石农具开垦，很适宜于农作物的生长。但这里气候比较干燥，降雨量年平均只有 400 ~ 750 毫米左右。适宜需水量较少的旱作物生长。因而决定了这一地区种植的作物，又只能以旱作物为主。

在近 8000 年前，这一地区已经有了相当发达的原始农业。河南新郑裴李岗、河北武安磁山、甘肃秦安大地湾等新石器时代的遗址中，都发现了 7000 ~ 8000 年前的农业生产工具。如石铲、石斧、石刀、石锛、石镰、石磨盘、石磨棒等。还发现了猪、羊、狗、鸡等家畜家禽遗骸。在磁山遗址中发现了大量的粮食（粟）堆积。大地湾遗址中，还发现了糜子和菜籽。到距今 5000 ~ 6000 年前，黄河流域的原始农业有了进一步的发展，出土的粮食有粟、黍、糜等，还有大麻子（古人也将大麻子作粮食）。农具的制作比以前更精致、更进步，并出现了石耜、木耒等新耕作农具和牲畜的拦圈、夜宿场，著名的西安半坡遗址和临潼的姜寨遗址，便是这一时期原始农业遗址的代表。

随着农业的发展，黄河中下游一带的人口日渐繁衍起来，并形成了一个经济、文化中心。为后来夏、商、周等奴隶制国家和汉唐等封建帝国在这里建都奠定了基础。

长江流域的原始水田农业

长江流域，气候温暖湿润，雨量充沛，土地肥沃，湖沼众多，特别适宜于水稻的栽培，在距今一万年前后，在湖南道县玉蟾岩遗址、澧县彭头山遗址都开始有水稻种植。在 7000 年前著名的浙江余姚河姆度遗址和浙江桐乡罗家角遗址，都发现了距今 7000 年左右的大量稻谷（粳稻和籼稻），以及骨耜、木耜、骨镞等农具和猪、水牛等家畜。长江下游地区就已形成水田农业。5000～6000 年前，水田农业发展到长江中游的四川、湖南、湖北部分地区。湖北京山屈家岭遗址，便是这一时期水田农业的代表，在遗址的红烧土中，发现有大量的稻谷遗存，经鉴定是粳稻。到 4000～5000 年前，水田农业扩大到整个长江流域，在江苏、浙江、安徽、江西、湖北、湖南、四川等省发现的几十处新石器时代的遗址中，都有稻谷、稻米的遗存，同时还发现有芝麻、蚕豆、花生、甜瓜籽、菱角、桃核等，以及石斧、石锛、石铲、石耜、石刀、石镰、石杵、石磨盘等农具和猪、水牛、羊、狗、鸡等家畜。在浙江湖州钱山漾新石器时代的遗址中，又发现了距今 5000 年前的绢片、丝带和丝线，说明当时已有了养蚕业。长江流域的原始农业发生很早，而且也是相当发达的。

过去人们往往把黄河流域视为哺育中华民族农耕文化的摇篮，现在，从考古资料来看，长江流域同样是我国农耕文化的发祥之地，只是农耕文化的类型不同而已。

华南地区的原始农业

华南地区的原始农业是以捕捞和种植相结合为特点的。这一地区，气温高，湿度大，雨量充沛，有利于农业的发展，但境内山脉连绵，丘陵起伏，河深水急，又影响到这一地区的开发。这一地区牲畜的驯化和饲养历史很早，广西桂林甑皮崖的新石器时代遗址中，已发现有距今约9100年前的家猪遗骸。但种植业出现较迟，在一些新石器晚期的遗址中，才出现有水稻等作物。由于这一地区自然条件比较优越，野生资源比较丰富，所以除经营农业外，采集和渔猎业在该地区的原始经济中仍占有相当大的比重。例如，在广东翁源青塘的两处新石器时代的洞穴遗址中，曾发现有大量的螺壳、烧骨和炭骨。在云南滇池周围发现的十几处新石器时代的遗址中，除谷壳和谷穗外，同时还发现了大量的螺蛳壳，反映了这一地区的原始农业具有区别于其他地区的特点。

北部和西部地区的原始农业

北部和西部地区是农牧混合型原始农业。这一地区包括东北、内蒙、新疆、西藏的全部和甘肃、青海、宁夏、河北的一部分。除近海地区外，均是大陆性气候，这里降雨稀少，土壤发育不良，一些地区形成为草原和沙漠。与中原地区相比，这里的原始农业发展较晚，大致在距今5000～6000年时才有原始农业出现。例如，在内蒙昭乌达盟地区的新石器时代的遗址中，发现有石耜、石铲、石锄、石刀、石磨盘、石磨棒等农具，表明这一地区有种植业存在。同时又发现有猪、牛、羊等家畜遗骸，表明又有畜牧业。此外还发现鹿、獐等野兽遗骸，说明还同时存在着狩猎业。又如，在黑龙江省嫩江流域和松花江中游发现的昂昂溪类型和白金宝类型的遗址中，出土的实物既有农业的遗存，又有畜牧业的遗存，其中畜牧业占有重要地位，渔猎业也有相当比重。在吉林西南部的红山文化和富河文化中，则是以农为主兼营牧业。在青海都兰的诺木洪塔里他里遗址，则是畜牧业为主同时兼营农业。

上述材料说明，黄河中游和长江下游的原始农业，发生要早于其他地区，也要比其他地区进步。因此，可以说黄河流域和长江流域是我国农耕文化的摇篮；在不同地区的原始农业中，存在着一个共同的特点，即种植业和畜养业是紧密结合在一起的。也就是说，我国的农业，一开始就是农牧结合的，不存在所谓跛足农业问题。

中国古代的土地利用方式

丘陵山地的利用

畲田　这是一种不设堤埂，顺坡而种的坡田。这种山地的利用方法，广泛使用于唐代。由于顺坡而种，不设堤埂，农田的水土流失相当严重，而且使用的寿命很短，一般只能种三年，就不能再种了。正如唐代的诗人杜甫所说："历三岁，土脉竭，不可复树艺。"这是山地利用的初期。后来，随着生产技术的发展和水土流失的危害为人们所认识，到宋代这种土地利用方法就被人们淘汰。但在一些地多人少的少数民族地区，直到清代，仍在使用。例如，据《广东新语》记载，在广东东部，清朝初年，那里的人民"当四、五月时，天气晴霁，有白衣山子者，于斜崖陡壁之际，劙杀阳木，自上而下，悉燔烧，无遗根株，俟土脂熟透，徐转积灰，以种禾及吉贝绵，不加灌溉，自然秀实，连岁三、四收，地瘠乃弃，更择新者，所谓畲田也。"就是一例。

梯田　梯田是在畲田基础上发展起来的一种山地利用方式，它是沿着山的坡度，按等高线筑成堤埂，埂内开成农田。由于埂内的农田呈水平状，田外由堤埂包围，因而它有很好的防止水土流失的作用。在有水源的地方，又将垦山同挖塘、筑堰、叠坝结合起来，使"水无涓滴不为用，山到崔嵬犹力耕"，巧妙地将垦山、用山同治水、治土结合起来，使我国的山地得到了比较好的利用。

梯田的名字最早见于南宋范成大的《骖鸾录》中，"袁州（江西宜春）岭板上皆禾田，层层而上至顶，名曰梯田"。梯田在宋代不只袁州一地有，不少有山的地区，亦都有梯田。例如，在诗人杨万里的诗中就有"翠带千镮束翠峦，青梯万级搭青天。长淮见说田生棘，此地都将岭作田"的诗句。宝庆《四明志》中说："当地右山左海，土狭人稠，旧以垦辟为事，凡山颠水湄，有可耕者，累石堑土，高寻丈而延袤数百尺，不以为劳。"方勺在《泊宅编》中说：福建"垦山陇为田，层起如阶级然，每远引溪谷水以灌溉。"另外，据叶廷珪《海录碎事》记载，在四川的果州（南充）、合州（合川）、戎州（宜宾）也都有梯田，当地称为磳田。所有这些都反映了梯田在宋代是相当普遍的。

关于梯田的修筑技术，元代的王祯《农书》中有详细的描绘，其要点是：①先依山的坡度"裁作重蹬"，修成阶梯状的田块；②再"叠石相次包土成田"，修成石梯阶，包围田土，以防水土流失；③如果上有水源，便可自流灌溉，种植水稻，若无水源，也可种粟麦。这些梯田修筑技术，说明时至元代，我国修建梯田，利用山地已积累了相当丰富的经验。由于梯田既能利用山地，又能防止水土流失，所以至今仍是我国利用山地的一种主要方法。

山地分层利用 这是针对垦山造田容易造成水土流失而设计的一种山地利用方法。这一方法出现于清代，见于包世臣《安吴四种·齐民四术·农一上》，其法是："择稍平地为棚，自山尖以下，分为七层，五层以下，乃可开种。就下层开起，先就地芟其柴草烧之，即用重尖锄一劚两敲开之。初开无论秋冬，先遍种萝卜一熟，此物最能松土，且保岁，根充蔬粮，叶可饲猪及为粪，乃种玉黍、稗子，杂以芦稷、粟，且土膏自上而下，至旱不枯。上半不开，泽自皮流，限于下层，润足周到，又度涧壑与所开之层高下相当，委曲开沟于涧，以石沙截水，渟满乃听溢出，既便汲用，旱急亦可拦入沟中，展转沾灌也，至第五层，上四层膏日下流下层，又可周而复始，收利无穷。"离居住区远的，则可根据土壤的不同，种植不同的树木，赤白土阴面可种茶，阳面可种竹，或种油桐、松、杉等；黑黄土阴面可种松杉，阳面宜种漆。这虽然"收利略远"，但可"计入十倍"。这个设计，在清代究竟实施了没有，因缺于记载，现已不得而知，但这种分层用山，以防水土流失的设想，却不能不说是很巧妙的，也是很有见地的。

对河湖滩地的利用

圩田　是人们利用濒河滩地、湖泊淤地过程中发展起来的一种农田。它是一种筑堤挡水护田的土地利用方式。南宋诗人杨万里在《圩丁词十解》中说："圩者，围也。内以围田，外以围水"，集中地说明了圩田的特点。

圩田是长江流域人们与水争地的一种农田，它的历史可追溯到春秋战国时代，《越绝书·记吴地传》中所记的"大嚼"、"胥主"、"胥卑墟"、"鹿陂"、"世子塘"、"洋中塘"等，都是我国早期的一种圩田。如元代王祯《农书》的圩田图。起初的圩田建筑比较简单，只是筑堤挡水而已。到五代时，圩田的修建技术有了很大的发展，形成了堤岸、涵闸、沟渠相结合的圩田，而且规模宏大，建设完善。据《范文正公集·答手诏条陈十事》记载，当时的圩田"每一圩方数十里，如大城，中有河渠，外有门闸，旱则开闸引江水之利，潦则闭闸，拒江水之害"，能取得"旱涝不及，为农美利"的良好效果。所以入宋以后，圩田在长江中下游发展甚为迅速。据《宋史·河渠志》记载，北宋末年，太平州（今安徽当涂县）沿江圩田"几三百顷至万顷者凡九所，计四万二千余顷，其三百顷以下者又过之"。当涂和芜湖两县的田地，十至八九都是圩田，圩岸连接起来，长达240余公里。宋淳熙三年（1176），太湖周围的圩田，多达1498所。这对当时扩大耕地面积，起了相当大的作用。

淤田　是对河边淤滩地的一种利用方式。其法是"秋后泥干地裂，布撒麦种于上"，利用枯水期播种，抢在夏季涨水前再收一熟。

柜田　是一种小型的围田，王祯《农书》说它是"筑土护田，似围而小，四面俱置灠穴，如柜形制。"

沙田　是对江淮间沙淤地的一种土地利用方式。王祯《农书》说："南方江淮间沙淤之田也，……四围芦苇骈密以护堤岸，……或中贯潮沟，旱则频溉，或傍绕大港，港则泄水，所以无水旱之忧，故胜他田也。"

滩涂的利用

筑堤挡潮 这一措施，见于唐代。唐时李承于楚州筑常丰堰，便是这一办法。《新唐书·李承传》："李承，……淮南西道黜陟使，秦置常丰堰于楚州，以御海潮，溉屯田瘠卤，收常十倍它岁。"宋代范仲淹在通、泰、楚、海地区筑海堤，用的也是这种办法。《宋史·河渠七》："至本朝天圣改元（1023），范仲淹为泰州西溪盐官日，风潮泛滥，淹没田产，毁坏亭灶，有请于朝，调四万余夫修筑，三旬毕工，遂使海濒沮洳斥卤之地，化为良田，民得奠居，至今赖之。"

涂田 是将海涂开垦为农田的一种方法。据王祯《农书》记载，其方法是"沿边海岸筑壁，或树立桩橛，以抵潮泛，田边开沟，以注雨潦，旱则灌溉，谓之甜水沟"，即包括筑堤挡潮，开沟排盐，蓄淡灌溉等措施。其中田边开沟，则是有关中国滨海盐地，使用沟洫条田耕作法的最早记载，但是海涂一般含盐分很高，所以一开始还不能种庄稼，必须先经过一个脱盐过程，其方法是"初种水稗，斥卤既尽，可为稼田。"这是我国盐碱地治理中利用生物脱盐的创始。经过这样处理以后，"其稼收比常田，利可十倍。"

筑坡蓄水养鱼 这是明清时期的一个创造，首见于明代黄省曾《养鱼经》的记载，"鲻鱼，松之人于潮泥地凿池，仲春潮水中捕盈寸者养之，秋而盈尺，腹背皆腴，为池鱼之最。"清初，广东已大规模利用。《广东新语》说："其筑海为池者辄以顷计"。乾隆时，福建也用这种方法利用海涂，乾隆《漳州府志》："滨海筑坡为田，其名为棣。初筑未堪种艺，则蓄鱼虾，其利亦溥，越三五载，渐垦为田"。台湾筑坡蓄水养鱼更为发达，《台湾通史》载："台南沿海素以蓄鱼为业，其鱼为麻萨末（虱目鱼），番语也。……自道光以来，流沙日积，淤蓄不行，人民给以为埒，税轻利重，继起经营，其大者广百数十甲，区分沟画，以资蓄泄，……南自凤山，北至嘉义，莫不以此为务。"以至"岁之凶稔，视鱼丰啬，故其衣食之源，皆资于此。"其海涂养鱼之发达，由此可见。

除养鱼而外，还有养殖贝类。种类有蚝、蚶、蛏、蟳等，流行的地区主要在浙江、福建、广东等省。在福建，养蛏的叫蛏田、蛏荡；在广州养蚝的叫蚝田，养蟳的叫蟳田；在浙江养蚶的叫蚶田。清人王步青在《种蚶诗》中说：东南美利由来擅，近海生涯当种田，反映了海涂养贝在东南地区已相当发达，并成了当时农业生产中一个重要组成部分。

水面利用

水面的利用主要是架田，这是一种与水争地的方法。架田与圩田有所不同，圩田是利用滨河滩地，作堤围水而成，架田则是利用水面，它是通过架设木筏，铺泥而成，因而它可以称得上我国古代创造的一种人造耕地。架田是由葑田发展而来的，所以有时也叫葑田，葑田是因泥沙淤积菱草根部，日久浮泛水面而成的一种天然土地。早在晋代郭璞的《江赋》中已有利用葑田的记载。五代的《玉堂闲话》中载有这样一个故事，在广东番禺"海之浅水中有荇藻之属，风沙积焉，其根厚三、五尺，因垦为圃以植蔬，夜为人所盗，盗之百里外，若浮筏故也。"这种浮于水面，能为人盗走的蔬圃，就是葑田。可见，五代时，葑田已在广东浅海一带发展起来，到了宋代，葑田又发展到长江流域。在南宋诗人范成大的诗中，有"小舟撑取葑田归"之句，陆游在《入蜀记》中也记有"筏上铺土作蔬圃，或作酒肆"的大架田。不过这时的架田，已不是天然的葑田，而是人工建造的架田了。南宋的农学家陈旉在其《农书》中，对此还作过详细的介绍："若深水薮泽，则有葑田，以木缚为田丘，浮系水面，以葑泥附木架上而种艺之。其木架田坵，随水高下浮泛，自不淹溺。"这种架田，一能自由移动，二能随水上下，所以被元代的农学家王祯称之为活田。这种田，当时在江浙、淮东、两广等地都有，分布的地区是相当广泛的。

除了木架铺泥的架田外，还有一种用芦苇或竹篾编成的浮田。

但不铺泥，只用来种蔬菜，其历史要比架田早得多。晋代的《南方草木状》中，就有记载："南人编苇为筏，作小孔，浮于水上，种子于中，则如萍根浮水面，及长，茎叶皆出于苇筏孔中随水上下，南方之奇蔬，按指蕹菜也。"清代的《广东新语》中亦记有这种蕹菜田："蕹无田，以篾为之，随水上下，是曰浮田。"这是我国人民在土地利用上的一个新创造。

干旱地区的土地利用

砂田是在半干旱地区使用的一种特殊的土地利用方法。主要流行于甘肃以兰州为中心的陇中地区，这种田的特点，主要是用砂石覆盖，所以人称为砂田或石子田。据当地人说：有一年，甘肃大旱，赤地千里，四野无青，有一位老农在寻找野菜度荒时，在一个鼠洞旁的石缝中，发现了几株碧绿葱青、生长健壮的麦苗，扒开乱石，见下面的地相当湿润，这一偶然的发现，使这位老农悟出了一个压石保墒的道理，第二年这位老农依法仿效，果然长出了麦苗。后来，经过不断改良，便形成了砂田这种土地利用方式，经考证，这一技术大约产生于明代中叶，至今约有四五百年历史了。

砂田有旱砂田和水砂田之分，建造的办法是：先将土地深耕，施足底肥，耙平、墩实，然后在土面上铺粗砂和卵石或片石的混合体。砂石的厚度，旱砂田约 8～12 厘米，水砂田约 6～9 厘米，每铺一次可有效利用 30 年左右。播种时，再拨开砂石点播或籽播、条播，然后再将砂石铺平，一任庄稼出苗生长。砂田由于有砂石覆盖，可以直接防止太阳照射，雨水能沿石缝下渗，又可避免水分流失，蓄储的水分又可因此减少蒸发，除此之外，还能压碱和保温。可见，砂田是我国土地利用上一项独具匠心的创造，由于砂田能有效地利用干旱地区的土地，所以至今还在甘肃中部的皋兰、靖远、榆中、永登、兰州一带使用。

中国古代在土地利用上的经验与教训

围湖造田中的经验教训　围湖造田，应以不破坏水系安全和环境生态为准则。如果滥围滥垦，将带来严重的危害。这方面，宋代的围湖造田留给后世的经验和教训是十分深刻的。

首先加剧了水旱灾害。太湖被围，造成"旱则……民田不占其利，涝则远近泛滥，不得入湖，而民田尽没。"故《宋史·食货志》说："苏、湖、常、秀，昔有水患，今多旱灾，盖出于此。"鉴湖被围，"春水泛涨之时，民田无所用水，……至夏秋之间，雨或愆期，又无潴蓄之水为灌溉之利，于是两县（山阴、会稽）无处无水旱。"《宋史·食货志》说："明、越之境，皆有陂湖，大致湖高于田，田又高于江海，旱则放湖水溉田，涝则决田水入海，故无水旱之灾。……政和以来，废湖为田，自是两州之民，岁被水旱之患。"当时，绍兴知府史浩说："然则非水为害，民间不应以湖为田也。"一针见血道出了症结所在。

其次，造成农田失收。绍兴九年（1139）周纲到明州调查广德湖被废后的情况说："臣尝询之老农，以为湖水未废时，七乡民间，每亩收谷六七硕，今所收不及前日之半，以失湖水灌溉之利故也。计七乡之田，不下二千顷，所失谷无虑五六十万硕。"蔡襄在《乞复五塘箚子》中说，自宝元（1038～1040）中先后废决五塘以后，"收得塘内田一百余顷，丰赡得官势户三十余家"，从此，"沿海碱地（千余顷）只仰天雨，有种无收。"经济损失之大，难于数计。

第三，导致国家失赋。陈橐在《夏盖湖议》中说："建炎元年（1127），湖田课租，除检放外，两年共纳五千四百余石，而民田缘失陂湖之利，无处不旱，两年计检放秋米二万二千五百余石。只上虞一县如此，以此论之，其得失岂不较然。"鉴湖的情况，亦复如此。徐次铎在《复镜湖议》中说："夫湖田上供，岁不过五万余石，两县岁一水旱，其所损所放赈济劝分，殆不啻十万余石，其得失多寡，盖已相绝。"永丰圩修成以后，岁收"不过米二万余石，而四周岁有水患，所失民租何翅十倍。"可见围湖造田，田赋不但没有增加，反而加重了政府的财政困难。

第四，加剧了社会矛盾。湖泊被围以后，争田、争水的矛盾不断发生，民事纠纷不断，广德湖被围，"无佃人民，词讼终无止息"，"争占斗讼愈见生事。"五塘被围，"旧日仰水灌注之地，尽皆焦旱，百姓争讼"（《蔡忠惠公集》）。木兰陂被围，"乡民至有争水而死者"。从而给社会增加了新的动荡不安的因素。

此外，还有水生资源及交通运输遭到破坏等，可见宋代围湖造田，其利甚少，其弊甚多，这个历史教训至今仍是值得我们吸取的。

垦山造田的经验教训　在山区，由于人们盲目垦山，结果造成了严重的水土流失。例如，宋代四明山区，本是"巨木高森"，"竹木茂密"的地方，即使"暴雨湍急"，沙土也为"木根盘固"，无水土流失之忧，后来因为伐木开山，山区因而"靡山不童"，结果造成了"沙随流而下，淤塞溪流"的严重后果。清代帅承瀛在《浙西水利备考》中说："于潜、临安、余杭等地，因为开山种植，结果"一遇霪霖，沙随水落，倾注而下，溪河日淀月淤，不能容纳，辄有泛滥之虑"，使湖区备受洪涝之灾。梅曾亮在《记棚民事》中，将开山和不开山的不同后果，作了鲜明的对比，他说："未开之山，土坚石固，草树茂密，腐叶积数年可二三寸，每天雨，从树至叶，从叶至土，石历、石罅滴沥成泉，其下水也缓，又水下而土不随其下，水缓故低田受之不为灾，而半月不雨，高田犹受其浸溉。今以斤斧童其山，而以锄犁疏其土，一雨未毕，沙石随下，奔流注壑涧中，皆填污不可储水，毕至洼田中乃至，及洼田竭而山田之水无继者，是为开不毛之土，而病有谷之田。"充分说明盲目开山垦田的危害。

我们祖先用付出了重大代价换来的这些经验教训，对我们今天的土地利用，仍有着重要的启发作用和借鉴意义。

建筑与材料

科技大展出

邢春如◎主编

中国科技漫谈 ④

辽海出版社

责任编辑:陈晓玉　于文海　孙德军

图书在版编目(CIP)数据

中国科技漫谈/邢春如主编．—沈阳:辽海出版
社,2008.6(2015.5 重印)

ISBN 978-7-80711-701-8

Ⅰ.①中…　Ⅱ.①邢…　Ⅲ.①科学技术—技术史—中
国—普及读物　Ⅳ.①N092-49

中国版本图书馆 CIP 数据核字(2011)第 075089 号

中国科技漫谈

建筑与材料科技大展出

邢春如/主编

出　版:辽海出版社	地　址:沈阳市和平区十一纬路25号
印　刷:北京一鑫印务有限责任公司	字　数:700千字
开　本:700mm×1000mm　1/16	印　张:40
版　次:2011年8月第2版	印　次:2015年5月第2次印刷
书　号:ISBN 978-7-80711-701-8	定　价:149.00元(全5册)

如发现印装质量问题,影响阅读,请与印刷厂联系调换。

《中国科技漫谈》编委会

前　言

恢宏博大的五千年中华文明，成就卓著，举世瞩目。特别是中国古老的科学技术，更是创造了人类发展的一个个里程碑，在世界可谓是独领风骚，其历史简直异常辉煌。

工具的制造是原始技术开始的标志。在原始社会时期，人类征服自然界的物质基础十分薄弱，因而，这一时期科学技术的萌芽和发展非常缓慢。

随着青铜时代的到来，这一时期的科学技术在原始社会的基础上有了巨大进步，在世界文明史上占有重要的地位。青铜器是这一时期最具代表性的标志物。夏、商、周的科技进步，极大地促进了中国早期国家的形成和发展。

春秋战国是中国科技知识进一步积累与奠基的重要时期。这一时期所取得的科技成果在中国科技史上占有重要地位，为秦汉及其后的科技发展奠定了坚实的基础。

秦汉时代科技最显著的特点是科学建制完整、技术体系统一。在这一时期，传统的农、医、天、算四大学科体系框架已基本形成，冶炼、纺织、土木建筑、造纸、船舶制造等主要技术体系及风格也大体确立，从而为此后近两千年的中国科技发展确定了大方向。

在魏晋南北朝时期，战乱频繁，政局动荡，科学技术以其强大的生命力在曲折中进步着，有些学科甚至获得了突破性进展，主要体现在农业、机械、数学、天文历法、地理、化学等领域所取得的成就。

综观隋唐科技，可谓是全面推进，重点突出。这一时期既是对先前诸多科技领域的成就进行了继承与发展，又开创了多方面的世

界之最。

在宋元时期，虽说一直战火纷飞，社会也动荡不安，但中国科学技术的发展却进入了一个前所未有的黄金时代。这一时期，可谓人才辈出，硕果累累，取得了一系列极其突出的成就。

明清时期是中国科学技术发展历史上重要的转折时期。在明代，中国传统科学技术趋于成熟，中国在大部分科技领域仍居于世界领先地位，各方面的成果得到总结，出现了一批集大成式的著作。但在明末清初，中国的科学技术却裹足不前，开始落伍于世界科学技术发展的滚滚洪流了。

近代中国的落后与贫弱促使许多有识之士开始积极探索中华民族的富强之路，放眼看世界一时间成为时代的潮流。随之而来的洋务运动则掀起了向西方学习的热潮，开启了中国的近代化。

辛亥革命的爆发，使中国社会发生了重大转折，现代科技教育体制开始建立。继来之而来的新文化运动，极大地推动了现代科学精神在中国的启蒙。

中华人民共和国的成立，揭开了中国历史崭新的一页，也开始书写科学技术的新篇章。经过五十多年的风风雨雨的拍打锻炼，如今中国的科技事业可谓是蒸蒸日上，一日千里。更多的科技新成就，必将汇聚成一盏盏明灯，发出更加耀眼的光！

为了全景式展现中国科学技术成长壮大和发展演变的轨迹，描绘出科学家探索自然奥秘、造福中华的奋斗历程，以及在西学东渐背景下所作出的回应和为追赶世界科技潮流所进行的不懈追求过程。为此，我们特别编辑了这套《中国科技漫谈》，主要包括数学、天文、地理、农业、建筑、军事等内容。

本套书简明扼要，通俗易懂，生动有趣，图文并茂，体系完整，有助于读者开阔视野，深化对于中华文明的了解和认识；有助于优化知识结构，激发创造激情；也有助于培养博大的学术胸怀，树立积极向上的人生观，从而更好地适应新世纪对人才全面发展的要求。因此具有很强的知识性、可读性和启迪性，是我们广大读者了解中国科技、增长科学素质的良好读物，也是各级图书馆珍藏的最佳版本。

目　录

第一章　建筑科技大展出

第一章 建筑科技大展出

第一节 建筑简史

自然条件对中国古代建筑的影响

中国是一个土地辽阔、人口众多的国家，也是一个由多民族所组成，具有悠久的历史而又富于革命传统的伟大国家。各个民族，由于长期间经济和文化的交流、融合而共同发展壮大，因而在建筑方面，从分布范围和数量上来讲向以汉族建筑为主流。但同时，各民族和各地区的建筑又有若干独自的特点，呈现着丰富多彩的情况。

建筑是人类在生产实践中的产物，具有明显的社会性、阶级性和民族性，因此，建筑文化从意识形态方面来讲也是属于社会的上层建筑。

中国建筑由于古代各族劳动人民在广阔的国土上，在极其悬殊的自然条件下，使用木构件与砖、石等材料相结合的结构方法，建造了大量的房屋，积累了丰富的实践经验，逐步形成为一个独特的建筑体系：这个建筑体系随着中国社会的发展和科学技术的进步，从个体建

筑的设计、组群的布局到整个城市规划，创造了无数优秀作品，并且对邻近国家的建筑发生过深远的影响，成为世界建筑宝库中的一份珍贵遗产。

中国位于亚洲的东南部，东南滨海，西北深入大陆内部，面积约960万平方公里。中国的地形是西部和北部高，东、南部逐渐低下。其中有世界最高的青藏高原和峭壁深谷的西南横断山脉，有坡陀起伏的丘陵地区，有面积辽阔的沙漠和草原，有土壤肥沃的冲积平原，也有河流如织的水乡。

中国的气候，从南中国海到北部邻接近西伯利亚的边境，南北相距约5 500公里，包括亚热带、温带和亚寒带。一般来说，东南多雨，夏秋之间常有台风来袭，而北方冬春二季为强烈的西北风所控制，比较干旱，大陆性气候特点非常显著。但在同一纬度上的各地，又因地形差别而气候不同：内陆高原往往寒暑温差较巨，沿海地区则温差较小。

在这些自然条件不同的地区内，古代中国劳动人民因地制宜，因材制用，创造了各种不同风格的建筑。黄河中游一带，由于黄土层既厚且松，利于农业生产，因而在新石器时代后期，人民便在这里定居下来，繁衍生息，成为中国古代文化的摇篮。当时这一带的气候比现在温暖而湿润，生长着茂密的森林，木材就逐渐成为中国建筑自古以来所采用的主要材料，为了抵御严寒，北方的房屋朝向采取南向，以便冬季阳光射入室内，并使用火坑与较厚的外墙和屋顶，建筑外观厚重而庄严。在温暖潮湿的南方，房屋多采取南向或东南向，以接受夏季凉爽的海风，或在房屋下部用架空的干阑式构造，流通空气，减少潮湿。建筑材料，除木、砖、石外，还利用竹与芦苇；墙壁薄，窗户多；建筑风格轻盈而疏透，与前述北方建筑恰成鲜明的对比。

此外，在石料丰富的山区，每用石块、石条和石板建造房屋；森林地区则往往使用井干式壁体。这些差别，说明在同一民族的建筑中，又因不同地区的自然条件，产生了各种各样的特点。

中国古代建筑发展的几个阶段

原始社会晚期（约5万年前～前4000年）

大约在五万年前，中国原始社会进入了氏族公社形成和确立的时期。原始氏族公社不仅在黄河流域得到了繁荣和发展，在其他地区——长江流域、东南沿海及岛屿，西南、东北、北方草原地带、新疆以及青藏高原等广大范围内，氏族公社的经济文化都普遍地发展起来。黄河中游的氏族部落，在利用黄土层为壁体的土穴上，用木架和草泥建造简单的穴居和浅穴居，逐步发展为地面上的房屋，并为适应公社生活的需要，出现了面积相当大的氏族聚落，已奠定了木构架建筑的雏形，为中国建筑发展史揭开了序幕。

奴隶社会（约前21世纪～前476年夏－商－西周－春秋）

公元前21世纪，原始社会解体，出现了中国历史上第一个王朝——夏。从夏朝起，中国的奴隶社会逐步形成和发展。公元前17世纪，在黄河下游，商朝正式奠定了奴隶制国家的基础，到商朝后期创造了灿烂的青铜文化。经过西周到春秋时代结束为止，前后约一千六百年之久，是中国的奴隶社会时代。

建筑方面，商朝已有较成熟的夯土技术，她的后期不仅驱使大量奴隶为奴隶主建造宫室、宗庙和陵墓，并且修建了一些规模相当大的灌溉工程和防御工程。当时已能建造规模较大的木构架建筑，同时还出现了前所未有的院落群体组合，西周以后出现了瓦，版筑技术又有所提高。春秋时代的统治阶级营建了很多以宫室为中心的大小城市，城壁用夯土筑造，宫室多建在高大的夯土台上。原来简单的木构架，经商周以来的不断改进，已成为中国建筑的主要结构方式。

奴隶制社会的确立，在建筑发展上引起了另一方面的深刻的变化是：奴隶主贵族住宫室，臣工、奴隶住窝棚、地窖，强烈地表现了阶级对立的情况。

封建社会（前 475～1840 年）

公元前 5 世纪末期，中国历史进到战国时代，确立了封建制社会。铁器的广泛使用大大推动了生产力的发展；新兴的地主经济逐渐取代了领主经济。这种新的生产方式促进了当时的工农业、商业和文化的发展，从而战国时代的城市规模比以前扩大，高台建筑更为发达，并建造多层的木构架房屋，出现了砖和彩画；而中国最早的一部工程技术专著——《考工记》还反映了春秋、战国之际的许多重要建筑制度，如王城规划思想以及版筑、道路、门墙和主要宫室内部的标准尺度，并记录了一些工程测量的技术。

战国后期秦灭六国，建立统一的中央集权的封建王朝，修建了空前规模的宫殿、陵墓、万里长城、全国性公路——驰道和水利工程等。

不久秦亡汉兴，经过四百多年为魏、蜀、吴三国所代替。西汉与东汉曾先后建设规模宏伟的首都长安和洛阳。汉末曹操又营建了规制整齐的邺城。而文献描述的长安宫苑建筑的壮丽情况，与近年来考古发掘及其他遗物相印证；说明汉朝建筑取得了很多重要进展，如当时已大量使用成组的斗栱、木构楼阁逐步代替了高台建筑。同时砖石建筑也发展起来，出现了砖券结构，宫殿遗址中所发现的各种瓦、下水管以及墓葬中所使用的大块空心砖都充分反映了当时制陶业的技术水平。中国建筑作为一个独特的体系，到汉朝已经基本形成了。

从晋朝的建立和东晋南迁，到南北朝结束为止的三百一十六年间，是中国历史上充满民族斗争和民族大融合的时代。晋初黄河流域战争频繁，破坏了农业生产，但长江流域保持比较稳定的局面，生产和文化不断上升。这个时期的建筑有不少新的发展。都城规划的布局原则在汉末邺城的传统上逐步推进，作为都城中心的皇宫，其位置偏向北移，并设立规制整齐的东西市。新兴的宗教建筑特别是佛教建筑的繁荣发展，是这时期建筑历史中的另一重要特点，出现了大量宏伟华丽的寺、塔、石窟和精美的雕塑。这些辉煌作品是当时匠师们在中国原有建筑艺术的基础上，吸收一定的外来影响而创造的艺术精品，同时并影响了朝鲜和日本的建筑。

隋朝统一全国后，开凿贯通南北的大运河，促进以后千余年间中国南北地区的物质和文化的交流与发展，也影响到后几代首都地址的选择，是古代劳动人民在水利工程史上所创立的一项伟大业绩。隋朝首都大兴城依据详密的规划进行建设，它的规模宏巨、分区明确与街道整齐都超越前代都城；唐朝又继续经营，改名长安，成为当时世界上最伟大的城市。唐朝由于文化、艺术和各种手工业的大步迈进，商业随着发展，并扩大国际贸易和文化交流，促成许多内陆与沿海城市的繁荣。这时期的建筑等级制度更为详密；遗存下来的陵墓、木构殿堂、石窟、塔、桥及城市宫殿的遗址，无论布局或造型都是气魄雄伟，具有高度的艺术和技术水平，雕塑和壁画尤为精美，不但显示唐代建筑是中国封建社会前期建筑的最高峰，并证明中国建筑已经发展到完全成熟的阶段了。

宋朝最初和契丹族的辽国对峙于华北的北部，到 12 世纪初，女真族的金国灭辽，进而压迫宋朝退到淮河以南，但在经济和文化方面，宋朝居于先进地位。宋朝开垦"圩田"扩大水稻种植面积，推广闸堰塘陂等水利灌溉工程，龙骨水车和水磨等手工业技术及测量仪器等都有许多改进提高，手工业的分工更加细密。国内商业和国际贸易相当活跃，中等城市的数量比前增多，市民生活随着提高。

北宋的首都东京——开封，为了适应当时手工业和商业的需要，废除汉以来都城采用的封闭式坊里制度，是一个巨大改革。在桥梁建筑方面，出现了大跨度的木构拱桥（虹桥）。在福建泉州洛阳江口所建的万安桥，有经验的桥梁工人采用"筏形基础"，有效地解决了潮水冲刷的问题，这都是前所未有的技术成就。这时期建筑群的布局和形象出现了若干新手法，建筑风格趋向于柔和绚丽。装修、彩画和家具经过改进已基本定型，室内布置也开辟了新途径。这时期的木、砖、石结构有不少新发展，并制订以"材"为标准的模数制，使木构架建筑的设计与施工达到一定程度的规格化，12世纪初编写的《营造法式》就是总结这些经验的一部杰出的著作。因此，宋朝是中国封建社会建筑发生较大转变的时期，影响以后元、明、清三朝的建筑。

契丹族的辽国地处北部边疆地区，在经济、文化方面与内地交流比较频繁。由于汉族文化的影响，曾借用汉族工匠的技术力量修建了若干城市、宫殿和寺、塔等宗教建筑。因此一般建筑的结构与风格，在初期仍保持着唐代的传统；而中期以后，在受宋代建筑影响的同时又有不少创造性的发展。与南宋同时的金国，则融合了辽、宋的建筑传统，在建筑结构手法上和艺术风格上又取得了不少新的成就，为后来元代建筑的发展开辟了新途径。

忽必烈灭宋，统一中国，建立了元朝。元朝的首都——大都就是北京的前身，也是使马可波罗无限赞叹的汗八里（即大汗城）。这时随着各民族的文化交流，喇嘛教和伊斯兰教的建筑艺术逐步影响全国各地，中亚各族的工匠也为工艺美术带来了很多外来因素，使汉族工匠在宋、金传统上进行创造的宫殿、寺、塔、和雕塑等呈现着若干新的趋向。

汉族农民起义推翻元朝统治后，朱元璋建立了明朝，明朝和后来继起的清王朝的封建专制制度更为严密，可是资本主义生产关系的萌芽在明朝后期已经出现，在建筑、水利、造园等方面涌现出来不少优秀的专门匠师和学术著作，就反映了当时所具有的科学技术水平。到了清朝，历经曲折，这些科技水平仍有缓慢的提高，而封建制度却逐步走向解体。

明朝由于制砖手工业的发展，除了修建规模伟大的长城和建造南北二京以外，一般府、州、县城垣也多用砖砌，民间建筑也多使用砖瓦。这时期的官家建筑已完全标准化、定型化，建筑装饰琐碎繁缛，但某些组群建筑的布局与形象很富变化，民间建筑的类型与数量较前加多，质量也有所提高，各民族的建筑也于此时发展成熟。

同时，皇家和私人的园林有很大的发展，成为这时期的一份珍贵的文化遗产。因此，明清建筑继汉、唐、宋建筑之后，成为中国封建社会建筑的最后一个高潮。

中国古代建筑的特点

完整的木构架系统

中国古代建筑从原始社会起，一脉相承，以木构架为其主要结构方式，并创造与这种结构相适应的各种平面和外观，形成了一种独特的风格。木构架又有抬梁、穿斗、井幹三种不同的结构方式，而抬梁式使用范围较广，在三者中居于首要地位。

（一）抬梁式木构架

抬梁式木构架至迟在春秋时代已初步完备，后来经过不断提高，产生一套完整的比例和做法。这种木构架是沿着房屋的进深方向在石础上立柱，柱上架梁，再在梁上重迭数层瓜柱和梁，自下而上，逐层缩短，逐层加高，至最上层梁上立脊瓜柱，构成一组木构架。在平行的两组木构架之间，用横向的枋联络柱的上端，并在各层梁头和脊瓜柱上安置若干与构架成直角的檩。这些檩上除排列椽子承载屋面重量以外，檩本身还具有联系构架的作用。这样由两组木构架形成的空间称为"间"。一座房屋通常由二、三间乃至若干间沿着面阔方向排列为长方形平面。除此以外，木构架结构还可以建造三角、正方、五角、六角、八角、圆形、扇面、万字、田字及其他特殊平面的建筑，和多层的楼阁与塔等。

斗栱：中国封建社会的建筑，由于等级制度的关系，只有宫殿、寺庙及其他高级建筑才允许在柱上和内外檐的枋上安装斗栱。所谓斗栱是在方形坐斗上用若干方形小斗与若干弓形的栱层迭装配而成。斗栱最初用以承托梁头，枋头，还用于外檐支承出檐的重量，后来才用于构架的其他节点上，而出檐的深度越大，斗栱的层数就越多。中国古代的匠师早就发现斗栱具有结构和装饰的双重作用，因而以斗栱层数的多少表示建筑物的重要性。

至于斗栱的发展过程，至迟在周朝初期已有在柱上安置坐斗，承载横枋的方法。到汉朝，组成斗栱已大量用于重要建筑中，斗与栱的形式也不止一种。经过两晋、南北朝到唐朝，斗栱式样渐趋于统一，并用栱的高度作为梁枋比例的基本尺度。

后来匠师们将这种基本尺度逐步发展为更周密的模数制，就是宋《营造法式》所称的"材"。"材"的大小共有八等，而"材"又分为十五分，以十分为其宽。根据建筑类型先定材的等级，然后构件的大小、长短和屋顶的举折都以"材"为标准来决定，因此，既简化了建筑设计手续，又便于估算工料和在场地进行预制加工，并且多座房屋可以齐头并进，提高施工速度，满足短时期内建造大量房屋的要求。这种方法由唐宋沿袭到明清，前后千余年，由此可见斗拱在中国古代建筑中居于十分重要的地位。

不过宋朝木构架的开间加大，柱身加高，房屋空间随之扩大，而木构架节点上所用斗拱却逐步减少，不如唐代之多，这种趋向到明清两代更为显著，也就是高级抬梁式木构架的结构及其艺术形象由简单到复杂，再由复杂趋于简练是一个重要发展过程。同时，明清两代的柱梁较唐宋大，而斗拱较唐宋小而且排列较丛密，几乎丧失原来的结构机能而成为装饰化构件了。

（二）穿斗式木构架

穿斗式木构架也是沿着房屋进深方向立柱，但柱的间距较密，柱直接承受檩的重量，不用架空的抬梁，而以数层"穿"贯通各柱，组成一组组的构架，也就是用较小的柱与数木拼合的穿，做成相当大的构架，用料经济，施工简易，是它的主要特点。这种木构架至迟在汉朝已经相当成熟，流传到现在，为中国南方诸省所普遍采用，但也有在房屋两端的山面用穿斗式而中央诸间用抬梁式的混合结构法。

（三）井幹式木构架

用天然圆木或方形、矩形、六角形断面的木料，层层累叠，构成房屋的壁体。据商朝后期陵墓内已使用井幹式木椁，可知这种结构法应产生于这时以前。此后，周朝到汉朝的陵墓曾长期使用这种木椁，榫卯结构加工相当细致，汉朝初期的宫苑中还有井幹楼。至于井幹式结构的房屋，据汉朝西南兄弟民族的随葬铜器所示，既可直接建于地上，也可像穿斗式构架一样，建于干阑式木架之上，不过现在除少数森林地区外已很少使用。

除上述三种结构形式以外，西藏、新疆等地区还使用密梁平顶、承重墙结构，因此，当地建造楼房已有悠久的技术传统。

中国古代木构架结构的优点

（一）承重与围护结构分工明确

中国的抬梁式木构架结构如同现在的框架结构一样，在平面布置上可以形成方形或长方形柱网。柱网的外围，可在柱与柱之间，按需要砌墙壁、装门窗。由于墙壁不负担屋顶和楼面的荷重，这就赋予建筑物以极大的灵活性，既可以做成各种门窗大小不同的房屋，也可做成四面通风，有顶无墙的凉亭，还可做成密封的仓库。在房屋内部各柱之间，则用格扇、板壁等做成的轻便隔断物，可随需要装设或拆改。因此，中国历史上有预先制作结构构件运至现场的记载，也有若干拆运成批宫殿易地重建的记录。

不过据汉明器、唐长安遗址发掘及清朝某些地区的住宅所示，有在房屋内部用梁柱而周围用承重墙的方法，由此可见抬梁式木构架结构经过长期间的实践，然后成为中国建筑最普遍的结构方法。至于穿斗式木构架的柱网处理虽不及抬梁式木结构那样灵活，可是在承重和围护结构的分二方面仍然一样。

（二）便于适应不同的气候条件

无论抬梁式或穿斗式木构架的房屋，只要在房屋高度、墙壁与屋面的材料和厚薄；窗的位置和大小等方面加以变化，就能广泛地适应各地区寒暖不同的气候。

（三）有较好的抗震效能

木构架结构由于木材具有一定弹性，梁柱的框架结构有较好的整体性；高级古建筑的基础部分采用满堂灰土，用分层夯实的灰土作地基，具有较好的整体性和材料弹性，因而木构架房屋具有较高的抗震性能，能抵抗强烈地震所引起的破坏。如山西应县木塔、河北蓟县独乐寺观音阁和北京故宫等处的古代建筑，历史上曾经受多次地震，至今仍安然无恙，就是使人十分信服的例证。

（四）材料供应比较方便

因地制宜、就地取材、因材制用是我国一个优良的历史传统。在古代中国大部分地区内，木料比砖石更容易就地取材，而且加工比较容易，可迅速而经济地解决材料供应问题，因此，木结构不但广泛用于一般房屋建筑，还用于各种梁式、悬臂式和拱式桥梁。

木构架结构以外，周朝初期已产生了瓦。接着战国时代出现了花纹砖和大块的空心砖，而且未经过红砖红瓦的阶段，一开始就生产质量较高的青砖、青瓦，以后也一贯使用着这种优质材料。汉朝除了已有砖券墓和预制拼装的空心砖墓以外、墓内还使用印有人物和各种花纹的贴面砖。自此以后，木构架建筑的墙壁逐步以砖代替原来的夯土和土砖。至于砖拱结构之用于地面建筑，早期的仅见于塔的内部；从元朝起开始用砖拱建造地面上的房屋，有筒拱也有穹隆顶，到明朝则出现了完全用拱券结构的碉楼和结构用砖拱而外形仿木建筑的无梁殿，并进而在砖拱与木构架结构相结合的城楼、鼓楼和陵墓的方城明楼等，创造了许多雄伟、精美的作品。

6世纪上半期，北魏宫殿已使用琉璃瓦。随着制作技术的提高，宋朝用琉璃砖建造高达58米的开封祐国寺塔，明清两代制陶手工业突出发展，改用瓷土烧制琉璃。琉璃砖瓦的质地更为坚致，釉料颜色也更多样化，举世闻名的南京报恩寺磁塔虽已不存在，仍然标志当时琉璃技术的辉煌成就。

汉代以后，中国石建筑有不少形制美丽和雕刻精湛的墓、阙、塔、幢和桥梁。其中7世纪初隋朝建造的赵县安济桥，不仅形象优美，并首创世界上敞肩式拱桥结构，有力地说明中国古代石结构的高度水平。

独特的群体组合形式

以木构架结构为主的中国建筑体系，在平面布局方面具有一种简明的组织规律。就是以"间"为单位构成单座建筑，再以单座建筑组成"庭院"，进而以庭院为单元，组成各种形式的组群。

根据商朝后期宫室已有整然成行的柱网，证明当时已产生了"间"的概念。一座建筑的间数，除了少数例外，一般都采用奇数，而这种方法早见于春秋时代的门、寝建筑。至于各间的面阔，据建筑实例所示，各时代虽非一致，但亦有规律可循。如黄陂盘龙城商朝寝殿基址四间，中间二室的面阔（9.5米）即略宽于两头二室（7.9~7.5米）；汉朝明器中也有明间较宽的现象；唐朝虽有各间相等和中央数间相等而梢间稍窄，及明间较宽的三种方式，但从宋朝起，前二者已很少使用，而后者最为普遍。

一般来讲，各间的间距，自商朝至战国时代的遗迹多在3米左右，后来随着技术发展，唐朝的宫殿、庙宇以5米居多，宋以后则扩大到七八米，最大的如明长陵稜恩殿的明间面阔达10.34米。

（一）单座建筑的柱网布置

单座建筑的平面布置，在很大程度上取决于使用者的政治地位、经济状况和功能方面的要求，从而殿堂、厅堂、亭榭、与一般房屋的柱网有很大的区别。在殿堂方面，根据国内考古调查资料，自唐以来中型殿堂已采用"金箱斗底槽"式的柱网布局，但有些建筑用简单的分心槽；大型殿堂随着面积的扩大，在金箱斗底槽内再加单槽或双槽，如唐大明宫含元殿的平面布置就是这种形式。而大同金华严寺大殿与曲阳元北岳德宁殿则是金箱斗底槽的变体。

五代、宋、辽、金、元遗物中有内部采用彻上露明造，梁架略如厅堂而又外檐使用两跳以上斗栱的，应是殿堂与厅堂结构的混合体。其中小型的内部无柱，或仅有二后金柱，柱上以四椽栿与乳栿承载上部梁架荷重。中型、大型的因功能上的要求，或前廊较深，或内部采用减柱和移柱法，从而梁架发生变化，丰富了内部的艺术形象。由此可见单座建筑的平面布置，殿堂比较严谨，殿堂与厅堂的混合体较为灵活自由，厅堂以次至于一般房屋则变化更多，不能一一列举。

（二）庭院与组群的布局原则

中国古代建筑的庭院与组群的布局原则，由于受阶级社会制度及其意识形态所支配，大都采用均衡对称的方式，沿着纵轴线与横轴线进行设计，其中多数以纵轴线为主，横轴线为辅，但也有纵横二轴线都是主要，以及一部分有轴线或完全没有轴线的例子。具体情况如下：

1. 三合院与四合院的布局方式

一般庭院布局大体可分为两种，一种在纵轴线上先安置主要建筑，再在院子的左右两侧，依着横轴线以两座体形较小的次要建筑相对峙，构成π形或H形的三合院；或在主要建筑的对面，再建一座次要建筑，构成正方形或长方形的庭院，称为四合院。四合院的四角通常用走廊、围墙等将四座建筑连接起来，成为封闭性较强的整体。这种布局方式在中国古代社会的宗法和礼教制度下，便于安排家庭成员的住所，使尊卑、长幼、男女、主仆之间有明显的区别；同时，也为了保证安全、防风、防沙，或在庭院内种植花木，造成安静舒适的生活环境。

至于适应不同地区的气候条件，以及满足统治阶级对不同性质的建筑在功能上和思想性、艺术性等方面的要求，只要将庭院的形状、大小与木构架建筑的体形式样、材料、装饰、色彩等加以变化，就能够得到解决。因此，从商朝后期起，在漫长的中国奴隶社会和封建社会中，在气候悬殊的辽阔土地上，广泛使用这种四合院的布局方法。

另一种四合院则在纵轴线上建立主要建筑及其对面的次要建筑，在院子左右两侧，用环形回廊将前后两座建筑连系为一，因而称为

"廊院"。这种以回廊与建筑相组合的方法，可收到艺术上大小、高低与虚实、明暗的对比效果，同时回廊各间装有直棂窗，可向外眺望，扩大空间感。它的使用范围，自汉至宋、金，仅见于宫殿、祠庙、寺、观和较大的住宅。其中唐宋两代大型廊院的组合相当复杂，主要建筑位于院子的后端中央，其平面有横长、纵长、工字或横长加挟屋，或在其左右加二朵殿，并在院子左右回廊间建有殿堂或楼阁；但也有建主要建筑一、二座在院子中央，左右各翼以横廊将纵深的庭院划分为前后二院或前、中、后三院的。不过唐代后期又出现具有廊庑的四合院，它既保留廊院的一部分特点，而使用面积较大，显然比廊院更切合实用，所以从宋朝起，宫殿、庙宇等采用廊庑的逐渐增多，而廊院日少，到明清两代几乎绝迹。

2. 多样化的群体组合形式

除上述各种布局方法以外，汉以来还有很多在纵横二轴线上都采取对称方式的组群。它和四合院建筑相反，以体形巨大的建筑为中心，周围以庭院环绕，再外用矮小的附属建筑、走廊或围墙构成方形或圆形外廊，如汉朝的礼制建筑、历代坛庙以及宋朝的金明池水殿等，但也有在其前部再加纵深组群的，如汉、宋间的陵墓和清朝的承德普乐寺等。

此外，对于不位于同一轴线上的组群，往往以弯曲的道路、走廊、桥梁作为联系的工具。还有配合地形，建造对称与不对称相结合的组群，如拉萨的布达拉宫，依山势自下而上，用曲折的磴道和参差错落的平顶房屋与院落，烘托中央具有轴线和覆有屋顶的主要殿堂，形成十分壮丽的外观。至于中国园林虽多是不对称的平面布局，但帝王们的苑囿，为了朝觐与处理政务，仍建造一部分具有轴线的组群，如清朝遗留下来的北京西郊颐和园和承德避暑山庄就是例证。

美丽动人的艺术形象

中国古代建筑的艺术处理，经历代劳动人民长期间努力和经验的累积，创造了丰富多彩的艺术形象。概括地说，有如下几方面的特点：

（一）单座建筑的艺术处理

单座建筑从整个形体到各部分构件，利用木构架的组合、各构件的形状及材料本身的质感等进行艺术加工，达到建筑的功能、结构和艺术的统一，是中国古代建筑的卓越成就之一。房屋下部的台基除发挥它本身的结构功能以外，又与柱的侧脚、墙的收分等相配合，增加房屋外观的稳定感。各间面阔采取明间略大的方式，既满足了功能需要，又使外观收到主次分明的艺术效果。他如棱柱、月梁、雀替、斗栱等从形状到组合经过艺术处理以后，便以艺术品的形象出现于建筑物上，因而元以前体形雄巨和比例匀称的外檐斗栱，在建筑外观上起着很大的装饰作用，给人异常深刻的印象。同样地，在彻上露明造的殿堂与厅堂中，梁架、斗栱、攀间等也都以其结构与装饰的双重作用，成为室内艺术形象的重要组成部分。

为了保护柱网外围的版筑墙，中国古代建筑的屋顶采用较大的出檐，但出檐过大妨碍室内采光，而且夏季暴雨时，由屋顶下泄的雨水往往冲毁台基附近的地面，因而汉朝创造了微微向上反曲的屋檐。接着，晋朝出现了屋角及翘结构，并产生了举折，使建筑物上部体形庞大的屋顶，呈现着轻巧活泼的形象，成为中国建筑最突出的特征之一。

屋顶式样，到汉朝已有庑殿、歇山、囤顶、攒尖等五种基本形体和重檐屋顶，南北朝则增加了勾连搭。后来又陆续出现单坡、丁字脊、十字脊、盂顶、栱券顶、盝顶、圆顶等以及由这些屋顶组合而成的各种复杂形体。中国古代匠师在运用屋顶形式取得艺术效果方面，经验是很丰富的，唐宋绘画中反映了很多优秀的组合形象，实例如北京故宫和颐和园以屋顶形式的主次分明、变化多样，加强了艺术感染力，获得了很高成就。

（二）组群建筑的艺术处理

中国古代建筑的基本布局形式是若干单个建筑物的群体组合。通常，一座住宅、一座庙宇或一座宫殿，指的都是整组建筑群。据汉代的建筑遗址、画像砖和画像石上的建筑图像及明器陶屋等所示已有完整的表现。古代最早的建筑仅是简单的单座房屋，以后随着功能要求和经济技术水平的提高，各种用途需要的空间已不能由单座房屋来满足，而需要扩大建筑物的平面和空间。但木结构建筑扩大平面和空间的主要方法是加大构架尺度和增加梁架数目或增加层数，而这些都受到材料、结构技术和使用要求的限制，因此，自然地发展了单个建筑物的群体组合的形式。虽然是一些不大的简单的单座建筑物，也可以构成庞大的复杂的整体，从而满足建筑的功能和思想性、艺术性的多方面的要求。

中国古代建筑群体的平面布局，除了受地形条件的限制以外，一般都具有一些共同的规律性，即当建筑的规模需要扩大时，往往采取纵向扩展、横向扩展或纵横双方都扩展的方式，以重重院落相套而构成各种组群建筑。一般的手法是在基地的主要轴线（一般为纵轴）上布置主要建筑物，附属房屋则居于次要地位，向纵深方向布置若干庭院，组成有层次、有深度的空间；群体的周围还常配置一些门、廊、墙等小建筑，兼起联系和隔断作用。

古代匠师根据各个建筑物的功能联系又结合思想性和艺术性的要求，在处理各个建筑物的主次陪衬关系和掌握各部分的比例尺度上创造和积累了丰富经验。建筑群体不是一些单个建筑物的杂乱的或者偶然的凑合和堆砌，而是结成一个满足各方面用途又成为一个完整的建筑艺术群体的严密整体。我国古代规模巨大的建筑群，例如北京明清宫殿、明十三陵、曲阜孔庙等都体现了这种群体组合的卓越成就。以北京故宫为例，它的总体布局是沿着南北轴线纵向布置起来的，以天安门为序幕，外朝三殿为高潮，景山作殿尾，既有主有从，又前后呼应，一气呵成，是中国宫殿建筑的优秀范例。

因此可以说，中国古代大组群的建筑形象，恰如一幅中国的手卷画，只有自外而内，从逐渐展开的空间变化中，才能了解它的全貌与高潮所在。很显然，这种处理手法与欧洲建筑有着根本的差别。

（三）室内装饰

中国古代建筑的室内装饰是随着人们的起居习惯和装修、家具的演变而逐步发生变化的。自商、周至三国间，由于跪坐是主要的起居方式，因而席与床（又称榻）是当时室内陈设的主要因素。汉朝的门、窗通常都挂着帘子和帷幕，长者尊者在床上加帐，但几、案比较低矮，屏风多用于床上。自此以后，垂足坐的习惯逐渐增加，南北朝已有高形坐具，唐代出现高形桌、椅和高屏风。这些新家具经五代到宋完全定型化，并以屏风为背景布置厅堂的家具；同时，房屋的空间加大，窗可启闭，增加室内采光和内外空间的流通，因此从宋朝起室内布局及其艺术形象发生了重要变化。

自明到清初，家具的造型简洁优美，达到历史上的高峰，并进而综合房屋结构、装修、雕刻、家具和字画陈设等融为一体，而装修、家具与大量美术工艺相结合，也是这时期的特点。其中宫殿的起居部分与高级住宅的内部，除固定的隔断和隔扇以外，还使用可移动的屏风和半开敞的罩、博古架等与家具相结合，对于组织室内空间起着增加层次和深度的作用。宫殿与许多重要建筑还使用天花与雕刻精美的藻井，以加强内部空间的华丽和尊严感。

（四）建筑色彩

使用色彩是中国古代建筑装饰最突出的特点之一，但由于民族和地区的不同，也有若干差别，它的卓越成就是建筑的艺术要求与保护木材相结合而发展形成的。就宫殿建筑而言，从春秋时代起，主要使用强烈的原色，经过长期的发展，在鲜明的色彩对比与调和方面，创造了不少优秀手法。南北朝、隋、唐间的宫殿、庙宇、府第多用白墙、红柱，或柱、枋、斗栱绘有华丽的彩画，屋顶覆以灰瓦、黑瓦及少数琉璃瓦，而脊与瓦往往采用不同颜色，已开后代"剪边"屋顶的先例。宋、金宫殿逐步使用白石台基，红色的墙、柱、门、窗及黄绿各色的琉璃屋顶，而在檐下用金碧交辉的彩画，加强了阴影部分的对比，创造出一种堂皇富丽和绚烂夺目的艺术效果。这种方法在元朝基本形成，到明朝成为制度化。

在古代封建社会中，由于封建等级制度，色彩的使用也有着严格的限制。如宋代有"凡庶人家，不得施五色文彩为饰"；明代有"庶民居舍，不许饰彩色"的规定。因此，只有宫殿、坛庙和府第建筑才能施用这种金碧辉煌的色彩。而一般民居住宅因受等级制度及经济条件所限，多用白墙、灰瓦和栗、黑、墨绿等色的梁、柱、装修，形成秀丽雅淡的格调，与居住环境所要求的气氛相协调，在色调的处理上取得了很好的艺术效果。

园　　林

中国古代园林是在统治阶级居住与游览的双重目的下发展起来的。这种园林的主要特点，是因地制宜、掘地造山，布置房屋、花、木，并利用环境，组织借景，构成富于自然风趣的园林。所谓自然风趣是设计时将大自然的风景素材，通过概括与提炼，在园林中创造各种理想的意境，它不是单纯地模仿自然，而是自然的再现，"虽由人作，宛自天开"。因此，必须胸有丘壑、精通画理，才能取得理想的造园艺术效果。在这种传统习惯影响下，经过长期间实践，逐步形成为艺术水平很高、具有中国独特风格的自然风景式园林。

中国古代园林发展的历史情况表明：在汉朝除帝王的离宫、苑囿以外，仅少数贵族、富商营建园林，而苑囿还畜养禽兽，供狩猎之用。到两晋、南北朝时期，私家园林逐渐增加。到了唐代，不仅贵族、官僚在长安近郊利用自然环境营建别墅，甚至官署、寺观中也修建园池，盛植花木。经五代到宋，由于社会经济发展与市民生活的上升，又进一步促进园林的发展。当时除首都开封和陪都洛阳以外，江南地区筑山迭石之风很盛，因而产生了以莳花、造山为专业的匠工。到明清两朝，江南成为私家园林最发达的地区，如江宁、苏州、吴兴、杭州等地都兴建了不少出色的园林建筑，明朝末叶并出现了论述造园艺术的著作《园冶》。

中国的造园艺术已有悠久的历史传统，从魏晋间开始，在精神生活方面，由于当时的士大夫阶级爱好自然，寄情于田园山水之间，因而使当时私家园林形成一种崇尚自然野致的风气，对于规模巨大、建筑和装饰过多的苑囿产生一定的影响。唐宋以来有不少官僚而兼文人、画家的人自建园林或参预造园工作，便将他们的生活思想及传统文学和绘画所描写的意境渗透于园林的布局与造景中，于是"诗情画意"逐渐发展成为中国园林设计的主导思想。到明清两代，有些画家竟成为著名的园林设计者。必须指出，"诗情画意"反映当时士大夫阶级的思想情调，以追求悠闲雅逸的意趣相标榜，同时也使中国古代园林的布局与若干具体手法具有山水画式的特殊风格，与其他国家的自然风景式园林迥然有所不同。

中国古代园林的布局，除供游览观赏以外，兼供居住之用，所以在山池花木之间还要建造很多亭台楼阁，连以走廊，故房屋数量过多、所占的比重过大，反而与创造自然风趣的园景有失协调，存在着一定的矛盾。其中皇家苑囿因处理政务，召见臣属所需，建造了具有轴线的门殿和厅院，但其他部分仍和私家园林一样，以不规则方式为其布局的基本原则。如清朝所建的两处皇家苑囿——北京颐和园、承德避暑山庄就是现存的实物例证，可供参考研究。

中国古代园林，从汉武帝开始在建章宫太液池内建蓬莱、方丈、瀛洲三岛以后，到南北朝又沿着池岸布置假山、花木及各种建筑，构成风景幽美的景区。自此以后，以水池为中心处理园景，成为一贯相承的传统方法。从南北朝起士大夫阶级欣赏奇石的风气大盛，而假山也从这时开始，陆续创造很多峭拔、幽深和行迥不尽的意境，因此只有具备了水与石两个基本条件才能着手造园，而北方水少又缺佳石，故不能增奇生色，是以名园多在江南。

无论苑囿或私家园林，除了主要山池以外，还要在有限面积内构成更多的风景，因而有必要在布局上划分若干景区，以满足游览要求。因而要使各景区的面积大小和配合方式力求达到疏密相间。主次分明，幽曲和开朗相结合。同时，山、池、房屋的形状和花木的品种及配置方法尽量做到多样化，使人们从这一区转入那一区时，感到步移景异，有节奏地发生变化。但各景区之间，有些以封闭为主，有些用封闭和空间流通相结合的手法，使山、池、房屋和花木的部署，有开有合，互相穿插，以增加各景区的联系和风景的层次。

园林风景的布置并非杂乱无章，而是在人们游览过程中"动"和"静"相结合的客观要求下进行设计的。例如对于厅堂、亭、榭、桥头、山巅和道路转折等停留时间较长的观赏点，往往根据对比与衬托的原则，构成各种美好的对景。据北宋初期已有"值景而造"的布局，知当时园林早已注重对景方法了。此外，还善于利用地形，采用借景和屏障等方法，互相因借抑扬，使游人从任何一个角度都能欣赏到不同的景色和景深的变幻，具有含蓄不尽之意。在这方面，中国古代匠工和画家们创造了很多优秀手法，丰富了中国园林艺术的内容。

园林中的游览路线，在小型私家园林大都采用以山池为中心的环行方式，但苑囿和大型园林的游览路线则比较复杂，除了主要路线以外，还有若干辅助路线，或穿林越涧，或临池俯瞰，或登山远眺，或入谷探幽；或循廊，或入室，或登楼，使风景时而开朗，时而隐蔽，不断发生变化。因此，这种方法在组织风景和满足人们动静结合的游览要求方面，起着十分重要的作用。

城　市

随着国家而出现的城市，是统治阶级进行政治、经济统治和生活享受的基地，同时也是人口、财富最集中和文化最发达的地方。因而城市布局向以宫室为主，辅以官署和生产生活有关的建筑以及城垣、壕沟等防御设施。在考古学方面，夏、商和西周的都城目前尚在探索阶段，但古代文献和遗迹证明春秋战国间的都城已将宫室作为主体，并具有规划整齐的布局，此后在漫长的封建社会中，又陆续出现了长安、洛阳、开封、南京、北京等当时世界上规模十分宏大的城市。这些城市都善于因地制宜，并按着需要有计划地进行建设，创造出多种多样的城市面貌，其他各地地方行政中心的省、府、州、县城也都按着行政等级，有一定的布局原则。此外，汉以来因国防上需要，在边境和沿海地带还建造很多防守据点的城市。所有这些，显然和中国封建社会的中央集权、政令统一的政治制度具有密切的关系。

从春秋到战国，以宫室为主体发展起来的城市，如周王城、齐临淄、赵邯郸、魏大梁、楚鄢郢、韩宜阳等都是这时期的大城市，其中临淄户口约达七万户。当时文献如《考工记》记载的王城制度虽尚待证实，可是近年来考古发掘，发现侯马晋城、邯郸赵王城和易县燕下都皆有巨大的夯土台位于纵轴线上，应是原来宫室遗址。此外，战国若干小城市也都具有规划整然的街道。而汉长安城遗址发掘也已证明街道宽度沿用《考工记》所述以车"轨"为标准的方法。同时汉长安以闾里为单位的居住区也见于战国人补充整理的《管子》和《墨子》二书中。由此可见这些记载在一定程度上反映了春秋战国间的城市布局情况及其规划思想，并对后来各朝代的都城建设发生了不少的影响。

秦都咸阳的城市布局，采用不对称的建筑群体组合形式，它因地制宜，依山就势，削山坡为土台，沿山边筑城郭，基本上是按自然地形发展起来的，在规划上冲破了战国时各国王城及周都洛阳的以宫室为中心的规划思想。

汉朝初期的首都长安因先营宫殿，后建城垣，城的平面成不规则形状，但主要街道仍作丁字或十字相交，并以水沟划大街为三道，两侧植树，此外还建设了若干闾里和市场。自此以后，作为全国政治与文化中心的都城，大都采用规则式平面布局，汉朝后期的首都——洛阳的宫室、苑囿位于城中央及其迤北一带，而汉末的魏邺城将宫室移于全城纵轴线的北部，使城内交通更为方便。这种布局方式经两晋到北魏、东魏又增加东西二市，在这基础上产生了中国历史上最著名的隋唐长安城。

长安的宫室、坛庙和重要的官署位于南北纵轴线上的北端及其两侧，并以整齐的道路网将全城划分为若干棋盘形。每一棋盘格称为"坊"，绕以坊墙，各成一区。除城内东西两侧各有一个专供商业贸易的坊外，一般的坊主要供市民居住，并在地形较高的坊内选择若干制高点，建造官署和寺观等，使全城轮廓高低起伏，富于变化。

城市绿化根据汉以来传统，在主要大道两侧植槐，而洛阳从隋朝起以樱桃、石榴作行道树，河岸则植柳，为唐长安和北宋东京所沿用。更重要的，从北宋起，封闭性坊制已名存实亡，并取消集中市场，代以住宅和商业混合的街道形式，可是都城布局在封建制度和传统礼教的影响下，仍力求方整和对称，并以建筑物的体量和色彩来强调宫室为主体的城市中轴线的作用。

元、明、清的京城虽然宫室、坛庙、官署位于城的南部，但整个规划仍以对称、整齐为基本原则。至于南宋临安（今杭州市）和明南京（今南京市）等少数都城，因利用旧城与结合地形的关系，城市平面呈不规则形状，但依然将城市作为一个整体来规划与建设的。其中如禁城宫城和官署都是按照周代王城制度布置起来的，"三朝五门"，严整有序，是明成祖（朱棣）营建北京的蓝本。

明清的首都北京城，其布局特点是严格按照古代奴隶社会王城制度——"左祖右社，面朝后市"格局来规划与建设的。以皇城为主，位于南北中轴线上，占据城市中心部分。从大清门起经紫禁城直达地安门，这一轴线完全为帝王宫廷建筑所占有。于紫禁城前左侧建太庙，右侧建社稷坛，并在城外四方建天（南）、地（北）、日（东）、月（西）四坛。因为皇城居中，实际上将整个城市划分为东西两部分，给城市交通带来了极大的不便，在整个城市布局的设计思想上充分反映了当时统治阶级所推行的儒家思想。

另一方面，中国古代各地的城市建筑，创造了很多因地制宜的布局方式。北方城市多位于平原，所以城市平面和道路系统，多数方整规则。南方傍山临水的城市，因为结合地形、常常形成不规则的布局，但道路系统仍力求整齐。就中江南地区由于依靠河流为运输线，城内除道路以外，还开凿很多河道。例如苏州，至迟在七世纪就有了内外两套环城主要河道与若干水门，再在城内开掘一套与街道相辅的河道网，其中有垂直相交的干线，也有与街道平行，通至住宅前后的支线，供运输和排水之用，充分说明当时规划的完整性和严密性。

此外，唐末到北宋，成都、江夏、苏州、福州等城市陆续建造砖城；北宋起，有些城市还在城垣外侧建马面；成都、苏州及江南若干城市用砖铺路；福州街道则有九轨、六轨、四轨、三轨、二轨五种不同宽度，路面用石块铺砌；明初修建北京城时，主城已有了砖筑的下水道系统，用以排泄雨水及污水；紫禁城内并设有规划完整的排除雨水的沟渠系统，均用砖石砌筑，质量很好，是古代下水道工程的巨大成就；还有都城和紫禁城的周围都有护城河环绕，主要起防御作用。同时用护城河引水横贯人宫，兼供防火之需。城内大面积的水面是什刹海与三海，前者是一般市民的游览区，后者则是帝王独占的苑囿。这些湖泊的水源都来自玉泉山等处，向东南经德胜门水关而入城，经九闸，汇流至大通桥迤东注入运河，水道沟渠系统的规划性是相当健全的，标志着当时城市建设工程所具有的高度技术水平。

古代建筑技术的主要成就

战国、秦、汉（前475~221年）

从战国至秦汉，建筑工程技术和建筑材料手工业有了一定的发展。由于生产经验的积累，陶质建筑材料——砖、瓦和下水管等逐步提高了质量，增加了品种；铁工具的广泛使用，也促进了建筑工艺的进步，中国建筑的结构体系和建筑形式的若干特点，到汉朝已基本上形成。

战国时代的屋面已大量使用青瓦覆盖；板瓦、筒瓦的坚实度和色泽，以及半圆形瓦当上所饰花纹，比之西周时期都有显著进步。砖的种类除装饰性质的条砖外，还有方砖和空心砖。秦汉两代的圆形瓦当，花纹疏朗而富于变化。铺地方砖和空心砖有许多是模印花纹的。从战国、西汉到东汉，墓室结构由梁式的空心砖逐渐发展为顶部用拱券和穹窿，解决了商朝以来木椁墓所不能解决的防腐和耐压问题。当时拱券除用普通条砖外，还用特制的楔形砖和企口砖。发券的方法，或用单层券，或用双层与多层券。每层券上往往卧铺条砖一层，称为"伏"。这券和伏的相间的方法，为后来砖券与石券所普遍采用。不过这时砌砖的胶泥还未掺入石灰。在房屋建筑中砖材多用于台基和墁地，间有用于贴墙或用于墙壁加固的。

石料的使用逐渐增多。从战国到西汉已有石础、石阶等。东汉时出现了全部石造的建筑物，如石祠、石阙和完全用石结构的石墓。这些建筑上多镂刻人物故事和各种花纹。刻石的技术和艺术也逐步提高，如东汉末年建造的高颐墓阙和石像生、石碑等，显示当时雕刻技艺已达到很精美的水平。

以木构架为主要结构方式的中国建筑体系，根据文献和遗址，战国时代统治阶级的宫室多采用高台建筑，同时据某些铜器纹样所示，有二、三层的房屋。西汉时期高台建筑仍然流行，但从东汉起高台建筑逐渐减少，而多层楼阁大量增加。当时的楼阁建筑每层都是一个独立的结构单元，直到宋、辽、金时期，仍是中国高层建筑的基本结构方法。至于木构架的结构技术，在秦汉时期已渐趋完善，两种主要结构方法——抬梁式和穿斗式都已经发展成熟。而穿斗式结构往往在柱枋之间使用斜撑，构成三角形构架，以防止变形。此外，在中国南部，房屋下部多用架空的干阑式构造；木材丰富的地区则用井干式壁体。也有同一建筑采用这两种结构的。

中国建筑所特有的斗栱，从西周到战国时代若干铜器的装饰图案中可证明柱上已有栌斗。到了汉朝，斗栱不仅见于各种文献，还见于东汉的石阙、崖墓和明器、画像砖上的建筑中。这时的斗栱既用以承托屋檐，也用以承托平座。它的结构机能是多方面的，同时也是建筑形象的一个重要组成部分。

汉朝由木构架结构所形成的屋顶有五种基本形式——庑殿、悬山、囤顶、攒尖和歇山，其中以庑殿、悬山两种屋顶形式用得比较广泛。不过当时的歇山顶是由中央的悬山顶和周围的单庇顶组合而成。其结构在最初结合时，自然在两者之间形成一个阶台，成为上下两迭形式。此外，汉朝还出现了由庑殿顶和庇檐组合后发展而成的重檐屋顶。

战国时代的木椁已有各种精巧的榫卯，由此可见当时木构架建筑的施工技术达到了相当熟练的水平。正是由于技术的不断提高，秦汉两朝才有可能建造大规模的宫殿和多层楼阁式建筑。

除了木材砖石之外，传统的、最简便经济的夯土也被广泛地采用。台基、墙壁、城、城门等大都是夯土筑成的。在一些大体量的夯土构筑物如宫室的墩台、城门、城墙中，为了加固，还在土中加水平方向的木骨，称为"纴木"。这种做法自汉长安城开始，下至南北朝、唐、宋，最晚到元代还在使用。汉的西部边城有的还在版筑中加芦苇，直到今天，一些盐碱地区，在夯土中还加芦苇层以隔碱。但另一方面，统治阶级用许多贵重材料作建筑的装饰，如文献中有汉朝用铜做斗栱和栏杆，做屋顶上装饰性的凤凰，以及在室内装饰上采用黄金、玉、翡翠、明珠、锦绣等类的记载。

在建筑艺术方面，这时期的建筑，除了少数汉石阙和更少数的石祠以外，虽没有其他地面上实物遗留到今天，但从石阙、石祠、砖石墓室、明器、画像砖石和铜器等可以大致看出当时一般建筑的形象。

商周以来的木构架建筑早就以台基、屋身和屋顶作为一座房屋的三个主要组成部分，但战国时期出现了多层房屋及高大的台榭建筑，使这三部的组合发生很多变化。

总的来说，战国、秦汉建筑的平面组合和外观，虽多数采用对称方式，以强调中轴部分的重要性，可是为了满足建筑的功能和艺术要求，形成了丰富多彩的多样化风格。

第一种，商朝后期已有纵深的庭院布局方法，到汉朝，高级建筑的庭院以门与回廊相配合，衬托最后的主体建筑，使之更显得庄严隆重，可以东汉沂南画像石墓所刻祠庙为代表。这种方式到两晋、南北朝有更大的发展。

第二种，以低小的次要房屋和纵横参差的屋顶以及门、窗上的雨搭等衬托巍然高举的中央主要部分，使整个组群呈现有主有从和富于变化的轮廓，如汉明器所反映的住宅和坞堡就使用这种手法。

第三种，明器中有高达三、四层的方形楼阁和望楼，每层用斗栱承托腰檐，其上置平座，将楼阁划为数层。这种在屋檐上加栏杆的方法，虽已见于战国铜器中，到汉朝又合理地运用木构架的结构技术，满足功能上遮阳、避雨和凭栏眺望的要求，同时各层腰檐和平座有节奏地挑出与收进，使楼的外观既稳定又有变化，并产生各部分虚实明暗的对比作用，创造了中国楼阁式建筑的特殊风格，南北朝时期盛极一时的木塔，就是在这种楼阁建筑的基础上发展起来的。

汉朝组群建筑的另一特点是发展了春秋以来的传统，在宫殿和陵寝以及祠庙和坟墓的外部建阙，加强整个组群建筑的隆重感。阙的形式：一种在台基上用砖石或砖石木混合的结构方法建阙身，上覆单檐或重檐屋顶，或在阙身左右再附加子阙。两阙之间，一般为道路，也有子阙与围墙相连的。这种左右对立中间断开的阙，唐宋两代的陵墓中仍然使用。另一种在左右两阙之间建门屋或楼，连为一体，经两晋、南北朝到唐朝，用于宫殿及其他组群建筑的前部。

东汉建筑的详部处理，台基主要在夯土台的外侧，用砖或砖石混合的方法甃面。台基上的房屋，各间面阔大致相等。但有的明间较宽，间的数目有奇数也有偶数。如祠庙中有以柱分为双开间的。柱的形状有八角形、圆形、方形和长方形四种。八角柱的柱础形状如倒置的栌斗；柱身短而肥，具有显著的收分，其上置栌斗，而墓表与崖墓中的柱，有在柱身表面刻束竹纹和凹槽纹的。房屋转角处则往往每面用方柱一个，各承受一方面的梁架，为后代建筑所少见的。据朱鲔祠石室雕刻所示，这时梁架结构已使用叉手了。

东汉和三国时期，斗栱已发展到相当成熟的阶段，使用范围相当广泛。其结构有些在栌斗上置斗栱；有些则将栱身直接插入柱子或墙壁内；或在挑头上再置横栱一、二层，承托屋檐。斗栱的组合以一斗二升为最普遍，其次是一斗三升。

在各种屋顶中，以悬山和庑殿的数量为最多。而后者的正脊很短，有些屋面做成上下两迭形式，是汉代庑殿式屋顶的重要特点。此外，还有在屋脊上用凤凰及其他动物作装饰，这也是汉朝建筑和后代建筑在形象方面一个重要的差别。

门、窗的艺术处理。门的上槛部分显示出门簪；门扇上有兽首衔环，称为"铺首"。窗子通常装直棂，也有斜格和琐文等较复杂的花纹，或在窗外另加笼形格子，或在门窗内悬挂帷幕。栏杆的形制以卧棂为最多。据四川乐山崖墓内雕刻和沂南汉墓的结构，这时室内的藻井至少已有"覆斗形"和"斗四"两种形式了。

两晋、南北朝（265～589 年）

这一时期宗教建筑大为兴盛，在技术方面，大量木塔（其中最突出的如永宁寺木塔）的建造，显示了木结构技术所达到的水平。根据《洛阳伽蓝记》记载和日本飞鸟时期的木塔来推测，当时木塔都采用方形平面，可能用中心柱贯通上下，以保证其整体的牢固。这时斗栱的结构性能得到进一步发挥，已经用两跳的华栱承托出檐。

砖结构在汉朝多用于地下墓室，到北魏时期已大规模地运用到地面上了。河南登封嵩岳寺塔标志着砖结构技术的巨大进步。但另一方面，嵩岳寺塔还未运用发券的方法来解决塔内楼层的问题，可以看到当时技术上的局限性。

石工的技术，到南北朝时期，无论在大规模的石窟开凿上或在精雕细琢的手法上，都达到很高的水平。云岗全部主要洞窟都在约三十五年的短期间内所凿造；北朝晚期开凿天龙山大像窟时，曾日夜施工。这些历史事实反映了当时技术和施工组织的情况。在麦积山、南北响堂山和天龙山的石窟外廊上，石工们不但以极其准确而细致的手法雕造了模仿木结构的建筑形式，而且体现了当时木结构的艺术风格。神通寺四门塔也显示了当时砌石结构的水平。正是这种种丰富经验的积累，给七世纪初隋朝的安济桥那样伟大的桥梁工程打下了技术基础。

在宫殿、寺庙的群体组合中，回廊盛行一时，成为一个重要特点。至于木结构形成的风格，大致说来，建筑构件在两汉的传统上更为多样化，不但创造若干新构件，它们的形象也朝着比较柔和精丽的方向发展。如台基外侧已有砖砌的散水。柱础出现覆盆和莲瓣二种新形式。八角柱和方柱多数具有收分；此外还出现了梭柱，使圆柱的柔和效果更多地发挥了。如定兴北齐石柱上小殿檐柱的卷杀就是以前未曾见过的梭柱形式。栏杆式样多为勾片造，但也有勾片和直棂相结合的方法。斗栱有单栱也有重栱，除用以支承出檐以外，又用以承载室内的天花枋。斗栱的形制、卷杀及其艺术效果，在许多石窟中表现得非常显著。

梁架上往往用人字叉手承载脊槫，叉手的结构有在中央加蜀柱，或加水平横木防止人字架的分离。歇山式的屋顶更多地出现了，同时屋顶的组合也增加了勾连搭及悬山式屋顶加左右庑的两种形式。更重要的是，东晋的壁画和碑刻中出现屋角起翘的新式样，并且有了举折，使体量巨大的屋顶显得轻盈活泼。一般屋脊用砖叠砌，鸱尾的使用，使正脊的形象进一步加强起来。

五世纪中叶，北魏平城宫殿虽开始用琉璃瓦，到六世纪中期，北齐宫殿仍只有少数黄、绿琉璃瓦，其正殿则在青瓦上涂核桃油、光彩夺目。瓦当纹样以莲瓣为最多。

室内多数用覆斗形藻井。天花除方格与长方格平基外，还有用长方形平基构成人字形顶棚的。根据敦煌石窟，当时建筑物的天花和藻井并绘有五彩缤纷的彩画。

在南北朝许多石窟里，我们通过那些石刻的"木"塔及其他浮雕和壁画，可以得到当时木结构建筑风格的概括印象。北朝石窟为后世留下极其丰富的建筑装饰花纹。除秦汉以来传统的纹样外，随着佛教艺术而来的印度、波斯和希腊的装饰，有些不久就被放弃，但是火焰纹、莲花、卷草纹、璎珞、飞天、狮子、金翅鸟等，不仅用于建筑上，后来还应用于工艺美术方面，特别是莲花、卷草纹和火焰纹的应用范围最为广泛。

莲花是南北朝佛教建筑上最常见的装饰题材之一。盛开的莲花用作藻井的"圆光"，莲瓣用作柱础和柱头的装饰，甚至柱身中段也用莲花作成"束莲柱"。须弥座的形式也是随同佛教传入，但多半用于室内的佛座。火焰纹往往用作各种券面的雕饰。

卷草纹，从汉朝到南北朝继续使用，但如云冈石窟雕刻所示，在构图上又加入若干外来新手法，如在卷草纹内加动物、或以二组卷草相对并列，就是波斯传入的。在这基础上发展为唐朝盛行的卷草。

两晋、南北朝时期建筑材料的发展．主要是砖瓦的产量和质量较前都有提高，促进了砖构建筑物的发展；在金属材料的运用上主要是用作建筑装饰，如塔刹上的铁链、金盘、檐角和练上的金铎、门上的金钉等，显示了当时金属冶铸手工业所达到的技术水平。

隋、唐、五代（581～960 年）

隋唐时期是中国封建社会的鼎盛时期，也是中国古代建筑发展成熟的时期。这一时期的建筑，在继承两汉以来成就的基础上，吸收融化了外来建筑的影响，形成为一个完整的建筑体系。在材料、技术和建筑艺术方面都取得了前所未有的辉煌成就。

这个时期的建筑材料，包括土、石、砖、瓦、琉璃、石灰、木、竹、铜、铁、矿物颜料和油漆等。这些材料的应用技术都已达到很熟练的程度。

夯土技术在前代经验的基础上继续发展，应用范围除了一般城墙和地基外，长安宫殿的墙壁也用夯土筑造。此外，在新疆发现这个时期用土坯砌筑的半圆形穹窿顶、直径在 10 米以上，人们不能不惊异当时技术成就之高。

砖的应用逐步增加，唐末至五代，南方较大城市如江夏、成都、福州、苏州等相继用砖甃城。砖墓和砖塔则更多。砖塔有四方、六角、八角和圆形的各种形式，而且从盛唐起开始模仿木建筑的结构式样，影响到宋塔的形制。大约唐代以前，砖塔结构都是环筑厚壁，中央空心，上下直通，只用木构件作分层楼板，木楼板搭在向内凸出的叠涩挑檐上。如西安市现存的两座唐代砖塔——大雁塔和小雁塔就是这种塔的实例。木塔由于不能防火，容易烧毁。当砖的产量和用砖的结构技术达到一定水平的时候，用砖来代替木材建塔是一种必然的趋势，宫殿往往用花砖铺地。塔、墓和建筑结构用石的也很多。石刻艺术见于石窟、碑和石像方面的已达到十分精美的水平，而且往往在石面上涂色、贴金。

瓦有灰色、黑瓦和琉璃瓦三种。灰瓦较为粗松，用于一般建筑。黑瓦用澄浆泥做瓦坯，质地坚密，经过打磨，表面光滑，多使用于宫殿和寺庙上。长安大明宫出土的琉璃瓦以绿色居多，蓝色次之，并有绿琉璃砖，表面雕刻莲花，而勃海国东京城（今黑龙江宁安附近）宫殿用绿琉璃构件镶砌于柱础上。唐朝重要建筑的屋顶，常用垒瓦屋脊及鸱吻。鸱吻形式比之宋、明、清各代远为简洁秀拔。瓦当则多用莲瓣图案。还有用木做瓦，外涂油漆，和"镂铜为瓦"的。

在使用木材方面，《隋书》载宇文恺造观风行殿，能容纳数百人，下施轮轴，可移动；而何稠所制六合城，周八里（约3721米），四面置阙，面别一观，下三门，夜中施工，迟明而毕。其他体形巨大的木建筑如唐武则天在洛阳建明堂，高二百九十四尺（约88.2米），方三百尺（约90米）；明堂后面又建天堂五级，其第三级可以俯视明堂，都反映当时木建筑技术所能达到的水平。而明堂有"巨木十围，上下通贯，栭栌撑樘，借以为本"，说明这座巨大木结构以中心柱保证其整体的牢固。不难推测盛唐时期的木塔内部也可能使用中心柱。至于用料标准，根据初唐以来各种壁画和石刻中表示的柱、枋、斗栱等构件，可以清楚地看出各构件之间具有一定的比例关系。

这种关系在唐中叶所建五台山南禅寺正殿及唐末所建佛光寺正殿的结构中则是以栱的高度为各构件的基本比例尺度，因此，我们有充分理由推测初唐时期也已经有了同样的用料标准，甚至在唐以前业已产生，亦未可知。同时，唐代遗物的梁枋断面采取1：2的比例，是符合材料力学的原则的。

在使用金属材料方面，用铜、铁铸造的塔、幢、纪念柱和造像等日益增多。如七世纪末唐武则天在洛阳曾铸八角形天枢，高一百零五尺（约31.5米），径十二尺（约3.6米）；又铸九鼎及十二神各高一丈（约3米）。现存的有五代时所铸巨大的铁狮，及南汉铸造的千佛双铁塔，方形，七级，各高二丈余（约7米），都标志着当时金属铸造技术的发展情况。

单体建筑的平面，据唐大明宫及渤海国东京城遗址所示，长方形平面中除满堂柱斄和双網平面以外，以金箱斗底槽的数量为最多。主要殿堂的左右两侧出现了挟屋，而前部或后部中央已有龟头屋（抱厦）。走廊平面有单廊与复廊二种。唐朝殿堂的各间面阔有二种方式。雕刻和壁画所反映的大都明间大而左右各间小，但大明宫遗迹的间距则各间使用同一尺度，且多数在5米左右，是一个重要特点。唐末佛光寺正殿面阔七间而仅有两种尺度，即中央五间的面阔相等，左右二尽间略窄。五代平遥镇国寺大殿，则和宋辽遗存的建筑一样，各间面阔从中央明间起向两端采取递减的方式。

唐代组群建筑的组合方式见于大明宫遗址与戒坛图经、敦煌壁画中的，一般沿着纵轴线采用对称式庭院布局，纵轴线上往往以二、三个或更多的庭院向进深方面重叠排列，构成全组的核心，再在其左右建造若干次要庭院。其中以中央主要庭院面积最大，正殿多位于这个庭院的后侧。正殿左右翼以回廊再折而向前，形成四合院，而走廊转角处和庭院两侧常有楼阁与次要殿堂，并用圈桥亭联系这些楼阁的上层。整个建筑组群不但主次分明，而且高低错落，具有宏伟而富于变化的轮廓。

在建筑构件方面，房屋下部的台基除临水建筑使用木结构的柱、枋、斗拱等以外，一般建筑用砖石两种材料构成，再在台基外侧设散水一周。台基的地栿、角柱、间柱、阶沿石等都饰以雕刻或在其上加彩绘，踏步面和垂带石亦如是，但也有铺砌花砖的。木栏杆多使用勾片栏版或简单的卧棂，其下并护以雁翅板，可是石制的望柱和螭首已见于大明宫含元殿遗址中，可知当时重要建筑的台基上盛行石制的栏杆。

柱础形制无论简单的覆盆或雕琢莲瓣的柱础，整个形体都较矮、较平。柱的比例由于柱高等于明间面阔，而面阔又多在 5 米左右，因而比例粗矮，如五台山唐末所建佛光寺正殿就是例证。

据敦煌石窟中的初唐壁画，栌斗上已出跳水平栱。盛唐壁画则有双栱双下昂出四跳的斗栱。补间铺作在初唐时期多用人字形栱，到盛唐出现了驼峰，并且在驼峰上置二跳水平栱承托檐端，由此可见佛光寺正殿的斗栱结构，至迟产生于盛唐时期。由于柱头铺作与补间铺作在结构上机能不同，繁简各异，主要和次要的作用十分明确，再加上斗栱雄大与出檐深远，因而成为构成唐代简洁雄伟的建筑风格的因素之一。

殿内梁架结构，在柱梁及其他节点上施各种斗栱，数量比宋以后为多；同时柱身较矮，室内空间较低，更使斗栱突出，加强它在室内结构上和形象上的作用。此外，据敦煌壁画所示楼阁建筑在腰檐上加平座的情况，推测内部应有暗层。至于南北朝以来在梁上置人字形叉手承载脊檩的方式，唐末佛光寺正殿仍然使用，可是后来建筑中已没有这种做法了。

唐代盛行直棂窗，而初唐时期乌头门的门扉上部亦装有较短的直棂。据唐末绘画所示，这时的槅扇已分为上、中、下三部，而上部较高，装直棂，便于采纳光线。到五代末年的虎丘塔，又发展为花纹繁密的球纹了。

在屋顶形式方面，重要建筑物多用庑殿顶，其次是歇山顶与攒尖顶，极为重要的建筑则用重檐。其中歇山顶的山花部分，向内凹入很深，下部博脊也随之凹入，上部施博风版及悬鱼。在组群建筑中，往往将各种不同形式的屋顶组合为复杂而华丽的形象。

纹样的使用，除莲瓣以外，窄长花边上常用卷草构成带状花纹，或在卷草纹内杂以人物。这些花纹不但构图饱满，线条也很流畅挺秀。此外，还常用半团窠及整个团窠相间排列，以及回纹、连珠纹、流苏纹、火焰纹、飞仙等装饰图案，给人以富丽丰满和气势磅礴的印象。这时彩画构图已初步使用"晕色"，对于以对晕、退晕为基本原则的宋代彩画具有一定的启蒙作用。

在石材的使用方面也有突出的成就，石拱桥的建造在这一时期已达到高度技术水平。如隋大业年间（608—618 年）所建的赵县安济桥，距今已有一千三百多年。它是座"敞肩拱"式的单孔等截面圆弧拱桥：净跨 37.37 米，拱圈厚度为 1.02 米，拱矢高 7.23 米。跨径大，年代古，在艺术上和结构上都有高度成就。桥的设计者工匠李春，是值得称赞的杰出桥梁工程师。由于石拱桥外形美观，经久耐用，养护费用少，荷载能力，稳定性和刚度均大。在目前我国大量修建道路的新形势下，为了贯彻就地取材、节省更多的钢材和水泥，发扬我国传统建筑物的优点，结合新的理论和新的施工方法，推广石拱桥的使用范围，对交通运输的建设事业作出卓越的贡献，这也是贯彻"古为今用"方针。

辽、宋、金（916～1234 年）

在建筑材料方面，由于宋朝砖的生产比唐代增加，因而有不少城市用砖砌城墙，城内道路也铺砌砖面，同时全国各地建造了很多规模巨大的砖塔，墓葬也多用砖砌造。宋朝的琉璃砖瓦，除了《营造法式》关于烧制方法有详尽的规定以外，实物方面还留下一座辉煌的范例，就是 1041～1048 年建造的北宋首都东京（今开封）佑国寺的琉璃塔。这座塔不仅显示玻璃瓦生产技术的提高。而且显示了以构件的标准化和镶嵌方法所取得的艺术效果，这是宋朝在建筑材料、技术和艺术等方面的一个卓越成就。

在木结构技术方面，到了五代、宋初，为适应建筑功能的要求以及技术上新的发展，开始了新的变化。

辽朝在建筑方面主要依靠当地汉族工匠，因而保存了不少唐朝结构的特点。如大同下华严寺薄伽教藏殿、蓟县独乐寺观音阁和应县佛宫寺释迦塔都使用内外槽的柱網结构和明栿、草栿栿两套屋架，显然与五台山唐佛光寺大殿具有一脉相承的关系。而高层建筑如观音阁和释迦塔，使用平坐暗层的做法，应是唐朝楼阁的遗风。可是某些具有殿堂和厅堂混合结构的建筑，如新城开善寺大殿、大同善化寺大殿、义县奉国寺大殿等，由于功能上的要求，内部采用彻上露明造，并将原来作为布置佛像空间的内槽后移，前部空间扩大，因而柱網布局突破了严格对称的格局，无疑的是金朝建筑的"减柱"、"移柱"法的前奏。北宋建筑结构在五代的基础上开始了一个新的阶段。如果拿《营造法式》规定的结构方式和唐、辽遗物对照，不难看出宋朝建筑已开结构简化之端了。其中最重要的一个特点就是斗栱机能已经开始减弱。原来在结构上起重要作用的下昂，有些已被斜栿所代替；而且斗栱比例小，补间铺作的朵数增多，使整体构造发生许多变化。在楼阁建筑方面，如河北正定隆兴寺转轮藏殿、慈氏阁和山西陵川府君庙山门，已经放弃了在腰檐和平坐内做成暗层的做法。这种上下层直接相通的做法，到元朝继续发展，后来成为明清时期的唯一结构方式。

《营造法式》虽然对殿堂和厅堂的结构有着严格的区别，但实物中却有不少灵活处理的例子。例如太原晋祠圣母殿的构造方法就介乎殿阁与厅堂之间，并且减去前廊两根柱子；同时许多地方的小型建筑也有类似情况。至今还没有发现一座宋朝建筑是完全按照《营造法式》的规定建造的。但是，从《营造法式》所规定的模数制来看，北宋时期建筑的标准化、定型化已达到了前所未有的水平，反映了当时木构架体系的高度成熟；同时也便于估工备料，提高了设计、施工的速度。

金朝继辽、宋而统治中原和北方，接受了汉族人民先进的生产力和文化科学技术的影响，在城市建设和土木建筑方面都有明显的体现，因而在建筑结构上强烈地反映出宋、辽建筑相互影响的结果。例如辽朝开始的减柱、移柱作法，在金朝更加盛行，如朔县崇福寺弥陀殿、五台山佛光寺文殊殿、大同善化寺三圣殿等，都为适应功能需要而把内部柱子做了一定调整，因而使梁架的布置比辽朝建筑更为灵活。其中如文殊殿、弥陀殿均因减去内柱，在柱上使用了大跨度的横向复梁以承纵向的屋架，而文殊殿的复梁竟长达面阔三间。文殊殿建于1137年，上距金灭宋不过十年，不难推测这种减柱和复梁的做法可能在北宋已经开始了。后来元朝某些地方建筑则直接继承了金朝这种灵活处理柱网和结构的传统。此外，辽朝开始出现的斜向出栱的斗栱结构方法，在金朝大量流行而更趋复杂。而宋朝柱高加大、斗栱减小、补间铺作增多、屋顶坡度加大等手法，在金朝建筑中也得到体现。至于楼阁建筑，现存的大同善化寺普贤阁则仍采用暗层，与辽朝楼阁结构相同。

约与金朝同时的南宋建筑，结构手法基本上和北宋相同，但构件的艺术加工更加细致。四川江油县云岩寺的飞天藏开使用交叉成網状的斗栱，已开明清如意斗栱的先河。

宋代建筑的基础构造也有较大的进步，大建筑的地基一般用夯土筑成，当土质较差时，往往从别处调换好土。在基础下打桩的方法也有较多的记载和实例。如《营造法式》规定在券蕚水窗的基础下用木钉（地丁）；宋画《水殿招凉图》中沿临水石基边上有一排矩形断面的木桩，以防止基岸崩塌；而《清明上河图》中一些较简单的临水建筑则沿水立圆木桩，桩内钉挡土木板，建于南宋的上海龙华塔在基础下用矩形断面的木桩，桩上铺厚木板，板上做砖基础。一些大建筑为了防潮，往往建二层砖石台基，在上层台基上立永定柱做平坐，平坐以上建房屋。宋画《金明池图》中的宝津楼和水殿都是这种做法。

在砖石结构的技术方面，可以从一些桥和塔看到这时期的发展情况。除了金朝继承过去传统，在河北赵县、栾城、井陉和山西晋城、崞县等地修建了若干座敞肩石拱桥以外，这时期南北各地还修建了很多石拱桥。其中1189年金朝建造的卢沟桥长达266.5米，用11孔连续的圆拱构成。虽然这桥经过后世多次重修，但桥基和多数拱还是八个世纪前的原物。1975年经429吨板车载重试验，受力情况正常。

福建省沿海地区，在宋朝曾建造若干巨大的石梁桥。这些桥一般位于江河入海处的宽阔水面上。如1078年建造的泉州万安桥长达540米，41孔；石梁长11米，一般宽0.6米，厚0.5米。桥基建于松软的泥沙冲积层上，因而用船载大石沉铺江底，形成一道水下大堤作基础；称"筏形基础"，再于其上建桥墩。至于架设巨大的石梁，则将运载石梁的船，利用江口定时上涨的潮水，移船就位，潮落时石梁就架在桥墩上，不能不令人敬佩当时匠师们的高度智慧。

从宋、辽、金时期的砖塔的结构，可以看到当时砖结构技术有了很大进步。在唐朝，砖塔外部用砖墙而内部用木楼板、木扶梯，仅仅在顶上用砖券封顶。五代末到宋初建造的苏州虎丘塔内部的各层走廊、楼板和塔心室使用砖叠涩，而楼梯仍为木构。到了北宋，逐步发展为发券的方法，使塔心和外墙连成一体，提高了砖塔的坚实度和整体性。如北宋时期所建的定县开元寺料敌塔和开封祐国寺琉璃塔就是这种砖结构的典范。

这时期福建地区留下几座楼阁式石塔，其中南宋淳祐年间（1241～1252年）建造的泉州开元寺双塔，八角、五层、各层柱、枋、斗栱和檐部结构，全部模仿木结构的形式。从石材的性能上来看是不适当的，但是它已经受到了七百余年的考验，依然完整地保留至今。

在建筑艺术方面，这时期的总体布局和唐朝一个重要区别是组群沿着轴线，排列若干四合院，加深了纵深发展的程度，如正定隆兴寺和碑刻中的汾阴《后土祠图》都充分说明了这点。组群的主要建筑已不是由纵深方向的二、三座殿阁所组成，而是四周以较低的建筑，拥簇中央高耸的殿阁，成为一个整体，如宋画《明皇避暑图》、《滕王阁图》和《黄鹤楼图》都是如此，所不同的《明皇避暑图》中的主要殿阁的平面、立面采用方整对称的方式，而《滕王阁》、《黄鹤楼》二图则比较灵活自由；而中央部分往往在十字形歇山顶下再加一层檐，与下部的抱厦、腰檐、平坐、栏杆等相结合，组成雄健、美丽而富于变化的外观，则基本上相同。这时四合院的回廊已不在转角处加建亭阁，而在中轴部分的左右，建造若干高低错落的楼阁亭台，使整个组群的形象不陷于单调。

此外，与纵深布局相结合，在主要殿堂的左右，往往以挟屋与朵殿拱托中央主体建筑，从这些资料中还可以看到组群的每一座建筑物的位置、大小、高低与平坐、腰檐、屋顶等所组合的轮廓以及各部分的相互关系都经过精心处理，并且善于利用地形，和环境巧妙结合起来，绕有园林风趣，如太原晋祠圣母庙即是一例。

单体建筑的造型，北宋木构架建筑在唐、五代的基础上有不少新的发展。首先是房屋面阔一般从中央明间向左右两侧逐渐缩小，形成主次分明的外观。其次，柱身比例增高，开间成为长方形，而斗栱相对地减小，同时补间铺作加多，其艺术效果与唐代有很大的差别。除建筑体形的变化以外，装修的变化也对造型发生很大的影响。这时期建筑上大量使用可以开启的、棂条组合极为丰富的门窗，与唐、辽建筑的板门、直棂窗相比较，大大改变了建筑的外貌，同时改善了室内的通风和采光。房屋下部建有雕刻精美的须弥座。柱础形式也呈现着丰富多彩的盛况；柱子除圆形、方形、八角形外，出现了瓜楞柱，而且石柱数量大量增加，其表面往往镂刻各种花纹。

建筑内部，除出现许多精美的家具和小木作装饰外，室内空间也加大，并简化了梁、柱节点上的斗栱，给人以开朗明快的感觉。各种构件为了避免生硬的直线和简单的弧线，普遍使用卷杀的方法，屋顶上或全部覆以琉璃瓦，或用琉璃瓦与青瓦相配合，成为剪边式屋顶。彩画和装饰也都按着规定的比例和构图方法，取得满意的艺术效果，因而当时建筑给人以柔和而灿烂的印象。南宋建筑虽然实物较少，但从当时绘画中表现的建筑风格，可以看出柔和绚丽的倾向，发展到偏于细致、工整和繁缛了。

此外，宋朝的匠师们，显然由于更多地注意到组群建筑布局的整体效果，还规定了房屋越高大，屋顶坡度越陡峻的原则和比例公式：最陡的坡度到1：1.5之比，最低的则为1：2；从组群总体布局上明确了主次之分。屋顶坡度的趋向陡峻大概有以下几个原因：主要的是防漏的要求，为了保持檐头屋面有必要的坡度以利排水，屋顶的总坡度就必须加大；其次是宋代以后，都市繁荣，豪富之家争建高楼大厦，为了突出自己的房屋，就竞相抬高屋顶以相炫耀。最后是宋代玻璃瓦大量增产，屋面装饰性瓦件日趋丰富，屋顶成为房屋的极美丽的一部分，所以必须增加坡度，以期达到高耸夺目的效果。

在辽朝领域中，基本上继承了唐朝简朴、浑厚、雄壮的作风。在整体和各部分的比例上，斗栱雄大硕健，檐出深远，屋顶坡度低缓，一切曲线都刚劲有力，细部手法简洁朴实，雕饰较少。这就使得辽、宋建筑具有迥然不同的风格。

与南宋约略同时的金是辽和北宋建筑的继承者，因而在建筑的艺术处理方面，糅合了宋辽建筑的特点。在外形比例上，以大同上华严寺大殿为例，开间比例已成长方形，柱身很高。斗栱用材虽与佛光寺大殿相同，出檐很远，屋檐曲线雄劲有力，但由于比例不同，总的风格也自然与唐、辽不同；而隆兴寺摩尼殿的轮廓纯属宋朝建筑风貌。此外，金朝建筑在辽朝"✱"形或"米"形平面的斗栱的基础上，发展出更复杂形式的斗栱，如正定隆兴寺摩尼殿和大同善化寺三圣殿所见；室内外装修则在宋朝的基础上更加华丽繁复。

这时期砖石塔的风格，由于南北各地出现了大量模仿木结构的形式，因而比唐朝的砖塔更为华丽。北宋初年的苏州虎丘山云岩寺塔和杭州的几座石雕小塔完全是木塔的砖石模型。辽代砖塔如庆州白塔和河北涿县云居寺、智度寺双砖塔，除了出檐深度受到材料的局限而比较短促外，几乎是应县释伽塔的翻版。而辽朝密檐塔在须弥座、柱、额、斗栱、门、窗等方面也都模仿木结构的形式。辽末又在塔身额枋下面增加一列装饰性的"如意头"。到金代，塔的总体轮廓更趋向于挺秀，这类密檐塔只见于黄河以北到辽宁、内蒙古一带，从年代和地区的分布，说明它是在唐塔基础上的一个新发展。

值得注意的是，宋、辽、金时期，与模仿木构件的砖石塔流行各地的同时，墓葬中也出现同样的现象。这种现象一方面说明当时工艺水平的提高，同时也反映建筑设计上一种新的倾向，一直影响到明朝的无梁殿建筑。

这时期的建筑装饰更是绚丽多彩。如栏杆花纹已从过去的勾片造发展为各种复杂的几何纹样的栏板。室内"彻上露明造"的梁架、斗栱、虚柱（垂莲柱）以及具有各种棂格的格子门、落地长窗、阑槛钩窗等，既是建筑功能、结构的必要组成部分，又发挥了装饰作用。其中门窗的棂格花纹除见于《营造法式》外，山西朔县崇福寺金代建造的弥陀殿有极其富丽的三角纹、古钱纹、球纹等窗棂雕饰。

　　室内天花使用平闇的渐少，而各种形式的平棋和藻井的数量则大量加多，其中构图和色彩以山西应县净土寺大雄宝殿的藻井最为华丽。小木作达到前所未有的精致程度，如山西大同下华严寺薄伽教藏殿内"壁藏"、山西应县净土寺大殿内部的藻井"天宫楼阁"及四川江油云岩寺的"飞天藏"等，都是模仿木构建筑形式而雕刻精美细致的精品。

　　彩画方面，辽宁义县奉国寺大殿和山西大同下华严寺薄伽教藏殿的辽朝彩画继承唐代遗风，在梁枋底部和天花板上画有飞天、卷草、凤凰和網目纹等图案，斗栱上有莲花和其他花朵；颜色以朱红、丹黄为主，间以青绿。可是北宋彩画随着建筑等级的差别，有五彩遍装、青绿彩画和土朱刷饰三类。其中梁额彩画由"如意头"和枋心构成，并盛用退晕和对晕的手法，使彩画颜色对比，经过"晕"的逐渐转变，不至过于强烈；在构图上也减少了写生题材，提高了设计和施工的速度，适合于大量建造的要求，是一个重要发展。后来明清二代的彩画都是由此发展而成的。

　　砖石雕饰，如正定隆兴寺大悲阁内的铜观音像的须弥座、河南登封少林寺和苏州罗汉院的石柱与许多柱础覆盆上所雕绞样，以及大量砖石塔、砖木中的雕刻、都表现着丰富多彩的构图。

　　总之，由众多的实例和《营造法式》中，可以看到从北宋开始，建筑风格向柔和绚丽的方向转变了。

　　元、明、清（1271～1840 年）

　　在结构方面，元以前城门洞上部一般做成梯形，用柱和梁架支撑，从元代起已有一些城门用半圆形砖券，如 1969 年发掘的元大都和义门瓮城城门洞，是 1358 年（元至正十八年）修建的，用四层砖券砌筑，不用伏砖，四券中仅一个半券的券脚落在砖墩台上，说明当时起券技术尚未完全成熟，是从唐宋以来"过梁式"木构城门发展到明清砖券城门的过渡形式，到了明清则全部采用砖券。建筑方面，15 世纪出现了全部用砖券结构的无梁殿，并盛行于 16 世纪中、晚期。华北黄土地区的窑洞住宅内部也陆续采用砖券，说明这时候砖券结构已普及各地。

随着伊斯兰教而传入的穹窿顶，通常建于方形平面上，其结构方式有二：一种是由元代一直延续至清朝的新疆维吾尔族陵墓，在面积不大时，穹窿直接放在方形厚墙上，面积太大时，顶下用连续小栱构成多边形数层，作为圆顶与方形平面间的过渡。另一种方式见于内地礼拜寺中，是在方形平面四角用砖叠涩及砖制斗栱出跳，上承穹窿顶，而当面积较大时，则如北京、杭州等处少数明代清真寺大殿，在汉族形式的屋顶下并列三座穹窿。这种在内地发展起来的砖砌穹窿顶，到了明中叶发展成为多层的斗八形状，如在太原永祚寺、苏州开元寺无梁殿中所见到的，就是这种砖结构。

夯土技术，发展到明清时期有了更高成就。福建、四川、陕西等地有若干建于清朝中叶的三、四层楼房，采用夯土墙承重，虽经地震，仍很坚实。明清的宫殿、陵寝、坛庙和桥梁的地基工程，一般都用黄土合白灰夯筑基础，先挖深槽，下柏木地丁（柏木桩），筑打小夯灰土若干步，并掺入一定数量的江米汁，筑夯得非常坚固。据科学鉴定，3：7 灰土地基的抗压强度为 $15kg/cm^2$。1874 年所建湖北荆门县赵穴闸过水坝系用粘土夯筑而成的，用灰土做护面层，厚0.5 米，虽经多年自然风化和水流冲刷，基本上仍完好屹立。充分证明我国传统的夯土建筑物在防震、防水方面具有很大的优越性。

明清两代琉璃瓦的生产，用坩子土作坯料，提高了硬度，无论数量或质量都超过以往。据明万历《工部厂库须知》记载：北京城南"琉璃黑窑厂，专管烧造琉璃瓦件并黑窑砖料"，所烧琉璃瓦件有黄色、青色、绿色、蓝色、黑色及白色等各种釉子。清代以后，琉璃瓦的色彩更多，又增加了桃红、孔雀蓝、葡萄紫等更华丽的釉色。但瓦的颜色和装饰题材，在使用上仍受到封建社会等级制度的严格限制，其中黄色琉璃瓦仅用于宫殿、陵寝和最尊贵的祠庙。今天人们从北京景山俯瞰紫禁城，看到一片庄严华丽的黄色琉璃瓦海，给人们的印象是非常深刻的。

这时期内，贴面材料的琉璃砖多用于佛塔、牌坊、照壁、门、看面墙等处。已毁的南京明报恩寺塔是用彩色琉璃砖饰面的；现存山西洪洞广胜寺飞虹塔、山西大同明代的九龙壁、北京故宫及北海的清代九龙壁等都是具有高度技术水平与艺术水平的范例。此外，镏金、玻璃镀金（银）、亮铁、砖雕、木雕及其他美术工艺品用于建筑，丰富了装饰的手法，对于建筑艺术起了很大的作用。

烧制玻璃在我国已有悠久传统，宋《营造法式·窑作制度》中关于造砖瓦坯、烧变次序、琉璃釉药及垒造窑等项工艺都有详细记述。惟宋元两代所产的琉璃瓦皆用粘土作坯，以柴草烧窑，火候低，产品硬度较差。明朝以后，煤矿事业兴起，燃料的质量大为提高，在窑作中除柴薪窑外又出现了煤炭窑，因而扩大了砖瓦材料的生产规模，明代琉璃手工业在宋、元窑作技术的基础上又有新发展。例如采用瓷土作瓦坯，挂铅釉，用两火烧出，具有光彩夺目的琉璃宝色。关于釉药的配制在《工部厂库须知》中有详明的规定，每釉药一料需用物料数量如下：

釉料＼色别	黄丹	马牙石	黛赭石	硝	铅末	紫英石	铜末	无名异	苏麻尼青
黄釉一料	306 斤	102 斤	8 斤						
青釉一料		10 斤		10 斤	5 斤	6 两			8 两
绿釉一料		102 斤			306 斤		15 斤8 两		
蓝釉一料		10 斤		10 斤	1 斤4 两	6 两		10 两	
黑釉一料		102 斤			306 斤		22 斤	108 斤	
白釉一料	50 斤	15 斤							

每一料约浇瓦料1000个（片），若殿门通脊吻兽大料不拘此数。

明代，砖的生产大量增长，不仅民间建筑普遍使用砖瓦，全国大部分州、县城都包砌砖面，特别是河北、山西二省内长达千余公里的万里长城，在十五、六世纪间，大部分修建为雄厚的砖城，工程规模之大是举世闻名的。

明清两代王朝为满足大规模营建工程的需要，设官窑烧造砖瓦。山东临清窑专门生产城砖、斧刃砖，分柴薪窑和煤炭窑两种，前者生产黑城砖，后者生产白城砖，每年产量不下百万块。白城砖用于修建宫殿、坛庙和陵寝，黑城砖用于修建城垣和下水道。一般的青砖、青瓦则由工部的黑窑厂烧造。产品有各种型号的方砖、平身砖、券、副砖、线砖、滚子砖和望板砖，各种型号的筒瓦、板瓦、勾头、滴水、花边瓦和瓦条，各种型号的狮、马、吻兽等。此外，还生产质量较高的削割瓦，专供城楼和府第工程使用。至于高级建筑物所用的铺地金砖，则于苏州设官窑烧造，从苏、松一带征集技术熟练的窑匠精心团造。所产二尺二、二尺、尺七细料方砖，质地坚腻，棱角方正，反映了古代陶冶匠师的高度技术水平。

明清两代，宫廷建筑所需的各种石料，和砖瓦一样例由工部委官开采，于房山大石窝采汉白玉、青白石；于马鞍山采青砂石、紫石；于白虎涧、鲇鱼口采豆渣石；后来又在牛栏山和石景山开采青砂石；于江苏省徐、淮地区开采花斑石。房山所采汉白玉石洁白如玉，专供宫廷、陵寝、坛庙阶砌栏楯之用，柔和而易琢，镂为龙凤芝草之形，具有极高的装饰效果，如北京故宫三大殿，天坛祈年殿、圜丘坛的汉白玉须弥座、栏干就是很珍贵的范例，花斑石由于石纹斑斓美丽，多用于宫殿和苑囿作铺地材料。此外，还有虎皮石，苑囿中多用以垒砌围墙和房屋的台基，既经济又美观，所有这些都充分体现了古代匠师在因材施用方面的卓越成就。

在使用木材方面，明代的统治阶级非常奢侈，兴建重大建筑工程都要从四川、湖广、江西、浙江等地采办楠木、樟木、柏木、檀木、花梨木及桅木、杉木；从山西、河北等地采办松木、柏木、椴木、榆木和槐木等大量木材，以应工需。宫殿、陵寝和坛庙等高级建筑用楠木制作梁、柱和门窗装修；用柏木（或楠木、樟木）制作斗栱；用杉木制作檩条、圆椽和望板；用樟木制作飞檐椽，翘椽，山花、博缝和雀替；用松木制作连檐、瓦口；用柏木、榆木制作地丁和桥桩；用桐皮槁做鹰架木等等。

明初曾使用了许多大尺度的材料，例如天安门和端门的明间跨度长达 8.5 米以上，这个跨度是空前的。昌平明长陵恩殿用直径达 1.17 米、高 23 米的整根楠木柱，尺寸之巨大是国内罕见的。入清以后，宫廷工程由于缺乏巨大木材，不得不用小块木料拼接成柱子和梁，外加铁箍拼合成材，因而解决了用料问题，这是一种经济有效的施工方法。清朝营建大项工程，由于缺乏楠木。乃转向大量使用黄松作主要建筑材料，这是明清两代在大木用材方面的显著差别。

在木结构方面，元朝一方面保留唐宋以来的传统，而另一方面，部分地方建筑承继着金朝，在结构上作了某些新的尝试。元朝许多殿宇柱子排列灵活，往往与屋架不作对称的联系，而是用大内额在内额上排屋架形成减柱、移柱的做法。《营造法式》中的斜栿，在元朝建筑中占有突出地位。斜栿由柱头斗栱上挑，承两步甚至三步椽子。这建筑的梁架多用原木并且适应材料的形状有许多灵活的构造，有些材料则用拼合料。虽然元朝这些新的变革没有直接被明朝建筑继承下来，但某些构架原则却在明清时期得到了发展。最重要的是斗栱结构机能的减弱，原来唐宋斗栱的下昂，从元朝起有些已成为纯装饰性的构件，而将梁外端做成巨大耍头，伸出斗栱外侧，承托挑檐檩；内檐各节点上的斗栱也逐渐减少，将梁身直接置于柱上或插入柱内，使梁与柱的交接更加紧密。明清时期的楼阁建筑，都将内柱直接升向上层，而去掉了辽金楼阁建筑中常见的上下层柱间的斗栱。这种结构方式在楼阁的整体性上无疑具有更大的优点，如承德普宁寺的大乘阁就是一个典型的例子。

在明清木构建筑中还出现了若干加强结构的手法，如在内外柱之间施用穿插枋，在内檐通柱之间施用跨空枋，从而加强了柱与柱之间的水平联系，可防止柱子产生倾倚；在七架梁或五架梁等长跨度的荷重梁下附加随梁枋，可提高梁枋的负荷能力；在内檐金柱两侧加抱柱，可增强榫头的抗剪应力，这都是前所未见的新东西。宋元时期结构复杂的襻间改为檩垫枋三件、用柁墩代替驼峰，从而简化了构件，使节点更加简单而牢固。所有这些技术改革，对于加强建筑结构的刚度和整体性都卓有成效。

此外，明清建筑在大木作施工中，还广泛使用各种铁活。如使用铁箍拼攒柱、梁，使用过河和拐子加强梁柱节点联结，利用铁吊挂来悬挂天花等等，对于加固木结构的整体性都起着很大作用。

不过，明清时期的木结构，从官式建筑来看，存在着相互矛盾的现象。一方面，构架的整体性加强了，以太和殿和大乘阁为例，无论是殿或阁的构架体系都很明确，节点简单牢固；斗拱中特别是平身科，由于几乎没有多大结构机能，所以比例可以减小，构造更加简化；但另一方面，却再没有金元时期那种灵活处理空间和构件的方法，构架死板僵化；而梁的断面由3：2改为5：4的比例，不但断面不合理，而且加重了梁本身的静荷重。

这种矛盾现象是木构架结构发展的必然趋势。中国木构架结构体系，经过三千年的发展、由简陋到成熟、复杂，再进而趋向简化，过程是很明显的。明朝的官式建筑已经高度标准化、定型化，而清朝于1733年颁布的《工部工程做法则例》则进一步予以制度化。建筑的标准化标志着结构体系的高度成熟，但同时也不可避免地使结构僵化。如《做法则例》就把所有建筑固定为二十七种具体的房屋，每一种房屋的大小、尺寸、比例都是绝对的；构件也是一样。这种绝对化势必导致矛盾的另一极端。

许多地区的民间建筑，虽然在发展上也和官式建筑一样趋于标准化、定型化，但由于地区和民族的不同，各地区的建筑仍有相当大的差别。正是由于各地民间建筑都在自己的基础上得到成熟的发展，所以明清时期中国建筑的地方特色更加显著起来。

在建筑艺术方面，个体建筑的斗栱的比例大大地缩小了，出檐的深度减少了，柱的比例细长了（唐宋柱经与柱高的比例为1：8～9，清为1：10），柱的生起、侧脚和卷杀不再采用了，梁枋的比例沉重了，屋顶柔和的线条轮廓消失了，因此，明清的官式建筑呈现着比较沉重、拘束但又稳重、严谨的风格。这和唐朝的宏伟、豪放，宋朝的柔和、绚丽的风格有所不同。

官式建筑的标准化、定型化还包括彩画、门窗、须弥座、栏杆、屋瓦以及装饰花纹等方面在内。只有室内装饰性的木间隔受到这种限制比较小，因而在格扇和花罩方面创造了很多优秀作品。但是从清中叶以后，装饰走向过分烦琐，好些定型化的花纹已失去了清新活泼的韵味。这些更加深了个体建筑沉重拘束的风格。

尽管如此，明清的建筑师在组群的总体布局上仍然表现了他们的卓越才能。他们在指定的地段上，按照成熟定型做法，恰当地安排这些标准房屋，把各种大小不同形式、不同的建筑巧妙地进行组合，使它们既适应功能要求，又取得很好的艺术效果。以宫廷建筑为例，如北京的明清宫殿、颐和园、西苑、天坛等优秀的组群便是明证。清朝世袭的皇家建筑师"样式雷"家族留下的数以千计的图纸，绝大部分都是组群的总体平面图，在每座房屋的平面位置上注明面阔、进深、柱高的尺寸、间数和屋顶形式，因而具体的结构和施工只须遵照各种《做法则例》进行工作。这种设计的特点，显示了明清建筑师在广阔的地段上进行巨大的空间组织和巧妙地运用建筑体量的无比智慧，也表现了他们高度敏锐而准确的尺度感。

这时期的空间布局艺术，也有了和前代不同的特点。唐宋以来以低矮的廊院围绕主体建筑的手法逐渐废弃，而改由主殿和厢房、墙、门等组成封闭的空间，并通过不同空间的变化来突出主体建筑，从而创造一定的艺术气氛。北京故宫、天坛就是院落组合的卓越范例。

明清的民间住宅和园林，在空间组织、建筑造型、建筑装饰、利用地方材料和设计施工方法等方面仍有很多新的创造和发展。据明代中叶已经流传的《鲁班经》的记载，浙江民居有以明间面阔为基本单位来决定各部分比例、尺寸的设计方法；它的建筑内部空间处理结合室内布置使用各种式样的"轩"，不仅轻巧秀丽，而且富于变化，但天花以上部分仍使用唐宋以来的"草架"结构。明末计成（无否）所著《园冶》，关于相地、立基、屋宇、装折、门窗、墙垣、铺地、掇山、选石及借景等方面都有十分精辟的论述，并附有若干图式，概括了古代造园艺术的丰富经验，其中颇有值得参考借鉴的地方．是研究园林建筑的一部很重要的著作。近人童寯所著《江南园林志》，对于造园艺术与造园技术，从园林的结构特点及历史沿革方面作了不少的品评和议论，文史和图片资料相当丰富，也是一部较有价值的参考书。

苏州姚承祖（补云），世袭营造业，清代末年苏州地区许多住宅、寺庙，经他设计修建的有不少，晚年担任鲁班会会长，是当地有名的建筑师。遗著《营造法源》一书，对于住宅、庭园建筑的设计原则与施工规范都有详尽的论述，是近代纪述江南古建筑的一部技术专著。

此外，清朝在建筑技术方面除官书《工程做法则例》外，民间还流传着一些手抄本，质量有高有低，内容详略不等，关于传统的建筑技术都有不同程度的记载，特别是某些地方性的传统做法更是官书中所少见的。这些抄本材料是多年来师徒相传，从生产实践中总结出来的技术经验，很切合实用，因而过去匠师们往往把它视为技术手册，随身携带以备查考。然而在我国长期封建社会里，由于受孔孟之道的影响很深，统治阶级鄙视建筑工人，一向把生产者的技术成就视为"奇技淫巧"和"贱役"，严重地阻碍着科学事业的发展，因而流传下来的专门技术著作寥寥无几，劳动人民的创造发明大部已湮没失传，所以这些传抄本是值得珍视的。

藏族和西北少数民族的建筑，发展到明清时期也出现了模数制。各地区、各民族、各种类型建筑的进一步成熟，使我国建筑呈现出"百花齐放"的盛况。经过各民族建筑的密切交流，出现了一批新风格的建筑，例如承德的几处喇嘛庙，把汉藏两族的建筑传统巧妙地融合为一体，就是很成功的实例。

明清时期，在油作和砖石作的圬工方面有许多成功的施工经验值得重视。例如金砖地面采用泼墨、钻生桐油和烫蜡的方法，可使地面保持光洁耐磨。用高级澄浆砖干摆细磨，垒砌清水砖墙，整洁无缝。墙面外粉刷采用搔亮做法，于纸筋灰上刷料水数道，然后以黄蜡揩磨光亮，既坚固又光洁。硬木装修，水磨烫蜡，或擦拭核桃油，可使木材纹理突出，光彩夺目。此外，用白灰、糯米、明矾和成灰浆灌砌石料，或用明矾加铁屑灌筑石缝；用白蜡、芸香、松香等物调成焊药来粘补石料；东南沿海地区还使用粘着性很强的蛎灰砌筑砖石或抹饰墙面，用油灰构抿砌缝；海塘工程用杨桃藤、江米为汁和灰来构抿石缝，在砌体的灰浆中掺入有机胶结材料，取得很好的防水效果；其他如宫殿建筑在屋面的灰背中铺焊锡一层作防潮层，以上这些技术成就，都被长期的实践证明是行之有效的是古代劳动人民在施工中总结出来的有益经验和宝贵财富，值得我们加以整理发掘。

第二节 古建筑结构与构造

台基与基础

中国古代建筑的宫殿厅堂立面形象以三部合成，也就是下部宽大的台基，中部的墙柱结构和上部巍峨的屋顶。一般认为从地面以上柱脚以下的砖石包砌部分都属于台基范围，对于砖石包砌部分以内，直接承受房屋上部荷重并将其传递到地基上去的地下结构部分，则是所谓基础的范围，本节将依施工顺序先对基础加以介绍。

中国建筑的基础做法

古代的宫殿厅堂采用了木柱梁荷重的构造方式，所谓基础主要指的是柱下构造，一般分为直接承受柱子的柱顶石，柱顶石下的磉墩，磉墩下的灰土三个部分。

（一）灰土

砌置基础首先依柱子位置刨槽，槽底打筑灰土。槽深依两个因素决定：第一个因素是埋头，依屋架上檩数定高低，如果檩数四至五，埋头深六寸；如果檩数是六至七，埋头八寸；如檩数是九，埋头深达一尺。第二因素是灰土的步数，这要根据土质虚实而定，也和建筑物的等级有关，最少两步，多者可达十五步，如清代光绪崇陵隆恩殿的台基，其中还要打入长一丈五尺，小径五寸的柏木桩，以求坚牢。

灰土基础是用石灰和黄土依一定比例，如3∶7或4∶6体积比混合夯打而成。《工部工程做法则例》中规定："凡夯筑灰土每步虚土七寸筑实五寸。""二十四把夯筑二十四夯头，充剁五十七道，每见方一丈每步用夯夫二十四名、壮夫九名。"可以看出灰土基础所用材料虽然简单，工具也不过是木夯石碾，但用工是比较大的。

在统治者的陵墓工程里，又用江米汁加灰土的做法，在每步灰土打实后，泼江米汁一层，加水促其下渗与灰土结合，耐水性与坚牢性大为增加。

近年来，对若干古代建筑修理时，也获得一些关于基础工程的资料：

1. 河北正定隆兴寺转轮藏殿是北宋建筑，1954年曾打了四道探沟，了解到各柱磉墩之下是一层粘土，一层碎砖，共四层。

2. 山西芮城永乐宫是元代建筑，1960年迁建时曾对宫内龙虎、三清、纯阳、重阳四殿的柱基检查，地槽之上都是一层黄土，一层碎砖瓦，每层黄土平均厚90毫米，每层碎砖瓦平均厚50毫米，其中龙虎殿角柱多至十五层。

3. 上海市真如寺正殿是元代建筑，1963 年修理时发现柱脚下一层铁滓夯层，一层黄土夯层，每层平均 70 ~ 80 毫米，其中角柱柱基层数最多，是十层。

从以上三个实例看到其基础加固方法，是比较一致的，试与《营造法式》有关记载比较："每步土厚五寸，筑实厚三寸，每步碎砖瓦及石札等厚三寸，筑实后一寸五分。"也是细粒料黄土与粗粒料砖瓦石互层的做法，尤其永乐宫与《营造法式》的规定最接近（附表1）。

附表一　永乐宫各殿基础尺寸与《法式》比较表

建筑物	黄土层		碎砖瓦石札层	
	实测厚度	《法式定规》	实测厚度	《法式》规定
龙虎殿	9 厘米	3 寸	3 厘米	1 寸 5 分
三清殿	10 厘米	3 寸	7 厘米	1 寸 5 分
纯阳殿	9 厘米	3 寸	5 厘米	1 寸 5 分
重阳殿	8 厘米	3 寸	5 厘米	1 寸 5 分

据故宫博物院研究报告，紫禁城内多数明代殿座基础也是粘土、碎砖分层夯筑而成，或许灰土基只是清代陵寝才开始使用。至如宋、元以前，依发掘资料，一直是素土夯筑未用石灰。

（二）磉墩

在灰土夯到一定高度时，就要进行磉墩栏土的垒砌工作。磉墩位于柱顶石之下，用条砖砌成，它的高度依照《工部工程做法则例》规定"高随台基除柱顶石之厚，外加地皮以下埋头尺寸"。

礤墩可以单独砌筑，也可以连续起来，视距离远近而定；在礤墩不连续时需做砖砌栏土墙，高同礤墩。在包砌台基完成后，形成大小不同的方槽，槽内用土填满，上面再墁砖，台基工程就完成了。

以灰土、礤墩做基础是华北习惯做法。长江下游太湖南北多有石料可采，所以，这一广大地区建屋时常用石基础。一般做法，在刨槽完了，每根木柱下先铺三角石，用木夯夯实，叫做领夯石，领夯石上面铺粗凿料石多层，依层数多少一领一叠石，一领二叠石，一领三叠石直到柱顶石下。如果遇水田淤泥松软地层，地槽必须挖到老土，并打木桩，以免上部建筑发生沉陷、开裂、歪闪等病状。

（三）柱顶石

在砖砌礤墩之上，木柱之下，中国建筑习惯于使用石墩以传递上部荷载，这个方石墩叫做柱顶石。一般比例，柱顶石的边长是上方圆木柱直径一倍。柱顶石上皮并不与地面见平，而是凸上少许（0.2 柱径）在这露明的凸上部分的边缘加工成线脚，平面上变为圆形以与柱子衔接，叫做古镜。15 世纪以后北方建筑大多如此。

在长江下游，柱顶石的上部没有古镜，而是加一块鼓形石墩子，叫做礩磴。礩磴的高度是 0.7 柱径，弧形侧面上，有时浅雕花草。可以看出，柱顶石除了传递荷载，也还起着隔潮作用。

从 15 世纪以前的一些建筑遗物看，柱顶石上的线脚不是古镜，而是《营造法式》所称之覆盆，不少遗物在覆盆部分刻出卷草、莲花各种题材。

台　基

（一）台基的高度

《大清会典事例》载有顺治十八年关于台基高度的规定：

公侯以下三品以上房屋台基高二尺，四品以下至官民房屋台阶高一尺。

封建等级制也反映在台基高度方面，不过，衡之一些实物，并没有呆板地遵循这个制度，对于宫殿庙宇主要建筑，其台基高度依地面到斗拱耍头下皮高度的四分之一，台基边缘到檐柱的水平距离（也叫下出）等于上出檐的四分之三；对于一般房屋，台基高度是柱高五分之一，下出等于上出檐的十分之八，这是清代工匠习惯的台基做法。

（二）台基的轮廓

方直轮廓的台基是最常见的，一般台基露明部分之下，用一层条石衬平，其上皮比地面高出一至二寸，叫做土衬石。土衬石的外边比台基宽出约二至三寸，是金边。台基四角转角处有角柱石，台基露明部分的上皮平铺一层条石。阶条之下，土衬之上，立放一层石板叫斗板石。有时，石料缺乏，斗板石部分可用条砖替代。

还有一种须弥座式的台基，须弥座的意思是以须弥山即喜马拉雅山做佛座以显示佛的崇高伟大。须弥座式台基上下出许多线脚，这些线脚约可区分为六份：即上枋、上枭、束腰、下枭，下枋、圭角，在上枋、下枋、束腰部分分别浅刻出卷草，在上枭、下枭则是做出莲瓣圆雕。在北京，从明代的十三陵到清代的故宫，须弥座的规格极为严谨。

（三）踏跺、栏杆

由于台基有一个高度，就需要敷设阶梯、栏杆以便上下和防止危险。最通常的做法，在中间安一级一级的条石，如果从下到上，级石逐步减短，叫做如意踏跺；如果在踏跺两旁依斜度各安一条垂带石时，叫垂带踏跺，两条垂带常常和檐柱中线对住。

踏跺石的宽厚依《工部工程做法则例》："其宽自八寸五分至一尺为定，厚以四寸至五寸为定。"与《营造法式》所记，比较一致，但在垂带石下名叫象眼的三角形部分，二者做法稍有出入，后者要求砖砌象眼层层凹入，每层凹入半寸至一寸；前者则是砌成平面，芮城永乐宫三清殿是元代遗物，其前月台踏跺的象眼部分，以条砖镶砌成菱形图案，叠涩五层，可以看到宋代手法的影响。

在讲究的宫殿建筑台基部分，踏跺的中部往往加上御路，上刻龙凤。

有时，不用一级一步的踏跺，而用锯齿形的礓磜，这种结构便于车马上下，其坡度也比较和缓。

台基上周围栏杆，多用石造，一般构造多是在条石上先放置一条连续的方断面条石叫做地伏，地伏之上再按一定距离立望柱安栏板。多数石栏杆式样是模仿木栏杆的巡仗栏杆式，只是由于材料的限制，望柱排列得较密，常在四尺左右。石栏杆上的雕饰也是多种多样的，宫殿陵墓用汉白玉石雕为龙凤流云；庙宇园林用一般青石做简单的雕刻，有些明代石栏板刻上人物故事。

主体结构——木柱架

如前所述，中国地区辽阔，森林丰富，所以才形成了以木构架为主的建筑方式。依木材硬度分类，有的是硬度较大的，如榉、榆（常用于斗拱部分）；有的硬度一般但较耐久，如松、楠（常用于柱、枋部分）；有的硬度较小但耐潮湿，如柏木（常用于基桩）。木材强度又每每与木材轻重成正比，李斗《工段营造录》有"木材比重"一段可资参考：

> 木植见方之法，每一尺在松墩三十斤、桅杉二十斤、紫
> 檀七十斤、花梨五十九斤、楠二十八斤、黄杨五十六斤、槐三
> 十六斤八两、檀四十五斤、铁梨七十斤、楠柏三十四斤、北柏
> 三十六斤八两、椴二十斤、杨柳二十五斤、……

多年的木结构营造积累了丰富的经验，逐渐形成一些法则，本节就对木柱架这一部分从总体到细部加以介绍。

平面配置

一般平面配置，不论宫殿、庙宇、衙署或住宅都由若干单体建筑物，依对称均齐的布局构成一个建筑组群。常常是主要建筑物居中称正殿或正房，其前方左右分列配殿或厢房。与正殿或正房相对又有前殿或倒座，这四座单体建筑物围成一个院，是为四合院，有时没有前殿或倒座，那就可叫做三合院。一处住宅，一处庙宇或宫

殿就由一院或多院联接而成。

园林建筑则一反均齐对称的布局而为自由组合。依文献记载，夏、商、周三代苑囿是专为帝王游猎的地方，到了封建社会，苑囿中的人工设施逐渐增多。江、浙一带现存的明、清私家园林具有一定的规模，亭、台、廊、榭的平面处理和地形环境紧密结合，而堆山叠石更有许多特点，"巧于因借、精在体宜"是其造园的主要准则。这种因地制宜，不拘一格的精神，包括其在人力、物力上的节省，弥足借鉴。

（一）单体建筑平面形状

一般以长方形最普遍，长面向前，短面在两侧。正方形或接近正方形的也有一些，例如唐、宋小型佛殿多用宽深各三间的方形平面。此外，还有六角形、八角形、圆形、十字形、曲尺形以至梅花形等等，园林建筑中各种平面形状很多。

（二）柱列与间架

一般单体建筑物下部常有台基，在台基面上柱子的分布十分重要，如台基为长方形时，常依宽深两个方向排为柱列。每宽深两个方向的四根柱子包围的空间叫做一间。间之宽称面阔，间之深称进深。间是建筑平面上最低单位，建筑物大小就依间的大小和多寡而定。

说明一座建筑物的大小比例，在中国习惯用间架两个字加以规定。如《唐六典》卷二十三记有："凡宫室之制，自天子至于士庶，各有等差。天子之宫殿皆施重栱藻井，王公、诸臣三品以上九架，五品以上七架、并厅厦两头，六品以下五架。其门舍，三品以上五架三间，五品以上三间两厦，六品以下及庶人一间两厦。五品以上得制鸡头门。若官修者，左校署为之，私家自修者制度准此。"间是平面上的度量单位，架是建筑断面上的衡量单位，简单的单体建筑物上屋顶内部用几根檩条就叫做几架，如五檩是五架，九檩是九架等。

柱架侧样

竖立柱梁大木之前，依一定比例，要把柱子水平距离和各步檩条高度画出来，把定柱梁构件的长度位置卯眼分布以及举架坡度，由于一般单体建筑物中，各槽柱架都是相同的尺寸规格，因此大部分构件在组装以前的加工都以这个图样为依据，宋代把这一道画图的工序叫做定侧样，柱架侧样也就是柱架横断面图的意思。《工部工程做法则例》在前二十七卷中，每卷一种，共介绍了二十七种柱架侧样，《园冶》中记有八种柱架侧样，反映出江、浙厅堂建筑的做法。在西南四川等省有穿斗木结构，和前述两部文献所记，又不相同，今分别介绍于下。

（一）《工部工程做法则》所介绍的二十七种柱架侧样

（1）九檩庑殿大木。（2）九檩歇山转角大木。（3）七檩歇山转角大木。（4）九檩楼房大木。（5）七檩转角大木。（6）六檩前出廊转角大木。（7）九檩大木。（8）八檩大木。（9）七檩大木。（10）六檩大木。（11）五檩大木。（12）四檩大木。（13）五檩川堂大木。（14）七檩三滴水歇山正楼大木。（15）七檩重檐歇山角楼大木。（16）七檩歇山箭楼大木。（17）五檩歇山转角闸楼大木。（18）五檩硬山闸楼大木。（19）十一檩挑山仓房大木。（20）七檩硬山库房大木。（21）三檩垂花门大木。（22）方亭大木。（23）圆亭大木。（24）七檩小式大木。（25）六檩小式大木。（26）五檩小式大木。（27）四檩小式大木。

《工部工程做法则例》全书共七十四卷，四个部分：

1. 各种柱架断面结构……………卷一～二十七

2. 各种斗科结构………………卷二十八～四十

3. 装修及石、土……诸作………卷四十一～四十七

4. 工料估算………………………卷四十八～七十四

四部分中，只有第一部分的各种结构依一定比例，记下侧样由式，可见其重要性。

清代官式建筑，通过一些侧样图式，可以看到两个特点：

（1）属于架梁式（抬梁式）结构，一根梁上托住几步椽子的屋顶重量，以致梁的用材要文一些，但梁下可以得到较大的空间。

（2）檩数成单时，脊檩也成单，屋顶最高处常要带上正脊；檩数成双时，脊檩也成双，檩上放置罗锅椽，使顶部成弧线形轮廓，通常不设脊而称之为卷棚顶。但在六檩前出廊转角大木的侧样中，由于前廊一步架，后面又不出廊，脊檩成单，屋顶要设正脊。

许多侧样里，尽管檩数相同，还有大式小式的区别，这当然是封建等级制在建筑工程上的反映。经过对《工部工程做法侧例》的研究分析，二者可以从十三个形制方面加以判别：

（1）从檩数比较看，小式大木最多用到七檩：大式大木可用到十一檩（太和殿实物是十三檩）。

（2）从开间尺寸比较，小式大木一丈左右，大式大木可达一丈三尺。

（3）从梁的架数看，小式跨空梁最长五架，大式跨空梁最长七架，梁下用随梁枋。

（4）小式檐柱径为明间面阔百分之五～七，大式檐柱径为明间面阔百分之七。

（5）小式金脊、檩下可不用垫板，四、五檩不用枋，大式各檩下必用枋子与垫板。

（6）小式不用飞椽，大式必用飞椽。

（7）小式不用扶脊木，大式必用扶脊木。

（8）小式以灰泥填椽档，不用椽椀，大式必用椽椀及里口木。

上述椽椀指在每根檩上，顺钉一条木板，板上做出一排圆洞，使椽子穿过；里口木指在檐椽头小连檐上，顺钉一条木板，板上做出方洞使方椽通过。

（9）小式脊瓜柱下不用角背支撑，大式常用角背。

（10）小式装修用风门及支摘窗，大式装修明间用格扇及帘架，次、梢间用支摘窗。

（11）小式大木拖小式瓦、石作，大式大木拖大式瓦、石作。

（12）小式埋头：四、五檩深四寸，六、七檩深六寸；大式埋头：四、五檩深六寸，六、七檩深八寸，九檩深一尺。

（13）台基露明高度，小式、大式也有不同的规定，前者依檐柱高度十分之一定高，后者依檐柱高度十分之一点五定高。

（二）《园冶》书中列有八种柱架侧样

（1）五架过梁式。（2）草架式。（3）七架列式。（4）七架酱架式。（5）九架梁五柱式。（6）九架梁六柱式。（7）九架梁前后卷式。（8）小五架梁式。

《园冶》是明人计成在崇祯七年（1634年）写成，全书三卷，内容以造园为主，兼及木构房屋厅堂，反映出若干长江下游建筑特点，上列八种柱架侧样图式中，复水椽与卷的使用即其特点之一。从图式看，卷就是在檩条下皮幔钉木板，顺着檩条的坡度，钉成圆弧形状，板的露明面或上油漆或糊纸。复水椽则是在各架椽子的下方，再用重椽，做成一假屋顶，把上部梁架封住。《园冶》作者强调说："前添敞卷，后进余轩，必用重椽，须支草架。"这可能是在进深大的居住房屋中为调整空间采取的办法，在江、浙一带，这种做法一直保留，例如，民国年间姚承祖遗著《营造法原》第五章厅堂总论中说："凡厅堂往往将内四界以前地位加深，自一界至二界，并于原有屋面之下，架重椽，使前后对称，表里整齐，自下仰视，俨若假屋者谓之轩。"界是屋架前后两根檩条的水平距离，就是前节所述"间架"中的架。

（三）穿斗房也是一种柱架形式

西南几省如四川用得很多，其特点是每根檩条下一根立柱落地，不用梁，柱与柱间用穿枋横穿过柱出檐变为挑枋。穿枋高四、五寸，厚二、三寸，穿斗房的柱可以用得很细。

以上通过《工部工程做法则例》、《园冶》两部书中的图式，可以看到我国封建后期即明、清四百年间木构房屋的柱架侧样概况。在实物中，混用不同的柱架侧样形式于同一建筑的情况，也是有的，江南住宅在空斗墙体中每看到穿斗式与抬梁式的混合结构。对一些建筑术语的比较也可看到地区之间结构法的互相影响。例如："卷"与"卷棚"的关系，除了图式所见，"卷"还出现在《园冶》的叙述中。该书卷一《屋宇篇》写道：

> 卷者，所堂前欲宽展，所以添设也。或小室欲异人字，亦为斯式，惟四角亭及轩可并之。

可以看出，卷的主要涵义是指一座厅堂（即主要建筑物）的前方扩建部分；其特点是屋顶做成马鞍形式。影响所被，不独是北方清中叶兴起了卷棚顶的结构、作法，四川成都也可以看到实例。成都鼓楼南街的清真寺礼拜殿的前方，就是一座添设的卷棚顶。罗锅椽的断面呈扁方形，椽上望砖座底皮刷饰白灰，与红褐色的椽子对比，使建筑物内景优雅明快。

柱架细部

本段试以五檩大木为主兼及一些有关构造，对柱架细部诸构件的名称、作用加以说明。普通开间一丈左右的两坡顶建筑物多用五檩大木，从柱架侧样观察，自下而上，可分为三部分，即柱子、屋架（屋梁柱）以及檩椽等直托屋面的木构件，分述于次。

（一）柱子

柱子是房屋中直立的主要承压构件，有圆形、方形、八角形几种断面形状，而以圆形占大多数。

如前所述，柱子是决定单体建筑物规模、尺度的重要因素，不同的位置习惯上有不同的称呼。主要有四种柱子：凡是檐下最外一列的柱子，不论前后或两侧，名为檐柱。在檐柱以内的柱子，除在建筑物纵中线上的都名金柱。在建筑物纵中线上，顶着屋脊，而不在山墙里的名为中柱。在山墙的正中一直顶到屋脊的名为山柱。

（二）屋架

清代官式做法多为立帖式屋架，不用叉手等斜构件，梁、枋、短柱是主要组成部分。

（1）梁——梁是承弯曲构件，瓦屋顶的重量通过檩梁传递到直立的柱身。一般梁断面是矩形，但在南方很多使用圆形断面，以节约用材。

每根梁的具体称呼，依所在位置、承托檩数的多少而定，例如，如图十中上一层水平梁托檩条三根，叫做三架梁，而下一层水平梁托檩条五根五架梁。此外，假如是有廊的建筑物时，在檐柱与金柱之间另有短梁，在没有斗栱的建筑中，梁头方直叫抱头梁。在有斗栱的建筑中，梁头特地做成较复杂的挑尖形式，好像一顶道冠，就叫挑尖梁。这根短梁并不承重，只起勾搭联络作用。在廊深较大时，抱头梁上还可以再加一根瓜柱、一条梁和一根檩子，这时，下层的叫双步梁，上层的叫单步梁，双步梁除了勾搭联络之外也有承重的机能。梁端与檩条相交处要刻出桁椀和鼻子以防止金檩或檐檩滚动。

（2）枋——枋木断面和梁相同也是矩形，其作用以柱头间勾搭联络为主，但也有时承受重量，成为承弯曲构件。例如图中在脊瓜柱柱头间者名脊枋，在金瓜柱柱头间者名金枋，在檐柱柱头间者名檐枋或额枋。至如有廊的建筑，在檐柱头与金柱间还有穿插枋；重檐的建筑，在金柱柱腰之间还有承椽枋，枋外皮挖出许多圆洞，叫做椽椀，以承接下檐檐椽的后尾。此外，在有斗栱的，开间进深比较大的建筑物中，额枋要用两层，上层叫大额枋，断面较大，下层叫小额枋，断面较小；二者之间用厚板填空，叫由额垫板；大额枋之上再用一块承托斗栱的扁枋叫做平板枋。依进深方向，直贴梁下，连贯于柱头之间的叫做随梁枋，像大额枋，承椽枋等构件都是兼有联络与承重作用的枋木。

（3）短柱等——屋架中两层梁间或檩梁之间须用短木支托填充，如支木高度超过木身宽度时叫做瓜柱，反之叫柁墩。瓜柱按地位的不同可分为脊瓜柱、金瓜柱等。

由于举架关系，脊瓜柱较高，柱脚常有角背支撑，以免倾斜。

在高层建筑中，放在横梁上，下端不着地，而上端的功用和位置与檐柱、金柱相同的是童柱。

（三）直托屋面用材

（1）檩——多半断面是圆形，是承弯曲构件，在檐柱柱头上的叫檐檩，在脊瓜柱上的叫脊檩，在二者之间的檩条叫金檩，如果是七檩以上的屋顶，檩数加多，可用上金檩、中金檩、下金檩的名称，加以区别。

（2）椽与飞椽——在檩檩之间，与檩条垂直方向钉排的圆木叫做椽。椽在檩上，其直径为后者的三分之一左右，椽子净距约依一椽径排列。最上一排与扶脊木接触的叫脑椽，卷棚式没有正脊，也不设扶脊木，顶部用弯曲的罗锅椽。在各金檩上的椽子都叫花架椽，也因地位而有上、中、下的区别。最下一步椽子叫檐椽，里端放在金檩上，外端伸出檐檩之外。

在大式建筑中，每根圆断面的檐椽之上，还要加钉方形断面的飞椽，以增加挑出的深度，从檐檩中心到飞椽外端的出檐深度一般依照檐柱高度的十分之三制作，而飞椽露明长度则是出檐深度的三分之一。

在长江流域，屋顶不苫泥背，重量小，就不用圆形椽子，改用扁木，厚不过一、二寸，四川称呼为桷子。

（3）其他构件——在每根檩上，钉放一条木板，做成一排圆洞，使椽子通过，叫做椽椀。在脊檩上，用一条六角断面木件叫做扶脊木，其前后向下的斜面上，也做成一排圆洞以承受脑椽上端。在檐椽下端用扁木将椽头连住，称做小连檐，同样，在飞椽端部用五角形方木将椽头连住，称做大连檐。小连檐之上飞椽之间，为防鸟雀飞人，或钉整块木板叫里口木，或分别用小板封死，叫闸挡板。

椽子上面满铺一寸左右的木板，叫做望板，板的方向或与椽身垂直，叫横望板；或与椽身平行，叫顺望板。大连檐上再钉一条窄木板，板上端按瓦陇大小，做成椀子，承受滴水瓦叫做瓦口。

（四）关于举架

在《工部工程做法则例》卷十一，对于五檩大木山柱通长的计算是这样写的：

凡山柱以进深加举定高低，如进深一丈二尺，分为四步架，每坡得二步架，每步架深三尺。第一步架按五举加之，得高一尺五寸。第二步架按七举加之，得高二尺一寸。又加平水高六寸，再加檩径三分之一作桁椀，长二寸三分，并檐柱之高八尺，得通长一丈二尺四寸三分。……

这条记录对我们有如下三点启示：

（1）每坡从檐枋到金枋和从金枋到脊枋的水平距离是依前后檐柱的进深等分而成，每一份叫做一步架。

（2）从檐枋到金枋的水平距离叫檐步，从金枋到脊枋的水平距离叫脊步。

（3）从檐枋到金枋的垂直距离是按五举得出，也就是，按檐步三尺乘以十分之五得到垂距一尺五寸；同样，从金枋到脊枋的垂直距离是按脊步三尺乘以十分之七得到垂距二尺一寸。归纳起来，可知举架直接决定了屋顶坡度。在五檩大木情况下，进深较小，举架最高七举，如果是七、九、十一檩，脊步举架就要高到八、九举，举架方法使得中国木构建筑的瓦坡是曲线，不是直线，这道曲线越往上越陡峻，越往下越和缓，正如《考工记》所形容的"……上尊而宇卑，则吐水疾而霤远"，中国的举架法对于排除屋顶雨水不令下溅柱脚是有一定作用的。

封建后期的斗拱

（一）斗栱由四大类构件组成，这四大类是斗、栱、昂、枋

（1）斗栱斗是方形木块，形状像量米装酒的斗，上大下小。在整个斗栱构造中，斗起着上下承替联接作用，放在栱、昂、枋、柱的交点或者端点，不同的位置有不同的称呼。在柱子（檐柱、金柱）

上面的叫坐斗或大斗，是一攒斗拱重量集中的地方，所以尺寸较大。在翘或昂的两端托着上一层栱与翘、昂相交点的叫十八斗。在横栱两端托着上一层棋或枋的叫三才升（如刻槽镶入垫栱板时叫槽升子）。在角科，承托两个方向栱子或者宝瓶的斗形又有平盘斗的称呼，这种斗通常不带斗耳。

斗本身从上到下可以分作斗耳、斗腰、斗底三段，三者高度的比例是 2：1：2。

（2）栱——栱是长条形木块，由于两端底面砍削成曲线，全体微呈弓形，在斗拱结构中具有伸展挑出的作用，不同的方向、位置也有不同的称呼。前后挑出的拱叫翘，每向里或向外挑出一层就叫出一踩。左右伸出的棋有瓜棋、万栱、厢栱三种称呼，如在柱头上从大斗左右伸出的叫正心瓜拱，其上再出较长的横栱叫正心万栱；如在翘头上从十八斗左右伸出的叫瓜栱，其上再出较长的横栱叫万栱，另外还有厢栱，指安在最上层翘（或昂）的最外（或最里）端上的横栱而言。

瓜栱、万栱、厢栱不仅从位置上可以区别，而且从两端底面的砍削方法也可区分，瓜栱端下皮连续砍成四小段直线，万栱、厢栱则分别砍成三小段和五小段直线，工人们叫做"瓜四、万三、厢五"。砍削部分叫做栱弯。

栱上皮的中央部有与昂或翘相交的卯口，其两端有与升、斗相接的凹槽，二者之间，常常剜下一薄层、轮廓如香荷包，叫做栱眼。

（3）昂——如果方向与翘相同，也是前后挑出，但向外一端特别长，并将底皮微斜向下时，这个条形方木叫做昂。它的前端面砍削成半圆形或五角形叫做昂嘴。

（4）枋——枋是各攒斗拱之间相联系的条形方木，其功能是把分散的斗拱联成一个整体，在柱头中线上叫正方枋，在前后挑出的万栱上面的叫搜枋，在里搜厢拱之上，承托天花的叫井口枋。

（5）要头与撑头——在最上层的翘或昂之上，更有两层与之平行，长短也约略相同的条形方木，下一层叫耍头，上一层叫撑头。耍头前后端露明在外，分别砍做蚂蚱头和六分头两种雕饰。撑头外端不露，只将挑檐枋撑住，里后尾雕做麻叶头。

（二）斗拱的分类

对于单层建筑，依用在檐下还是用在室内，可分做外檐斗拱和内檐斗拱两大类。

外檐斗栱按斗栱分布的位置分为三种：

（1）柱头科——位置在柱头上，前面挑出屋檐，后面承托梁架，荷载较大，所以翘昂的尺寸也比其他斗栱大一些。

（2）平身科——位置在额枋上面，平身科与平身科之间，一般做成等距离（十一斗口），帮助柱头科传递屋顶的重量。

（3）角科——用在房屋四周转角的柱头上，功用和柱头科相同，但结构则庞大复杂得多。

镏金斗栱是一种外檐特殊的斗栱。从檐柱中线以外和普通斗栱完全相同，只是柱头以里撑头后尾特别加长，而且顺着举架的角度，向上斜起称杆，放在上一架的大斗上；其桁椀后尾和耍头后尾也随着向上斜起，并用名叫伏莲捎的捎木捎接在一起。

内檐梁枋之间常用若干攒不出踩的斗栱，如一斗三升、下加荷叶墩、上加雀替，把梁枋上下联系在一起叫做隔架科。

有一种如意斗栱，每攒斗栱除纵横各出翘栱之外，在45°方向，还要挑出斜栱，多攒斜栱相交成复杂的网络状，如意斗栱常常在木牌楼上使用。

（三）斗口的意义

平身科坐斗之上有十字卯口，以承受瓜拱和头层的翘或昂，这承受翘或昂的坐斗开口就叫做斗口，斗口的尺寸是有斗栱建筑的各木构件权衡基本单位。

试摘录《工部工程做法则例》卷二十八所记一段如次：

凡算斗科上升斗、栱、翘等件长短高厚尺寸，俱以平身科迎面安翘昂，斗口宽尺寸为法核算，斗口有头等才、二等才以至十一等才之分，头等才迎面安翘昂，斗口宽六寸，二等才斗口宽五寸五分，自三等才以至十一等才各递减五分，即得斗口尺寸。

这一段记载告诉我们，斗口的尺寸具有十分重要意义，斗栱上升，斗、栱、翘各个分件的长短高厚和斗口有直接比例关系，而且斗口差不多和所有大木构件都有直接关系，如同书卷一所记：

凡檐柱以斗口七十分定高，……

凡小额枋，……以斗口四分定高，……

等等。

（四）斗栱的订名

依前节所述，按照斗栱位置的分类法，可把某攒斗栱说成某檐某某科，以指出其位置所在。但这还不够，因为每攒斗栱有出踩的有不出踩的，有踩数多的有踩数少的，《工部工程做法则例》列举如下一些称呼，可供我们在调查时或制订修缮计划时订名参考。

（1）一斗二升交麻叶——坐斗上横安正心瓜栱一道，栱两端各安槽升一个，上托正心枋；与上述方向垂直，从坐斗上出厚木板一块，雕麻叶云。

（2）一斗三升——坐斗上横安正心瓜栱一道，栱上安三个槽升，上托正心枋。

（3）斗口单昂——坐斗上横安正心瓜栱和正心万栱；与上述方向垂直，从坐斗上出昂一件，后带翘头，其上里、外端各横出厢栱，各处升、斗及耍头、撑头一并安齐。为了更具体，可在"斗口单昂"后再加"三踩"两字说明其出踩数。

（4）斗口重昂

（5）单翘单昂

（6）单翘重昂

（7）重翘重昂

（8）挑金镏金

（9）隔架科

（10）三滴水品字斗科——三滴水是上下三檐楼阁的意思，三滴水品字斗科指的是楼阁第二层地面平台下外檐所用斗拱，品字科意味着斗以上纵向只能出一层或更多层的翘，不用昂材。

封建后期的转角房屋结构

转角也叫磨角，《园冶》卷一解释磨角说："磨角，如殿阁攒角也阁四敞及诸亭决用。"单体建筑物如庑殿顶、歇山顶的大木结构，群体建筑物的长廊转折部分，以及城堡建筑的角楼，或简或繁，都属于转角房屋，本节只对歇山大木、庑殿大木和翼角椽飞部分做一简略介绍。

（一）歇山大木

从歇山屋顶外形来看，在两坡顶的下面加上周围四个斜坡顶就成了歇山屋顶。

清代官式做法，在梢间底层柱间放顺梁，其方向与建筑物长面方向平行。顺梁是和扒梁相对而言：长方断面的梁在圆形断面的檩下相交时叫顺梁，当长方断面的梁在圆形断面的檩上相交时就叫扒梁。顺梁上，在退入一步架处安交金墩，前后交金墩上架设方形断面的采步金，这采步金是歇山大木中的关键性构件，采步金上皮与前后檐的下金檩上皮宜平，两端做成圆断面，与下金檩相交，沿着采步金外侧刻出椽窝以承两山檐椽的后尾，这样，歇山下部四个斜坡就有了支承面。采步金之上各架梁的分配和明、次间是相同的。

为了两山挑出的檩头得到支承，在山面檐檩内方，还要单立一道前后方向的垂直木架。木架底梁直放在山面檐椽之上叫踏脚木，踏脚木之上，每根檩头下方都用小柱顶牢，这些小柱因其不露明，不做细致加工，故名草架柱子，小柱之间再用小梁加以支撑，这一道垂直木架就完成了。

在这道垂直木架外侧全部钉上木板叫山花板，板厚按椽径六扣；在几个檩条端部还要再钉成人字形的两条宽板叫搏风（博缝）板，厚按椽径八扣，有时，山花板上还要加上绶带等等雕饰，明、清歇山大木两山的外轮廓就是这样。从山花板外皮到檐檩中线的水平距离，大约是一个檩径，所谓"歇山收山"就指此水平距离而言。

如果不用采步金，而是在这一部位使用圆形断面的金檩，两山的檐椽通过这道檩条，把后尾直搭到山里一间梁架上，也不用踏脚木和草架柱子，山里一间的梁架直接袒露在外，这是封建后期另外一种结构手法，《营造法式》所记"垂鱼"、"惹草"、"曲脊"……诸项启示我们，这后一种做法，和宋代形制接近。

（二）庑殿大木

庑殿顶就是《周礼·考工记》所记的四阿形式，外观表现为五条脊把瓦顶分割为前、后、左、右四大斜坡，雨水可以从四面排泄，一般使用在建筑群中最主要的殿宇上，如故宫的太和殿。

清代官式做法：在梢间底层柱间，依建筑物长面方向架设扒梁，梁内侧跨在五架梁上，梁外侧跨在檐檩上，梁底皮与檩中宜平。扒梁中部偏外立交金瓜柱，托柱山面金檩和前后檐金檩的交点，从交金瓜柱沿45°方向向上设由戗。向下设老角梁和子角梁，这样，逐步设扒梁和交金瓜柱，逐架继续延长由戗，直到脊步与脊檩相遇为止。合缝由戗和老、子角梁是庑殿顶承托垂脊的四条骨干，但要注意这四条骨干线并不是直线，这其中，有举架的影响，而明清建筑还有推山做法的因素在内。

推山的做法可参考图二十五：庑殿推山法。我们知道，假使庑殿顶两山的坡度与前后的坡度完全相同，则角梁，由戗的平面投影当为直线，中国古代建筑在大型庑殿顶上力图避免这种机械性的呆板，使用了推山的办法，《营造算例》说庑殿推山，除檐步方角不推外，自金步至脊步，按进深步架，每步递减一成。由于是递减，步架越往上，交金瓜柱位置越往外，坡度也越加陡峭，到了脊檩，推出距离比较显著，因而角梁、由戗的平面投影是连续的折线，而上方垂脊则是一道越上越内收的曲线。也由于推山关系，脊檩推到原来梁架以外，有一段悬挑部分，清式做法，还要在檩头下面加用一根立柱，一根横梁，以便悬推部分的屋顶荷载，特别是大吻的巨大重量可以直接传递到梁柱上，这根横梁叫太平梁，这根立柱叫雷公柱。

（三）翼角

庑殿顶或者歇山顶都有四个外转角，其轮廓线不是直线而是像鸟翼般开展的曲线，故通称这一部分为翼角，现在就介绍三种翼角结构的做法与形制如下。

（1）作法之一：清代官式作法——大式大木的翼角由角梁与椽飞组成，角梁好像是主干，椽飞是若干分枝。角梁有两层，上层称子角梁，下层称老角梁，二者关系和飞椽与檐椽的关系约同。老角梁梁身以檐檩相交处为支点，前端伸出，梁端面做霸王拳一类雕饰；后端上皮刻出桁椀托住正侧两面的金檩。子角梁梁身与老角梁平行，前端长于老角梁，长出部分接近水平，梁端有榫，是安放瓦件套兽的地方；后端下皮刻桁椀，盖住正、侧两面来的金檩。二者都是45°方向放置。

翼角翘起是由于角梁与檐椽用材尺寸不同的结果。老角梁和檐椽下皮都放在檐檩上，但老角梁断面大，其上皮比檐椽上皮高出两椽径。为使翼角椽子逐步抬高，最后达到同老角梁上皮宜平，使用了三角形的枕头木。在平面上，翼角椽子也渐次变更方向，直到末一根椽头与老角梁头紧贴为止，注意这些椽子还要逐渐加长，直到老角梁，最后一根的平出距离约三椽径。

翼角部分飞椽与子角梁关系稍有不同。檐椽之上再不用枕头木，只用望板及连檐，因此最后一根飞椽上皮，比子角梁上皮要低一些。这部分的檐椽、飞椽分别又叫做翼角檐椽和翼角翘飞椽。

（2）作法之二：长江下游的地方做法依《营造法原》所述，长江下游翼角部分的角梁也是上下两层，上层叫嫩戗，下层叫老戗，老戗和北方的老角梁位置、外形基本上相同，嫩戗却和北方的子角梁有很多差异：

①嫩戗长度较短，一般为飞椽露明长度的三倍；子角梁则较长。

②嫩戗中心线与顶端面所成角度大约是 55° 多一点，抬起较陡；子角梁前端中心线是接近水平的。

③嫩戗上还有菱角木、箴木、扁担木几层木料，使得上皮轮廓线为半月状，北方的子角梁则否。

（3）作法之三——通过对于汉唐以来石雕仿木构建筑形制的研究来看，翼角的另一种作法是：把翼角椽飞和正身部分平行排列。北齐定兴石柱上的转角出椽即为平行，椽子断面扁方形。永靖炳灵寺石窟某塔柱的转角出椽形式与定兴石柱相同。不仅石雕如此，四川省某些木构建筑，如广汉广州会馆戏楼、大足松林坡广大寺中佛殿等处的翼角椽也是平行排列，在子角梁头两侧，各钉托木一条约三、四寸直径，斜钉至挑檐檩上，作为平行椽的支托构件。

高层建筑及其他

中国古代许多宝塔飞楼都是由若干单层房屋叠落而成的高层建筑，每层都有出檐，是其外观上独特之处。在一个建筑群中，有了高耸凌空的楼阁建筑，可以打破空间平板呆滞的感觉。本小节所述，除了楼阁高层建筑以外，还包括亭、牌楼两种特殊建筑物。

（一）高层建筑构造特点

各层楼板是高层建筑分层的一个单元。一般清式楼板结构：首先在建筑物前后柱间架设承重，承重梁是楼板荷重的主梁，长方形断面，依柱径定宽，依柱径加二寸定高；其次在左右柱间用间枋，也是长方形断面，但比承重稍小一些。楞木与间枋平行，放在承重之上，其高度仅为承重厚的十分之六，厚度再减高二寸，楞木之上铺钉厚度一寸以上的木楼板。

每层为了出檐，常在上一层檐柱间使用承椽枋，枋高同柱径，托住出檐的檐椽后尾，檐椽前端放在廊子（下层）檐柱柱头檩上。承椽枋与间枋之间用木板加引条封住，叫做棋枋板。

下面通过两个遗物实例，做进一步说明。

实例之一是曲阜孔庙奎文阁。奎文阁是孔庙同文门前的一座高层建筑，面阔七间，进深五间；自宋代创建以来，几次修改，今天看到的是明弘治年间扩建而成。前檐用石柱，是孔庙习用手法，后内金柱上一段直达三架梁之下。断面上可看到三层三檐，因为平坐有相当高度，所以上下层之间多出一个暗层，承重梁就架设在暗层上方，上铺楼板；楼板四面放在平坐斗栱上，斗栱由童柱额枋承托，在其下方，承椽枋与檐檩间铺钉檐椽以挑出下檐，更加上上部的歇山重檐，共为三檐。这种做法和北京各门城楼比较，约略相同，外观上三层檐头，从下到上逐层内收，富于安定感，所谓三滴水楼阁。

实例之二是正定隆兴寺转轮藏殿。隆兴寺是北宋大型佛寺，转轮藏殿位于佛寺的后部西侧，面宽进深各三间，前出雨塔一间；断面上看到两层三檐，承重梁放在上下层的中间，上面钉铺楞木和楼板，但平坐未设暗层。可注意的是，上层檐柱和平坐童柱的柱脚分别叉在平坐斗栱和下檐斗栱的大斗上方翘身上而为叉柱造，比下檐檐柱轴线收入不过半个柱径，因而外观上上下檐约在一条垂线上。

以两个实例相比较，可以看到转轮藏殿和奎文阁外观上的差异代表了宋代和清代两种结构法的不同，前者上下檐柱内外相差不过半个柱径，后者则是一步架了。

（二）楼阁式建筑的来源

上古之时，人们原是巢居以防兽虫的侵袭。在气候湿热的地区，为了生活得更好，逐渐改为从地上竖立起木架，加以荫蔽，形成房屋，下部则空着，这种形式史书上称为干阑式建筑，也就是后代楼阁前身。

有些古代楼阁是庋藏食物用的，日本有所谓校仓造，近于高足式的干阑式建筑；又有一些楼阁是藏书藏画的，如北京故宫文渊阁之例。

直到今天，居住于云南、贵州、台湾等处亚热带地区的少数兄弟民族，因气候湿热而多雨，仍然居住在下部架空的干阑式建筑物中。他们充分利用下部空间作猪圈、碾米场和储藏室。楼梯置于室内或室外，不拘一式。

（三）高层建筑的附属设施

在高层建筑中，为了便于攀登，必须敷设楼梯，建筑边缘为防止坠落意外，又需要安装栏杆，楼梯与栏杆是高层建筑不可缺少的两项设施。

1. 楼梯

在长期的封建社会里，木楼梯始终具有宽度小、坡度陡的特点，一般楼梯高宽比是 1：1.1，甚至更小，和今天公共建筑中所用的 1：1.5 乃至 1：2 是不同的。

架设楼梯，常放在尽间进门处，依尽间门口尺寸，先定楼梯宽度，依楼层高度架设两侧的楼梯帮。楼梯帮是主要承重的斜梁，平放的踩板，立放的踢板交替地镶在帮木内侧，形成梯级，踢板的露明宽度都在八寸左右，而踢板宽度则是七寸，工人们称为踢七踩八。

一般楼梯帮厚度是三寸，踢板厚依帮厚十分之四计算，即一寸二分左右。

2. 木栏杆

巡杖（《营造法式》写作"寻杖"）栏杆的式样是宫殿庙宇中比较常见的一种。檐柱旁先立两根望柱，望柱间上下平列三根横材，最上面一根可以扶手的叫巡杖，中、下两根各名盆唇和地伏，在巡杖到盆唇之间，明、清两代多用荷叶净瓶的雕饰，盆唇地伏之间做镂空华板。

明代以前，荷叶净瓶之类的雕饰较少看到，在木构实物和砖石结构上反映出的栏杆形象，多是巡杖、盆唇之间使用斗子蜀柱，而盆唇与地伏之间的华板雕饰，较多看到的是钩片造。《营造法式》在单钩阑华板小注里面提到：华板可以做成万字造也可做成钩片造等。钩片造华板的形象，反映在大同云冈石窟北魏浮雕上，反映在敦煌莫高窟唐代壁画，也反映在大同华严寺薄伽教藏殿中的辽代经橱上，差不多可以认为从五世纪到十二世纪的八百年间钩片造华板在尊贵的建筑物上是很风行的。至于一般庙宇房屋，在华板部分每每简化为并列三根或一根角棱向外的方木条通称为卧棱式。

园林建筑中不用巡杖栏杆，代之以坐凳栏杆、靠背栏杆等等，在《园冶》中列举了若干花栏杆图式，此处从简。

（四）亭

古代的亭大约有三种用途：

（1）邸驿乡镇用为旅舍堡垒之亭，秦制十里一亭，十亭一乡，是封建初期行政单位用房。这种亭里有住处，有围墙，甚至有楼房，乡官可以治事行旅们可以在这里住宿休息，所谓都亭邮亭均是这类建筑。

（2）市门楼或城门楼的建筑，叫做旗亭。

（3）军事防御用的亭。

后来的亭逐渐改变了用途成为停息凭眺的地方，不设门窗墙壁，或布置在水滨湖畔，或布置在林侧山巅，成为园林中点景不可少的东西，许多园林中由于亭子的形体彩色，使得周围环境更有生气，北京市区的景山万春五亭，北海五龙亭都是良好的例证。

此外，还有为保护石刻的碑亭，为保护用水的井亭，种类不少。

亭的平面形状最为多种多样，圆、方、六角、十字、丁字、扇面、梅花、套环、方胜、双六角、双八角等等，其中方亭最多。

亭的梁架结构大致分成扒梁法和斜梁法两种。

1. 扒梁法

根据柱上各檩条距离，厘定扒梁（或抹角梁）的适宜位置（一般圆亭多用扒梁）。两个长扒梁，两个井口扒梁垂直相交，组成一个井口，梁上立交金墩（柁墩），然后再铺放上一步的檩枋。檩檩相交处，前放老、仔角梁，后放由戗，各角由戗最上端和一根垂直的名叫雷公柱的圆木相交。依照《工部工程做法则例》卷二十二四柱方亭和卷二十三六柱圆亭规定："凡雷公柱以檐柱径一分半定径，如檐柱径七寸得径一尺五分，以本身之径七分定长得长七尺三寸五分。"这个悬空的柱子，下端常雕成莲花、宝珠各种装饰，成为亭子结构一个特点。

2. 斜梁法

也有一种结构，直接用几根斜梁搭成亭子的屋架，这根斜梁以檐柱头为支点，前挑屋檐，后尾直插在雷公柱上。《营造法式》卷三十大木作制度图样中亭榭斗尖用瓯举折一图就是用几根斜梁搭成的。

（五）牌楼、牌坊

牌楼的种类，依材料性质，大致可分为木、石、琉璃几种；依外观轮廓有柱出头（一般叫冲天牌楼）和柱不出头二式。这里，介绍一下木牌楼的构造。

1. 木牌楼的平面柱列

北京城区所见牌楼平面多作一字式，在河南、甘肃也有踧踖，后一形式左右次间的柱、枋、楼与明间轴线成45°，可起支戗作用。

2. 木牌楼的垂直结构

试以北京城区的三间四柱七楼为例：这种牌楼的承重柱架由四根柱子（两根中柱，两根边柱）和三根横枋（中央是一根龙门枋，次间是两根大额枋）组成。承重框架需要考虑两方面的荷载：把上方明楼、次楼的屋顶荷载依垂直向传递到地基，同时，也要抵抗住水平来的风力，以免倾倒。为了达到上述要求，木牌楼的四根柱子，伸入地下部分约为露明柱高的一半，边柱柱头以上做灯笼榫，通过额枋斗拱直插到边楼檩条里，中柱上榫也插到龙门枋里，以加强主要构件的联接；此外，在露明柱身的下半部还用夹杆石包住柱身，增进横向的稳定性。

在明间龙门枋上和次间大额枋上，各立一对高架柱，柱头设额枋，枋上立头科，各覆以庑殿式瓦顶，明间叫明楼，次间叫次楼，较低处又有边楼、夹楼七个高低不同的瓦顶，四根凌空柱子，更加上一些镂空透雕的花板、龙凤板，形成玲珑秀丽的外貌，使牌楼建筑成为优美的街道点景标帜。石牌楼和木牌楼，除了材料不同，其结构形状则大体仿佛。在北京北海大西天，还可以看到一种琉璃牌楼，其构造法是在石台基上砌筑六尺或八尺厚的砖墙，墙下部发券形成圆门三间，上部柱枋雀替花板及明楼次楼都用黄色或绿色琉璃材料，仿木牌楼式样锒实铺严。

如果冲天牌楼上面的斗栱屋檐一律除去，只是柱头间连以横枋，叫做牌坊。牌坊柱间如果安装门扇的话，又有另外一种称呼——棂星门。《营造法式》记有："造乌头门之制（俗谓棂星门），高八尺至二丈二尺，广与高方若，高一丈五尺以上，如减广不过五分之一，用双腰串。……"

棂星门使用时间很长远，是从汉代的阀阅演变而来，常常放在一组礼祀性建筑群的前方，清中叶大脩的山东省曲阜孔庙和清末重修的湖南省衡山南岳庙都有棂星门实物。

北宋及其以前的木构建筑物

（一）关于李诫《营造法式》的简介

《营造法式》是为了适应北宋后期皇家大兴土木的需要，由匠作少监李诫编修的一部技术专书，崇宁二年（1103 年）颁行。它主要是作为宫廷、官署及府第等建筑的施工用料、劳动定额及各工种的操作规程而颁布，是当时管理建筑事业的规范。李诫把当时瓦木诸作的方法经验收集在一起，系统地总结了建筑技术成就，使得《营造法式》成为可珍贵的古典建筑文献之一。

全书内容概括起来，可分五个主要部分，即释名、各作制度、功限、料例和图样，这五部分共三十四卷；前面还有看详和总目各一卷，全书共计三十六卷。看详说明若干规定和数据，如屋顶坡度曲线的画法，计算材料所用各种几何形状的比例，定垂直和水平的方法，按不同季节订定劳动日的标准等。

卷一、二总释和总例。考证了每一个建筑术语在古代文献中的不同名称和当时通用的名称，从而确定书中所用的正式名称并订出总例。

卷三至十五是壕寨、石作、大木作、雕作、旋作、竹作、瓦作、泥作、彩画作、砖作、窑作等十三个工种的制度。说明每一工种中，如何按建筑物的等级和大小，选用标准材料，各构件的比例尺寸和艺术加工的方法，以及各个构件的相互关系等等。

卷十六至二十五，按照各作制度的内容，规定了各种劳动定额和计算方法。

卷二十六至二十八，规定各工种的用料定额和有关工作质量的规定。

卷二十九至三十四都是图样，篇幅几乎占全书的一半。图样包括测量工具、地盘平面图、柱架断面图，木构件详图，各种雕饰以及彩画图案。

（二）平面柱列与柱架侧样

如第三节所述，古代建筑平面配置均由单体建筑物组成，北宋以前亦然。

试以河北正定隆兴寺为例，该寺总平面的规模仍然保存着宋代的风格。它是一座南北长的大寺，山门之前隔街有影壁一座，山门之后是一个长方形院落，钟楼鼓楼分列左右，北为大觉六师殿，现仅存台基。再北为摩尼殿，殿前有东西配殿，又成一长方形院子。再北是戒坛，其后有慈氏阁和转轮藏殿东西对峙。最北是大悲阁，阁东为御书楼，西为集庆阁，三阁并列，显得巍峨壮丽。从山门到大悲阁，主要建筑物布置在一个中轴线上，院落忽长忽短，互有变化，建筑从低到高，有规律感。

直到清末，大部分庙宇寺观仍然承袭了隆兴寺类型的平面布局。

（三）柱架构件的细部

如前所述，古代建筑的平面配置虽然较少变化，在柱架构件细部方面也还有些差异之处，下面从四个方面找一找差异何在？

1. 屋架斜材与斗拱的使用

从《营造法式》图样中可以看到屋架仍然是立帖式屋架,但每根檩下却多了一根斜材,这根斜材若放在脊檩下叫做叉手,若放在金檩下叫做托脚,斜材的使用增加了梁架的刚性。

依照近年来建筑考古研究,认为唐代及唐以前的建筑屋架是只用叉手不用脊瓜柱的,山西五台山两座唐代木构建筑物——佛光寺东大殿和南禅寺大殿,就是两个例证。宋代开始,脊瓜柱和叉手同时使用,从宋到明,叉手越来越小,瓜柱越来越大,到了清代,叉手终于消灭。

从同图还可以看到,不仅是檐部方断面的檩条下有斗拱,圆形断面的金檩脊檩下面也用斗拱,只是层次比外檐简单一些,到了清代,金、脊檩下的斗拱变成了垫板。还需指出,斜柱使用可能很早,也不限在屋架中。东汉许慎《说文解字》已有斜柱称呼,到北宋又有叉手术语的出现。在古代高层建筑中,多在柱框之间使用斜柱以防止变形,如应县木塔、蓟县独乐寺观音阁等遗物所见。

2. 屋架的举折

屋架的举折和举架一样,都是将屋顶架梁架逐层加高,目的在于屋顶上部坡度较陡,屋顶下部坡度较缓以利排水,但其方法和清代举架不同。依《营造法式》所记,举折分为两步:

第一步是举屋之法,根据建筑物前后最外一根檩条(檐檩或挑檐檩)的水平距离,视建筑物的重要程度确定从檐檩到脊檩的垂直距离。

(1) 较大的建筑物如殿阁楼台等,举高为水平距离的三分之一。

(2) 一般建筑物如厅堂廊房等,举高为水平距离的四分之一再加百分之八,或加百分之五,或加百分之三不等。

(3) 附属建筑部分如副阶缠腰等,举高为水平距离的二分之一。

附表2

遗物名称	年代	举高与水平距离之比	备注
五台南禅寺大殿	唐	1：6	
五台佛光寺乐大殿	唐	1：4.77	
大同华严寺海会殿	辽	1：4.41	
宝坻广济寺三大士殿	辽	1：3.95	
榆次永寿寺雨花宫	宋	1：3.88	

第二步是折屋之法，从脊檩上皮到檐檩上皮联一直线与上第一缝檩的分位线相交一点，依举高总尺寸从此点折下十分之一，定出上第一缝檩的高度为第一折。从上第一缝檩上皮到檐檩上皮再联一直线与上第二缝檩的分位线相交于另一点，依第一折尺寸折下二分之一，定出上第二缝檩条高度，为第二折，以下类推。

对一些宋以前的建筑遗物屋架实测结果，多数与《营造法式》中第二条规定接近。

3. 梁枋

依《营造法式》规定，梁枋加工手段有粗细之分，主要建筑如殿堂等的梁枋采用"月梁"加工精致；次要建筑如常行散屋等的梁枋采用"直梁"，加工就较粗糙。另外，室内有天花板的建筑，梁栿又有"明栿"和"草栿"的区别，天花以下露明的梁栿就要采取"明栿"的做法，工整精丽，砍割卷杀都有一定的做法；天花以上不外露的则采取"草栿"的做法，只对梁栿一般加工而已。至若采用"彻上明造"时，也就是不用天花时，当然梁栿等屋架构件都进行适当的加工。

这里，先做两点一般性的解释：《营造法式》多使用"栿"字的代表梁，如四椽栿、乳栿等，这可能是北宋当时口语习惯；同书对一些梁栿宽度规定为其本身高度的三分之二，这是比较符合科学道理的，也说明北宋时期木构造经验已相当丰富成熟了。

（1）梁——《营造法式》对每根梁的具体称呼和清代有所不同，清代依该梁承托檩数定，宋代则依该梁承托的椽数定，也就是依步架数定，四椽栿说明这根跨空梁上方需要承托四步架的长度，余类推。此外在有廊建筑中，相当于清式的单步梁和双步梁的，在《营造法式》叫做札牵和乳栿。相当于清式三架梁的，不叫二椽栿而叫平梁。

（2）枋——和清式一样，枋木主要只起勾搭联络作用，在较尊贵的建筑中，相当于清式的大小额枋的，《营造法式》规定为"阑额"和"由额"，平坐阑额之上并用承斗拱的扁枋叫做普拍方。此外，在金、脊瓜柱之间的联络材有襻间、顺脊串等。

（3）其他构件——相当于清式的脊瓜柱的，《营造法式》规定叫"蜀柱"或"侏儒柱"；相当于清式的柁墩的，《营造法式》规定叫驼峰，并有几种图样以适应彻上明造的各种情况。承椽枋、角梁和清式称呼大体一致，只有"替木"这一构件，清代不多见。替木的断面也是长方形但比斗拱枋子要小，它位于檩条和各攒斗拱之间，是辅助檩条把上部荷重传递到斗拱的构件，这在古代斗拱攒档大、檩条净跨长的情况下是有必要的；明清以后，檐下斗拱加密，替木就连成挑檐枋了。

4. 柱子——由于柱子所在地位的不同，《营造法式》中提出了副阶檐柱，檐柱、内柱、平柱、角柱、暗柱几个称呼。其中，副阶是廊子的意思，平柱是指当心间两根柱子，与其他加高的檐柱相对而言。

柱子的高度，依照《营造法式》规定的精神，不要超过当心间的面阔，取其开间方正，重心稳定。据若干实物所示，宋代柱高与柱径的比例是8：1到10：1。

对于柱子的立面轮廓，《营造法式》规定有直柱和棱柱两种。前者为上小下大的直线轮廓，后者则呈现曲线形。

试谈侧脚与生起问题。侧脚是为了柱架稳定，把柱头内收柱脚外放的处理办法。从宋到清一直沿用下来，依《营造法式》的规定，正面侧脚斜度是百分之一，侧面侧脚斜度是千分之八，与清代做法大致相仿，但生起的规定则是清代所无。《营造法式》有这样的记载："凡用柱之制……至角则随间数生起角柱若十三间殿堂则角柱比平柱生高一尺二寸十一间生高八寸七间生高六寸五间生高四寸三间生高二寸。"由于柱子的生起，瓦檐也向两角逐渐长高，使檐口线成为一个连续曲线，而不是像清代建筑只是从捎间才开始翘起。在一些唐、辽遗物中，常可看到这些形象。再介绍一个永定柱。在《营造法式》的卷三壕寨制度和卷四大木作制度中两处提到永定柱，综合来看，对于从地面竖立的柱材而且砌在砖墙或土墙里面，但又不是为了出檐的目的，才使用永定柱的称呼。1953年在拆落正定隆兴寺慈氏阁时，发现其正殿下层周围的檐柱都是里外两根并用，外一根稍短，柱头承托斗拱以出下檐；里一根稍长，柱头直托平坐斗拱，这里一根可称之为永定柱。

北宋及北宋以前的斗拱

《营造法式》书中对斗拱的记载和《工部工程作法则例》同样占了较大的比重，在了解北宋及北宋以前的斗拱之前，对《营造法式》所写的材与架的概念先行介绍一下。

如前所述，《工部工程做法则例》规定了斗口是斗拱以至全部大木构件权衡的基本单位，《营造法式》则是以材为权衡基本单位。

对于"材"还有"架""分"，该书有如下几条规定：

1. 凡构屋之制皆以材为祖材有八等度屋之大小因而用之。

第一等广九寸厚六寸（以六分为一分）；

2. 架广六分厚四分材上加架者谓之足材。

3. 凡屋宇之高深名物之短长曲直举折之势规矩绳墨之宜皆以所用材之分以为制度焉。

以这三条规定为基础，结合与书中其他章节，可以认为材指的是断面高厚相当于拱木高厚的方木，八种材的具体尺寸包括了当时各种等级各种规模的官式房屋使用的木材种类。材厚度的十分之一叫做一分。，以此可度量大木各种构件。架是比材高厚都稍小一些的方木，位于栱栱之间或栱枋之间。在《营造法式》书中，无论是尺寸、做法，常常利用材、架、分解释说明，所以，把三者的涵义领会好，对进一步研究该书可得到便利。

在斗栱的栱、枋之间不放架时，这块栱木叫单材栱，在与建筑物面宽方向平行放置的栱常可以如此处理；反之，栱、枋之间放入架，这块栱木叫足材栱，在与建筑物面宽方向垂直的栱、昂之间，常常遇到这种情况。

（一）宋、清斗栱形制上的主要差异

从宋代《营造法式》的颁行到清代《I－部I程做法则例》的制订相隔六百三十一年，斗栱的形制基本上相同，名词术语如栱、斗、昂、翘（抄），又如要头、撑（衬方）头等都在蝉联使用，作法制度也大体类似，但差异也是有的，根据研究成果，分四个方面谈一谈主要差异，作为鉴定中国古代建筑时代特征的参考。

1. 斗栱总高度与柱高的比例，随着时代推移，逐渐减小

兹挑选几个遗物实例表列如次。

附表3：   单位：厘米

遗物名称	斗栱总高	柱高	高度比例	备注
佛光寺东大殿	280	520	54%	

遗物名称	斗栱总高	柱高	高度比例	备注
少林寺初祖庵大殿	140	350	40%	
阳和楼	160	460	35%	
故宫文渊阁	90	470	19%	

2. 斗栱攒数的分布上，在宋代以前原是比较疏朗的，随着时代推移，攒数逐渐增多

《营造法式》中有这样的记载，"凡于阑额上坐栌斗安铺作者谓之补间铺作当心间须用补间铺作两朵次间及梢间各用一朵其铺作分布令远近皆匀"，用清代的术语说，就是建筑物只有明间才用两攒平身科，其他各间都是一攒平身科，这是当时的通例，从辽、宋不少遗物中观察足以说明此点。在清代，各间各攒平身科的中距都划一为十一斗口，每间攒数就比宋式增多，特别是跨度最大的明间，这种现象最为显著，依《工部工程做法则例》规定：九檩庑殿大木明间可用六攒，九檩歇山转角大木可用四攒，其次，梢、尽间平身科数目可以递减一攒；实例中最多用到八攒，如北京故宫太和殿所见。

3. 偷心的做法

偷心和计心都是《营造法式》中使用的术语。如果斗栱向外挑出的各层出跳上，也就是向外挑出的各层翘头或昂身上，都依建筑物面宽方向出栱，但还继续出跳或出昂，这就叫偷心的做法。《营造法式》没有偷心造的例图，但遗物实例则很多，如以蓟县独乐寺观音阁为例：各下层外檐柱头斗栱自栌斗向外挑出四层，第二层翘头上放置了两层栱，第四层翘头上放置了一层栱，而第一层和第三层没有出栱，这两层就叫做偷心做法。

辽、宋、金遗物实例中，偷心做法的斗栱相当普遍，但从明代以后，这种做法渐渐消失。

4. 昂、栱、斗细部

清代的昂，虽然前端的一个拽架范围下皮微斜向下，全体说来，仍是一个水平构件；北宋及其以前的昂就不同了，那时的昂是一根斜用的直木，前方托在挑檐檩下，后尾压在金檩下，以柱头大斗为支点，起杠杆作用，《营造法式》对此构件名之为下昂。依该书所记，下昂在其最前露明部分还有两种作法，因而有两种称呼：如果把这部分昂上皮加工成中高边低的微曲时，叫做琴面昂；如果把这部分昂上皮做成直面时，叫做批竹昂；前者昂嘴近于半圆形，后者昂嘴则是扁方形。宋代下昂的形制到明代中叶才渐渐废除不用。

斗（包括大斗，也包括三才升等）的耳、腰、底三部分比例，从宋到清都依 2：1：2 制作，但是斗底部分，在明代以前有"頔"，"頔"就是做成内凹曲线的意思，清代斗底则是直线。

栱头下皮的拱弯，宋元以前砍削轮廓线较强劲，清代砍削较圆和。

（二）宋式斗栱的订名

在《营造法式》卷四大木作制度中，专门一节叫做"总铺作次序"，在这一节开端有如下描述：

总铺作次序之制凡铺作自柱头上栌斗口内出一栱或一

昂皆谓之一跳传至五跳止。

出一跳谓之四铺作，

出二跳谓之五铺作，

出三跳谓之六铺作，

出四跳谓之七铺作，

出五跳谓之八铺作，……

文中的栌斗相当于清代的大斗或坐斗，出 × 跳也就是清斗式栱中出 × 踩的意思。在对于唐、宋古建筑遗物进行调查时，常常参考这一段对各种斗栱命名，以便记录研究。以前引蓟县独乐寺观音阁下檐柱头斗拱为例：这攒斗拱向外跳出翘头共四层，依上文应叫七铺作，详细称呼仿照《营造法式》图样所注可写成四抄重栱七铺作隔跳偷心。在《营造法式》卷十七大木作功限中有"把头绞项作每缝用栱斗等数"一段、依其用料名称数量很接近于清式的一斗三升柱头科，因而习惯上对宋代以前的一斗三升式样的斗栱叫做把头绞项。

至于宋式斗栱构件与清式称呼不同而又可资对照的是很多，以篇幅体裁所限，就不一一列举了。

（三）斗栱的演变概况

除了宋代斗栱做法已经简单介绍，兹再根据墓葬、石阙、石窟反映的间接资料做一概略的叙述。

最早的斗栱结构可能是在建筑物的檐头上或平出部分上用一根未加工的曲木或直木挑出而成，像四川民居的挑枋结构那样。战国时代的采桑猎钫遗物的图案中隐约看出有斗栱形象的表现。

汉代斗栱形象反映在崖墓、石阙及石室遗物中。彭山崖墓墓室内八角柱上多用斗栱。一般柱头上安大斗，大斗上出横栱，栱头各安三才升，栱心出一个方块为梁头枋。大斗与柱头之间刻出四板的情况常常遇到，栱两端的栱弯部分又有多种作法，或者是做成圆和的曲线，或者是以直线相联，或者是弯曲成 S 形。四川省各地石阙上所刻斗栱却没有看到四板的形象，只是大斗下刻出短柱与额枋相接，许多地方和彭山崖墓相近。

在汉代墓葬明器和画象石上反映的斗栱，一斗三升最常见，也有一斗二升的做法。

总之，从上述各处遗物所见，给人们的印象是，汉代大型房屋，斗栱已是不可缺少的组成部分。

南北朝时期在今天的河北、河南、山西、甘肃各省兴起石窟寺的营建，在石窟寺的内外壁面的浮雕、壁画上也常常看到斗栱的形象。每根柱子的柱头上方刻成一斗三升和一斗二升，这和汉代没有什么差别，但额枋中部的人字形构件，却为汉代所不见，北魏石窟寺浮雕上的人字形刻成直线，北齐石窟寺中也有刻成曲线的。柱头与大斗之间多刻出皿板。栱弯轮廓，有的是砍凿圆和，看不出分瓣痕迹：有的直线斜切；太原天龙山石窟寺某些斗栱栱弯砍成凹弧形状，可能是当时的新手法。此外，在大同云冈石窟寺第一窟塔柱上和第十二窟前室壁面看到柱头斗栱的横栱两端刻作两个兽头相背，这可能是受到古代波斯艺术的影响。

从隋、唐到五代，是中国封建经济文化繁荣时期。除了从砖塔、画像石以及石窟寺中可以看到各种斗栱形象的反映之外，还保存有两处木构斗栱实例：五台南禅寺大殿和五台佛光寺东大殿。前一处外檐斗栱是双抄五铺作，后一处外檐斗栱是双抄双下昂七铺作，比起南北朝时期，斗栱结构有长足发展。

这一时期，无论每攒斗栱结构如何复杂，平身科很少使用，只有佛光寺东大殿外檐使用了一攒不完整的平身科于额枋中央，其他如登封净藏禅师塔砖刻斗栱，西安大雁塔塔内画像石浅刻的斗栱以及南禅寺木构实物都只是把人字形、斗子蜀柱、斗子驼峰放在额枋中央，复杂的层层出踩的斗栱只用在柱头之上。

偷心的做法也是唐代斗栱结构特点之一。南禅寺的木构实物和大雁塔画像石浅刻斗拱都是柱头科第一跳偷心，不出横栱；佛光寺大殿斗拱的第一、三层也是偷心。

辽代建筑的特点是在额枋中央使用斜栱的平身科，如蓟县独乐寺观音阁、应县佛宫寺释迦塔所见。到了金代，斜栱愈益华丽，柱头科反倒显得简单，大同善化寺三圣殿的斜栱多得像一堆倒放的香蕉。

木结构的连结法

中国古代木结构建筑物能保存几百年之久，甚至千年以上，其原因当然是各方面的，或者是地点偏僻不受兵火影响，或者是梁柱构件断面较大，经受得起一般外力，而构件之间的连结方法也可能是延长寿命因素之一，本节打算对这方面情况加以初步研究。

根据历史文献资料和遗物所见，木构件连接法约分为三种，即节点榫卯连结，钉连结和揹木连结三种。

节点榫卯连结

木制家具门窗也都是用榫卯连结的，在家具制作中，有时用明榫，有时用暗榫，如果卯口前后相通，榫入卯后，榫头暴露于外，这就叫明榫；反之，如果卯口不开通，榫入卯后，榫头不露明，称为暗榫。古建筑的大木构件在节点处也是区别部位，或用明榫或用暗榫。有时，在角柱柱头，额枋榫头还要探出柱外以加强节点连结，叫做出榫。

在家具制作中，还有中榫、半榫之分。榫头两边都有榫肩，叫做中榫；若制榫头的构件厚度不够，只做一面榫肩，叫做半榫。古建筑大木构件在节点处大多依中榫做法连合。

今天，在门窗家具制作中，还有用动物胶或合成树脂胶进行胶合的，这样质量相当坚固，但如果由于个别或少数构件伤损需要剔换时，牵连较大。因此，大木构件不用胶合，从便于维修的角度来看，榫卯连结是较合宜的方法。

下面摘录一些《工部工程做法则例》中有关榫卯的规定，并稍加解释。

（一）檐（金）柱榫

无论檐柱、金柱都是"每柱径一尺再加上下榫各长三寸"，一般圆柱，榫子也是圆榫，放在中心，上榫插入梁头内或大斗底，下榫插入柱顶石内，后者特名之为管脚榫，可以在一定程度上维持柱架水平方向的稳定性。

（二）檐（金、脊）枋榫

一般额枋两端做成中榫，插入柱头卯口内，中榫宽按柱径十分之一。

如果使用大小额枋时，在尽间的小额枋一端，通过柱身，还要照本身高加半分作为出榫；在尽间的大额枋一端，也要通过柱身，加半分柱径作为出榫，这个出榫还要做出霸王拳一类雕饰。

穿插方与柱头榫卯交代约同小额枋也是中肩半榫。

（三）脊瓜柱榫

脊瓜柱下部放在三架梁上，上部承托脊檩，在按檩径三分之一做桁椀，防止檩条滚动；在与三架梁交代处，依本身宽，每宽一尺，加下榫长三寸。

（四）平板枋榫（桁条接榫同）

在有斗栱的建筑中，大额枋之上必用平板枋以承各攒斗栱，平板枋前后之间，依扣榫相接，每枋宽一尺，外加扣榫长三寸，这个扣榫一般做成前大后小形状叫做银锭榫（也叫燕尾榫）。

此外，在《营造法式》图样中，也有一些梁柱榫卯，檩条和平板枋的接口榫卯图，可资比较参考。

在一些非官式建筑中，由于财力物力受到限制，大木构件不规整，订定举架，以机面（平水是北方官式术语）为准，梁柱榫也有不同之处，《营造法原》边贴各部榫头做法详图告诉我们苏州一带的地区作法，也是很重要的参考资料，苏州工匠所说的边贴！就是指的位于山墙间的一缝带山柱的柱架。

梢木连结

梢木，或名栓木，是断面较小硬度较大的木材。使用梢木是利用其较高的抗剪能力，把两根或两根以上平行构件联接在一起，以防止错动。例如《营造法原》在介绍角梁构造时，就是用"千斤梢"把嫩戗（即仔角梁）和嫩戗以上的三根木料穿结在一起。又如镏金斗栱中，把斜挑在檐檩与金檩之间方材穿连为一的伏莲梢，也属此类。

这里，试介绍一下斗栱的连结。

斗栱，是在不大的空间内使用较多的构件又是层层出踩，上大下小的轮廓，因之，必须讲求连结方法以防松散歪斜的情况发生。斗栱各构件之间的连结既有榫卯也有栓木．首先，各个升斗上部开口与栱枋相接就是一种榫卯方式，两个方向的栱枋直交时也是依方直卯口相接，但斗底与栱头接触时，则是用一根不长的小栓木上下勾连，以防错动歪斜，上下平行栱枋接触面也依这种方式勾连。

宋代用材较大，连结方法大体同清代，但有些方面更为注意些。例如《营造法式》规定："凡四耳斗于顺跳口内前后里壁，各留隔口，包耳高二分，厚一分半，栌斗则倍之。"河北正定隆兴寺转轮藏殿一部分四耳斗还保留这个制度，这是一种防止前后错动的榫卯连结；又如在正定隆兴寺转轮藏殿和五台南禅寺大殿都在华栱头上做出凸出银锭榫，看来也是当时防止斗、栱之间左右错动的一种榫卯方式。

钉连结

在转角大木中，角梁与檩条的连结，除去依靠角梁下皮挖出桁椀，还要使用铁钉把角梁固定在檩条上，以防止下滑。从十二世纪到封建社会末期，角梁由戗一直使用铁钉，钉断面一寸见方，一般为角梁厚度的七分之一，钉直径不可过大，以免角梁木料开裂。

大部分铁钉用在椽子和板材的连结上：例如，檐椽每根用钉2个，花架椽，脑椽每根用钉1个，飞檐椽每根用钉3个：又如博缝板每冚缝一丈用两尖钉5个、锔4个，每檩头一根用蘑菇钉6个，顺望板每长二尺用钉2个，横望板每见方一丈用钉100个，楼板一块跨楞木四根用钉8个。

附带介绍一下椽望的排列与制作。有两种情况：

（1）如果使用天花板，椽望不露明，檩上椽子接口，做成乱插头。

（2）如果不使用天花板，椽望露明，为了整齐，檩上椽子接口要做成斜搭掌，再用铁钉钉入檩内，相应地望板之间也是斜面相接，叫做柳叶缝。

柱子的拼接

高大的建筑物中，在柱身过长或柱径过粗时，一根原木往往不敷应用，需要两根以上的原木拼接。兹分两种情况加以说明。

（一）木料不够长时，使用铁箍钉连结

例如河北正定隆兴寺慈氏阁有一根后金柱，圆柱径是 65 厘米，总长 1650 厘米，1953 年拆落时，发现是三根圆木拼成，有两处接口，下接口在承重下方，上接口在承重以上、五架随梁以下。拼接法采用半榫或名巴掌榫，上下咬接．在咬接范围内用三道铁箍，加铁钉箍牢。

关于铁箍铁钉尺寸，《工部工程做法则列》中有一段原文，可供参考：

凡铁箍以木料外围尺寸定长宽厚尺寸。如外围凑长三尺，即箍长三尺，每尺外加搭头一寸至五寸为定。箍长三尺以内者宽一寸八分，箍长四尺五寸以内者宽二寸厚一分二厘，箍长六尺以内者宽二寸五分厚一分五厘，箍长五尺以外者则宽二寸五分厚二分，每箍长一尺用钉三个，箍厚一分五厘以内者用长二寸箍钉，一分五厘以外者用长三寸箍钉。

（二）木料不够粗时，使用合柱法或包镶法

按《营造法式》合柱鼓卯图样中有二段合、三段合、四段合几种，也就是，由两根、三根或四根圆木拼成一个完正的柱身。鼓卯有明有暗，明鼓卯用在柱面或柱底，暗鼓卯用在柱心，鼓卯底广面狭，另一段作榫则面广底狭，因以相合。凸榫可以做成银锭状叫做鞠，也可以做成长方形形状叫暗楔。

也有不少柱梁，用圆木或方木为心，外拼木板，包镶为一整体，并以铁箍钉牢。

古建筑装修

在承重墙构造方式建筑物中，如欧洲一些古代建筑，门窗是墙壁上开的洞，门窗的开口越大，墙壁的承重能力就越小。中国古代建筑以柱梁木框架为承重结构，门窗大小并不影响全体荷重能力，这些门窗格扇在中国建筑中称为装修。

依照《工部工程做法则例》的分类，装修不仅指门窗格扇也包括木顶隔顶棚在内。本节就以装修为题，把门、窗、顶棚等比较轻巧可移动的木作部分放在一起，分别叙述和介绍。

门窗的槛框

中国建筑的门窗格扇虽然是可移动的，但它们并不直接固定在柱梁之间，在可移动门窗扇和承重的柱梁之间还有一个槛框构件，作为门窗扇的依附物。

槛框之中，横的部分都是槛，因地位不同有上槛、中槛、下槛、风槛之分；左右竖立的部分叫抱框紧靠着柱子立住。

（一）上槛：用在门窗格扇的上方。

（二）下槛：用在门格扇的下方，贴靠地面。

（三）中槛：柱高较大时，中部加用的木方，其下为门格扇，上为横披窗。

（四）风槛：槛窗格扇之下用风槛，贴靠槛墙榻板上。

门的种类

（一）格扇门

格扇门在宫殿庙宇里用得很多。做法是先用方木做出格扇的四框，立框为边挺，横框为抹头。抹头和边挺的长度比例大约是1：3或1：4。一扇格扇上下通常分做两段，上段叫格心，下段叫裙板。如果格扇很高，裙板上下可再加绦环板。

1. 格心：是格扇上透明的部分。格心在边挺抹头之内另加仔边，仔边之内用细棂条拼斗成各种三交六椀、双交四椀等菱花图案。为了透明又能防尘，古代常用糊纸办法，明代用楮树皮造的棂纱纸，为广信郡产品，专为宫廷糊用。清代造纸部门为满足糊窗户、糊墙大量用纸要求，特制一种宽六尺、长一丈二尺的纸，俗称"丈二匹"，质量洁白柔润，纸上且可绘画。除了糊纸，还有夹纱做法，用于内部，分隔前后，有雅洁的感觉。

2. 裙板：全部用木板银严，有时可做些雕花。

边挺与上下抹头相接处，在较华丽建筑中，多用角叶钉上，以防扇角松脱或者歪斜。边挺与中间抹头相接处则用看叶、带钩花纽头圈子，也起加固作用。格扇门每间可做四扇、六扇或八扇。一般的内开，在大边上下要做出转轴分别与槛框上的连楹，栓斗交待，以便开关。

帘架是一种辅助的门框，安在格扇门外方。两边边挺与格扇同高，下部是门洞上部用抹头二根，中有仔边、棂子称帘架心，其下即挂帘子，供夏日防蝇的需要，冬天还可装风门，以防冷风侵袭室内。

（二）棋盘门

用边挺大框做成框架然后装板，上下抹头之间用穿带三或四根，分成格状，看起来像棋盘一样，所以叫棋盘门；其中若将门的外面做得光平无缝，不起任何线脚，也算棋盘门中较讲究的一种作法。

（三）实榻大门

这种大门槛框边抹穿带做法都和棋盘门相仿，不同之点是门心板与大边同厚，自二寸至三寸不等，常常用在王府、宫殿一个建筑群的入口，一般在中柱之间安装。由于在明间中柱之间安装，实榻大门一般只用两扇，其总宽小于中柱面宽，所以一般布置要单立两根门框，而门框与抱框之间的空当，就用叫做腰枋的横木分做两段或三段并以薄板填实，这薄板叫做余塞板。中槛以上很高的空当也填上薄板，叫做走马板。

大门槛近门扇两端处内侧，在门扇转轴之下有托轴的门枕，在转轴上方套在连楹上，中捎接牢固。门簪轮廓常为六角形，并做出各种雕饰。

实榻大门门扇本身外侧还要使用门钉，铞锇兽面等铜制品，《工部工程做法则例》有九路、七路、五路门钉的规定。门钉原来的作用当然是为了使穿带对门心板的联接作用更为牢固，外观上也帮助表现出不可侵犯的森严，进一步反映了大门在建筑中的保卫职能。

此外，园林墙垣上常用开各式门洞的，如圆、方、长，瓶式、葫芦式等，外观上有简练精洁的风趣，四川一带还有三关六扇，抱厅门各种作法，此处从简。

窗的种类

在中国的封建社会后期，最常用的是槛窗，直棂窗和支摘窗。分述于后。

（一）槛窗

槛窗和格扇门作法相近，如每间用四扇或两扇，每扇由边抹花心组成，不同处只是格扇门裙板位置用槛墙代替了。北方槛窗榻板下用砖墙是由于天冷，在南方气候温和，榻板之下改用木板壁。

（二）支摘窗

槛窗只是用在宫殿庙宇等贵重建筑上，一般住房建筑多用支摘窗。在檐枋之下，槛墙之上，立间柱将一间分成两半，各在上下方设窗，上窗扇可以支起（利用挺钩），下窗扇可以摘下，每个窗扇边抹内用棂条拼成步步紧等花纹并银嵌工字大花，其精致程度是次于槛窗中的菱花式样的。

（三）直棂窗

封建社会后期宫殿、庙宇建筑群里有一些神库、神厨比较次要房屋常用所谓一马三箭的窗，即窗框中纵向排列许多方形断面的直棂，但在上下侧各置横木三条，名为一马三箭，线条比较简单。

附带提一下，宋代和宋以前的石刻壁画、砖塔遗物以至卷轴画上反映为直棂窗作法者很多，其与明清直棂窗不同之处，是将方断面木料沿对角线斜破两半作为棂子，使棂条呈三角形断面在内侧，以便于糊纸。

顶棚

中国古代建筑屋顶内部有两种处理方法，如果不加顶棚，梁架椽望露明，就需要把梁架木件做较细致加工，这样处理在李诚《营造法式》上叫彻上明造，一种就是加一层顶棚把梁架椽望遮住。有了顶棚，可以增加屋顶的隔热性能，也可以使室内空间上下平齐方整易于打扫干净，是以顶棚古代亦名仰尘，原名天花。在长江流域以南地区气温高，湿度大，挂上顶棚反而空气不易流动，所以没有北方用得多。

（一）木顶槅

木顶槅做法：每间用四至六块方框拼成。每块方框纵横各排列五支楞条，分为六格。这四至六块方块四周围以贴梁，贴梁就固定在大梁间枋上。几块框架的固定主要依赖于木吊挂，每块要用四根木吊挂吊在檩上，框架之间并用铁钉或铁丝连为一体。

框架下皮糊纸两道或素白或印花。一般王府、官僚住宅用此。

（二）海漫天花

在每间跨度较小时，每间只是一块框架内镶木板或糊纸或直接在木板上做简单彩绘，如水草之类。

（三）井口天花

在较尊贵的主要殿座中，井口天花是常看到的。井口天花不用几个框架拼接方法，而是把横直交叉的支条直接搭在贴梁上，贴梁再向四周的天花梁枋固定。

支条相交成许多方格，每个方格镶入一块方板叫天花板。为防跨度大支条下垂，大梁之间还架设有圆形断面的帽儿梁，上用铁勾吊在檩枋之下。

井口天花的露明部分，一般要做各种彩画。

在北京许多建筑物中井口天花常与藻井相伴使用。藻井是天花向上凹进为穹窿状的东西，用在寺庙中神佛主像上方或者宫殿中帝王宝座的上方。一般用四方形、八方形等组成，各层之间使用小斗栱，雕琢精巧，带有很强的装饰性。《唐六典》记有："非王公之居，不施重栱藻井。"更说明藻井这种建筑装饰在封建社会里只有奢侈的少数统治者才能使用它。

附带介绍一下宋代以前的天花形制。从唐宋实物看，多数大的寺庙顶棚部分使用了井口天花和藻井，也有一些庙宇如唐代的佛光寺大殿，辽代的独乐寺观音阁使用的天花方格既小且密叫做"平阁"，大约为一椀二空或一椀三空的比例，是可以注意的特点。

内檐装修

内檐装修是与外檐装修相对的称呼。如前文所介绍的各类门窗，都是作为建筑物内部与外部之间隔物而设立，其位置、功用略与檐墙、山墙相仿，这是外檐装修。内檐装修有的是建筑物内部间隔，有的是内部陈设，内容很多但都不是起避风雨隔寒暑作用的。今择要介绍如次。

（一）内檐格扇

也叫碧纱橱。在分间的隔断上有的满装格扇，可用六扇、八扇、或者更多，依间深大小而定。每块格扇的结构做法和外檐所用一样、框架仍用边挺抹头，上下仍依格心裙板布局，由于格心每每在宫殿及讲究的住宅中糊以绿纱，所以有碧纱橱之称。

内檐装修用料多硬木如紫檀、红木、……也有镶嵌景泰蓝花朵，青玉花朵各种作法，雕刻精致是其特点。

（二）罩

罩使用在房屋内两种不同地方之间，而这两种不同地方又无太大的不同，所以又不必显著地隔断开来。如三间大厅即可在左右两排柱上顺着梁枋安栏杆罩或花罩，如是中间的明间即是较为正式的会客场所，而左右次间则是比较随便漫谈的地方。

罩可分类如以下几种：

1. 几腿罩

带有装饰性的隔断物，下端不着地，只在装饰物的两端用小垂柱收住。花样很多，有的用椀条卷曲盘绕成各种纹样，有的雕刻花草植物或动物。

2. 栏杆罩

依进深方向分为三段，用立柱两根间隔，边侧两端较窄设栏杆隔截；中间较宽的一段走人。

3. 落地罩

也有叫地帐的。做法是在开间的左右柱上安格扇各一道，格扇上有横披，横披与格扇转角的地方安花牙子。

4. 炕罩

北地天寒习惯用火炕边沿上做的装饰性隔断物就叫炕罩。

（三）神龛

1. 神龛

依《营造法式》记载叫做佛道帐。神龛内供神佛祖先，雕刻讲究。一般制度，下为基座（常用须称弥座形式），中为柱身，上为屋顶。（常附有斗栱）均用木雕成，比较尊贵的神龛则在屋顶上还加做平坐、天宫楼阁（就是比神龛更小的楼阁，如在天宫一样）等物。

2. 壁藏

壁藏是佛教藏经书用的木柜，常沿着建筑物墙壁建造，故名壁藏。山西大同下华严寺薄伽教藏殿内的经厨是一很好遗物。它是二层楼阁式样雕造的，斗栱屋顶的雕刻至为精细准确，尤其栏杆式样更为丰富。这个经厨和薄伽教藏殿为 1038 年（辽重熙七年）建造，迄今九百余年仍很完整。

3. 转轮经藏

在一般寺庙里常有专设转轮经藏的殿座。转轮经藏是一个可旋转的藏经柜，内藏经书，中有转轴，下有铁轴托相承。平面多呈八角形，立面上也分为基座、柱身、屋顶三段。正定隆兴寺内就有一座转轮经藏，惜已残缺不全。但四川江油云岩寺的飞天藏尚保存完整。

屋 顶

斜屋顶上几个常用称呼

（一）屋脊、正脊

是两块斜屋面相交的水平阳角交线．

（二）戗脊、垂脊

是两块斜屋面相交的倾斜阳角交线。

（三）屋檐

屋面的边檐，雨水排出处

（四）天沟

是两块斜屋面相交的水平阴角交线

屋面材料与形式

中国幅员广阔，不同的地方采取了不同的屋面材料与形式。屋顶的实用要求不外三个方面：

1. 具有隔冷隔热的保温性能。

2. 便于泄水，在雨水多的地区，斜坡自然使用得较多，西北地区干旱少雨，平顶房就足敷应用。

3. 为了防止夏日阳光蒸晒和雨水淋溅，许多地区要做出较深的出檐。

先从最简单的草房谈起。

（一）草房顶

草房顶是最简单的做法。下面的柱架用较细小的木料或竹料捆扎坚牢就可以，依照一尺左右中距以铺竹干做椽，其上编蔑条、铺草顶，草顶坡度很大，常在45°以上。

（二）麦秸泥平顶（囤顶在内）

在我国东北、西北、华北几个地区的农村中使用麦秸泥平顶（囤顶）较为普遍，不仅是气候关系，更主要是经济条件决定了建筑结构与式样。

这种屋面做法，先在椽子外端置连檐，再在内侧铺望板或芦席一层，然后铺芦苇秆或高粱秆。芦苇秆和高粱秆的厚度各地不同，如气候较冷的吉林铺至10厘米厚，但河北的赵县与河南的郑州则仅厚5—6厘米。其上即铺麦秸泥。

赵县地方上泥分三道：先铺10厘米厚的半干泥作底子，称为头掺泥。二掺泥须在泥内加麦秸，铺好后用木拍打，或用八九十斤的石碾压紧，其厚度白 10 厘米压到 8 厘米为度。最后铺 5 厘米厚的三掺泥，依重量比例为三成石灰七成泥打实墁平。在吉林地方麦秸泥厚达 20 厘米，罩面层的泥内并加碱水或盐水，以防渗漏。

瓦屋顶

从现代建筑水平看，瓦屋顶只是各种屋面材料中的一种，是和麦秸泥顶、草顶可以并列的，但在中国古代建筑中，尤其是丰富的遗物里面，瓦屋顶占了极大的比重，因之专辟本小节对瓦屋顶加以介绍。从陕西省岐山县周原遗址所掘遗物中已看到有屋瓦出现。瓦数量不多，附有耳或大头桩，是否是用绳索扎结在椽木上，未敢断定。这些屋瓦间断地与附有象形文字的铜器同时出现，故可认为至迟在公元前十一世纪即使用在屋顶上。到了战国时代，屋顶上筒板瓦的使用就较普遍了。筒瓦端部，或为整圆瓦当，或如半圆瓦当，瓦身长度有达 80 厘米者，无论易县燕下都遗址还是平山县三汲中山王墓均属如此。

秦汉瓦当中半圆形就比较少了。瓦当花纹图样种类已相当丰富。

1. 有的是文字瓦当如"延年益寿"、"长乐未央"、"上林"、"甘泉"；

2. 有的是蕨手纹；

3. 有的是动物纹如龙、鹿、朱雀、鱼等。

南北朝瓦当有两大类花纹，一是文字瓦当如"传祚无穷"、"万岁富贵"等常是在圆形廓内做成田格子，在格内写字；一是莲瓣纹瓦当。

（一）瓦屋顶的几种形式

《工部工程做法则例》是把瓦作分为大式和小式，大式瓦作的特点大体是：（1）各瓦坡使用筒瓦板瓦合宽；（2）大脊垂脊上都用吻兽等装饰；（3）材料用布瓦（青瓦）也用琉璃瓦；（4）建筑对象为宫殿庙宇主要建筑。小式瓦作的特点大体则是：（1）各瓦坡只用板瓦，间或用筒瓦，绝无用琉璃瓦的；（2）正脊处做清水脊或皮条脊，不用吻兽；（3）建筑对象为宫殿衙署次要建筑。

但也有一些作法没有包括在《工程做法则例》的规定之内，如仰瓦灰梗，棋盘心等，这些只是一般住户商家使用。本段先从较简单的做法讲起。

（1）仰瓦灰梗

在北方冬季气候寒冷，一般住户虽然经济条件不宽裕，屋顶也要达到防寒要求，仰瓦灰梗就是部分使用瓦件的一种灰泥屋面。做法是椽上铺苇箔，上铺灰泥四寸，然后在泥上宽瓦一层，灰泥要干些，宜宽时要用力，相邻两陇瓦对缝处用麻刀青白灰将出一道道类似筒瓦但比筒瓦直径小得多的灰梗，这样漏雨的机会就少得多了。在屋顶的边椽山墙上并做筒瓦一陇，盖板瓦一陇收住。如果经济条件不够，也有只铺仰瓦不做灰梗的做法。

（2）棋盘心

做法和仰瓦灰梗大致相同但防漏效果要好一些。也是椽上铺苇箔再铺插灰泥，泥背上宽底瓦一层：不同之处是在梁缝处和脊檩附近要加铺一行盖瓦，而且底瓦之上满抹麻刀青白灰一层，远处看来区划成一块一块的方形平顶有如棋盘，所以叫做棋盘心屋顶。

（3）阴阳合瓦顶

经济比较富裕但又没有官阶的普通住户，多用阴、阳合瓦屋顶。从苇箔到仰瓦的做法都和瓦灰梗一样，只是铺灰梗处改用板瓦做盖瓦，这样做防渗效果会更好一些。

（4）筒板瓦顶

在一些封建时代的宫殿、衙署、寺观建筑中，筒板瓦顶是最完整的一种瓦屋顶，其做法，铺席箔、苫背、抹灰，约同合瓦顶。它和阴阳合瓦顶不同之处在于盖瓦使用筒瓦，对于板瓦的搭接比例也有一定规格，"压七露三"是《工部工程做法则例》瓦作大式一类中规定"……每板瓦一片压七露三，头号长九寸得露明长二寸七分……"也就是说，相邻两块板瓦，上一块必须压住下一块瓦长的十分之七。

随着不同种类木构梁架的组合，瓦屋顶也反映为多种形式。现依《工部工程做法则例》指出的硬山、挑山、歇山、庑殿四种屋顶试加以申述。

1. 硬山顶

硬山做法是筒板瓦坡到山墙处停止不外出，在瓦坡与山墙交接处以尺二见方或更大一些的方砖铺放成人字形带，叫做方砖榑缝，榑缝之上依与山墙垂直方向宽放勾头滴水，叫做排山勾滴。四条垂脊就压在排山勾滴的后尾。硬山顶共有四条垂脊，每条垂脊的后部三分之二为垂脊，前部三分之一为岔脊。在脊檩上方前后瓦坡交接处则用大脊。两坡五脊是硬山顶的主要特征［另详（三）"屋脊"］。

2. 挑山顶（悬山顶）

挑山的特点是人字瓦坡两端延伸到山墙以外五、六椽至七、八椽，各部檩子一并挑出，檩头上钉博缝板，将檩头封住。檩下加燕尾枋以帮助檩子承托上部荷重。

挑山顶上仍是四条垂脊一条大脊和硬山相同；博缝板下常常用薄板雕成鱼形、如意头形各种装饰，按李诫《营造法式》所介绍应名为垂鱼和惹草。这些薄板背面应加用穿带以防变形。

3. 歇山顶

歇山顶外形很像是庑殿顶的下部和挑山顶的上部组合而成。正脊、垂脊、岔脊共九条脊构成歇山顶的外形特征，李诫《营造法式》中就有九脊殿的称呼。瓦作中复杂一些，尤其是山花部分。山花板上方，博缝板、排山勾滴和垂脊的结构顺序都和挑山顶一样。山花板下部两山瓦坡的后尾，还要做一道榑脊以便雨水排出山花板之外。

4. 庑殿顶

在宫殿庙宇中，只有最尊贵的建筑物才使用庑殿顶。

前后左右四面都有斜坡的屋顶叫做庑殿顶，前后坡相交成正脊，左右两坡同前后坡相交成四垂脊。四坡五脊成庑殿顶的外形特征。所以李诚《营造法式》中对这种形式称为四阿或五脊殿。

（二）瓦的分类及其称呼

1. 依材料分为两大类，即布瓦（青瓦）与琉璃瓦

琉璃瓦是一种特级瓦，传说琉璃来自大月氏，唐宋以后逐渐用在屋面瓦上。依北京门头沟琉璃窑传统作法，琉璃瓦的原料不用一般粘土，而用白马牙石和干子土、白土的混合物。至于表面各色釉子则是用铅、铜、钠、钾、锰……不同金属，不同比例烧融后挂附而成。附表4示其一般成分。

附个4

	钠	钾	镁	钙	铝	铁	锰	铜	铅	矽
黄釉	×	—	—	×	×	×	—	—	×	×
蓝绿釉	×	×	—	—	—	×	—	×	×	×
蓝釉	×	×	—	×	×	×	—	×	×	×
赤褐釉	×	—	—	×	××	×	×	—	×	×

注：X 表示有此种金属成分

—表示无此种金属成分

屋面使用琉璃瓦后，外观呈黄、绿、蓝、紫诸色，非常灿烂夺目，而且由于挂了釉子吸水量小，防渗性也强，缺点只是重量较大。

布瓦外观为青色，依其加工程度又可分为削割布瓦，普通布瓦两种：

（1）削割布瓦；用一般粘土加干子土烧制而成，但尺寸较大，加工比较整齐。北京各门城楼屋顶采用五样琉璃瓦剪边，中心即用此类布瓦。

（2）普通布瓦：用粘土烧制成。

2. 依用瓦的部位也有不同的称呼（1）在阴阳合瓦顶或者筒板

瓦顶中，下一层仰置的瓦叫做底瓦；盖在两块底瓦缝上者叫盖瓦。

（2）外形为半圆筒形状的瓦叫筒瓦；外形为平板状但两侧稍高于中心，前端稍狭于后端者叫做板瓦。

在筒瓦线上檐端一块筒瓦要做出圆形的头，叫做勾头、猫头或瓦当。

在板瓦线上檐端一块板瓦要做出如意形的头叫做滴水。

勾头的圆形头上和滴水的如意形头上常常刻出各种龙、凤、文字以作为装饰。

如果是属于小式的阴阳合瓦顶时，各列板瓦的檐头一块用扁长方形的稍作纹饰的头，叫做花边瓦。

（三）屋脊

瓦坡相交而成脊，脊部处理不好容易漏水，因而需要加意抹饰严密，中国古代建筑不仅注意到这一点，有时把脊做得极为高耸，更配以吻兽雕饰，使得瓦屋顶成为装饰性极强的一个部分。清代大式小式建筑有不同的屋脊做法，布瓦、琉璃瓦的屋脊结构也有一些差别。兹依小式诸脊、大式诸脊、吻兽三个部分略加介绍如下：

1. 小式的清水脊和皮条脊

在阴阳合瓦顶上前后瓦坡交接处做水平方向的清水脊或皮条脊。

清水脊的做法：脊下部用板瓦（和砂滚子砖）取平，苫背，中部砌瓦条两层，上部再砌混砖和扣脊筒瓦（或砖）各一层；脊的两端还加用雕刻花草的盘子和依45°方向挑起的鼻子，以加强装饰性。

皮条脊的做法：和清水脊大致相同，只是在两端取消了鼻子和盘子，扣脊砖外端改安勾头一件。

2. 大式的大脊、垂脊与岔脊

依《工部工程做法则例》的规定大体如下：调大脊，其底部先用板瓦取平，苫背，沙滚子砖衬平，用灰泥堆砌瓦条两层和混砖一层。中部用尺二见方或更大的方砖开砍斗板一层，在斗板砖之间的空隙要用白灰浆灌实。顶部再用灰泥砌瓦条一层、混砖一层、瓦条又一层，然后安上扣脊筒瓦。

垂脊的总高度比大脊要小，所以砖、瓦条的层数也少。垂脊底部用瓦条两层，混砖一层；中部用停泥通脊斗板一层，也要用白灰浆灌满；顶部只是混砖一层，上扣扣脊筒瓦。

至于岔脊就更小了。岔脊没有斗板砖，下部只用瓦条一层，混砖一层，上面就是狮马等兽件，每件狮马都与其下方筒瓦连坐。

对于硬山顶（悬山顶同），依《工部工程做法侧例》的规定，四条垂脊的后部三分之二叫垂脊，前部三分之一叫岔脊。以此为准，对于庑殿顶和歇山顶四条斜脊的前半部都叫岔脊，从大脊两端向下延伸的脊部都叫垂脊，只有歇山顶斜脊后半部叫做戗脊。

3. 吻兽件

吻兽件是脊上或脊与脊之间的特殊装饰品，中国古代建筑瓦顶上常常使用许多动物形装饰，正脊位于单体建筑物瓦顶最高处，在其两端与垂脊交界处使用的动物装饰也最大，一般多用正吻。有时也用脊兽。其高度依檐柱高十分之四烧制。吻是一种龙头形装饰，张开大口咬住正脊。吻脊上方有扇形的剑把，脊后有脊兽。有时在一些等级较低的建筑屋顶上，在正脊两端也使用脊兽，这是一种虎头形装饰，以后颈抵住正脊，面形向外。

垂脊与岔脊交界处，也就是正心檩上方要安装垂兽一件，其形状和脊兽相似只是尺寸小一些。岔脊上面均匀地排列五个或七个全身的狮子、海马等，统名为走兽。

在转角结构中，仔角梁头还要安装一个套兽，形状和吻脊后的脊兽相仿。

如果建筑物比较尊贵，屋面采用琉璃瓦时，对于转角结构的建筑物其岔脊上的走兽就比狮马更为丰富，数目可多到九个，最前是仙人，仙人之后依次是：1. 龙；2. 凤；3. 狮子；4. 天马；5. 海马；6. 麒麟（或狻猊）；7. 牙鱼；8. 獬（或豸）；9. 吼（或斗牛）。采用琉璃瓦时，有些原用瓦条或砖块临时堆砌的部位改成预制构件，如陡板砖改成通脊，下面的瓦条层改成群色条。在脊下与瓦坡各陇板瓦相交，也用预制瓦片盖覆，以增防水性能，叫做正当沟或者斜当沟。

以上所述只是清代官式做法，这里应该补充一些十三世纪以前的瓦顶资料。汉代主要建筑物正脊两端常用凤（朱雀）做装饰，自晋开始使用鸱尾。李诚《营造法式》卷二解释鸱尾说："谭宾录东海有鱼虬，尾似鸱，鼓浪即降雨遂设象于屋脊。"卷十三："用鸱尾之制，殿屋八椽九间以上，其下有副阶者高九尺至一丈（若无副阶高八尺），五间至七间（不计椽数）高七尺至七尺五寸，三间高五尺至五尺五寸，楼阁三层檐者与殿五间同。……"前一条告诉我们瓦顶上使用鸱尾是象征性的防火标志，后一条则指出鸱尾高度是依建筑物的等级性质，如殿屋、楼阁、殿挟屋、廊屋、小亭榭等和开间情况如九间、七间、五间、三间等综合决定。

我国鸱尾实物见陕西昭陵发掘品，它尾部向脊中央卷曲，而不是像正吻尾部向外卷，也不具口吻，更不带剑把、脊兽等附件。在云冈、龙门等处石刻仿木建筑的形象上也大体一致，但《营造法式》牙脚小帐附图上和大同下华严寺薄伽教藏殿的内经厨所见已和10世纪以前形象相异。这说明在13世纪的辽宋时代，后代吻的形象部分地已加入到古代鸱尾中去了。

其　他

（一）金属瓦屋顶

瓦屋顶之外还有用金属制瓦覆盖屋面的做法。例如河北承德普陀宗乘庙的万法归一殿和须弥福寿庙的妙高庄严殿，建于十八世纪清代乾隆年间，都以金瓦盖顶。所谓金瓦，就是铜片镏金而成，依鱼鳞状排列钉在木望板上。从避暑山庄的北墙上俯瞰两殿顶，金光夺目，这是清代前期我国统一多民族国家得到巩固的历史见证物。

在四川峨眉山、泰山碧霞祠等处还有用铁片仿筒板瓦形状覆盖屋面的殿座。

（二）望砖

在长江流域气候潮湿，屋顶下面常用望砖代替望板的做法。其尺寸一般是长七寸五分，宽四寸六分，一块一块铺满椽档。

（三）脊桩

正垂脊十分高峻，为维持稳定须于脊檩扶脊木上贯以柏木脊桩，吻兽之下更有吻（兽）桩。

古建筑彩绘技术

彩色在中国木结构建筑物中占有重要的位置。屋面瓦、梁枋彩画、柱体油饰以及墙面、台基分别使用了不同的材料、不同的彩色，在对比得宜衬托适当时产生了动人外观效果。

封建后期对木结构主体的彩绘工作比起前代有进一步发展，从底子处理到表面彩绘都有成熟的做法规定。柱架使用油饰彩画除了追求装饰效果，还起保护木质的作用，减少风雨剥蚀的影响。

油饰彩画的主要材料

油饰彩画中使用的主要材料概略可分为五类。

（一）粘结剂

这是油漆涂料干燥结硬，形成坚韧涂膜的主要成分。清代官办工程中，桐油是最常用的粘结剂，它可以掺在腻子里面，也可以罩面。

（二）催干剂

罩面时生桐油有因日晒而变型的缺点所以要用熟桐油。熬油过程中加入催干剂，可增加油的干燥性能和光亮度。一般熬油的催干剂是土子、密陀僧。

（三）颜料。

主要是着色颜料，如银朱、章丹、红土、烟子以及各种青绿等。

（四）金叶

黄金是贵重金属，明清统治阶层穷奢极侈也把这种材料用在建筑物上，除瓦顶镏金已如前述，梁枋彩画中则使用金箔。依《天工开物》所记，每张金箔一寸见方重七厘。

（五）水胶

彩画中各种颜料要与水胶依一定比例配合粘用才能依附牢实。彩画的底面也要刷胶矾水一道垫底。

清代油饰彩画的主要工序

对于木柱架的油饰彩画，一般宫殿庙宇经过下列几道主要工序。

（一）木材面的底层处理

古代建筑所用木料尺寸大都超过20厘米，表面不免有裂缝、疤节之处，这些地方需用刀刮平刮净，大裂用竹钉嵌入令表面大体平整。

（二）嵌补成型

使用血料与砖灰的混合剂或桐油砖灰的混合剂涂布三至七道，对于易受雨淋处如柱身甚至加用线麻、苎布，以求这一层底层坚牢耐久，每上一道灰都用砖、瓦片打磨一遍，灰的粒料逐渐加细。依照《工部工程做法则例》嵌补成型的底层有三麻二布七灰、二麻五灰、一麻四灰、三道灰、二道灰几种做法，视木材大小、位置而选定。

（三）油饰

对于柱身（自小额枋以下部分）、门窗、椽望这些部位要刷红色或绿色油二至三道。

（四）做彩画

对于檩条梁枋、斗栱这些部位一般还要做彩画而不是刷色油。彩画的种类是很繁多的。在《工部工程做法则例》中卷五十八罗列有：

1. 金琢墨，金龙方心，沥粉青绿地仗；2. 合细五墨，金云龙凤沥粉方心，青绿地仗；3. 大点金，沥粉金云龙方心，伍墨彩画；4. 大点金，伍墨龙锦方心；5. 大点金，空方心；6. 小点金，龙锦方心伍墨；7. 小点金，花锦方心；8. 小点金，空方心；9. 雅伍墨，空方心；10. 雅伍墨，花锦心；11. 雅伍墨，哨青空方心；12. 金琢墨，西蕃草伍墨龙方心；13. 烟琢墨，西蕃草三宝珠伍墨；14. 西蕃草，烟琢墨金龙方心；15. 西蕃草，三宝珠金琢墨；16. 三退晕石碾玉伍墨描机粉芍方心；17. 云秋木；18；螺青三色伍墨空方心；19. 流云仙鹤伍彩洋青地仗；20. 海墁葡萄米色地仗；21. 冰裂梅青粉地仗；22. 百蝶梅洋青地仗；23. 聚锦苏式彩画；24. 花锦方心苏式彩画；25. 博古苏式彩画；26. 云秋木苏式彩画，等等。对于上面罗列的各种彩画种类试作一些解释：

1. 沥粉贴金

使用金箔在建筑彩画中，是宫殿庙宇中最主要最尊贵的单体建筑物才有，一般也只是在画体的重点、形象的轮廓和线道分界处贴金，为了效果突出，贴金部位要上一层土粉子打底然后用油贴附金箔。

2. 枋心及彩画布局

枋心是檩条梁枋彩画的中心，每根梁或枋的中部三分之一处作为枋心，内置彩画主题，主题是龙并贴金的就称金龙枋心，主题是五彩花卉未贴金箔的就称花锦枋心。

在枋心左右又各分为两段，外端约成正方形部分叫箍头，箍头和枋心之间叫找头，箍头与找头所画主题是一些相切圆形构成图案，画工们称之为旋子或学花。由于檩枋长短不同，旋子的排列还依照一正二破的规律分布在找头之中，更用一路一路的花瓣加在正、破之中，以适应各个长度。

3. 金琢墨、烟琢墨、雅五墨

斗栱、檩枋找头中各个彩画单位，轮廓用金线、内部刷青绿的做法叫做金琢墨。

斗栱、檀枋找头中各个彩画单位轮廓用墨线，内部刷青绿的做法，叫做烟琢墨。

斗栱、檩枋彩画只用青绿黑白四种素色，全不贴金的做法，叫做雅五墨。

4. 大点金、小点金

在旋子彩画里，花心菱地都贴金时，叫做大点金。

在旋子彩画里，只有花心贴金时，叫做小点金。

5. 苏式彩画

在园林建筑里，梁枋彩画不用龙、凤、旋子图案，而采取了一些写实画题，如各种花卉，各种动物，字画器皿以至山水、人物故事等，叫作苏式彩画。布局有时也不是每根梁枋枋心、找头、箍头三段布局，而把檩、垫、枋三部枋心联成一气做一个大的半圆形，内外分别再配置山水人物和器皿、动物、植物进行装饰。

彩画的演变概况

《宋营造法式》中有许多彩画图案，从中可以看到当时彩画一些情况，与封建后期比较，枋心部分超过了三分之一，比较大，两端不分箍头、找头，而是如意头式的装饰手法。

从十三世纪以前遗留建筑中找到古代彩画原物是比较困难的，这主要是由于历代修理，彩画是最易被重新描绘的地方。在《营造法式》以前二、三百年间，据研究介绍大约有两个类型：

1. 以暖色为基调，也许就是《营造法式》丹粉刷饰（较简单）或五彩遍装法（较讲究）的前身。

如敦煌莫高窟几个宋初窟檐，从柱身到斗栱到椽身都以红土色为基调，但柱身、枋缘有间用着青绿束莲，斗栱使用绿色白色的斗，红地杂色花的栱、虽建筑不大，色彩却还丰富。

2. 以冷色为基调，也许就是《营造法式》碾玉装一类彩画前身。

如大同下华严寺薄伽教藏殿内檐梁枋彩画，没有找头箍头的布局，喜用网目纹是一特点。唐代以前木构遗物少，彩画遗留就更不易求得。

数学与物理

科技大讲堂

中国科技漫谈①

邢春如◎主编

辽海出版社

责任编辑:陈晓玉 于文海 孙德军

图书在版编目(CIP)数据

中国科技漫谈/邢春如主编.—沈阳:辽海出版
社,2008.6(2015.5重印)

ISBN 978-7-80711-701-8

Ⅰ.①中… Ⅱ.①邢… Ⅲ.①科学技术—技术史—中
国—普及读物 Ⅳ.①N092-49

中国版本图书馆 CIP 数据核字(2011)第 075089 号

中国科技漫谈

数学与物理科技大讲堂

邢春如/主编

出 版:辽海出版社	地 址:沈阳市和平区十一纬路25号
印 刷:北京一鑫印务有限责任公司	字 数:700千字
开 本:700mm×1000mm 1/16	印 张:40
版 次:2011年8月第2版	印 次:2015年5月第2次印刷
书 号:ISBN 978-7-80711-701-8	定 价:149.00元(全5册)

如发现印装质量问题,影响阅读,请与印刷厂联系调换。

前　言

恢宏博大的五千年中华文明，成就卓著，举世瞩目。特别是中国古老的科学技术，更是创造了人类发展的一个个里程碑，在世界可谓是独领风骚，其历史简直异常辉煌。

工具的制造是原始技术开始的标志。在原始社会时期，人类征服自然界的物质基础十分薄弱，因而，这一时期科学技术的萌芽和发展非常缓慢。

随着青铜时代的到来，这一时期的科学技术在原始社会的基础上有了巨大进步，在世界文明史上占有重要的地位。青铜器是这一时期最具代表性的标志物。夏、商、周的科技进步，极大地促进了中国早期国家的形成和发展。

春秋战国是中国科技知识进一步积累与奠基的重要时期。这一时期所取得的科技成果在中国科技史上占有重要地位，为秦汉及其后的科技发展奠定了坚实的基础。

秦汉时代科技最显著的特点是科学建制完整、技术体系统一。在这一时期，传统的农、医、天、算四大学科体系框架已基本形成，冶炼、纺织、土木建筑、造纸、船舶制造等主要技术体系及风格也大体确立，从而为此后近两千年的中国科技发展确定了大方向。

在魏晋南北朝时期，战乱频繁，政局动荡，科学技术以其强大的生命力在曲折中进步着，有些学科甚至获得了突破性进展，主要体现在农业、机械、数学、天文历法、地理、化学等领域所取得的成就。

综观隋唐科技，可谓是全面推进，重点突出。这一时期既是对先前诸多科技领域的成就进行了继承与发展，又开创了多方面的世

界之最。

在宋元时期，虽说一直战火纷飞，社会也动荡不安，但中国科学技术的发展却进入了一个前所未有的黄金时代。这一时期，可谓人才辈出，硕果累累，取得了一系列极其突出的成就。

明清时期是中国科学技术发展历史上重要的转折时期。在明代，中国传统科学技术趋于成熟，中国在大部分科技领域仍居于世界领先地位，各方面的成果得到总结，出现了一批集大成式的著作。但在明末清初，中国的科学技术却裹足不前，开始落伍于世界科学技术发展的滚滚洪流了。

近代中国的落后与贫弱促使许多有识之士开始积极探索中华民族的富强之路，放眼看世界一时间成为时代的潮流。随之而来的洋务运动则掀起了向西方学习的热潮，开启了中国的近代化。

辛亥革命的爆发，使中国社会发生了重大转折，现代科技教育体制开始建立。继来之而来的新文化运动，极大地推动了现代科学精神在中国的启蒙。

中华人民共和国的成立，揭开了中国历史崭新的一页，也开始书写科学技术的新篇章。经过五十多年的风风雨雨的拍打锻炼，如今中国的科技事业可谓是蒸蒸日上，一日千里。更多的科技新成就，必将汇聚成一盏盏明灯，发出更加耀眼的光！

为了全景式展现中国科学技术成长壮大和发展演变的轨迹，描绘出科学家探索自然奥秘、造福中华的奋斗历程，以及在西学东渐背景下所作出的回应和为追赶世界科技潮流所进行的不懈追求过程。为此，我们特别编辑了这套《中国科技漫谈》，主要包括数学、天文、农业、建筑、军事等内容。

本套书简明扼要，通俗易懂，生动有趣，图文并茂，体系完整，有助于读者开阔视野，深化对于中华文明的了解和认识；有助于优化知识结构，激发创造激情；也有助于培养博大的学术胸怀，树立积极向上的人生观，从而更好地适应新世纪对人才全面发展的要求。因此具有很强的知识性、可读性和启迪性，是我们广大读者了解中国科技、增长科学素质的良好读物，也是各级图书馆珍藏的最佳版本。

目 录

第一章 数学大讲堂

第一节 早期数学

第二节 数学理论的奠基与充实

第三节　数学理论的发展

第二章　物理大讲堂

第一节　古代物理学概论

第二节　物质特性

第三节　热　学

第一章　数学大讲堂

第一节　早期数学

数字与记数法

数字在中国的最早出现，是在新石器时代的晚期，距今大约 6000 年左右。在这之前，我们的祖先采用"结绳"、"契木"等办法来表示数的概念，实现记数，即所谓的"结绳记事"、"契木为文"的传说。其实，甲骨文中的"数"字就取自结绳的形象。这种情况在世界的其他一些民族中也有发生，有的甚至到近代还保存着结绳记数的方法。

契木或其他形式的刻划记数是数字产生的基础。当人们觉得可以通过按某种规则的刻划来表达数的时候，数字也就自然而然地产生了。

根据现有的资料来看，最迟在半坡时代我国已经有了可以称得上数字的刻划符号，如见之于半坡出土的陶片上的数目字（右图示）。

$$\begin{array}{cccccc} \times & \wedge & + & \asymp & | & \| \\ 5 & 6 & 7 & 8 & 10 & 20 \end{array}$$

虽然字形没有那么整齐，但已十分规范。后来的考古发现，除了进一步加强上述考证外，还充实了一些数字。如，与半坡遗址差不多时代的陕西姜寨遗址中出现了"一"（1）、"Ⅲ"（30）；距今四千年前的上海马桥遗址出现了"十"（5）；稍晚的山东城子崖遗址中出现了"⊫"（12），还有"∪"（20）；"ψ"（30）。∪是将二个 |

（10）合在一起；⩗是将三个丨（10）合在一起。这种合写形式的出现不仅标志了数的概念的发展和表数能力的提高，而且证实了十进制记数法已经使用。

进入商代以后，随着农业成为社会生产的主要成分，手工业的分工和商业的产生，相应地产生了高度发展的殷商文化。这时，已有了所谓"卜、史、巫、祝"这样的文化官。他们作为社会的管理人员，负责记人事、观天气与熟悉旧典。专职书记人员的出现，使得原先零星粗疏的表数符号得到提炼和整理，进而创设出系统的数字和记数法来。商代产生的甲骨文数字就是目前所知的我国最早的完整记数系统。

殷墟甲骨文上的数字

甲骨文是商周时代刻在龟甲兽骨上的文字，是"巫"、"史"们为商王室占卜记事的主要手段。从现在发现并已认识的1700多个甲骨文字中，能够清理出整套数目字，共13个。前9个是数字，后4个是位值符号。与其他甲骨文字一样，甲骨文数字采用了会意、形声、假借等比较进步的文字构造法，说明它是一种具有严密文字规律的古文字。

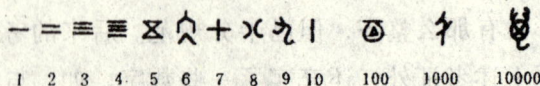

甲骨文中的记数单字

甲骨文记数系统属于十进制乘法分群数系。这种数系由1至9九个数字和若干十进制的位值符号组成，记数时先将两组符号通

过乘法结合起来以表示位值的若干倍〔也有例外，如 ∪（20）、ш
（30）、ш（40）是重复书写，而不分别写成 ⊥、⊥、⊥〕。如 Ⅹ
（5）与表示 10 的符号"Ⅰ"通过乘法结合起来，写成 Ⅹ，表示 10
的 5 倍，即 50；又如 三（3）与表示 100 的符号"⩊"通过乘法结
合起来，写成 ⩊，表示 100 的 3 倍，即 300；同样，⅃表示 2000，Ⅾ
表示 20000。然后将分群后的位值符号组合（相加）起来，达到完
整表数的目的。例如，⩊∤三，表示 673；⅃⅄∧，表示 2356 等等。
现已发现的最大的甲骨文数字是 30000，写作 Ⅾ。

| 50 | 60 | 70 | 80 | | 200 | 300 | 400 | 500 | 600 | 800 | 900 | | 2000 | 5000 | 8000 | | 30000 |

甲骨文记数系举例

甲骨文记数方法一直沿用到现代，期间字体虽有变化，但记数
原则不变，仍然是乘法分群原则。下图列出的是历代记数符号，将
商代甲骨文、周代金文、秦代篆文以及现代数字加以比较和分析，
从中可以发现一些变化规律。

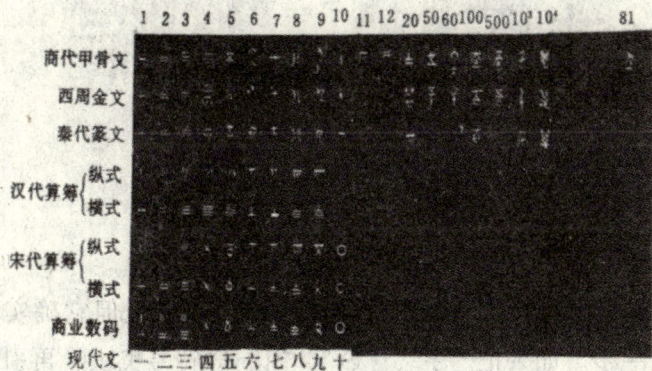

历代记数符号

周代金文记多位数的方法，原则上与甲骨文一样，如 659，记作
"⩊⅄∤⅄九"。其中 ⅄ 是又字，写在数字之间起隔开位值的作用，这在
商代甲骨文记数中已有出现，因此，形式上差异仅是 50 的写法不

同，金文是 ，甲骨文是 。汉代以后，多位数记法废弃了用"ㄥ"字隔开的做法，位值的倍数也不采取合写，而是采取位值符号紧接在数字后表示，如300，不写成 ，而写成三 。但记数系统仍是乘法分群系，如2356，被写成 ，即现在的二千三百五十六的前身。

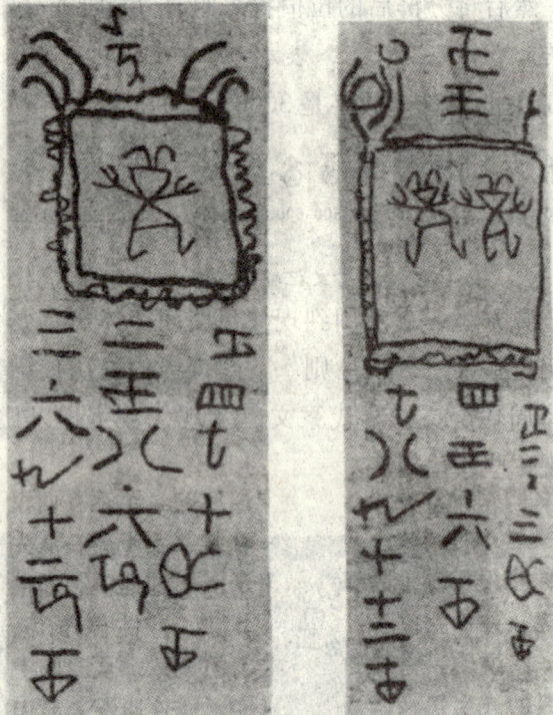

苗文历书内记录的汉文数字

这种表数制度还算不上是十进地位制记数法，但它确实向地位制靠近了一步。如果把"ㄅ"、"Ⴔ"、"丨"等符号曳去，再引入表示0的符号，那就是完全的十进地位制记数法了。

现代中国数字实际在唐朝以前已经形成。由于这10个字简单明了，我国少数民族记数时也常采用它，或者把这10个数字稍作变动。北京图书馆藏有一本苗文的历书，全部用了汉文的10个数字，并且以两个十作二十、三个十作三十。唐代还全面使用了所谓大写数字，即：

壹 贰 叁 肆 伍 陆 柒 捌 玖 拾

大写数字常出现于比较严肃的场合，所以后来人们把这些大写数字叫做"官文书数目字"。

算筹与筹算

记数与计算不是一回事，单有记数法不足以构成数学。数学至少是计算的学问。只有进入专门的算的实践，揭示其规律，总结出技术，进而形成算理，才能称得上有了算术——一种初级的数学理论。中国古代数学是随着算筹的发明而形成的。算筹，简称"算"、"筹"、"策"等，亦称"筹策"，是中国古代用于计算的工具。一般用竹制成，也有用铅制、骨制或象牙制的。20 世纪 50 年代以来陆续出土了一批算筹，形状大小与文献资料记载相仿。战国时的算筹平均长 19. 5 厘米，西汉算筹大约长 13 厘米，径粗 0. 3 厘米。算筹太长太细不便摆动，所以后来的算筹逐渐改短，增粗。横截面形状除

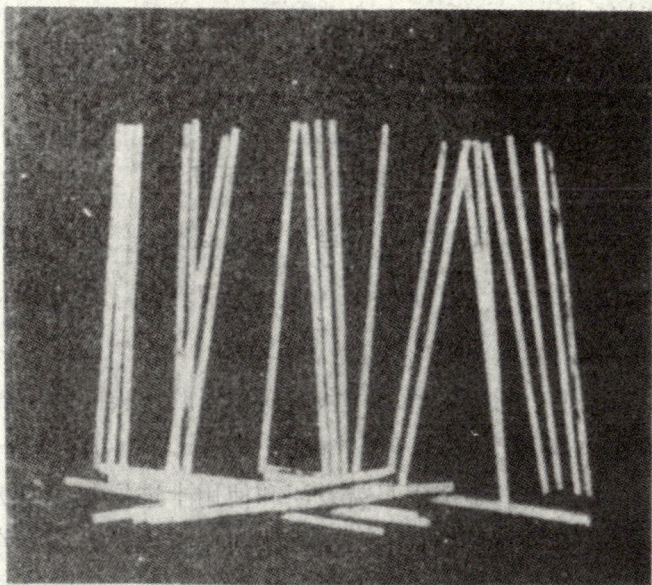

陕西旬阳出土的西汉象牙算筹

圆形外还出现正三角形或正方形的。算筹产生于何时，至今未能有一个比较确切的说法。有的说"大约从西周开始已使用竹筹，在毡毯上或在算板上进行各种运算"，有的则说算筹是长期演变而成的，至迟在西汉时已普遍使用。各种说法在措辞上都比较慎重，时间幅度也很大，彼此互不矛盾。从先秦典籍中的记载来看，算筹很可能起源于原先用于占卜的蓍草。由于占卜过程中，需借助于蓍草来表示数和简单的计算，久而久之，蓍草就成了计算工具。"算"字古体作"祘"，由二"示"合成。"示，神事也。"这又一次说明，古代算术与占卜的关系。从时间上说，大约可以认为，算筹作为人造计算工具的产生是在西周或更早些，而普遍深入使用是在秦汉。

用算筹摆成数字进行计算称之为筹算。所以"算术"的原意是指筹算的技术。这本是中国数学特有的名称，现在涵义有了变化。算术这一名称恰当地概括了中国数学依赖于算筹，以算为中心的特点。从一定意义上说，中国古代数学史就是中国筹算史。

四则运算

筹算数目是由算筹摆出来的，9个基本数的摆法有两种，一种是纵式，一种是横式。

纵式　l　ll　lll　llll　lllll　⊤　⊤⊤　⊤⊤⊤　⊤⊤⊤⊤

横式　一　二　三　三　三　⊥　土　圭　圭

　　　1　2　3　4　5　6　7　8　9

9个基本数的算筹摆法

在这基础上，利用位值原理和纵横相间的办法可摆出一切多位数。例如，238可摆成，ll三⊤⊤⊤，6803可摆成⊥⊤⊤⊤　lll，其中空位处表示零。可见，我们中国很早就发明和使用十进位制记数法了。把筹的排列形式记下来，就成为算码。明代珠算盛行以后，筹算逐渐淘汰，这时，筹算算码在数学中起了很大的作用。

与笔算一样，筹算的基础是加减乘除四则运算。筹算四则运算的程序与珠算基本相同，从高位向低位进行。加减法最简单，摆上两行数字，从左到右逐位相加或相减就可以了，和或差置于第三行中。乘除法也不难，基本过程仍然是放筹与运筹两个过程。乘法分三层放筹，上下层放乘数（无被乘数与乘数之区别），中间放积。运算时由上层乘数的高位起乘下层乘数，乘完后去掉这位的算筹，再用第二位数去乘，最后将逐次相乘之积的对应位上的数相加即可。

当然也可以将第二次乘得的结果随时加到中层之中。

筹算把除法看作乘法的逆运算，如《孙子算经》所说："凡除之法，与乘正异。"基本步骤也是放筹与运筹。放筹时也分三层，上层放商，中间放被除数（古时称实），下层放除数（古时称法）。除数摆在被除数够除的那一位之下，除完向右移动。

乘除运算需要口诀，古时称之为"九九表"，从"九九八十一"起到"二二得四"止，共 36 句。没有"一九如九"到"一一如一"等九句，顺序也与现今流行的相反。九九表产生的时间不会晚于春秋时代。有故事说，春秋时期，齐桓公（前 685 ~ 前 643）招聘了一个以九九表自荐的粗野汉子。其实，春秋战国时代的不少著作如《荀子》、《淮南子》、《管子》等都已提到了九九表，足见它当时已为常识。

算　码

筹算数字是摆成的，如果将摆成的数字写在纸上或者竹片等物上，就成了数码。中国古代称用作书写的竹片叫做竹简，木片叫做木简或牍。在已发现的居延汉简和敦煌汉简中都可以看到这种筹码数字。宋朝司马光（1019—1086）著《潜虚》，其中数码字即以纵式的筹码为基本样式，对笔画较多的"IIIII"（5），代之以 X；为避免与 I（1）混淆，将纵式筹码的 I（10），代之以"+"，这样 1 ~ 10 的数码成为以下样子：

I	II	III	IIII	IIIII	X	I	II	III	IIII	+
1	2	3	4	5	6	7	8	9	10	

此后，各家又对笔画较多的"||||"和"||||||"作了修改。以"X"代"||||"，这是因为"X"有示四方之形；于是"||||||"被自然地改成"x̄"或"ₓ̇"，仍然表示5+4的结果。根据这个原则，5被改写成"o̅"或"o̊"。"o̅"和"o̊"下面的"O"是"0"的记号。

数码不像筹码那样受筹的限制，其形式会受书写者的习惯而改变。如"o̊"（5）与"ₓ̇"（9），各人写法时有不同，其中"o̊"、常被便写成"ᵠ"，"ₓ̇"则被便写成"ᵡ"。

数码，尤其是便写数码的出现不仅方便了日常的记数，而且方便了数学著作的撰写，为中国古代数学在民间的传播起到了积极的推动作用。

组合分析

早期积累的数学知识缺乏理论的系统性，受实用和意识的影响很大。如因历法的需要，商代创造了一种所谓"天干地支"六十循环记日法。即将十个天干：甲、乙、丙、丁、戊、己、庚、辛、壬、癸；十二个地支；子、丑、寅、卯、辰、巳、午、未、申、酉、戌、亥依次组合成六十个序数；甲子、乙丑……癸亥等，以表示日期的先后。六十也就成了殷人一周的日数。将这些不同的甲子排列成表，也就是"甲子表"：

甲子　乙丑　丙寅　丁卯　戊辰　己巳　庚午　辛未　壬申
癸酉

甲戌　乙亥　丙子　丁丑　戊寅　己卯　庚辰　辛巳　壬午
癸未

甲申　乙酉　丙戌　丁亥　戊子　己丑　庚寅　辛卯　壬辰
癸巳

甲午　乙未　丙申　丁酉　戊戌　己亥　庚子　辛丑　壬寅
癸卯

甲辰　乙巳　丙午　丁未　戊申　己酉　庚戌　辛亥　壬子

癸丑

甲寅　乙卯　丙辰　丁巳　戊午　己未　庚申　辛酉　壬戌
癸亥

从甲子表中，又可看出他们的记旬法：从甲日起到癸日止，刚好为十日，于是就以从甲到癸的十日为一旬。表上所列的为六旬，所以甲子表又可称为六旬表。"天干地支"记日法属历法现象，但它反映了一种原始的组合思想。这种组合思想后来在八卦和幻方中有较大的发展。

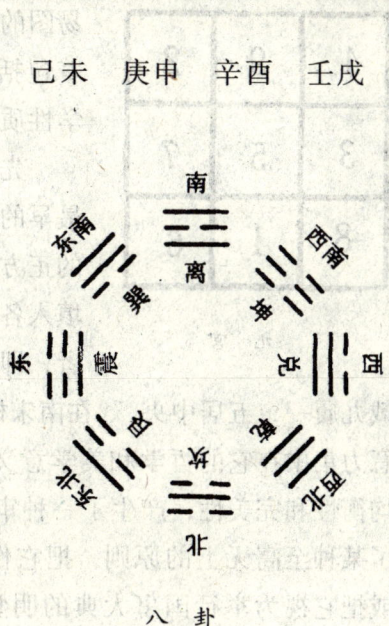

八　卦

八卦是《周易》（高亨《周易古经今注》，中华书局，1984年，第2页）中提出的八种基本图形，用以代表天、地、雷、风、水、火、山、泽八种自然现象。这八种基本图形是以阳爻"—"和阴爻"--"两种符号组合而成的。将阳爻和阴爻按不同次序进行排列，每次取两个，有四种排法，即所谓四象：

每次取三个，有八种排列，即八卦，常被排成八边形，以示方向：

每次取六个，即两卦相重，则有六十四种排列，也即六十四卦。古人主要根据卦爻的变化来推断天文地理和人事关系，未必对其中的数学道理有自觉的认识，但作为中国数学早期积累时期的一种知识，它是值得注意的。人的认识本来就是由感性、知性和理性三个环节构成。对爻卦中排列组合现象的认识可说是一种知性认识，它为认识的最终理性化奠定了基础。事实上，宋、明两代数学家由对

4	9	2
3	5	7
8	1	6

九　宫

易图的研究而揭示出的《周易》中所蕴含着包括二进制数码构成规律在内的某些数学性质，就可称之为是一种理性化的认识。

先秦时期组合数学的主要内容是幻方。最早的幻方即"九宫"，这是划有九个方格的正方形，将1至9九个数字按某种规则填入各方格内而成。北周甄鸾说："九宫者，即二四为肩，六八为足，左三右七，戴九履一，五居中央。"在南宋杨辉研究幻方之前，人们对幻方的注意力集中在它的哲学和美学意义上。由于三阶幻方配置九个数字的均衡性和完美性，产生了一种审美的效果，使得古人认为其中包含了某种至高无上的原则，把它作为容纳治国安民九类大法的模式，或把它视为举行国事大典的明堂的格局。因而，最早出现的幻方，既是古代数学的杰作，也是有哲学意义的创造。

4	9	2
3	5	7
8	1	6

洛书图

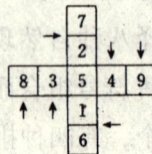

河图图

这方面最生动的例证是将传说中的河图、洛书与幻方联系起来。特别经宋代理学家们的渲染，河图洛书竟倒过来成了幻方的根源。洛书被人认为是一个三阶幻方，在这个幻方巾，数字按对角线、横线或竖线相加，结果都等于15。河图则是这样排列的数字图：在抛开中间的5和10时，奇数和偶牧各自相加都等于20。理学家的这两张图不能不说是富有想象力的创造。偶（阴）数用黑点表示，奇（阳）数由白点表示，黑白相对，奇偶有别，均衡对称。难怪现在的一些组合数字著作中也喜欢用古代洛书图来作装饰，以示它渊源的古远。

13 世纪，幻方的数学意义由南宋杨辉加以阐发。杨辉称幻方为"纵横图"，并将它作为一个数学问题来加以研究。从此，幻方所具有的组合数学思想得到了发扬光大。关于这方面成就将在第三章结合介绍杨辉的工作一起介绍。

数的概念的扩展

中国古代数学中，数的概念的扩展首先是从自然数向分数和负数进行的，这与希腊数学中由自然数首先向无理数扩展不一样。造成这种情况的原因是中、希数学的不同性质。中国是算法性数学，希腊则是演绎性数学。

分　数

分数概念起源于对整体剖分后对其部分的表示。将物体一分为二，便出现半、大半或小半（中国古时称大半为太半，小半为少半）的说法，这就是原始的分数概念，或者说分数概念的雏形。它也几乎是世界各民族分数概念的共同渊源。部分相对整体而言，作为独立的存在其自身又是一个整体，这种直觉的认识有利于度量制度的建立，却不利于分数概念数学化的进程。中国从西周时已出现了具有分数意义的专用量名，如后来在战国铜器铭文上所见到的半、半、半、半、半等。半、半、半一般用作半字，在数量上表示二分之一（$\frac{1}{2}$）。半，意为三分，指三分之一（$\frac{1}{3}$）；半，意为四分，指四分之一（$\frac{1}{4}$）。它们可以作为原始分数概念形成的佐证。但在度量意义上，仍然是被当作一个整体来看待的，不便参与数学活动。

东周时期，分数的概念和记叙法有了发展，其意义突破了度量单位的细分这一范围，出现了"三分取一"、"十分一"等说法，"三分取一"和"十分一"已是脱离了单位意义的分数记叙，与常用的"三分之一"、"十分之一"说法的意义是一样的。而现在常用的"几分之几"的记叙形式，至迟在东周后期也已经出现。如公元前 5 世纪的《孙子兵法》中就有"则三分之二至"（《军事篇》）；"杀士三分之一而城不拔"（《谋攻篇》）等等。

分数的发达与律吕和历学有很大关系。律吕，泛指乐律和音律，古代采用律管的长度来决定基本音程。一般都以三分损益法来推算律管长度，即将某一律管的长度分成三份，去其一份为损，增其一份为益，逐步得到其他律管之长度。这里碰到的计算即是分数的四则运算。历学则更需分数作支撑。由于历法中的数据都采用分数，为了制定出合乎农事的历法，历算学家总是设法使他的数据整齐划一，这就势必造成对分数及其计算方法的研究，促进了分数理论的发展。

除法运算为分数概念的数学化铺平了道路。在中国古代数学中，除法被说成"实如法而一"。其中"实"指被除数，"法"指除数，所谓"实如法而一"，即是"以法量实"，"实"中有等于"法"的量，所得是一，"实"中有几个"法"，所得就是"几"。这表明，除法被理解成求一个数（被除数）包含几个另一个数（除数）的运算。这与原始分数概念中的"几分之几"的意义是相通的。因此，除法运算的表达式可看成一个分数表示式，而除法运算可以理解成是将假分数化成整数或带分数的过程。中国古代采用的是筹算，所以除法的筹式就是分数筹式。

也许由于分数式与除式相一致的缘故，古算书中没有对分数的表示法作专门的介绍。从《孙子算经》关于筹算除法的阐述中，可以推断，一般分数的筹算形式应该是分子在上，分母在下；若是带分数，则整数部分在上，分子居中，分母在下。如 $3\frac{4}{7}$，表作 但这种表示法不是唯一的。在《孙子算经》、《张邱建算经》等书中还出现过分子在左、分母在右的形式。这似乎表明，中国古代分数中的分子与分母，像除法中的被除数与除数一样，具有相当的独立性。

它给分数运算带来了灵活性。

分数线（分子、分母间的一条横线）起源于 10 世纪左右的阿拉伯。由于不用分数线的记法并不妨碍分数运算的准确性和简捷性，所以直至 17 世纪以前分数线在中国还不流行。

小 数

小数的实质是十进分数。当人们采用十进制度量方法，计量单位以下部分时必会碰到小数。由于中国古代采用十进制记数，因此计量单位也自然采纳十进制。西汉贾谊（前200—前168）的《新书·六术》中记有："数度之始，始于微细，有形之物，莫细于毫，是故立一毫以为度始，十毫为发，十发为厘，十厘为分。"这是把毫作为最小单位，逐次以 10 为进率递进为"发"、"厘"、"分"等。若以厘为单位记录，那么厘以下部分（数字）就是小数。虽然从数学上说，严格的小数概念和记号尚未出现，但它已经明显地蕴含着小数的萌芽，随着计量活动的深入，小数的概念和记法必然会随之出现。

负 数

中国数学中，正、负相对应同时被明确提出是在《九章算术》的方程章。为了配合"方程"的解法，书中还提出了正负数之间的加减运算法则——正负术。但是，用"负"表示亏欠、损失等，并应用于表数和计算却是很早的。

在居延汉简中出现了不少关于"负××算"和"负××筹"的实例。例如，"……相除以负百二十四筹。"其中"相除"，即相减；筹，即算筹。相除以负百二十四筹，是说相减后还差 124。又如，"负四筹，得七筹，相除得三筹。"这里将"负"与"得"对应起来，同时用于表示相反意义的量，不能不说是数学思想的进步。

"负"字在数学上的应用是值得重视的，但不能因此而认为负数已经被引入数学。负数在数学上的确立需要经历一个由感性认识到知性认识再到理性认识的过程。后面将会提到，即使在《九章算术》

中，对正负数的认识也只是处于知性阶段。由此而言，先秦时期出现的"负算"这一名称，只能算是对负数意义的一种感性认识。

图形知识

在中国古代数学的理论体系形成之前，有关图形的知识主要表现在以下五个方面：①由器具形状和花纹所表现的图形概念；②利用"规"、"矩"等工具绘图；③测量；④制造工具、器械过程中对角的应用；⑤土地等平面面积和粮仓等立体体积的计算。其中图形的面积体积计算方面的内容较为丰富。

图形求积归根结底是一种计算术。这就是说，中国数学中的几何知识具有一种内在逻辑——以实用材料组织知识体系和以图形的计算作为知识的中心内容。

几何图形观念的形成

图形的观念是在人们接触自然和改造自然的实践中形成的。从对今天仍处于狩猎阶段的部落的了解中可以发现，人类早期是通过直接观察自然，效仿自然来获得图形知识的。这里所谓的自然，不是作一般解释的自然，而是按照对人类最迫切需要，以食物为主而言的自然。人们从这方面获得有关动物习性和植物性质的知识，并由祈求转而形成崇拜。几乎所有的崇拜方式都表现了原始艺术的特征，如兽舞戏和壁画。可以相信，"我们确实依靠原始生活中生物学方面，才有用图达意的一些技术。这不但是视觉艺术的源泉，也是图形符号、数学和书契的源泉。"

随着生活和生产实践的不断深入，图形的观念由于两个主要的原因得到加强和发展。一是出现了利用图形来表达人们思想感情的专职人员。从旧石器时代末期的葬礼和壁画的证据来看，好像那时已经很讲究幻术，并把图形作为表现幻术内容的一部分。幻术需要有专职人员施行，他们不仅主持重大的典礼，而且充当画师，这样，通过画师的工作，图形的样式逐渐地由原来直接写真转变为简化了的偶像和符号，有了抽象的意义。二是生产实践所起的决定性影响。图形几何化的实践基础之一是编织。据考证，编篮的方法在旧石器时代确已被掌握，对它的套用还出现了粗织法。编织既是技术又是艺术，因此除了一般的技术性规律需要掌握外，还有艺术上的美感需要探索，而这两者都必须先经实践，然后经思考才能实现。这就替几何学和算术奠定了基础。因为织出的花样的种种形式和所含的经纬线数目，本质上，都属于数学性质，因而引起了对于形和数之间一些关系的更深的认识。当然，图形几何化的原因不仅在于编织，轮子的使用、砖房的建造、土地的丈量，都直接加深和扩大了对几何图形的认识，成为激起古人建立几何的基本课题。如果说，上述这些生产实践活动使人们产生并深化了图形观念，那么，陶器花纹的绘制则是人们表观这种观念的场合。在各种花纹，特别是几何花纹的绘制中，人们再次发展了空间关系——图形间相互位置关系和大小关系。

新石器时期陶器残片上圆点排列图形

20世纪以来的多次考古发现证实，早在新石器时代，中国人已经有了明显的几何图形的观念。在新石器时期西安半坡遗址构形及出土的陶器上，已出现了斜线、圆、方、三角形、等分正方形等几何图形。在所画的三角形中，又有直角的、等腰的和等边的不同形状。稍晚期的新石器时代的陶器，更表现出一种发展了的图形观念，如江苏邳县出土的陶壶上已出现了各种对称图形；磁县下潘汪遗址出土的陶盆的沿口花纹上，表现了等分圆周的花牙。

自然界几乎没有正规的几何形状，然而人们通过编织、制陶、造房等实践活动，造出了或多或少形状正规的物体，这些不断出现且世代相传的制品提供了把它们互相比较的机会，让人们最终找出其中的共同之处，形成抽象意义下的几何图形。今天我们所具有的各种几何图形的概念，也首先决定于我们看到了人们做出来的具有这些形状的物体，并且我们自己知道怎样来作出它们，这难道不是实践出真知的例证吗？

规矩等工具的发明与使用

原始作图肯定是徒手的。随着对图形要求的提高，特别是对图形规范化要求的提出，如线要直、弧要圆等等，作图工具的创制也就成为必然的了。中国古代很早就有"规"、"矩"、"准"、"绳"的传说，如《史记·夏本纪》记载夏代的一次治水工程时说："陆行乘车，水行乘舟，泥行乘橇，山行乘撵，左准绳，右规矩，载四时，以开九州，通九道。"这里所说的准、绳、规、矩都是测量和作图的工具。不过"准"的样式有些像现在的丁字尺，从字义上分析它的作用大概是与绳一起，用于确定大范围内的线的平直的。

"规"和"矩"的作用，分别是画图和定直角。这两个字在甲骨文中已有出现，规写作"烎"，取自用手执规的样子；矩写作"匸"，取自矩的实际形状。矩的形状后来有些变化，由含两个直角变成只含一个直角，即"乚"的样子。规、矩、准、绳的发明，应该是有一个在实践中逐步形成和完善过程的。不像传说中所说"古者，倕为规、矩、准、绳使天下傚焉"，把发明权归于倕一人。但载于战国时期《尸子》的这句话，指出这些工具形成得很早倒是事实。

作图工具的产生有力地推动了与此相关的生产的发展，也极大地充实和发展了人们的图形观念和几何知识。例如，战国时期已经出现了很好的技术平面图。在一些漆器上所画的船只、兵器、建筑等图形，其画法符合正投影原理。在河北省出土的战国时中山国墓中的一块铜片上有一幅建筑平面图，表现出很高的制图技巧和几何水平。

测　量

规、矩等早期的测量工具的发明，对推动中国测量技术的发展有直接的影响。秦汉以后，测量工具逐趋专门和精细。为量长度，发明了丈杆和测绳，前者用于测量短距离，后者则用于测量长距离。还有用竹篾制成的软尺，全长和卷尺相仿。矩也从无刻度的发展成有刻度的直角尺。另外，还发明了水准仪、水准尺以及定方向的罗盘。测量的方法自然也更趋高明，不仅能测量可以到达的目标，还可以测量不可到达的目标。测量方法的高明带来了测量后计算的高超，从而丰富了中国数学的内容。

据成书于公元前：世纪的《周髀算经》记载，西周开国时期（约前 1000）周公姬旦与商高讨论用矩测量的方法，其中商高所说的用矩之道，包括了丰富的数学内容。商高说："平矩以正绳，偃矩以望高，复矩以测深，卧矩以知远……"所谓"偃矩以望高"是说，若把矩竖着放置，从矩的一端 A，仰望高处 E，视线 AE 与 CB 交于 D，那么根据相似三角形的关系，可得高 $X = AF \cdot \dfrac{CD}{AC}$。这里，

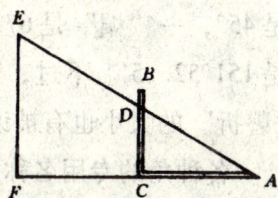

偃矩测高

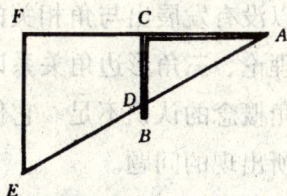

复矩测深

$\dfrac{CD}{AC}$ 是仰角 EAF 的正切值，但中国古代对它没有给予专门的关注。若把矩尺 BC 复过来往下垂，即所谓复矩，那么根据同样的原理，就可以测得深处目标的距离。同样，把矩尺 CB 平放在水平面上，就可以测得远处目标之间的距离。商高所说

用矩之道，实际就是现在所谓的勾股测量，勾股测量涉及到勾股定理，因此，《周髀算经》中特别举出了勾三、股四、弦五的例子。

秦汉以后，有人专门著书立说，详细讨论利用直角三角形的相似原理进行测量的方法。这些著作较著名的有《周髀算经》、《九章算术》、《海岛算经》、《数术记遗》、《数书九章》、《四元玉鉴》等，它们组成了中国古代数学独特的测量理论。

对角的认识并能加以应用

中国很早就以农为本，农业和手工业发展得相当早而且成熟。先进的农业和手工业带来了先进的技术，其中不少包含着数学知识。据战国时成书的《考工记》记载，那时人们在制造农具、车辆、兵器、乐器等工作中，已经对角的概念有了认识并能加以应用。《考工记》说，"车人之事，半矩谓之宣，一宣有半谓之欘，一欘有半谓之柯，一柯有半谓之磬折"。其中，"矩"指直角。由此推算，"一宣"是45°，一"欘"是67.5°，一"柯"是101°15′，而一"磬折"该是151°52.5′。不过，这不是十分确切的。因为就在同一本书中，"磬折"的大小也有被说成是"一矩有半"，这样它就该是135°了。

各种角的专用名称的出现既表现了在手工业技术中对角的认识和应用，但也反映了这种认识的原始性和局限性，反映了中国古代对角的数学意义的不重视。后面我们将会看到，中国古代数学之所以没有发展出与角相关的理论，如一般三角形的相似理论、平行线理论、三角形边角关系以及三角学等等，很重要的原因就是因为对角概念的认识不足。它使中国古代数学以另一种方式来解决实践中所出现的问题。

面积和体积计算

面积和体积计算与税收制度的建立和度量衡制度的完善直接有关。先秦重要典籍《春秋》记鲁宣公十五年（前594）开始按亩收税，产十抽一，这说明春秋战国时代我国已经有丈量土地和计算面积与体积的方法。这些方法后来集中出现在《九章算术》一书中，但可以肯定，在公元 1 世纪《九章算术》成书之前，它们应该已经存在。从近年来在古遗址如甘肃省居延县附近、山东省临沂县银雀山等地发现的汉代竹简中，也可以得到证明。关于中国数学在面积和体积计算方面的成就，我们将在下面作详细介绍。这里强调指出的是，这些成就在数学知识早期积累的时候已经逐步形成，并成为后来的面积和体积理论的基础。

《墨经》

中国古代数学不同于希腊古代数学，它不是建立在逻辑演绎基础上的概念思维系统，而是一种非演绎的算法理论。这种理论中的概念一般直接出现于算题和算法之中，而不是出现于对概念与概念关系的探求中，因而在具体计算或组建理论的时候，不太需要应用逻辑方法进行概念概括，包括对概念下定义。

但是，这绝不等于说中国古代就没有出现过数学概念的定义形式。在百家争鸣的春秋时代，墨家和名家为论辩的需要提出过不少数学概念的定义。其中《墨经》中最为集中。《墨经》共 35 篇，其中"经上"、"经说上"、"经下"、"经说下" 4 篇是后期墨家的集体著作，成书时间大约在公元前 4 世纪至公元前 3 世纪之间。"经"载录了数学概念的定义，"经说"给出必要的补充和说明。现将书中涉及的数学概念的定义列举如下：

[经] 平，同高也。[经说] 平，谓台执者也，若弟兄。

[经] 中，同长也。[经说] 心，中，自是往相若也。

[经] 圜，一中同长也。[经说] 圜，规写支也。

[经] 同长，以正相尽也。[经说] 同，捷与狂之同长也。

以上四条对"平"、"中"，即中心、"圜"，即圆、"同长"等下了定义。其中圜的定义最为精彩，"一中同长"指出了圆的特征：有一个中心，从中心到圆周的距离处处相等；《经说》进一步指出了用规画圆时揭示的圆的这一本质特征。其他三条定义则是建立在直觉和经验基础上的。

[经] 端，体之无序而最前者也。[经说] 端，是无同也。

端，通常指物体的最前端，或线段的两极端。"序"是顺序、次序的意思。物体与物体顺次相依就是"有序"，于是根据"端"的意义，它应该有以下性质：①无序，即端不可能处于某部分之后，它只能处于物体的最前处；②无同，由于最前者是唯一的，因此一处不能有两个端。

从"端"的这一定义中可以看出，《墨经》中的"端"与欧几里得《原本》中的"点"，其意义是相近的，但不能把"端"直接等同于"点"。《原本》中关于点的定义有两条：点是没有部分的；一线的两端是点。前者从点的绝对存在性的角度指出了点的性状。尽管这种存在性是建立在观念上的，没有事实根据，但它硬是通过语句的陈述确认了点的独立存在性，为公理和公设能够应用于它奠定了基础。后者作为前者的补充，指出了点的相对存在性，即只要线段存在，那么它的两端就是点。《原本》中关于点的这两个意思在《墨经》关于端的定义中只有后一个是明确的。《墨经》的旨趣是概念间关系的哲学阐发，而不是为组建理论体系而进行概念设计，它不必考虑对概念所下的定义是否有利于公理和公设的应用，甚至不必考虑在数学中借用日常的名词而可能产生的歧义。正因为它不受几何学的束缚，它对概念的阐发比较自由。

指出这一点是很必要的，它可以防止将《墨经》不适当地与欧几里得《原本》作比较的做法。《墨经》毕竟不是数学专著，它对与数学相关的那些概念的阐发也不是从数学的角度出发的，它没有也不可能对这些概念作出为建立纯几何理论所必需的精密的定义。

《墨经》中涉及数学的条文还有十多条，除了记述"端"的问题、圆与方的问题以外，还有部分与整体的关系问题；有穷无穷问题；同异问题；加倍问题；虚实问题；相交、相比、相次问题；极限问题等等。应该说《墨经》对这些几何概念的论说是精辟而富有哲理的。但是，由于它的出发点不是为了组建几何理论，也不是为了建立几何论证的基础，因此，《墨经》对几何概念的选择、命名以及阐发与欧氏《原本》有本质的不同。

早期的数学教育

"自有人生，便有教育。"因为自有人生，便有实际生活的需要。不过人生的需要，随时随地有不同，教育的资料与方法也跟着需要有所变迁。这种变迁的根源，就在存在于社会的经济构造的转易。

最早的教育活动主要是生产劳动、生活习俗、原始宗教和艺术以及体格和军事训练等。随着氏族公社末期学校萌芽的出现，教育开始分化，出现为培养劳心者的专门教育和培养劳力者的社会教育两种类型。有一甲骨卜辞记载："丙子卜，贞，多子其征学，版不冓大雨？"意思是，丙子日举行占卜，贞求问上帝，子弟们去上学，返回时会不会遇上大雨？担心气候变化，大雨影响子弟们返家，这说明学校与居住区有一定的距离。

早期的数学教育自然是专门为培养劳心者的。《周礼·地官》之保氏一节记："保氏掌谏王恶，而养国子以道。乃教之六艺：一曰五礼，二曰六乐，三曰五射，四曰五御，五曰六书，六曰九数。"其中所说的国子即官家或者说奴隶主的子弟。把数学纳入学校教学的内容之一，可见当时，数量计算已成为生活范围内奴隶主贵族子弟所必须适应的方面。

数学知识到西周有更多的积累，为较系统地教学创造了条件。据宋代王应麟《困学纪闻》释内则之说，"六年教之数与方名：数者一至十也。方名，汉书所谓五方也。九年教数日，汉志所谓六甲也。十年学书计，六书九数也。计者数之详，十百千万亿也。"大致顺序是：先学序数的名称及记数符号，然后学甲子记日法，知道朔望的周期，再进一步是学习记数的方法，掌握十进位和四则运算，培养初步的计算能力。

虽说如此，数学毕竟被排在六艺之末。当周室东迁学痒废坠时，数学教育自然也就无法维持下去。即使汉代官学再兴，汉武帝专立五经博士，开办太学；王莽更在全国范围建立学校制度，但教育的价值取向已是培养士大夫阶级，对士在精神、智力和体能诸方面的全面要求至此蜕化成经学一门，数学则被排斥在学校之外。

第二节 数学理论的奠基与充实

算书的出现

中国古代算书最早出现于何时，需要经考古不断明确。现经发现的最早算书是1983年12月在湖北江陵张家山出土的一本抄于西汉初年约公元前2世纪的竹简算书——《算数书》。既然是抄本，原本的成书时间应该更早，大约在战国时期。这是一部比较完整的数学专著，全书采用问题集形式，共有60多个小标题，90多个题目，包括整数和分数的四则运算、比例问题、面积和体积问题等。将算题归类并注以标题的做法，反映了著述者对数学知识进行系统整理的尝试，也可以说是理论建设的开始。

这一理论建设的实际进程后来受到数学教育的影响。前面谈到中国数学教育素有传统，早在西周时期，数学就作为"六艺"（礼、乐、射、御、书、数）之一被列入教育的内容。据《礼记·内则》篇记载，按周朝的制度是"六年（即6岁）教之数与方名，……九年教之数目，十年出就外傅（教师），居宿于外，学书计"。《汉书·食货志》也说："八岁入小学，学六甲、五方、书计之事。"说明数学在当时教育中已经受到相当的重视。为了加强对贵族子弟的教育，国家还设有专门官员"保氏"，"以养国子（官家子弟）以道"。显然，这样的教育不是随随便便进行的，它不仅要求有教材，还要求教材具有针对性和可接受性。因此，所教的"六艺"，即六门功课都制订了细目。其中数学的细目有九个，称为九数。九数具体包括些什么内容，《周礼》没有记载，但据东汉末经学家们注解，九数包括：方田、粟米、差分、少广、商功、均输、方程、赢不足、旁要等。这些细目与后来《九章算术》的要目相差无几，这说明《九章算术》与早期数学教育的内容存在着源流关系。事实上，后来刘徽为《九章算术》作序时，特意强调了"周公制礼而有九数，九数之流则《九章》是矣。"九章既是周礼九数的演变，自然也就证明了数学教育对中国数学理论建设的重要影响。从"九数"到《九章算术》期间还曾出现过一些算书，只是书缺有间，史料不多，有关的情况很难详考。据《汉书·艺文志》术数类著录，有《许商算术》26卷和《杜忠算术》16卷。这两部书约成书于公元前1世纪后半期，可惜书均已失传，难详其情。但从"算术"这一专门名称的出现，说明关于推算之术已受关注，并被列入教育计划。

公元前成书的算书还有《周髀算经》。这部书写成大约是公元前100年前后，或在更晚的年代。它原是宣传盖天说的天文学书，但天文学离不开数学，所以书中涉及不少数学内容。其中包括复杂分数运算和勾股定理的应用。唐朝选定数学课本时，也把它作为算书列入"算经十书"之一，另署名为《周髀算经》。

总之，从数学知识的早期积累到中国数学系统理论的奠定，期间经过一个逐步完善的过程。促使这一过程发展的因素，除了数学知识的进一步充实之外，数学教育的需要起了很大作用。数学是当时唯一被列入教育内容的自然科学。尽管从整个社会来说，数学教育的普及面是不广的，但作为中国人所擅长的科目，受到历代的重视也是事实。

数学被作为六艺之一列入教育内容，说明当时把数学看作一门技艺，这种技艺主要体现在算法上，因此中国数学在进行理论建设的时候，把算法作为考虑问题的基本出发点，力图建立以题解为中心的算法体系。

《九章算术》

公元1世纪，《九章算术》问世，它标志中国数学系统理论的产生。从此，奠定了后世数学研究的基础内容和理论形式。作为中国数学成熟的标志，《九章算术》还较完整地体现了中国古代的数学思想及其特点。

宋本《九章算术》

《九章算术》的内容

现传本《九章算术》由 246 个数学问题及其答案和术文组成，按算法分属方田、粟米、衰分、少广、商功、均输、盈不足、方程、勾股等九章。前六章定的是实用名称，"使学者知事物之所在，可以按名以知术也"，后三章"义理稍深，应用亦较狭，故从其专术得名"。各章名称的涵义和基本内容如下：

"方田"，是土地形状的特称，说明该章专讲各种形状地亩面积的计算，设问 38 题，提出 21 术，涉及的数学内容主要是平面图形面积的求法和分数的四则运算方法。

"粟米"，是谷物品种的特称，说明该章专讲各种谷物之间的换算，设问 46 题，提出 33 术，涉及的数学内容主要是比率算法。

"衰分"，意为按比率分配，说明该章专讲分配问题的解法，设问 20 题，提出 22 术，涉及的数学内容仍是比率算法，但难度较粟米章的比率算法要高，是它基础上的发展。

"少广"，名称比较奇特，中国古代称长方形的底、高为广、从，长方形面积给定后，广、从之间存在着广多从少和广少从多的关系。所以按定义而论，"少广"就是"广少而从多，需截多以益少。"说明该章专讲给定长方形面积或长方体体积求其边长的方法，设问 24 题，提出 16 术，涉及的数学内容主要是开平方和开立方。作为这类问题的扩充，该章的最后提出了两题已知球的体积而求其直径，即所谓"开立圆"问题。

"商功"，意为工程大小的估计，说明该章专讲开渠作堤、堆粮筑城等工程的计算和用工多少的确定，设问 28 题，提出 24 术，涉及的数学内容主要是立体图形体积的计算。

"均输"，意为平均输送，说明该章专讲按人口多少、路途远近、谷物贵贱推算赋税及徭役的方法，设问 28 题，提出 28 术，涉及的数学内容主要是在衰分章基础上发展起来的比率算法。

"盈不足"，是中国数学的一种专门算法——盈不足术的代称，说明该章专讲盈不足（包括两盈、盈适足、不足适足等）问题的算法，以及将一般算术问题化为盈不足问题的方法，设问 20 题，提出 17 术，涉及数学内容主要是假设法和基于直线内插思想的比率算法。

"方程"，指由数学排列而成的方形表达式，演算"方程"的方法称为方程术，说明该章专讲列置和演算"方程"的方法，设问 18 题，提出 19 术，涉及数学内容主要是与线性方程组相当的理论和正负数运算法则。

"勾股"，指直角三角形，说明该章专讲有关直角三角形的理论，设问 24 题，提出 22 术，涉及数学内容主要是勾股定理及其应用。

从上述内容简介中可以看出,《九章算术》不仅内容丰富而且具有实用性强,以及以算为主、数形结合的特点。这个特点在全书的体系结构中也有明显的表现。

《九章算术》的体系

《九章算术》的体系是中国数学理论体系的典型代表。这个体系的基本结构是:以题解为中心,在题解中给出算法,根据算法组建理论体系。所以说,《九章算术》的理论体系是以题解为中心的算法体系。以题解为中心指的是这一理论的中心内容是问题及其解法;算法体系则指建立理论体系的依据和核心是算法。

从表面上看《九章算术》的分类依据似乎有两个:一是按问题的应用属性分类,如关于土地面积的计算归成一类,署名方田;关于谷物换算方法归成一类,署名粟米等等。二是按算法分类,如以介绍盈不足术、方程术、勾股术为主要内容的问题及题解分属三类,署名盈不足、方程和勾股等。其实,这是个表面现象。《九章算术》分类原则仅一个,即算法。《九章算术》的体系也仅一个,即算法体系。所谓实用体系的说法既不确切,也不符合《九章算术》的实际情况。事实上,《九章算术》中的不少问题是为了全面完整地表现算法而编制出来的,这些问题的应用属性完全由《九章算术》的作者所决定,应用属性不成其为分类原则。

近年来中算史家对《九章算术》的算法体系的研究有了较大的进展,发现《九章算术》不仅分类合理,体系完整,而且结构严谨,充分表现了中国数学特有的形式和思想内容。

整个《九章算术》包括了四大算法系统和两大求积公式系统。四大算法系统是分数算法、一般比率算法、组合比率算法、开方算法;两大求积公式系统是面积公式系统和体积公式系统。其中算法是主体,求积公式服务于算法,起表现算法的例解作用。四大算法系统和两大求积公式系统的有机结合构成了《九章算术》完整的理论体系。

《九章算术》的成就

中国古代数学不区分几何、代数等分支，算术这一名称包括了中国数学的全部内容。因此，按现在数学的分支来区别中国数学的内容和成就是有些困难的。但不这样做，也会给认识中国数学带来不便。本书仍采取将《九章算术》的成就分成算术、代数和几何三个方面叙述的办法，以方便读者。

1. 《九章算术》的算术成就

《九章算术》的算术成就包括分数运算、各种比例问题和盈不足术三个方面。

分数运算　《九章算术》中的分数内容主要在方田章，其中有"约分"、"合分"（加法）、"减分"（减法）、"乘分"（乘法）、"经分"（除法）、"课分"（分数的大小比较）、"平分"（求分数平均数）等。"约分"和现在的约分一样。为什么要约分，书中说，因为"不约则繁，繁则难用"，所以要约分。约分的方法是："可半者半之，不可半者，副置分母、子之数，以少减多，更相减损，求其等也，以等数约之。"可半者半之，即如分子分母均为偶数，则可先以 2 约分。不可半者，则采用更相减损术先求等数（即公因子），然后用等数约之。副，另放一旁的意思。

例如：约分 $\dfrac{49}{91}$。先用算筹布列如 (a)，然后上下两数交互相减，最后得 (d) 式。7 是上下之等数，用等数约之，即得 $\dfrac{49}{91} = \dfrac{7}{13}$

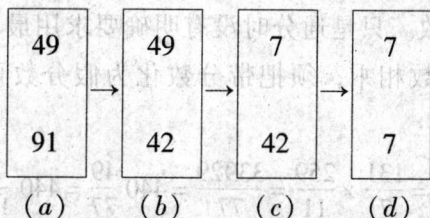

49	49	7	7
91	42	42	7
(a)	(b)	(c)	(d)

现代算术书中求二整数的最大公约数的辗转相除法，可以说是"更相减损术"的另一形式。

"通分"，一般采用分母的乘积作公分母，如：

$$\frac{1}{3}+\frac{2}{5}=\frac{5}{15}+\frac{6}{15}=\frac{11}{15}$$（方田章第7题）

$$\frac{1}{2}+\frac{2}{3}+\frac{3}{4}+\frac{4}{5}=\frac{60}{120}+\frac{80}{120}+\frac{90}{120}+\frac{96}{120}=\frac{326}{120}=2\frac{86}{120}=2\frac{43}{60}$$（方田章第9题）

但也有几题是用最小公倍数作公分母的，例如：

$$1+\frac{1}{2}+\frac{1}{3}+\frac{1}{4}+\frac{1}{5}+\frac{1}{6}+\frac{1}{7}=\frac{420}{420}+\frac{210}{420}+\frac{140}{420}+\frac{105}{420}+\frac{84}{420}+\frac{70}{420}$$

$$+\frac{60}{420}=\frac{1089}{420}$$（少广章第6题）

"合分"，指分数加法。方法是："母互乘子，并以为实，母乘为法，实如法而一。不满法者，以法命之。其母同者，直相从之。"

"实"是被除数（即分子），"法"是除数（即分母），分母乘分子，加起来作为被除数，分母相乘作为除数。"实如法而一"，常指除法运算。即

$$\frac{a}{b}+\frac{c}{d}=\frac{ad+bc}{bd}$$

"其母同者，直相从之"的意思是：如果分母相同，就直接将分子相加。

后来刘徽在注里说："凡母互乘子谓之齐，群母相乘谓之同。"所以这种方法叫做"齐同术"。

此外，还有"减分"、"乘分"、"经分"等运算法则。大体上已和现在的算法一致。只是通分时没有明确要求用最小公分母。做乘法时，遇到带分数相乘，须把带分数化为假分数再乘，如方田章24题。

$$18\frac{5}{7}\times23\frac{6}{11}=\frac{131}{7}\times\frac{259}{11}=\frac{33929}{77}=440\frac{49}{77}=440\frac{7}{11}$$

《九章算术》中的经分是指分数的除法，一般是用通分来计算的，如方田章18题。

$$\left(6\frac{1}{3}+\frac{3}{4}\right)\div 3\frac{1}{3}=\left(\frac{19}{3}+\frac{3}{4}\right)\div\frac{10}{3}=\frac{85}{12}\div\frac{40}{12}=\frac{85}{40}=2\frac{1}{8}$$

刘徽后来补充了一个法则，将除数的分子、分母颠倒而与被除数相乘。

总之，《九章算术》是世界数学史上最早系统叙述分数的著作。欧洲在15世纪以后，才逐渐形成了现代分数的算法，而且直到17世纪，多数算书在计算分数相加时都不要求用最小公倍数作分母。

关于分数的写法，还有一件值得注意的事。我国古代用算筹来做除法，"实"（被除数）列在中间，"法"在下面，"商"在上面。除到最后，中间的实可能还有余数，就列成下图的样子：

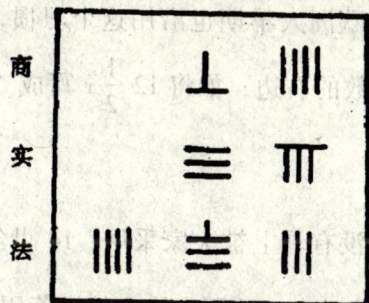

相当于带分数 $64\frac{38}{483}$

这种商数在上，余数居中，除数置下的样式也就成了中国古代数学中的带分数形式。上式相当于 $64\frac{38}{483}$。

《孙子算经》（约4世纪）记述得很清楚："凡除之法，……除得在上方。……实有余者，以法命之，以法为母，实余为子。"

印度人在3、4世纪时的分数记法也与中国一样，$1\frac{1}{3}$ 写成 $\frac{1}{\frac{1}{3}}$，也是把带分数的整数部分写在上面。12世纪，印度数学家拜斯伽逻著

《立拉瓦提》，也仍采用这种分数记法和算法，如 $3 + \dfrac{1}{5} + \dfrac{1}{3}$ 写作

$$\begin{array}{ccc} 3 & 1 & 1 \\ 1 & 5 & 3 \end{array}$$，通分后变成 $$\begin{array}{ccc} 45 & 3 & 5 \\ 15 & 15 & 15 \end{array}$$。后来传到中亚细亚，也

将分子写在上，分母写在下。目前所发现的最早的分数线是在阿拉伯数学家阿尔·哈萨（约 1175 年）的著作中。按照他的写法：

$$\dfrac{3}{5} \quad \dfrac{3}{8} \quad \dfrac{3}{9} \text{表示} \dfrac{2 + \dfrac{3 + \dfrac{3}{5}}{8}}{9}$$

阿拉伯文的书写是从右到左。欧洲人早期也沿用这个习惯，式子也是从右到左，整数部分写在分数的右边，如将 $12\dfrac{1}{2}x$ 写成 "ra-dices $\dfrac{1}{2}$ 12"。

分数线和许多其他符号一样，没有马上被大家采用。14 世纪中叶还有用 $3\begin{smallmatrix}1-1\\5\end{smallmatrix}$ 表示 $\dfrac{3}{5}$ 的。为了节省地方，法国人棣么甘推荐用 a/b 表示 $\dfrac{a}{b}$。这种记法在 18 世纪末叶已经出现。

现在通常采用的分数写法，开始于明末西洋笔算传入中国之时，当时曾有将分母放在分子上的记法。直到清末新式学校中的算术课本才采用现在的写法。

各种比例问题　在《九章算术》衰分章、均输章、勾股章中都有不少比例问题。

《粟米》章一开始就列举了各种粮食的互换比率。"粟米之法：'粟米五十，粝米三十、粺米二十七、䊤米二十四……'"这就是说：谷子五斗可换糙米三斗，又可换九折精米二斗七升，八折精米二斗

四升……粟米章内许多粮食之间的兑换关系均按这个比率计算。如：

粟米章第 1 题："今有粟米一斗，欲为粝米，问得几何？"它的解法是："以所有数乘所求率为实，以所有率为法，实如法而一。"这里，所有数是粟米 1 斗（10 升），所有率是 5，所求率是 3。于是依术 $10 \times 3 \div 5 = 6$ 升。这种算法叫"今有术"。"今有术"就是比例，是从关系式：

所有率（a）：所求率（b）＝所有数（c）：所求数（x）解出

$x = \dfrac{bc}{a}$ 的一个方法。

"今有术"的名称一直沿用到清代，后来才改称"比例"。刘徽在《九章注》中，对这个解法作了进一步说明，大致说："今有术"求所求数时，是将所有数乘上一个比率，这个比率是一个以所求率为分子、所有率为分母的分数。

当然，上面只是一个简单的比例问题，在衰分、均输、勾股各章中还有许多较复杂的比例问题，也都用"今有术"求解。

例如，衰分章第 17 题："今有生丝三十斤，干之耗三斤十二两，今有干丝十二斤，问生丝几何？"这个问题的解法是，以干丝 12 斤为所有数，以 $30 \times 16 = 480$ 两为所求率，以 $480 - 60$（3 斤 12 两 ＝ 60 两）＝ 420 两为所有率，求得原来生丝 $12 \times 480 \div 420 = 13\dfrac{5}{7}$ 斤。

另外，还有现在所谓的复比例问题和链锁比例问题，也都用"今有术"解决。比例分配问题也可用"今有术"解决。如衰分章第 2 题："今有牛、马、羊，食人苗，苗主责之粟五斗，羊主曰，我羊食半马（所食）。马主曰，我马食半牛（所食）。今欲衰偿之（按一定比例递减赔偿）问各出几何？"依照羊主人、马主人的话，牛、马、羊所食粟相互之比率是 4：2：1，就是用 4、2、1 各为所求率，$4 + 2 + 1 = 7$ 为所有率，粟米 50 升为所有数，以"今有术"演算得牛主人应偿 $\dfrac{4450}{7} = 28\dfrac{4}{7}$ 升，马主人应偿 $14\dfrac{2}{7}$ 升，羊主人应偿 7

$\dfrac{1}{7}$升。

"今有术"是从三个已知数求出第四个数的算法，7 世纪时在印度为婆罗摩笈多所知，称之为"三率法"。后来三率法传入阿拉伯，再由阿拉伯传到欧洲，仍保持三率法的名称。欧洲商人十分重视这种算法，叫它为"金法"，意思是赚钱的算法。可见欧洲人对这种算法的推崇。

"今有术"与欧几里得《几何原本》中的比例法的作用是相同的。不过，"今有术"没有明确其中有一个比例的问题，也没有把 $\dfrac{\text{所有率}}{\text{所有数}}=\dfrac{\text{所求率}}{\text{所求数}}$ 这一关系明确揭示出来。

盈不足术 盈不足术是我国古代解决盈亏问题的普遍方法。例如盈不足章第 1 题："今有（人）共买物，人出八盈三，人出七不足四，问人数物价各几何？"答曰：七人，物价五十三。

《九章算术》解这类问题有一个公式。设每人出 a_1 盈 b_1，每人出 a_2 不足 b_2，u 为人数，v 为物价，则

$$u=\frac{b_1+b_2}{a_1-a_2}\qquad v=\frac{a_2b_1+a_1b_2}{a_1-a_2}$$

公式来源没有阐明，后来刘徽注作了解释，用现代算式表示是这样的：

$$\begin{cases} v=a_1u-b_1 & (1)\\ v=a_2u+b_2 & (2) \end{cases}$$

以 $b_2\times(1)$，以 $b_1\times(2)$，相加得

$$(b_1+b_2)v=(b_2a_1+b_1a_2)u$$

因而

$$\frac{v}{u}=\frac{b_2a_1+b_1a_2}{b_2+b_1}$$

又（1）（2）二式相减得

$$(a_1-a_2)u-b_1-b_2=0$$

故

$$u = \frac{b_1 + b_2}{a_1 - a_2}$$

$$v = \frac{a_1 b_1 + b_1 a_2}{a_1 - a_2}$$

每人应出钱

$$\frac{v}{u} = \frac{b_2 a_1 + b_1 a_2}{b_1 + b_2} \qquad (*)$$

公式（*）很有用，《九章算术》中许多不属盈亏类问题，就是将它转变为盈不足问题，尔后用这个公式解决的。为什么不属盈亏类问题，也可用盈不足术解决呢？因为一般算术问题都应有其答数，如果我们任意假定一个数值作为答数，依题验算，那么必然出现两种情况：一是算得的一个结果和题中表示这个结果的已知数相等，这就是说，答数被猜对了。假设验算所得结果和题中的已知数不符，而相差的数量或是有余或是不足，于是通过两次不同的假设，就可以把原来的问题改造成为一个盈亏类的问题。按照盈不足术，就能解出所求的答数来。

例如盈不足章第13题："今有醇酒一斗值钱五十，行酒一斗值钱一十。今将钱三十得酒二斗，问醇、行酒各得几何？"该题的解法是：

"假令醇酒五升，行酒一斗五升，有余（钱）一十；令醇酒二升，行酒一斗八升，不足（钱）二。"这假设是有根据的，因设醇酒 5 升，则行酒必为 $20 - 5 = 15$ 升，值钱数为 $5 \times 5 + 15 \times 1 = 40$，比题中的钱 30 多 10；又设醇酒 2 升，则行酒为 $20 - 2 = 18$ 升，共值钱为 $2 \times 5 + 18 \times 1 = 28$，比 30 不足 2。

按盈不足公式（*），得醇酒数应是 $\dfrac{5 \times 2 + 2 \times 10}{2 + 10} = \dfrac{30}{12} = 2\dfrac{1}{2}$，

因而行酒是 $20 - 2\dfrac{1}{2} = 17\dfrac{1}{2}$。如求行酒数也用公式，则

$\dfrac{15 \times 2 + 18 \times 10}{2 + 10} = 17\dfrac{1}{2}$，结果一样。

从现今的数学来解释，这类问题的实质是求根据题中所给的条件列出的方程的根。假设所列的方程是 $f(x)=0$，因而问题又相当于求曲线 $y=f(x)$ 与 x 轴交点的横坐标。

先估计问题的两个近似答案 x_1、x_2，它们对应的函数值是 $y_1=f(x_1)$、$y_2=f(x_2)$，过 A 点（x_1、y_1）、B 点（x_2，y_2）作直线，方程为 $y-y_2=\dfrac{y_1-y_2}{x_1-x_2}(x-x_2)$ 交 OX 轴于（x'，0），其中 $x'=\dfrac{x_1y_2-x_2y_1}{y_2-y_1}$ 就是方程 $f(x)=0$ 的根。

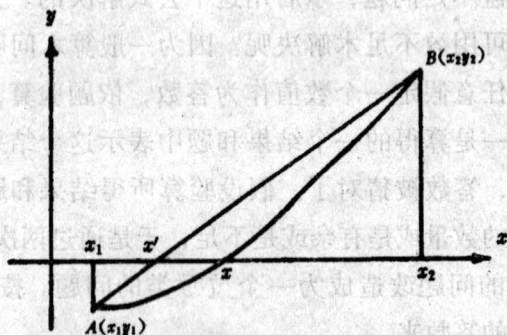

作图求近似解

如果 $f(x)$ 是一次函数，x' 就是 $f(x)=0$ 的根的真值，如果不是一次函数，x' 是近似值，累次运用这种方法，可以逐步逼近真值。这种方法现在解高次代数方程或超越方程常用到。设 $f(x)$ 是一个在区间 $[a_1,a_2]$ 上的单调连续函数，$f(a_1)=b_1$ 和 $f(a_2)=b_2$ 正负相反，那么，方程 $f(x)=0$ 在 a_1、a_2 间的实根约等于

$$\frac{a_2f(a_1)-a_1f(a_2)}{f(a_1)-f(a_2)}$$

可见，"盈不足术"实际上就是现在的线性插值法。它还有许多名称，如试位法，夹叉求零点，双假设法等等。

2.《九章算术》的几何成就

《九章算术》的几何成就包括面积与体积计算，勾股问题以及勾股测量三个方面。

面积与体积　面积与体积的计算起源很早，《九章算术》将它放在第一章，另外，商功章内有体积计算问题。

我国古代的几何图形面积计算是直接从测量田亩的实践中产生的，因此几何图形的名称从田地的形状得来。如"方田"、"圭田"、"直田"、"邪田"（或"箕田"）、"圆田"、"弧田"、"环田"等，分别表示正方形、三角形、长方形、梯形、圆、弓形、圆环等。

《九章算术》对上述各种图形都有计算公式。

如"圭田术曰：半广以乘正从"。意思是，计算三角形面积的方法是底长之半乘高。

直角梯形的田，叫做"邪田"。邪是斜的意思。其求面积方法是"并两斜而半之以乘正从。""并两斜而半之"是指：上底加下底之和的一半，面积公式用算式表示是 $S = \frac{1}{2}(a+b)h$。

一般梯形叫做"箕田"，因为它可以看作是两个等高的邪田合成，所以面积计算公式，仍然是 $\frac{1}{2}$（上底 + 下底）×高。

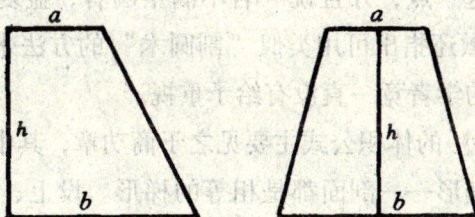

邪田　　　　　　箕田

圆面积计算公式，见之于圆田术，"术曰：半周半径相乘得积步。""积步"就是以平方步为单位的面积，圆面积 = 半周×半径 = $\frac{2\pi r}{2} \cdot r = \pi r^2$。这一公式是完全正确的。但在求周长的时候，《九章算术》用"周三经一"的比率，即取 $\pi = 3$，这自然只能得出近似值。

《九章算术》另有弓形的面积公式：

$$A = \frac{1}{2}(bh + h^2)$$

原文是："术曰：以弦乘矢（bh），矢又自乘（h^2），并之二而一（加起来被 2 除）。"公式的来源没有说明。有人作如下的推测：

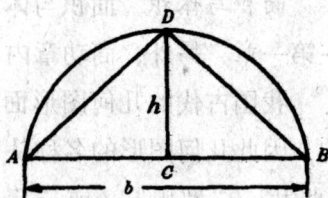

弓形图解

$\frac{1}{2}bh$ 是 $\triangle ABD$ 的面积，再加上两个小弓形，就拼成所求的弓形 ADB。根据实测或估计，这两个小弓形大约等于以 h 为边的正方形面积之半，从而得出上面的公式。这种推测不甚合理，因为把两个小弓形看作以 h 为高的正方形面积之半，这一思想没有认识基础，人们要问为什么不把二个小弓形看作二个以 h 为高的正方形呢？这种推测无非是从关系式

$$\frac{1}{2}(bh + h^2) = \frac{1}{2}bh + \frac{1}{2}h^2$$

推演出来的。其实《九章算术》是把弓形近似地当作半圆来计算的。刘徽就指出过这一点，并且说"若不满半圆者，益复疏阔（误差就更大了）。"刘徽还指出可用类似"割圆术"的方法来修正公式。尽管如此，后世的学者竟一直没有给予重视。

《九章算术》的体积公式主要见之于商功章，其中有：

①平截头楔形——剖面都是相等的梯形。设上、下广是 a 和 b，高或深是 h，长是 c，那么体积为

$$V = \frac{1}{2}(a + b)hc$$

古代称这种图形为"城、垣、堤、沟、堑、渠"，这是因为这些东西的形状都是平截头楔形的缘故。

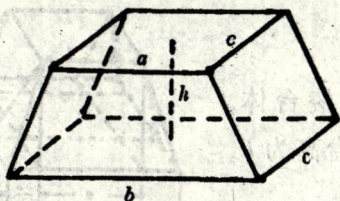 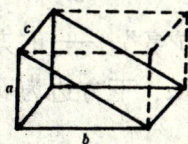

平截头图形　　　　　　　塹堵

② "塹堵" ——有两个面为直角三角形的正柱体。设直角三角形的两边为 a 和 b，塹堵的高为 c，则体积为：

$$V = \frac{1}{2}abc$$

③ "阳马" ——底面为长方形而有一棱和底面垂直的锥体，它的体积是

$$V = \frac{1}{3}abc$$

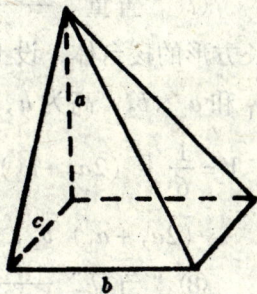

阳马

④ "鳖臑" ——底面为直角三角形而有一棱和底面垂直的锥体，它的体积是

$$V = \frac{1}{6}abc$$

刘徽用割补法证明了这三个体积公式。

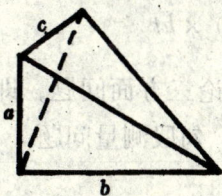 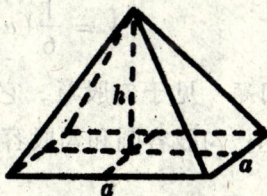

鳖臑　　　　　　　正方锥体

⑤正方锥体，由于它可以分解成四个阳马，故正方锥体体积是底面积乘高的 $\frac{1}{3}$，即

$$V = \frac{1}{3}a^2h$$

⑥"方亭"——正方形棱台体，设上方边为 a，下方边为 b，台高为 h，则体积

$$V = \frac{1}{3}(a^2 + b^2 + ab) \cdot h$$

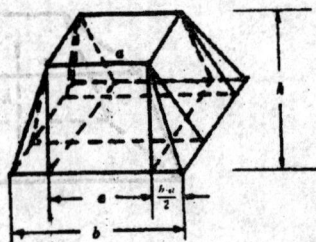

"方亭"⑥

⑦"刍童"——上、下底面都是长方形的棱台体，设上、下底面为 $a_1 \times b_1$ 和 $a_2 \times b_2$，高为 h，则体积

$$V = \frac{1}{6}\left[(2a_1 + a_2)\ b_1 + (2a_2 + a_1)\ b_2\right] h$$

⑧"刍甍"——像草房顶的一种楔形体，体积为

$$V = \frac{1}{6}ha(2b + c)$$

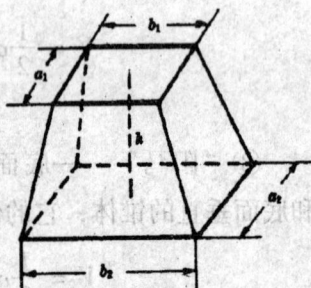

刍童⑦

⑨"羡除"——三个侧面不是长方形而是梯形的楔形体。设一个梯形的上、下广是 a、b，高是 h，其他二梯形的公共边长 c，这边到梯形面的垂直距离是 l，则体积为

$$V = \frac{1}{6}(a + b + c) \times hl$$

勾股问题　见于勾股章，它主要讨论三方面问题，即用勾股定理解应用题；勾股容圆和勾股容方问题；勾股测量问题。

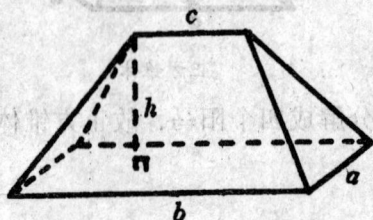

刍甍

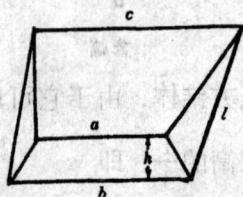

羡除

①用勾股定理解应用题。勾股章第1题到第14题是利用勾股定理解决的应用问题，如第6题："今有池方一丈，葭生其中央，出水一尺。引葭赴岸，适与岸齐。问水深、葭长各几何？答曰，水深一丈二尺；葭长一丈三尺。"

解题方法是应用关系式：

$$b = \frac{a^2 - (c-b)^2}{2(c-b)}$$

其中 $a = 5$，$c - b = 1$

这类问题对中国乃至世界数学史有相当的影响。

在中国，《张邱建算经》（466—485年之间），朱世杰的《四元玉鉴》（1303），明朝程大位的《算法统宗》（1593）都有类似的题目。

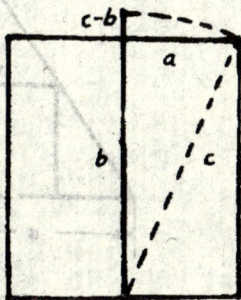

勾股解题

在国外，印度拜斯伽逻（*Bhaskara* 1114—1186）所著的《立拉瓦提》（1150）中有一个莲花问题与上述相仿。这是一个用诗的形式表达的数学题：

平平湖水清可鉴，面上半尺生红莲；

出泥不染亭亭立，忽被强风吹一边。

渔人观看忙向前，花离原位二尺远

能算诸君清解题，湖水如何知深浅？

阿拉伯数学家阿尔·卡西著《算术之钥》（1424），书中也有类似的一道题："一茅直立水中，出水1尺，风吹茅没入水中，茅头恰在水面上，茅尾端留原位不动，茅头与原处相距5尺，求茅长。"

英国杰克森著《十六世纪的算术》也谈到这种题目："一根芦苇生在圆池中央，出水3尺，池宽12尺，风吹芦苇茎尖刚好碰到池边水面，问池深多少？"

通过这些题目，可见《九章算术》在世界数学史上的影响。

②勾股容圆和勾股容方问题。所谓勾股容方是求一直角三角形

内所容的正方形的边长问题，这问题比较容易，《九章算术》的答案是 $x = ab/a + b$。

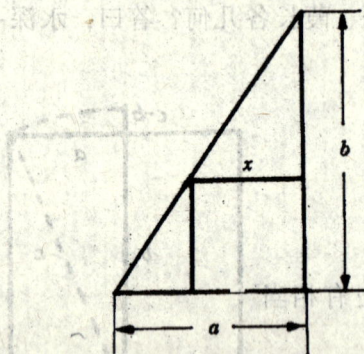

勾股容方

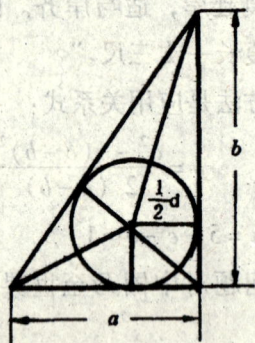

勾股容圆

勾股容圆是求直角三角形的内切圆的直径。如《九章算术》勾股章第 16 题："今有勾八步，股十五步，问勾中容圆径几何?"《九章算术》的解题公式是：

$$d = 2ab/a + b + c$$

在刘徽注中，给出了这个公式的一个证明。

勾股容圆问题，后来在 13 世纪李冶的《测圆海镜》中作了更深入的研究，成为一个专门的数学内容。

③勾股测量问题。勾股章有测量问题 8 个（从 17~24 题），这些问题都有明确的解题公式，但没有解释公式的来源。用相似形原理很容易导出这些公式，但中国古代并没有相似概念，据推是用割补原理得出的。如第 24 题："今有井径五尺，不知其深，立五尺木于井上，从木末望水岸，入径四寸，问井深几何?"

已知 $CB = CA = 5$ 尺 $= 50$ 寸，$CD = 4$ 寸，求井深 BP，按《九章算术》文，解得

$$BD = CB - CD = 50 - 4 = 46 \text{ 寸}$$

$$BP = \frac{BD \cdot CA}{CD} = \frac{46 \times 5}{4} = 57\frac{1}{2} \text{ 尺}$$

又如第 23 题："有山居木西，不知其高。山去木五十三里，木

高九丈五尺。人立木东三里，望木末适与山峰斜
平。人目高七尺，问山高几何?"

已知 $RB = 53$ 里，$CA = 3$ 里，$CB = 95 - 7 = 88$
尺，$EB = 95$ 尺，求山高 QP

依术计算得

$$QP = \frac{CB \times RB}{CA} + EB = \frac{88 \times 53}{3} + 95 = 1649\frac{2}{3} 尺$$

《九章算术》中的勾股测量问题都是通过一次
测量就能获解的问题。如果目标物是一个不可到
达的地方，那么用一次测量就不可能解决问题，
必须要两次测量才行。这种通过两次测量的办法，
东汉数学家称之为"重差术"。

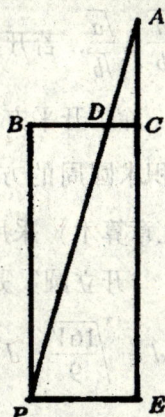

勾股测量

3.《九章算术》的代数成就

《九章算术》代数部分成就主要有三
个方面：开平方、开立方；开带从平方；
"方程"和正负术。这三个方面成就都是
当时世界最先进的。

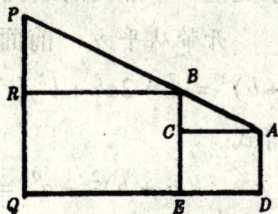

勾股求高

开平方、开立方 《九章算术》少广章记载了完备的开平方和
开立方的演算步骤。这一方法不仅直接解决了开平方和开立方的问
题，而且它作为一般的开方法的基础，为后来我国求高次方程数值
解方面取得辉煌成就奠定了基础。

《九章算术》的开平方与开立方方法与现在通用的方法一致。都
是 $(a + b)^2 = a^2 + 2ab + b^2$，以及 $(a + b)^3 = a^3 + 3a^2b + 2ab^2 + b^3$ 两
个恒等式的应用，其过程也与今天一样。

在公元 500 年印度数学家阿耶婆多给出开平方之前，世界数学
史上除《九章算术》之外再也没有系统而完整的开平方法了。而阿
耶婆多著作中的许多内容都与我国古代数学相似。

被开方数是一个分数时，《九章算术》说，若分母开得尽，则

$\sqrt{\dfrac{a}{b}}=\dfrac{\sqrt{a}}{\sqrt{b}}$，若开不尽，则 $\sqrt{\dfrac{a}{b}}=\dfrac{\sqrt{ab}}{b}$。

除了开平方术，开立方术外，还有"开圆术"。"开圆"是从圆面积求圆周的方法。设已知圆面积 A，圆周长为 $L=2\pi r=\sqrt{4\pi A}$。《九章算术》采用 $\pi=3$，故 $L=\sqrt{12A}$。可见公式在理论上是正确的。

"开立圆"是从"立圆"（球）体积，求直径的方法。用的公式是 $d=\sqrt[3]{\dfrac{16V}{9}}$（$d$ 是直径，V 是体积）。

这个公式误差很大，后来祖冲之父子求得 $d=\sqrt[3]{\dfrac{6V}{\pi}}$，这是中国数学史上一个杰出的成就。

开带从平方　前面指出《九章算术》开平方是利用恒等式 $(a+b)^2=a^2+2ab+b^2$。当初商 a 确定之后，求次商 b 时，是利用了等式

$$(a+b)^2-a^2=2ab+b^2 \text{ 即 } b^2+2ab=(a+b)^2-a^2$$

等式右端是已知数。因此，求 b 的过程实际上是解形如 $x^2+kx=N$ 的方程，求其正根。

这种有一个正的一次项跟在二次项后面的二次方程，中国古代称之为开带从平方式，其中一次项叫做"从法"，解这个方程就是开带"从法"的平方，简称为"开带从平方"。由于开平方的过程，实际上已经包含了开带从平方，因此可以说《九章算术》已经解决了求形如 $x^2+kx=N$ 方程的正的数值根问题。

"方程"和正负术　《九章算术》中的"方程"与现在的方程意义不同，它不是指含有未知数的等式，而是指根据一定规则由数字排列而成的呈方形的程式。以方程章第1题为例："今有上禾三秉，中禾二秉，下禾一秉，实三十九斗；上禾二秉，中禾三秉，下禾一秉，实三十四斗；上禾一秉，中禾二秉，下禾三秉，实二十六斗。问上、中、下禾实一秉各几何。"如用现在的设未知数列方程组

的办法，列出的方程组是：

$$\begin{cases} 3x + 2y + z = 39 & (1) \\ 2x + 3y + z = 34 & (2) \\ x + 2y + 3z = 26 & (3) \end{cases}$$

中国古代没有设未知数的习惯，而是直接用算筹将数目列在筹算板或者桌面上，像上面这个问题，列出的筹式如下图所示。

这种算式似乎是分离系数法的体现，其实不是，它是按某种比率关系建立起来的数字阵。（参见李继闵《〈九章算术〉与刘徽注中的方程理论》）

解这个"方程"用的是"直除法"。具体说，是将（a）式上禾的秉数 3 遍乘（b）式各项，得 6、9、3、102，然后两次减去（a）式对应各数，得 0、5、1、24，又用 3 遍乘（c）式各数，得 3、6、9、78，减去（a）式对应各数得 0、4、8、39。

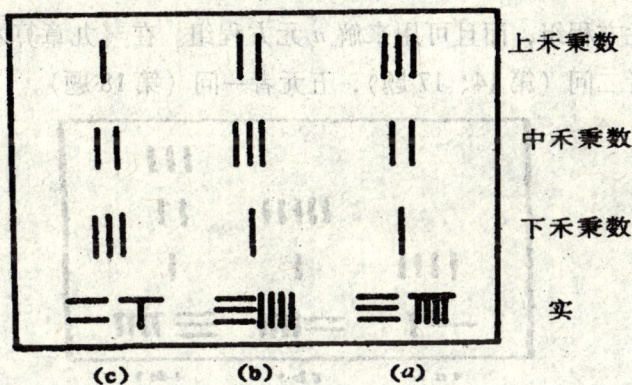

筹式图

经如此步骤，上图成为下图。 （b）和（c）相当于：
$5y + z = 24$
$4y + 8z = 39$
再消去一元就可以得到答案。即用（b）式中禾的秉数 5 遍乘左行（c）式得 20、40、195；四次减去（b）式对应的数字 5、1、24 得 0、36、99；以 9 约之，得 0、4、11，这样得到下图。中，

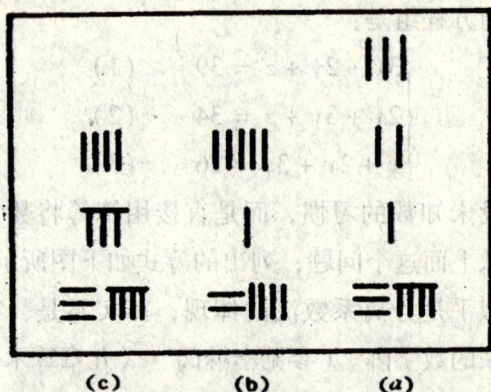

(c)　　　　(b)　　　　(a)

筹式图

(c) 式相当于 $4z = 11$，于是 $z = \dfrac{11}{4}$。为求中禾和上禾一秉的实，再如

上用遍乘直除的方法。

　　由于"直除法"是一种解线性方程组的一般方法，因此它不仅可解三元方程组，而且可用来解 n 元方程组。在《九章算术》中就有四元者二问（第 14、17 题），五元者一问（第 18 题）。

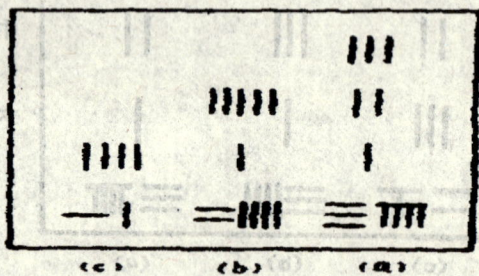

(c)　　　　(b)　　　　(a)

筹式图

　　用直除法解方程组过程中难免出现从小数中减去大数的情况，如《方程章》第 3 题，"今有上禾二秉，中禾三秉，下禾四秉，实皆不满斗；上取中，中取下，下取上各一秉而实满斗，问上、中、下禾实一秉各几何。"列出的"方程"是用直除法边乘边减，会出现零减去正数的情况。为使运算继续下去，就必须引进负数概念。

　　《九章算术》所载的"正负术"就是为解决这一问题而提出的。

这是数学史上的一项卓越的成就。

正负术曰

同名相除（减） $[(+a)-(+b)=+(a-b)]$

异名相益（加） $[(+a)-(-b)=+(a+b)]$

正无入负之 $[0-(+b)=-b)$

负无入正之 $[0-(-b)=+b]$

其异名相除 $[(+a)+(-b)=+(a-b)]$

同名相益 $[(+a)+(+b)=+(a+b)]$

正无入正之 $[(+a)+0=+a)$

负无入负之 $[(-a)+0=-a]$

前四句是讲正负数的减法，后四句是讲加法。显然，这是完全正确的。筹算怎样来表示正负数？刘徽有一个说明："今两算得失相反，要令正负以名之。正算赤，负算黑。否则以邪正为异。"这句话是说，同时进行两个运算，若结果得失相反，那就要分别叫做正数

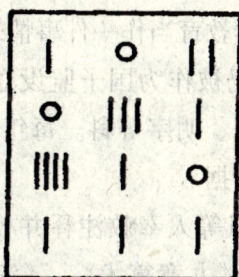

相当于 $\begin{cases} 2x+y=1 \\ 3y+z=1 \\ x+4z=1 \end{cases}$

和负数。并用红筹代表正数，黑筹代表负数。不然的话，将筹斜放和正放来区别。

这是世界数学史上最早做出的对正负数的明确区分。

世界上除中国外，负数概念的建立和使用都经历了一个曲折的过程。

希腊数学注重几何，而忽视代数，几乎没有建立过负数的概念。印度婆罗摩笈多开始认识负数，采用小点或小圈记在数字上面表示负数。对负数的解释是负债或损失，只是停留在对相反数的表示上，

尚未将负数参与运算。

欧洲第一个给出负数正确解释的是斐波那契，他在解决一个关于某人的赢利问题时说："我将证明这问题不可能有解，除非承认这个人可以负债。"

1484 年法国的舒开给出二次方程一个负根，卡当在 1545 年区分了正负数，把正数叫做"真数"，负数叫做"假数"，并正式承认了负根，不过，这些思想都没有在欧洲引起足够重视。直到 18 世纪有些数学家还认为负数这个比零小的数，是不可能的。

唐宋数学教育

虽说春秋时期起就有"六年教之数与方名""十年学书计六书九数也"的做法，但国立数学教育大约是从隋朝开始的。据《隋书·百官志》记载："国子寺祭酒（国立大学校长）……统国子、太学、四门、书（学）、算学，各置博士、助教、学生等员。""算学"相当于现在大学中的数学系，这个系科中的成员是博士 2 人，助教 2 人，学生 8 人。可见，当时真是把数学教育当作一件事情来办的。

唐初继续隋代的科举制度，算学仍被作为国子监设立的六科之一，称为明算科。此外还有明经、明法、明字等科。每年仲冬时节，各郡县都要进行考试作为选拔人才的依据。

教材一般以经典算书为主，李淳风等人奉敕注释并校订了十部算书，作为算学馆的教科书。其中有《九章算术》、《海岛算经》、《孙子算经》、《五曹算经》、《张邱建算经》、《夏侯阳算经》、《周髀算经》、《五经算术》、《缀术》和《缉古算经》等十部，合称为"算经十书"。十部算书分两种学法。一种学《孙子算经》及《五曹算经》限一年，《九章算术》及《海岛算经》共限三年，《张邱建算经》及《夏侯阳算经》各限一年，《周髀算经》及《五经算术》共限一年，总计学七年。第二种学《缀术》限四年，学《缉古算经》限三年，也是七年学完。学习期满后，要进行考试，试题从书里抽出，其中《缀术》学习年限最长，考试时出题最多，可见《缀术》

在当时是很重要的著作，内容之丰富和高深可想而知。

虽然算学在六科之中不属上乘，但隋唐时期数学教育制度的形成对中国数学的发展仍是有影响的，而且通过中外文化交流使这种影响扩向邻国。

朝鲜是中国的近邻，自古以来，两国不断交往，因之中国的制度、礼乐、文化以及历算都陆续传入朝鲜，在唐朝国子监留学的学生中就有朝鲜弟子。这些人回国后遂将隋唐的教育制度带入他们的国家。因此，唐初时朝鲜也就仿照隋唐数学教育制度，在太学监中设置了算学博士和选定了教科书。教科书有《缀术》、《九章算术》、《三开》、《六章》等，前两种显然是从中国传去，后两种尚不知什么内容。在朝鲜王氏王朝时期，还仍照唐制，开科取士。算学作为杂科之一，设有专业考试。合格者，"赐出身"，给以安排工作。

宋代，中朝两国友好关系又有新的发展，朝鲜不但派遣人员到中国留学，而且也向中国索要图书并反映办学情况。据《高丽史》称："文宗十年（至和三年，1054年）八月留守报：京内进士，明经等诸业举人，所业书籍，率皆传字，字多乖错，请分赐秘阁所藏九经、汉、晋、唐书、论语、……律、算诸书，置于诸学院，命有司各印一本送之。"可见，当时朝鲜学校所用书籍，多由中国提供。

中国的数学教育制度对日本也深有影响。唐朝起，中日使者往来日益增多。自630年至894年间，日本派遣使者赴中国达19次之多，其中13次到达中国。随使者来中国的还有不少留学生，像最澄（767～822）、海空（774～835）等，他们归国后都积极宣扬中国封建文化，还协助帝皇制定模仿唐朝的贵族教育制度。中央设太学，地方设国学，各有博士、助教等职，讲授经学、律令、汉文字、书法及算术。在日本大宝二年（702），开始建立算教科，置算学博士2人，教学生20人。教材大都是中国留书，有《周髀算经》、《九章算术》、《缀术》、《海岛算经》等等。日本边自己办学，边派员到中国留学，从而奠定了日本数学发展的基础。

算经十书

唐初作为"算学"教科书的十部算书，除了《周髀算经》、《九章算术》、《海岛算经》、《缀术》以外，在中国数学史上甚有影响的还有《孙子算经》、《张邱建算经》和《缉古算经》等三部。其余的三部，即《五曹算经》、《五经算术》和《夏候阳算经》则影响较小。下面，对前面没有提及的算书作补充介绍。

《孙子算经》

约成书于4、5世纪，作者履历和编写年代都不清楚，现在传本的《孙子算经》共三卷。卷上叙述算筹记数的纵横相间制度和筹算乘除法则，卷中举例说明筹算分数算法和筹算开平方法，都是考证的绝好资料。书中载市易、田域、仓窖、兽禽、营造、赋役、测望、军旅等各类算题64问，大都浅近易晓，但不少问题趣味性强，解题方法独特，对后世有很大的影响。例如，"鸡兔同笼问题"、"出门望九堤问题"、"妇人荡杯问题"都是流传世界的数学趣题。

对数学发展影响最大的是"物不知数问题"：

"今有物不知其数，三三数之賸（剩）二，五五数之賸三，七七数之賸二，问物几何？""答曰，二十三。"

用现代的同余式符号表示是，设 $N \equiv 2 \pmod 3 \equiv 3 \pmod 5 \equiv 2 \pmod 7$，求最小正整数 N，答案是 $N = 23$。

书中给出了问题的解法：

$$N = 70 \times 2 + 21 \times 3 + 15 \times 2 - 2 \times 105 = 23$$

并指出了对下列一次同余式组

$$N = R_1 \pmod 3 \equiv R_2 \pmod 5 \equiv R_3 \pmod 7$$

的一般解法是：

$$N \equiv 70R_1 + 21R_2 + 15R_3 - 105P，P 为正整数$$

至于70、21、15 这三数字的来源，书中没有交代，这就引出了后人的种种猜测和研究。

适当分析后可以发现，70、21、15 这三个数具有以下特点：

$$70 = 2 \cdot \times \frac{3 \times 5 \times 7}{3} = 2 \times 35 = 1 \ (\text{mod}3)$$

$$21 = 1 \cdot \times \frac{3 \times 5 \times 7}{5} = 1 \times 21 = 1 \ (\text{mod}5)$$

$$15 = 1 \cdot \times \frac{3 \times 5 \times 7}{7} = 1 \times 15 = 1 \ (\text{mod}7)$$

即 70、21、15 这三个数满足下列条件：

　　①它们分别是 5×7、3×7、3×5 的倍数

　　②分别用 3、5、7 除，余数都是 1

于是选用 70、21、15 这三个数的问题，实质上就是找三个这样的数：它们分别乘上 35、21、15 后所得的结果，各自被 3、5、7 除，所得的余数为 1。在这里就是 2、1、1 三个数。了解了这一情况，就可以把"物不知数问题"的解法一般化，得出一个解一次同余问题的普遍方法。

　　设 A、B、C 是两两互素的正整数，R_1、R_2、R_3 分别为小于 A、B、C 的正整数，且

　　$N \equiv R_1 \ (\text{mod}A) \equiv R_2 \ (\text{mod}B) \equiv R_3 \ (\text{mod}C)$ 如果我们找到三个正整数 α，β，γ 满足下列同余式

　　$\alpha BC \equiv 1 \ (\text{mod}A)$，$\beta AC \equiv 1 \ (\text{mod}B)$，$\gamma AB \equiv 1 \ (\text{mod}C)$ 那么，$N \equiv R_1\alpha BC + R_2\beta AC + R_3\gamma AB \ (\text{mod}ABC)$

这就是闻名于世的"孙子剩余定理"，它的完整阐述是我国南宋数学家秦九韶作出的。

　　"物不知数题"引起人们很大的兴趣。人们知道解题的关键是在找三个与 1 同余的乘积，所以好些人为作诗歌以助记忆，宋人周密（1232～1295）对物不知数题的术文中所载的四个乘积作隐语诗道：

　　三岁孩七十稀，五留廿一事尤奇，

　　七度上元重相会（上元，元宵节，正月十五，影射 15），寒食清明便可知（寒食，指清明节前一天，至后一百零五天是清明前后，影射 105）。

明代程大位《算法统宗》则把 70，21，15，105 这四个数以诗歌形式，和盘托出：

三人同行七十稀，五树梅花廿一枝，

七子团圆正月半，除百零五便得知。

秦九韶则进一步开创了对一次同余式理论的研究工作，他提出的大衍术即孙子剩余定理成为中国数学中的一颗明珠。

《张邱建算经》 这也是公元四五世纪写成的一本算书。钱宝琮先生考证它成书于 484 年以后。传本《张邱建算经》三卷是依据南宋刻本辗转翻印的，共 92 个问题，各有各的数学意义，有些创设的问题和解法超出了《九章算术》的范围。本书在中国数学史上具有特殊地位。

比较突出的成就有最大公约数与最小公倍数的计算；各种等差数列问题的解法；某些不定方程问题求解等。

《张邱建算经》卷上第 10 题说：

"今有环山道路一周长 325 里，甲乙丙三人环山步行，已知他们每天分别能步行 150、120、90 里，如果步行不间断，问从同一起点出发，多少天后再相遇于出发点？"答数是 $10\frac{5}{6}$ 日。

按张邱建的解法是：

$$\left[\frac{325}{150}, \frac{325}{120}, \frac{325}{90}\right] = \frac{325}{(150, 120, 90)} = \frac{325}{30} = 10\frac{5}{6}$$

它相当于给出了最小公倍数与最大公约数之间的关系：

$$\left[\frac{e}{a}, \frac{e}{b}, \frac{e}{c}\right] = \frac{e}{d} = \frac{e}{(a, b, c)}$$

书中通过五个具体例子，分别给出了求公差、求总和、求项数的一般步骤即公式。其中

已知首项 a_1、末项 a_n 及项数 n 求总和 S 的计算公式是：

$$S_n = \frac{a_1 + a_n}{2} \cdot n$$

已知首项 a_1、总和 S 以及项数 n，求公差的计算公式是：

$$d = \frac{\dfrac{2S}{n} - 2a}{n-1}$$

已知首项 a_1、公差 d 以及 n 项的平均数刚 m，求项数 n 的计算公式是：

$$n = [2(m-a)+d] \div d$$

自张邱建以后，中国对等差数列的计算日益重视，特别是在天文学和堆叠求积等问题的推动下，使得对一般的等差数列的研究，发展成对高阶等差数列的研究。

百鸡问题是《张邱建算经》中的一个著名的数学趣题，它给出了由三个未知量的两个方程组成的不定方程组的解。百鸡问题是：

"今有鸡翁一，值钱五；鸡母一，值钱三；鸡雏三，值钱一。凡百钱买鸡百只，问鸡翁母雏各几何？"

若设鸡翁、母、雏的只数依次为 x，y，z，依题意有

$$\begin{cases} x+y+z=100 \\ 5x+3y+\dfrac{1}{3}z=100 \end{cases}$$

三个未知量两个方程，所以是不定方程。《张邱建算经》给出三个整数解：

$$\begin{cases} x=4 \\ y=18 \\ z=78 \end{cases} \quad \begin{cases} x=8 \\ y=11 \\ z=81 \end{cases} \quad \begin{cases} x=12 \\ y=14 \\ z=84 \end{cases}$$

但解题方法没有详细说出，只写"鸡翁每增四，鸡母每减七，鸡雏每益三，即得。"

自张邱建以后，中国数学家对百鸡问题的研究不断深入，"百鸡问题"也几乎成了不定方程的代名词，从宋代到清代围绕百鸡问题的数学研究取得了很好的成就。

《缉古算经》 这是唐初算学博士王孝通的著作。全书一卷，载

20 个数学问题，集中介绍了用开带从立方法（求三次方程的正根），解决实际计算问题。其中第 1 题是用比例知识来确定月球对太阳的相对位置问题。第 2～6 题及第 8 题是土木建筑和水利工程中的挖土、填土计算问题。第 7 及第 9～14 题是在存储粮食仓库或挖地窖中所产生的高次方程问题。第 15～20 题是有关解直角三角形问题。

《缉古算经》中的列方程方法技巧性很强，如第 15 题，已知直角三角形两条直角边的乘积 $ab = 706\frac{1}{5}$，弦长与勾长之差 $c - a = 36\frac{9}{10}$，求 a，b，c。王孝通的解法相当于列出三次方程：

$$x^3 + \frac{c-a}{2}x^2 = \frac{2(ab)^2}{(c-a)}$$

即

$$x^3 + 18\frac{45}{100}x^2 = 6754\frac{258}{1000}$$

求它的正根。得 $x = 14\frac{7}{20}$，就是 a。于是，$c = 14\frac{7}{20} + 36\frac{9}{10} = 51\frac{1}{4}$，$b = 706\frac{1}{50} \div 14\frac{7}{20} = 49\frac{1}{5}$。

上面这个三次方程是怎样列出来的呢？根据王孝通的"自注"："勾股相乘幂自乘即勾幂乘股幂之积。故以倍勾弦差而一，得一勾与半差，再乘勾幂为实，故半差为廉从。开立方除之。"用符号来表示，即：

因为

$$(ab)^2 = a^2b^2$$

又

$$\frac{a^2b^2}{2(c-a)} = \frac{a^2(c^2-a^2)}{2(c-a)} = a^2\frac{c+a}{2} = a^2\left(a + \frac{c-a}{2}\right)$$

故

$$a^3 + \frac{c-a}{2}a^2 = \frac{(ab)^2}{2(c-a)}$$

作者先认定 a 为所求的未知数，利用勾股算术把 $\frac{b^2}{2(c-a)}$ 表示作 a + $\frac{c-a}{2}$，然后列出解题的"开方"式子。这种思想过程本来相当复杂，又完全用文字说明，是不容易使一般读者体会的。在宋代增乘开方法发明以后，数学家要克服"造术"的困难，终于找到了列方程的窍门——天元术。有了天元术，中国数学才获得新的发展。

天文、历法中的数学成就

中国素来天、算不分家。不仅数学家大都出自天文学家，而且许多数学问题来自天文历法研究之中，又通过数学问题的解决推进天文和历法工作。从三国到唐代，这种关系主要表现在《元嘉历》、《大明历》、《皇极历》与《大衍历》四部历法的研制中。

《元嘉历》和《大明历》是南北朝时期两部重要历法，前者由何承天所编制，后者则是祖冲之的杰作。在《元嘉历》研制过程中，何承天为使历法中的一些数据更接近实测，创立了一种调整"日法"的方法——调日法，也就是数学上的带近似比重数的加减法。何承天曾测得一个朔望月是 29．530585 天，他为把小数部分表成一个近似分数，采取以 $\frac{9^{(-1)}}{17}$，$\frac{26^{(+)}}{49}$ 为母近似分数，取近似比重数 15，得

$$\frac{9 + 15 \times 26}{17 + 15 \times 49} = \frac{399}{752}。$$ 这种算法在国外到 15 世纪才发现。《大明历》中运用数学的地方很多，其中最出色的是关于"上元积年"的推求。

一部历法，需要规定一个起算点，中国古代天文历算家称这个起算点为历元，或上元，并把从上元到所求年累计的年数叫做上元积年。确定了历年和积年，就可以根据各项天文周期（回归年、朔望月、交点月等）来推算朔置闰，计算节气、交食……，整个历法乃得安排。古代历法特别注重上元，所以上元积年的推算，成为古人治历的重要内容。

推算上元积年不是件容易的事情，在数学上它涉及到求解一次不定方程或一次同余式问题。中国古代最早出现求上元积年之法的是汉代的《三统历》（前104）。当时的天文历算家通过求解一次不定方程 $ap - bq = r$ 或 $ap \equiv r \pmod{b}$ 得到上元积年数，不过，由于汉

代历算家们都是利用了特殊的观察数据，所以他们推算上元积年，只需要解一个同余式就可以了。到公元 3 世纪魏晋时代，随着天文实测精度的提高，特殊的观察逐渐被淘汰，于是用一个同余式来推算上元积年就不能解决问题，这时就提出了解两个以上的一次同余式问题。设 x 为上元积年，a 为回归年日数，p 为朔望月日数，r_1 为制历年冬至到本年甲子日的零时的时间，r_2 为冬至到本年朔旦的时间，于是有

$$ax \equiv r_1 \ (\bmod 60)$$

$$ax \equiv r_2 \ (\bmod p)$$

其中 60 是从甲子日到甲子日的周期。

祖冲之制《大明历》时，为了使其准确性有较大的提高，对上元的选择提出了更高的要求。他除了上述冬至、朔旦时刻外，还把日、月、五大行星的位置同时加以考察，寻求它们"同出一元"的时间，即以所谓日月合璧，五星联珠，月亮恰好经其近地点和升交点时作为上元。这样，祖冲之就为自己设置了一个复杂的计算系统，它相当于求解一个由十一个同余式组成的同余式组，为了解决这个问题，祖冲之又很巧妙地选用了一些特殊的数据，先消去一些方程，使减少同余式，从而求出上元积年 x 来。

上元积年的推算虽非起始祖冲之，一次同余式理论也非他所创造，但是由于祖冲之的工作，使得这一理论大大深化了，并被数学家们作专门的研究。《孙子算经》里的"物不知数问题"及其解法，很可能就是依据那时天文学家的上元积年编制出来的。

《皇极历》由隋代天文学家刘焯（544～610）制定，由于受到隋炀帝宠臣太史令袁充和张胄玄的排斥而得不到行用。但《皇极历》有许多革新，其中最主要的是为了解决日、月不均匀运动问题而创立等间距的二次内插法公式：

$$f(nl + s) = f(nl) + \frac{s}{2l}(\Delta_1 + \Delta_2) + \frac{s}{l}(\Delta_1 - \Delta_2) -$$

$$\frac{s^2}{2l^2}(\Delta_1 - \Delta_2)\cdots\cdots$$

其中 $f(t)$ 是时间 t 的函数，l 为相等的时间间隔，$0 < s < l$，n 为正整数；

$$\Delta_1 = f(nl + l) - f(nl), \Delta_2 = f(nl + 2l) - f(nl + l)$$

当 $l = 1$ 时，上式可化为

$$f(n + s) = f(n) + s\Delta + \frac{s(s - l)}{2}\Delta^2$$

其中 $\Delta = \Delta_1$，$\Delta^2 = \Delta_2 - \Delta_1$ 为各时间点上相应的一级差分和二级差分。这个公式就是牛顿插值公式的前三项。由于各个节气之间的时间长短实际上并不相同，因此用刘焯公式计算的结果仍然不够精密。为了解决这一问题，唐代天文学家一行在《大衍历》中，又创立了不等间距的二次内插公式：

$$f(t + s) = f(t) + s\frac{\Delta_1 + \Delta_2}{l_1 + l_2} + s\left(\frac{\Delta_1}{l_1} + \frac{\Delta_2}{l_2}\right) - \frac{s^2}{l_1 + l_2}\left(\frac{\Delta_1}{l_1} - \frac{\Delta_2}{l_2}\right)$$

其中 $f(t)$ 为已知量，l_1、l_2 表示不同的时间间隔。

在《大衍历》中还有其他一些成就，如三次差分方法的使用，等差级数求和公式以及二次方程求根公式的应用等等。

中印数学间的影响

古代印度曾是数学大国，在 6～12 世纪里印度数学曾对世界数学产生积极影响。中印两国很早就开始了文化交流。公元 1 世纪两汉交替时印度的佛教经由西域传入中国内地。至汉末及三国，由于佛教传入渐多，佛经的翻译也与日俱增，与此同时，围绕佛教文化而展开的中印人员往来也不断加强。这种往来虽然在很大程度上是宗教性质的活动，但是，由于佛教渗透在古代印度社会的各个方面，因此佛教在中国的传入和流行，势必带来印度的包括科学、医学、艺术等在内的其他内容，而中国僧人在去印度取经的时候，也必然带去中国的非宗教性质的科学与文化。特别是隋唐时期，随着中国佛教的形成，两国的文化交流进一步发展，来往的人员也不仅仅是僧人，而且还有使臣和其他人员。中印两国数学交流和影响大都是在隋唐时期。遗憾的是，由于缺乏史料，中印两国数学交流的具体情况已无法说清，现在只能从古代算书中所出现的各种相似的算法追溯互相影响的痕迹。

中印数学中的相似点

中印数学中的相似点很多，有些是属于具体做法的，有些则属于思想方法的，既有正确内容的相似，甚至还有错误的内容相似处，而且所有的这些相似点在史料的记载上，印度晚于中国。例如：

记数法与计算法　现在西方一般认为，十进位制记数法始于印度。其实，这种记数法在印度出现于公元后 6 世纪，即中印文化交流的热期。最初，印度也没有零的记号，零用空位不记号表示，这一做法与中国的筹算记数法相一致。中国筹算中表现的十进地位制记数法，及其所体现的思想方法很可能被印度所接受。

在计算方法上印度的四则运算法则也与中国筹算法相似。加法与减法都是从高位起算；乘法则采取把其中一数的位置逐步向右移动求得部分乘积，随即并入前所已得的数。除法表现为乘法逆运算的做法，把除数的位置向右移动，于被除数内逐步减去部分乘积。

分数　印度数学也惯用分数，不用小数。分数的记法与中国相同。即分子在上分母在下，不用分数线隔开；带分数的整数部分写在分子上面，例如 $\frac{2}{3} = \frac{2}{3}$；$2 = 1\frac{2}{3}$。分数的四则运算法也与中国相同。

今有术与三率术　与中国今有术相似的印度算法是三率术。内容是由三数求一数，即所求数 $= \dfrac{\text{所有数} \times \text{所求率}}{\text{所有率}}$。印度数学家由此而将它改名为三率法是很有可能的。

古算题　印度不少算书中载有与中国著名古算题相同的算题。

如波罗摩笈多的书中有一个测量问题与《海岛算经》第一题相同；婆罗摩笈多与马哈维拉的书中都有与"物不知数问题"相同的算题；而马哈维拉的书中一个关于不定方程的问题与"百鸡问题"相似；另外，像印度算书中的"折竹问题"、"莲花问题"都可以说是《九章算术》中同类问题的翻版。

有趣的是，有些错误的或者说误差很大的近似公式也有相同。例如，《九章算术》中弓形面积公式和球体积公式，在印度算书中照样出现。

上述这些还只是具体内容上的相同点，至于两国数学的一些本质方面的特点也有着相同之处。例如，都以题解为中心；都注重算法，从而成就集中于算术和代数方面等等。

从印度传入中国的数学

印度与中国一样，数学与天文学的关系很密切。唐初以后，不少印度天文学家来中国司天监工作，成为印度数学传入中国的主要渠道。唐代开元六年（718），在唐朝司天监任职的天文学家瞿昙悉达奉唐玄宗之命，把印度《九执历》译为汉文。后来他又编辑了《开元占经》120卷，其中介绍的印度数学有三项：数码，圆弧度量法和弧的正弦。由于中国古代数学自成体系，又习惯于算筹演算，所以印度数码没能在中国通行。同样，印度天文算法，因和中国传统的算法体系不同，在中国古代天文学上和数学上都没有引起应有的作用。

关于印度数学和中国数学的关系至今还没有一个直接而明确的结论。

第三节　数学理论的发展

宋元数学

从秦汉到隋唐，中国数学可算是蓬勃发展的，出现了不少数学家与数学著作，数学教育也积极展开。但是与宋元时期相比，后者已把中国的筹算数学发展到了顶峰，在数学的许多领域，宋元数学的成就代表了当时世界数学的水平。其中杰出的数学家和数学成就有：

沈括（1031～1095），其著《梦溪笔谈》26卷（1088年左右），载录了他所发明的"隙积术"和"会圆术"，前者是一种高阶等差级数的求和方法，后者是关于弓形弧长计算的近似方法。

秦九韶（1202～1261），其著《数书九章》18卷（1247），载录了他所创造的"大衍求一术"和"正负开方术"，前者是由《孙子算经》所开创的一次同余式理论的发展，在世界数学史上被称为"孙子剩余定理"；后者是沿着《九章算术》用开方术求二次方程数值解这条脉络，在贾宪（11世纪）的"增乘开方法"基础上发展起来的，这是一个求任意次方程数值解的方法，比同类型的"霍纳法"要早出500多年。

李冶（1192～1279），其著《测圆海镜》12卷（1248）和《益古演段》3卷（1259），载录了他发明的"勾股容圆术"和"天元术"，前者是圆外切直角三角形各种线段间的关系的计算问题；后者是列方程的方法，这是初等代数的核心问题。

杨辉（13世纪），其著《详解九章算法》12卷（1261）、《日用算法》2卷（1262）、《田亩比类乘除捷法》2卷（1275）。其中尤以《详解九章算法》因附有二项式系数三角阵，即所谓的杨辉三角而闻名于世。其实，杨辉自己说这种三角阵出自贾宪书中，原名为"开方作法本源图"，贾宪是用它来进行高次幂开方的。杨辉著作的大部分内容都是民间实用数学的总结，它代表了筹算数学顶峰时期的一个发展方向。

朱世杰（14世纪），其著《算学启蒙》3卷（1299）和《四元玉鉴》3卷（1303），前者属日用算书，后者重理论探求。在《四元玉鉴》中朱世杰将列一元高次方程的天元术，推而广之，提出了列四元高次方程的方法——四元术、又在沈括的"隙积术"和郭守敬等人的"招差术"的基础上，提出了"垛积招差术"——有限差分法的一种形式，著名的有限差分法是 1715 年由英国数学家泰勒提出的。

总之，宋元时期是中国数学大放异彩的时期，它像一盏灿烂的明灯，表明了世界数学发展的高度。

宋元数学为什么会出现如此盛况，这自然要从宋元社会的特点和中国数学的发展规律中去寻找答案。

就宋元社会来说，它有一个较长时间的相对安定的局面，这有利于社会生产的发展，尤其是以手工业为主体的工业生产的兴起，给科学文化带来积极的影响和推动作用，像雕版印刷的广泛采用，印本数学著作的出现都给数学发展提供了条件。

数学学派的出现是促进宋元数学发展的直接原因。北宋以后中国民间曾多次出现各学术团体，它们各有自己的研究中心，形成具有一定风格的学派。这些学派的中心人物大都是献身数学而不求官职的学者，因此在学术上很有造诣。其中有朱世杰为代表的燕山学派；有杨辉为代表的钱塘学派；有郭守敬、王恂为代表的河北武安紫金山学派；还有李冶为代表的河北元氏封龙山学派。这些学派都曾在中国数学史上独树一帜，作出了杰出的贡献。

宋元数学高峰，也是筹算数学发展的必然趋势。筹算数学从春秋开创以后，曾在解决实际问题过程中得到发展，由于当时实际问题对数学的要求主要是计算方面的，因此筹算数学所能创造的成就的范围基本上也属于计算方面的，有一定的局限性。如同一切事物具有产生、发展及消亡过程一样，筹算在其消亡的前期必然会出现一个顶峰，在它可能获得成就的范围上创造出一个最高的水平。宋元数学高峰以后，筹算数学的发展也就日趋低潮，不久被珠算和西洋数学所代替。

宋元数学所创造的最高成就，并没有得到继承和发展，象天元术、四元术、正负开方术、招差术等，后来很少有人问津，要不是清初有人予以发掘，它几乎成了"绝学"。造成这种结局的原因大致有二点：一是由于中国数学的局限性，即它与社会需要的关系，始终以婢女的身份出现，少有数学自身发展的独立性。更何况中国数学的算法体系压抑了数学发展的内动力——思辨性，即使在自己的体系中也只能得到有限的发展。二是由于筹算制度造成的。筹算所能提供的创造性发展的舞台极为有限，它始终把数学框死在计算这个范围内。严格地说，筹算只是属于算术范畴，数的其他领域它是很难顾及的。筹算成为绝学是必然趋势，只是时间先后问题。

宋元数学的顶峰，除了上面提到的成就之外，还反映在计算技术的改进上。为了适应宋元时期农业、手工业和商业的发展，对数学提出了快速计算的需要，当时曾先后出现了许多乘除捷法和各种歌诀。《宋史·艺文志》著录算书49种，其中除去20种属算经十书及注文外，其余有26种是"求一术歌"、"化零歌"、"算法口诀"、"算法秘诀"之类的内容。元代更是出现了内容丰富的实用算书。

在这股算法实用化的潮流中，杨辉是杰出的代表人物。杨辉浙江杭州人，他一生共发表数学著作5种21卷，如：

① 《详解九章算法》12卷（1261）

② 《日用算法》2卷（1262）

③ 《乘除通变算宝》3卷（1274）

④ 《田亩比类乘除捷法》2卷（1275）

⑤ 《续古摘奇算法》2卷（1275）

可见杨辉的数学研究的重点是放在改进计算方法上的。

当时计算方法上的改进主要是改进筹算的乘除运算。沈括在《梦溪笔谈》卷十八中说："算术多门，如求一，上驱，搭因，重因之类皆不离乘除"。"重因"就是化多位乘法为个位乘法；"搭因"和"上驱"疑是属于加法代乘法，与传本《夏侯阳算经》的"身外加几"和杨辉的"身前因法"相当；"求一"就是化乘除数的首位数为1，从而以加减法代乘除法。所有这些都是唐代以后为了适应商业经济的发展而逐渐发展起来的。这些方法不仅在当时的社会实践中发挥了作用，而且也是从筹算过渡到珠算的一座桥梁。

捷法的出现，目的是使运算快速，但这种快速的要求却不可能在筹算中实现。这样，变革筹算就提到日程上来了。筹算乘除捷法出现后，把原来筹算乘除时"三重张位"的情况，改成了在同一横行里演算。乘法，只要列出被乘数和乘数，把被乘数逐步地改变成所求的积数；除法只要列出被除数和除数，把被除数逐步改变成所求的商数。这正是珠算运算时所需要的。另外，实用算法中口诀的应用，也促成算筹转化成串状的算珠，出现了新的算器——珠算盘。

珠算的出现标志着中国的计算技术达到了新的高度，也可以说是中国"经世务用"数学的最高产物吧！

高次方程数值解法

中国古代，把开高次方和解二次以上的方程，统称为开方。在《周髀算经》和赵爽注，以及《九章算术》和刘徽注中，已经有了完整的开平方法和开立方法，在二次方程 $x^2 + px = N$ 的数值解法和求根公式这两个方面都取得了一定的成就。后来，祖冲之创"开差幂"和"开差立"在解三次方程方面作出重要的推进，可惜算书失传，其内容也不得而知了。唐朝，王孝通采用几何方法建立三次方程 $x^3 + px + q = N$，同时发展了三次方程数值解法。正是在这个基础上，宋元时期的数学家们开创了增乘开方术和正负开方术，使得中国数学关于高次方程的理论取得了更加辉煌的成就。

贾宪三角

中国数学中关于开平方、开立方的方法不仅出现得早而且方法合理，与今天我们通用的开方法基本一致，都是二项式展开式的原则运用。如开平方（即求方程 $x^2 = N$ 的正数根），就是利用

$$(x_1^2 + x_2)^2 = x_1^2 + 2x_1x_2 + x_2^2 = x_1^2 + (2x_1 + x_2)x_2$$

这一展开式，确定初商 x_1 后，利用 $(x_1 + x_2)^2 - x_1^2 = (2x_1 + x_2) x_2$

来确定次商 x_2。可以看出，这一运算实质是应用了二项式展开式中的系数 1、2、1。同样，开立方要用到展开式 $(x_1 + x_2)^3 = x_1^3 + 3x_1^2 x_2 + 3x_1 x_2^2 + x_2^3$，实际也是利用了展开式右端的四个系数 1、3、3、1。显然，同样的步骤对于任意次幂的开方都是适用的。因此，找出二项式展开式中的系数的规律就可以利用它来进行对高次幂的开方。中国数学史上，较早认识这一点，并给出二项式展开式中的系数规律的是北宋数学家贾宪。

11 世纪上半叶，贾宪给出了一张二项定理展开式（指数是正整数）的系数表，附在他的《黄帝九章算法细草》之中，贾宪称此为"开方作法本源图"，意思是说，这是用作进行开方的基本图式。现在所说的"杨辉三角"就是指贾宪的这张图。因为贾宪的《黄帝九章算法细草》已经失传，我们所见的图是从杨辉的《详解九章算法》中出现的，所以称它为杨辉三角。不过杨辉说得很明白，他书中的这张图来自贾宪书中，因此我们称它为贾宪三角才对。

欧洲人一般称这种三角形表为巴斯卡三角，巴斯卡发表它是在 1665 年。在国外，比巴斯卡早知道这三角形的是阿拉伯数学家阿尔·卡西（AL—Kashi　?—1429），他给出了二项系数的一般式子并加了证明。

前面指出，贾宪造表的宗旨是用它来求开高次幂的根，而不仅是为了求二项式展开式中各项的系数。怎样用法呢？贾宪在他的开方作法本源图上有一段说明：其中头两句说，"左袤乃积数，右袤乃隅算"，其中"袤"本应作袤，斜的意思。这两句是指图中最外的左右两斜线上的数字，都分别是 $(x_1 + x_2)^n$ 展开式中"积"（x_1 的最高次项）与"隅算"（x_2 的最高次项）的系数；第三句"中藏者皆廉"是说明图中间所藏的数字"二"、"三、三"、"四、六、四"等等分别是展开式中的"廉"（除 x_1、x_2 最高次系数以外的各项的系数）；最后两句"以廉乘商方，命实而除之"则直接点穿了用展开式中的系数，进行开方的方法，就是以各廉乘商（即根的一位数

左　　右
积　　隅

本积　　一

商除　　一　一

平方　　一　二　一

立方　　一　三　三　一

三乘　　一　四　六　四　一

四乘　　一　五　十　十　五　一

五乘　　一　六　十五　二十　十五　六　一

命　以　中　右　左
实　廉　藏　表　表
而　乘　者　乃　乃
除　商　皆　偶　积
之　方　廉　算　数

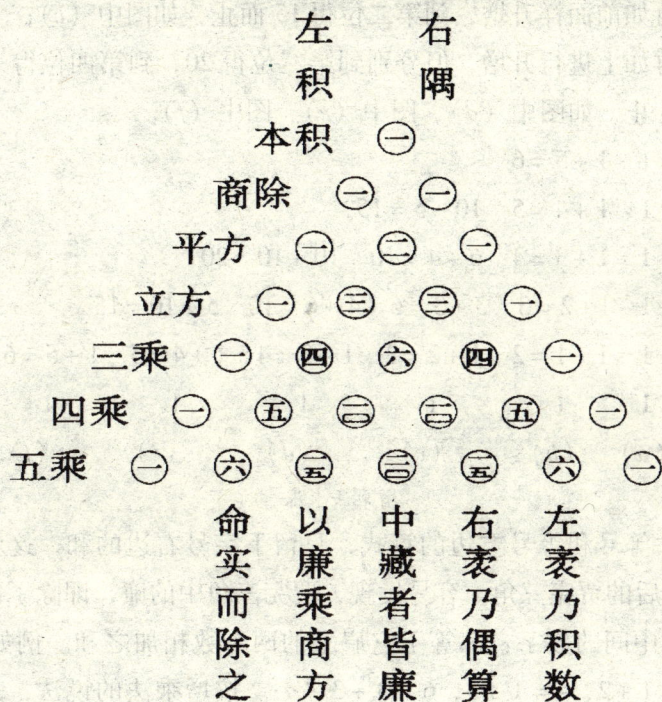

开方作法本源图

得数）的相应次方，然后从"实"（被开方数）中减去。实际步骤就是前面讲过的开平方的过程，只是贾宪已经把《九章算术》中的开方原理，推广到了开高次幂上；这不能不说是一大创造。

增乘开方术

贾宪三角虽只七行，但按贾宪的造表方法，要任意扩大是不成问题的。贾宪的造表方法叫"增乘方法求廉草"。"草"，文稿的意思；求廉就是求贾宪三角中的除左右两斜行"一"以外数字；增乘方法是指使用的方法的名称。

用增乘法求廉大致是这样的：

①先列六个 1，如图中（a）；

②从最底下的一个 1 起，自下增入上一位，递增到首位，得 6 而止，如图中（b）；

③再如前面样升增，到第二位得 15 而止，如图中（c）；

④再如上进行升增，但分别到第三位得 20，到第四位得 15，第五位得 6 止，如图中（d）、图中（e）、图中（f）。

第一位　1　1＋5＝6

第二位　1　1＋4＝5　10＋5＝15

第三位　1　1＋3＝4　6＋4＝10　10＋10＝20

第四位　1　1＋2＝3　3＋3＝6　4＋6＝10　5＋10＝15

第五位　1　1＋1＝2　1＋2＝3　1＋3＝4　1＋4＝5　1＋5＝6

底　位　1　　　1　　　1　　　1　　　1　　　1

　　（a）　（b）　　（c）　　（d）　　（e）　　（f）

增乘法求廉

抹去等号和等号左边的算式，只留下字号右边的和，这就是旋转了 90°后的贾宪三角。容易发现，贾宪三角中的廉，即除了两旁的 1 以外的中间的数字，都等于它肩上的两个数相加之和。例如 2＝1＋1，3＝1＋2，4＝1＋3，6＝3＋3……。按增乘法的说法，是自下而上随乘随加的结果，这也就是贾宪三角的作成规则。自然，有了这个规则，只要在图（a）中多添几个 1，那么就可得到扩大了的贾宪三角，或者说可以推广到求对一个正数开任意高次幂的"廉"。

增乘方法的杰出之处还不在于求两项式系数，而在于它可被用来直接进行开高次幂，也就是贾宪所说的"增乘开方法。"

增乘开方法不是一次运用贾宪三角中的系数 1、2、1；1、3、3、1；1、4、6、4、1、……而是用随乘随加的办法得到和一次运用上述系数同样的结果。

比如，在杨辉《详解九章算法》中有一个相当于求解方程 $x^4＝1336336$ 的问题，用的就是增乘开方法。因为方程的根 x 是二位数，故设 $x＝10x_1$，将原方程改作 $10000x_1^4＝1336336$。具体过程用现在的算式表示是：

· 64 ·

10000	+			−1336336	③①
	+30000	+90000	+270000	+810000	
10000	+30000	+90000	+270000	−526336	
	+30000	+180000	+810000		
10000	+60000	+270000	+1080000		
	+30000	+270000			
10000	+90000	+540000			
	+30000				
10000	+1200000	+540000	+1080000	−526336	②
1	+120	+5400	+108000	−526336	④③
	+4	+496	+23584	+526336	
1	+124	+5896	+131584	+0	

算式中①所表示的是方程 $10000x_1^4 = 1336336$，议初商为 3，经增乘开方后算式②表示方程

$1000(x_1-3)^4 + 120000(x_1-3)^3 + 540000(x_1-3)^2 + 1080000(x_1-3) = 526336$

令 $x_2 = 10(x_1-3)$，于是上述方程即变成由③所表示的

$$x_2^4 + 120x_2^3 + 5400x_2^2 + 108000x_2 = 526336$$

最后用增乘方法确定次商 4，因而得 $x = 3 \times 10 + 4 = 34$。

显然，这个方法由于运算程序整齐，又十分机械，没有什么需要多费周折的地方，因此比起直接用二项系数求解要简捷。更重要的是由于它容易被推广到求任意高次方程的数值解，所以在数学上也就具有更重要的地位。

第一个将增乘开方法用于求任意高次方程数值解的是北宋数学家刘益（12世纪）。在刘益著的《议古根源》一书中给出了一个用增乘方法求方程数值根的例子：

$$-5x^4 + 52x^3 + 128x^2 = 4096 \qquad (x=4)$$

这道题突破了以往方程只取正数系数的限制，在系数不拘正负的情况下求解一般方程，它可以说是中国数学史上的一项杰出成就。

在方程的解法上，刘益把原来用于开高次幂的"增乘开方术"，引入到了求高次方程的数值解上，从而为秦九韶开创"正负开方术"解决求一般高次方程的数值根问题奠定了基础。

正负开方术

1247年，南宋数学家秦九韶著《数书九章》。书中秦九韶从高次方程的筹式表示、一些特殊形式方程的区分、以及用"正负开方术"解高次方程的具体步骤作了系统的阐述。

对于形如 $a_0x^n + a_1x^{n-1} + a_2x^{n-2} + x_3x^{n-3} + \cdots\cdots + a_{n-1}x + a_n = 0$ 的方程，秦九韶采用古代在开方中所使用的列筹方法：将商，即根置于筹式的最上方，然后依次列常数项（实）、一次项、二次项等各项的系数（"廉"），最下一层放置最高次项系数——"隅"。

对于方程中的各项系数，除常数项规定了"实常为负"以外，其余可正可负。不受任何限制。缺项表示该项系数为零。

中国古代注重求方程的数值解，而不注重对方程的分类和讨论，但秦九韶不同，他开始注意了对某些特殊形式的方程作出区分，如他称 $|a_0| \neq 1$ 的方程为"连枝某乘方"；称仅有偶次项的方程为"玲珑某乘方"。不过这些区分还尚未构成对方程明确分类的程度，理论上进取仍显不够。

但是，在应用增乘开方法求方程数值解方面，秦九韶是研究得相当系统而彻底的。他称增乘开方法为"正负开方术"，这种方法与通常所谓的霍纳方法基本一致。例如，《数书九章》卷5第1题"尖田求积"列出方程为

$$-x^4 + 763200x^2 - 4064256000 = 0$$

秦九韶在列出方程的筹式后，依次用21个筹算图式来详细说明解方程的每一个步骤。下面我们改用阿拉伯数字并用横式抄录其主要图式如下表所示。（摘自沈康身：《增乘开方法源流》，载《秦九韶与数书九章》一书，北京师范大学出版社，1987年）

正负开方术的筹算图示（程序）

程序	隅	下廉	上廉	方	实	商
①	− 1	0	763200	0	− 40642560000	
②	− 10000	0	76320000	0	− 40642560000	
③	− 100000000	0	7632000000	0	− 40642560000	800
④	− 100000000	− 800000000	1232000000	9856000000	38205440000	
⑤	− 100000000	− 1600000000	− 11568000000	− 82688000000	38205440000	
⑥	− 100000000	− 2400000000	− 30768000000	− 82688000000	38205440000	
⑦	− 100000000	− 3200000000	− 30768000000	− 82688000000	38205440000	
⑧	− 10000	− 32000000	− 307680000	− 82688000000	38205440000	840
⑨	− 10000	− 3240000	− 320640000	− 9551360000	0	

程序①相当于列出方程：

$$- x^4 + 763200x^2 - 40642560000 = 0 \qquad (1)$$

程序②相当于对上式（1）进行 $x = 100x_1$ 的变换，得

$$- (10)^8 x_1^4 + 763200 \times (10)^4 x_1^2 - 40642560000 = 0 \qquad (2)$$

当求得 $8 < x_1 < 9$，确定出第一位数为 8 之后，程序③至⑥就是用增乘方法的步骤进行，当经 $x_2 = x_1 - 8$ 的代换后程序⑦所应得的新方程是：

$$- (10)^8 x_2^4 - 3200 (10)^6 x_2^3 - 3076800 (10)^4 x_2^2 -$$
$$826880000 (10)^2 x_2 + 38205440000 = 0 \qquad (3)$$

程序⑧相当于对（3）式进行了 $x_3 = 10x_2$ 的变换后得出的新的方程：

$$- (10)^4 x_3^4 - 3200 (10)^3 x_3^3 - 3076800 (10)^2 x_3^2 -$$
$$82680000 (10) x_3 + 38205440000 = 0 \qquad (4)$$

最后求得 $x_3 = 4$，故得：

$$x = 100x_1 = 100(8 + x_2) = 100(8 + \frac{x_3}{10}) = 840$$

秦九韶还对运算过程中所产生的某些特殊情况进行了讨论。特别是当开方得到无理根时，秦九韶改变唐宋数学家不重视十进分数的做法，积极采用刘徽的十进分数法来表示无理根的近似值，从而使高次方程数值解的范围扩展到最大限度。另外，秦九韶对常数项绝对值增大或减小，符号从负变正也不像以前的数学家那样畏惧，而将它们视为理所当然，不影响算法的正确性，这就充分发挥了他的"正负开方术"解各种类型方程的有效性。

高阶等差数列

垛积术

垛积，即堆垛求积（聚集）的意思。由于许多堆垛现象呈高阶等差数列，因此垛积术在中国古代数学中就成了专门研究高阶等差数列求和的方法。

北宋沈括（1031～1095）首先研究垛积术，他当时称之为"隙积术"。沈括说："算术中求各种几何体积的方法，例如刍童、堑堵、鳖臑、圆锥、阳马等，大致都已具备，唯独没有隙积这种算法。……所谓隙积，就是有空隙的堆垛体，像垒起来的棋子，以及酒店里叠置的酒坛一类的东西。他们的形状虽像覆斗，四个测面也都是斜的，但由于内部有内隙之处，如果用刍童方法来计算，得出的结果往往比实际为少。"这段话把隙积与体积之间的关系讲得一清二楚。同样是求积，但"隙积"是内部有空隙的，像累棋，层坛；酒家积坛之类的隙积问题，不能套用"刍童"体积公式。但也不是不可类比，有空隙的堆垛体毕竟很像"刍童"，因此在算法上应该有一些联系。

设一个长方台垛积的顶层宽（上广）有 a 个物体，长有 b 个，底层宽（下广）有 c 个，长有 d 个，高共 n 层；如视物体的个数为长度整尺数（例如 a 个物体视为 a 尺），按求解刍童（长方台）体

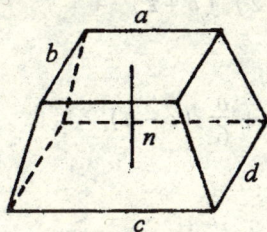

刍童

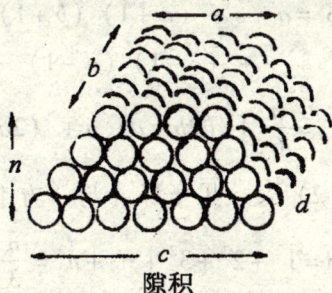

隙积

积的公式来计算，其体积当为

$$\frac{n}{6}\left[(2b+d)a+(2d+b)c\right]$$

假如把这一结果就算作是垛积总和的物体数目，那么，正如沈括所指出："常失于数少"但如果在这个基础上，再加上一个修正值 $\frac{(c-a)}{6}n$ 些那么由此而得出的，正好是垛积总和。

$$S = ab + (a+1)(b+1) + (a+2)(b+2) + \cdots\cdots$$
$$+ (a+n-1)(b+n-1)$$
$$= \frac{n}{6}\left[(2b+d)a+(2d+b)c\right] + \frac{n}{6}(c-a)$$

而这正是二阶等差数列的求和公式。

沈括用什么方法求得这一正确公式的，《梦溪笔谈》没有详细说明。现有多种猜测，有的认为是对不同长、宽、高的垛积进行多次实验，用归纳方法得出的；有的认为可能是用"损广补狭"办法，割补几何体得出。

沈括所创造的将级数与体积比类，从而求和的方法为后人研究级数求和问题提供了一条思路。南宋末的杨辉就曾在这条思路中获得过许多成就。

杨辉在《详解九章算法》（1261）商功第五中，附于体积问题之后的垛积问题共有六问，其中与级数求和有关的共有四个问题，即：

（1）果子垛（与"刍童"类比，与沈括刍童垛相同）：

$$S = a \cdot b + (a+1)(b+1) + (a+2)(b+2) + \cdots + (c-1)(d-1) + c \cdot d$$

$$= \frac{n}{6}[(2b+d)a + (2d+b)c] + \frac{n}{6}(c-a)$$

（2）又，果子垛（与"方锥"类比）：

$$S = 1^2 + 2^2 + 3^2 + \cdots + n^2 = \frac{n}{3}(n+1)(n+\frac{1}{2})$$

（3）方垛（与"方亭"类比）：

$$S = a^2 + (a+1)^2 + (a+2)^2 + \cdots + (b-1)^2 + b^2$$

$$= \frac{n}{3}(a^2 + b^2 + ab + \frac{b-a}{2})$$

（4）三角垛（与"鳖臑"类比）：

$$S = 1 + 3 + 6 + 10 + \cdots + \frac{n(n+1)}{2}$$

$$= \frac{1}{6}n(n+1)(n+2)$$

上面四个公式互有联系，其中（1）式就是沈括的"刍童"垛公式，当（1）式中 $a=b=1$，$c=d=n$ 时，即得（2）式；当（1）式中 $a=b$，$c=d$ 时即得出（3）式；当（1）式中 $a=1$，$b=2$，$c=n$，$d=n+1$ 时，由（1）式可知：

$$1 \cdot 2 + 2 \cdot 3 + 3 \cdot 4 + \cdots + n(n+1)$$

$$= \frac{1}{3}n(n+1)(n+2)$$

两端除以 2，即可得出（4）式。这就是说，杨辉书中的各种公式均可由沈括的长方台垛公式导出。

元代数学家朱世杰在其所著的《四元玉鉴》一书中，把中国宋元数学家在高阶等差级数求和方面的工作向前推进了一步。在朱世杰的著作中可以看到更为复杂的求和问题，这一类问题也有了较系统、普遍的解法。

在朱世杰的许多求和问题中，下述的一串三角垛公式有着重要意义。其他的求和公式都可以从这串公式演变出来。这串公式是：

等差数列（茭草垛）

$$\sum_1^n r = 1 + 2 + 3 + \cdots\cdots + n = \frac{1}{2!} n \ (n + 1) \qquad ①$$

二阶等差数列（三角垛）

$$\sum_1^n \frac{1}{2!} r \ (r + 1) \ = 1 + 3 + 6 + \cdots + \frac{1}{2} n \ (n + 1)$$

$$\frac{1}{3!} n \ (n + 1) \ (n + 2) \qquad ②$$

三阶等差数列（撒星形垛）

$$\sum_1^n \frac{1}{3!} r \ (r + 1) \ (r + 2) \ = 1 + 4 + 10 + \cdots\cdots$$

$$= \frac{1}{4!} n \ (n + 1) \ (n + 2) \ (n + 3) \qquad ③$$

四阶等差数列（三角撒星形垛）

$$\sum_1^n \frac{1}{4!} r \ (r + 1) \ (r + 2) \ (r + 3) \ = 1 + 5 + 15 + \cdots\cdots$$

$$= \frac{1}{5!} n \ (n + 1) \ \cdots \ (n + 4) \qquad ④$$

五阶等差数列（三角撒星更落一形垛）

$$\sum_1^n \frac{1}{5!} r \ (r + 1) \ + \cdots\cdots + \ (r + 4) \ = 1 + 6 + 21 + \cdots$$

$$= \frac{1}{6!} n \ (n + 1) \ \cdots \ (n + 5) \qquad ⑤$$

从这一串公式，朱世杰归纳得出一般公式：

$$\sum_{r=1}^n \frac{1}{p!} r \ (r + 1) \ (r + 2) \ \cdots\cdots \ (r + p - 1)$$

$$= \frac{1}{(p + 1)!} n \ (n + 1) \ (n + 2) \ \cdots \ (n + p) \qquad (A)$$

而公式①②③④⑤恰好是（A）式当 $p = 1$，2，3，4，5 时的情况。

　　值得注意的是，在上述一串等差数列求和公式中，除第一个等差数列外，每一个数列的通项都是它上一数列前 n 项之和。从垛积的意义上讲来，这相当于把前式至第 r 层为止的垛积，落为一层，作为后式所表示垛积中的第 r 层（即式中第 r 项）。假如我们把这一点和各公式的名称对照起来看时，不难看出朱世杰经常将公式称为前式的"落一形"的意义。"落为一层"，这大概就是朱世杰所用各种名目中"落一"的意义。这也证明了朱世杰曾对这一串三角垛公式的前后式之间的关系进行了研究和比较。

$$1$$
$$1 \quad 1$$
$$1 \quad 2 \quad 1$$
$$1 \quad 3 \quad 3 \quad 1$$
$$1 \quad 4 \quad 6 \quad 4 \quad 1$$
$$1 \quad 5 \quad 10 \quad 10 \quad 5 \quad 1$$
$$1 \quad 6 \quad 15 \quad 20 \quad 15 \quad 6 \quad 1$$
$$\cdots\cdots\cdots\cdots\cdots\cdots\cdots$$
$$1 \quad C_n^1 \quad C_n^2 \cdots\cdots\cdots\cdots\cdots 1$$
$$1 \quad C_{n+1}^1 \quad C_{n+1}^2 \quad C_{n+1}^3 \cdots\cdots\cdots 1$$
$$1 \quad C_{n+2}^1 \quad C_{n+2}^2 \quad C_{n+2}^3 \quad C_{n+2}^4 \cdots\cdots 1$$
$$1 \quad C_{n+3}^1 \quad C_{n+3}^2 \quad C_{n+3}^3 \quad C_{n+3}^4 \quad C_{n+3}^5 \cdots\cdots 1$$
$$1 \quad C_{n+4}^1 \quad C_{n+4}^2 \quad C_{n+4}^3 \quad C_{n+4}^4 \quad C_{n+4}^5 \quad C_{n+4}^6 \cdots 1$$
$$1 \quad C_{n+5}^1 \quad C_{n+5}^2 \quad C_{n+5}^3 \quad C_{n+5}^4 \quad C_{n+5}^5 \quad C_{n+5}^6 \quad C_{n+5}^7 \cdots 1$$

贾宪三角

　　朱世杰是如何得出这一串高阶等差数列求和公式的，古书上没有记载。但如果将这等差数列与贾宪三角作一比较，可以发现：这一串数列及它们的和都可以从斜视贾宪三角而看出。所谓斜视贾宪三角，是将贾宪三角中的数，像下图那样由斜线串联起来，自上而下地看。这样，无论是撇向（丿）看，还是捺向（乀）看，都可以发现如下一组公式：

① $1+1+\cdots\cdots+1=C_n^1$

或 $1+1+\cdots\cdots+1=n$

② $1+2+\cdots\cdots+C_n^1=C_{n+1}^2$

或 $1+2+\cdots\cdots+n=\dfrac{1}{2!}n\,(n+1)$

③ $1+3+6+\cdots\cdots+C_{n+1}^2=C_{n+2}^3$

或 $1+3+6+\cdots\cdots+\dfrac{1}{2!}n\,(n+1)$

$=\dfrac{1}{3!}n\,(n+1)\,(n+2)$

④ $1+4+10+\cdots\cdots+C_{n+2}^3=C_{n+3}^4$

或 $1+4+10+\cdots\cdots+\dfrac{1}{3!}n\,(n+1)\,(n+2)$

$=\dfrac{1}{4!}n\,(n+1)\,(n+2)\,(n+3)$

⑤ $1+5+15+\cdots\cdots+C_{n+3}^4=C_{n+4}^5$

或 $1+5+15+\cdots\cdots+\dfrac{1}{4!}n\,(n+1)\,(n+2)\,(n+3)$

$=\dfrac{1}{5!}n\,(n+1)\,(n+2)\,(n+3)\,(n+4)$

⑥ $1+5+21+\cdots\cdots+C_{n+4}^5=C_{n+5}^6$

或 $1+6+21+\cdots\cdots+\dfrac{1}{5!}n\,(n+1)\cdots(n+4)$

$=\dfrac{1}{6!}n\,(n+1)\cdots(n+5)$

这正好就是朱世杰得出的一串三角垛公式。朱世杰是否是从贾宪三角中发现他的三角垛公式的，没有史料证实，但在朱世杰的《四元玉鉴》中确实附有一张与贾宪三角同样的图表，并且数与数之间都用斜线联系着。

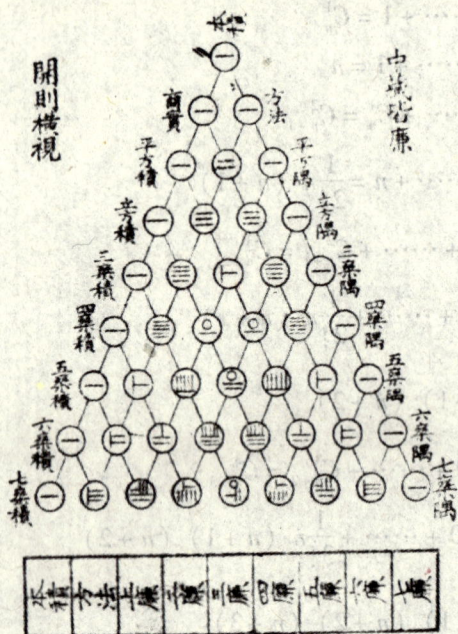

古乘七法方图（载《四元玉鉴》）

招差术

宋元时期天文学与数学的关系进一步密切了，许多重要的数学方法，如高次方程的数值解法，以及高次等差数列求和方法等，都被天文学所吸收，成为制定新历法的重要工具。元代的《授时历》就是一个典型。

《授时历》是由元代天文学家兼数学家王恂（1235～1281）、郭守敬（1231～1316）为主集体编写的一部先进的历法著作，先进之一，就是其中应用了招差术。《授时历》用招差术来推算太阳逐日运行的速度以及它在黄道上的经度，还用招差术来推算月球在近地点周日逐日运行的速度。

招差术属现代数学中的高次内插法。元代以前，隋朝天文学家刘焯在《皇极历》中给出了等间距的二次内插公式。由于太阳的视运动对时间来讲并不是一个二次函数，因此即使用不等间距的二次内插公式也不能精确地推算太阳和月球运行的速度等。宋代以后，由于对高阶等差级数的研究，招差术有了新的发展。王恂和郭守敬等人根据"平、定、立"三差创造了三次内插法推算日月运行的速度和位置。

设在等间距的时间为 t、$2t$、$3t$、$\cdots$ 内的观察结果分别为 $f(t)$、$f(2t)$、$f(3t)$、$\cdots$，则计算日月在 $t+s$ 时（$0 < s < t$ 的精确位置可用下列公式：

$$f(t+s) = f(t) + s\Delta + \frac{1}{2!}s(s-1)\Delta^2 +$$

$$\frac{1}{3!}s(s-1)(s-2)\Delta^3$$

式中 Δ、Δ^2、Δ^3 是：如设

$\Delta_1^1 = f(2t) - f(t)$，$\Delta_2^1 = f(3t) - f(2t)$

$\Delta_3^1 = f(4t) - f(3t)$

则 $\Delta_1^2 = \Delta_2^1 - \Delta_1^1$，$\Delta_2^2 = \Delta_3^1 - \Delta_2^1$，$\Delta_1^3 = \Delta_2^2 - \Delta_1^2$

招差术在朱世杰的时候得到了更深入的发展。《四元玉鉴》"如象招数"（卷中之十）一门共5问，都是和招差有关的问题。在这里，朱世杰在中国数学史上第一次完整地列出了高次招差的公式。这正是因为他比较完善地掌握了级数求和方面的知识，特别是掌握了各种三角垛求和方面的知识的缘故。

例如书中的第5题："今有官司依立方招兵，初（日）招方面三尺，次（日）招方面转多一尺，……已招二万三千四百人。……问招来几日？"

题目指示第一日招 $3^3 = 27$ 人，第二日招 $4^3 = 64$ 人，第三日招 $5^3 = 125$ 人，等等。问几日后共招23400人。依据朱世杰的"自注"知道他是用招差术立出解题的方程式的。先列表如下：

招差术公式表

积数	s_0	s_1	s_2	s_3	s_4	s_5	s_6
上差(三阶等差)		27	64	125	216	343	512
二差(二阶等差)			37	61	91	127	169
三差(一阶等差)				24	30	36	42
下差(公差)					6	6	6

表内：$s_0 = 0$，$s_1 = 27$，$s_2 = 27 + 64$，$s_3 = 27 + 64 + 125$，…

上差：$s_1 - s_0 = 27$，$s_2 - s_1 = 64$，$s_3 - s_2 = 125$，…

二差：$64 - 27 = 37$，$125 - 64 = 61$，$216 - 125 = 91$，…

下差：$30 - 24 = 6$，$36 - 30 = 6$，$42 - 36 = 6$，…

下差是常数，故是最后的差数。依招差术计算，到第 n 日招到的总人数是：

$$S_n = 27n + 37 \frac{n(n-1)}{2!} + 24 \frac{n(n-1)(n-2)}{3!} +$$

$$6 \frac{n(n-1)(n-2)(n-3)}{4!}$$

表内各项的系数 27，37，24，6 是表内上差、二差、三差、下差各行的第一个数字。朱世杰设 $m = n - 3$，已知 $s_n = 23400$，上式化为：

$$27(m+3) + \frac{37}{2!}(m+3)(m+2) + \frac{24}{3!}(m+3)(m+2)(m$$

$$+1) + \frac{6}{4!}(m+3)(m+2)(m+1)m = 23400$$

化简得：

$$m^4 + 22m^3 + 181m^2 + 660m - 92736 = 0$$

用增乘开方法求得 $m = 12$，故 $n = 15$（日）。

在《四元玉鉴》卷中"茭草地段"门，朱世杰扩充了杨辉的三角垛求和公式，建立起属于

$$\sum_{r=1}^{n} \frac{r(r+1)(r+2)\cdots(r+p-1)}{p!}$$

$$= \frac{n(n+1)(n+2)\cdots\cdots(n+p)}{(p+1)!}$$

类型的一系列公式，作为研究一般高阶等差级数的基本公式。

同余式理论

《孙子算经》之后，一次同余式理论成了中国古代数学中的一个十分引人注目的内容。从西汉到宋代的千余年间，有很多天文学家和数学家进行了这方面的研究，终于在秦九韶手中发展成一个系统的理论——大衍求一术，并且推广其应用范围，取得了举世公认的杰出成就。

秦九韶自幼爱好数学，少年时跟随父亲到杭州，曾跟当时太史局的一些著名的天文学家数学家学习天文、历算。1247 年 9 月他总结 20 余年的刻苦钻研成果，写成《数书九章》18 卷，其中第一、二卷详细讨论了一次同余式的解法。

秦九韶首先提出了一些有关的概念。以"物不知数"题为例，他把题中的 3、5、7 这类数叫做"定母"；把它们的最小公倍数 105 称为"衍母"；把用 3、5、7 除 105 所得的商 35、21、15 称为"衍数"，通过分析而得到的数字 2、1、1 称为"乘率"。计算的关键实质上就是求"乘率"，即求第三章介绍的孙子剩余定理中的 α、β、γ，因为有了这三个数，答案 N 通过公式是不难算出的。

秦九韶在创立剩余定理时的主要功绩之一是给出了一个求"乘率"的方法，即他所谓的"大衍求一术"。

设 A 和 G 是两个互质的正整数，所谓"乘率"α，其应满足 $\alpha G \equiv 1 \pmod{A}$。按"大衍求一术"，如果 $G > A$，设 $G = Aq + G_1$ $G_1 < A$，那么，同余式 $\alpha G_1 \equiv 1 \pmod{A}$ 是和 $\alpha G \equiv 1 \pmod{A}$ 等价的。于是将 G_1、A 二数辗转相除，得到一连串的商数 q_1、$q_2 \cdots\cdots q_n$，同时按一定的规则，依次计算 K_1、$K_2 \cdots\cdots K_n$

$$A = G_1 q_1 + r_1 \qquad\qquad K_1 = q_1$$

$$G_1 = r_1 q_2 + r_2 \qquad\qquad K_2 = q_2 K_1 + 1$$

$$r_1 = r_2 q_3 + r_3 \qquad\qquad K_3 = q_3 K_2 + K_1$$

$$\vdots \qquad\qquad\qquad\qquad \vdots$$

$$r_{n-2} = r_{n-1}q_n + r_n \quad (r_n = 1, K_n = q_n K_{n-1} + K_{n-2})$$

当 $r_n = 1$ 而 n 是偶数时，最后得出的 K_n 就是所要求的"乘率" α，如果 $\alpha_n = 1$ 而 n 是奇数，那么再往下除一次，即计算 $r_{n+1} = r_n q_n + r_{n-1}$，由于 $r_n = 1$，所以若令商数 $q_{n+1} = r_{n+1} - 1$，则余数 r_{n+1} 仍旧是 1。这时作 $K_{n+1} = q_{n+1} K_n + K_{n-1}$，因为 $n+1$ 是偶数，所以 K_{n-1} 就是所求的乘率。

求出乘率，问题便迎刃而解了。因此说秦九韶的"大衍求一术"是解决一次同余式问题的关键方法，在使用上很有价值。《数书九章》中秦九韶举了许多需要用大衍求一术解决的应用问题，如"古历会积"、"积尺寻源"、"推计土功"、"程行计地"等等，广泛用于解决历法、工程、赋役和军旅等实际问题。有些问题中的模 A、B、C 还不是两两互质的，对此秦九韶也给出了正确的计算程序，通过适当地选用因子使两两不互质的模转化为两两互质的情况，所有这些计算方法都十分合理正确，形式也特别整齐、简明，可以看出秦九韶在数学上的造诣之深。

中国古代的同余式理论一直与历法中推算上元积年相联系。因此从元代《授时历》取消了推算上元积年以后，大衍术从此也就在历法中消失了，而且由于"上元之法久不行用，于是……五百年来无有知其说者矣。"明清两代大衍术成了普及数学游戏的内容，在数学上没有任何新的建树。

第二章　物理大讲堂

第一节　古代物理学概论

物理知识的萌发

物理学是研究物质基本结构及物质运动的最普遍的形式、最基本的规律。所以物理现象是随时随处可见的，物理规律也随时随处在起着作用；并且，高级与复杂的运动之中，也莫不存在物理问题。这就决定了物理知识的萌发必然是很早的。例如，人类的始祖——猿人，在打制石器工具时，就知道做成各种不同角度的尖劈。这里就隐含着斜面利用的知识。他手中的一根棒，使将起来，也就是杠杆的应用。船的发明是液体浮力的利用，弹弓的发明，更是弹力的巧妙应用………所有这些，不能不被认为是力学知识的胚胎。又如猿人学会了保存火种，后来又发明了取火的方法，不能不说其中有着热学知识的孕育。再如他们在水中捕鱼、洗涤或戏嬉，低头便照见了自己的像，各种物体在阳光之下的投影，此类现象也会播下萌发光学知识的种子。毫无疑问，在 17 世纪之前的漫长时期里，人类的物理知识，都是十分零星的、肤浅的感性经验。但任何事物的发展，总是有一个从现象到本质，从简单到复杂，从低级到高级的过程，物理学之所以有今天如此丰富的科学内容、坚实的实验基础、详密的逻辑系统、严格的理论推证、广阔的实际应用，推因溯源，不得不归因于长期的积累发展。所以，物理学史的阐述，不能斩去古代这一段。尽管它可能还称不上一门学问，但应当承认它是物理学的萌芽阶段，或者物理学史的"史前期"。否则将使物理学史成为无源之水，无本之木。

在我国，今天的物理学体系确实是在明、清之际由西方传输进来的，就是"物理学"这一名词也是翻译过来的。在我国古书上，"物理"一词的出现是相当早的，西汉刘安（前179～前122）主编的《淮南子》"览冥训"云："耳目之察，不足以分物理。"这里的"物理"是泛指世间一切事物的道理。宋代的杨杰（11世纪）写过一篇《五六天地之中合赋》，其中有这样几句："知地数杂而不纯，天数纯而不杂，物理深蕴，岁动周匝，就五十有五之中，五六谓之中合……"这里的"物理"似乎主要是指自然现象的规律。北宋博物名僧赞宁（919～1002）称颂发明地动仪的张衡为"穷物理之极致焉"；南宋学者叶适（1150～1223）著《习学记言》，其中说到曹冲称象的事，称赞"为世开智"物理，盖天禀也"。这两个"物理"就涵义与行文而言，好像和我们今天所理解的"物理"意义比较接近。但这也只是个别学者随意行文所致，并没有专门的意义，更没有形成为普遍接受的专门名词。甚至有几部古书就用"物理"题名，比如晋代唯物主义思想家杨泉（3世纪）的代表作就叫做《物理论》。但这是一部哲学著作，并非物理学专书。又如明、清之际的学者方以智（1611～1671）写过一部叫做《物理小识》的书，虽然其中有不少物理学知识，但也是一部百科全书式的著作。总之，在我国古代本来没有"物理"专名，它是从英文 Physics 翻译过来的。"Physics"，又来源于希腊文 Φυσικη，原义是指自然，引伸为自然哲学的意思，后来天文、数学、地学这些学科逐渐丰富起来，从包罗万象的"自然哲学"中分化出去，独立成科，才把 Physics 专门用来指物理学。1623年意大利传教士艾儒略（1582～1649）著作的《西学凡》，其中把 Physics 音译为"费西加"。可见在这个时候，我国还没有"物理学"其名。它出现的确切年代，一时还不能查考出来，大约是在 19 世纪末。在正式使用"物理学"这个名词之前，还曾有过一段时间使用过"格致"或"格物"的名称。那是取《礼记·大学》中"致知在格物，物格而后知至"一句的意思。虽然，后世对这句话有不同的解释，但大致说来，是指穷究事物的原理以获取知识。在清代后期就用以统称"声、光、化、电"等自然科学。后来干脆在狭义上就代表今天所谓的物理学，大学里的物理系，开初就叫做"格物门"。1889 年，日本人饭盛挺造编了一本物理教科书，藤田丰八把它译成中文，书名就叫做"物理学"。次年，王季烈把它改译一番，书名仍然不变。1901 年，严复翻译名著《原富》，书中也提到"物理学"，但又怕太陌生，特别加注说："物理之学名'斐辑格'。"可见那个时候"物理学"一词还不很普遍。

正如上面所述的，在我国，物理学的发展既有舶来品，又有土生土长的物理知识，后者也是十分可观的、辉煌的。我们勤劳智慧的祖先，对物理现象做过大量的观察、实验和各种形式的记录，并提出许多精辟的见解，取得了重大的成果。这本书主要就是论述这些成果。

中国物理学史料的来源

既然我国古代有许多物理学的知识，但又没有物理学专书，那么，我们从什么地方去找物理学史料呢？大致说来有以下几种来源。

第一，古文献的记载。

第二，古代器物的分析。我们祖国幅员辽阔的大地上留有大量几千几万年前的遗物，包括器物与建筑，这些就是当年文化科学水平的综合反映，是最具体、最生动的记载，也是最过硬的史料。从这些器物中可以分析出当时人们在制造过程中运用了哪些物理知识。例如，诺贝尔物理奖获得者杨振宁博士，观察了大量西周时代的青铜器，发现当时人们已经具有物理学中一种极其重要的思想观念——"对称"。又如，西安半坡村出土的新石器时期的遗址里，有一种尖底瓶，引起人们的极大兴趣，它可以印证文献的记载，从中分析出距今 5000 ~ 7000 年以前的人们具有了哪些力学知识。那里还出土一种叫做"甑"的泥制器皿，世界著名科学史家李约瑟博士（1900 ~ 1995）［英］认为，那可能是人类最原始的蒸气发生器，这在热学史上应当是很重要的。此外，一些古建筑也向我们提供了丰富的研究内容，譬如山西省的应县佛宫寺木塔，是明暗九层、高达 66.49 米的纯木结

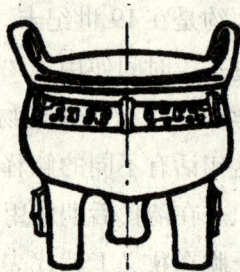

对称

构的建筑珍品，迄今已经历九百多个寒暑，不仅风雨侵蚀，经受了烈度 5 度以上的强烈地震就有 12 次之多，此外还经受了强风、炮击等强烈震动，而仍然保持完好，这反映了它的力学结构十分科学合理，从中可以分析出一系列的理论知识。还有些古建筑甚至有了类似的避雷设施，为古代电磁学的研究，提供了重要的线索。此外，还有不少古代水利工程设施如都江堰等，也能向我们提供某些流体力学的原始材料。至于现存的那些古天文仪器，更是光学史料的十分丰富的来源。编钟、鱼洗是声学史的珍贵材料的渊薮。另外，还有一些碑刻与出土文物之类的东西，有文字或图画。例如辽阳三道壕的汉墓中，有不少壁画，其中就有一幅画着风车，这使我们确知距今 1700 年前，人们就知道如何巧妙地使用空气流动的能量了。总之，这方面蕴藏着丰富的潜在材料。

第三，现存的某些生产工艺。一项生产工艺之中，往往是科学技术知识的综合运用与反映，其中常常寓有一定的物理原理。所以对一项古工艺的分析，可以获得某些物理学史料。当然，在今天来说，古代的工艺往往是落后、原始的，绝大部分早已废弃不用了，或者是失传了。但是也还有一些留传下来，特别是在某些少数民族地区，甚至仍然在沿用。这些可以为我们提供一定的参考，因为有的工艺过程，古书上虽然有过记载，但往往是十分简略，或者不很确切。那么流传的古工艺就成了十分宝贵的史料来源，它或者可以

和文献记载相互印证，或者补古文献记载之不足。例如上古所用的摩擦取火的方法，古书就没有写出具体的过程以及所用的材料，以致引起后人理解上的分歧，甚至怀疑它的真实性。近年来，有人根据海南岛一些少数民族地区仍然使用类似的方法取火，才解决了这个问题。由此可见，古代工艺方法是一项活的物理学史料，我们要十分珍视它。

此外，我国民间还流传着大量的口头谚语。它们并不一定见之于文献记载，但却是一些长期经验的总结，它含有一定的科学内容，而且语言特别生动，内容也很丰富。专就天气谚语来说，有人就曾收集了一大本，从这些关于风霜雨露现象的生动说法中反映出大量物态变化方面的知识，而且对同一个现象，不同地区有不同的说法，分析起来也是很合于物理原理的。可以说，这里面潜存着不少物理学史料，但迄今为止还没有引起人们的足够注意。

显然，上列几项史料来源，当以文献记载为最大量。中国古书数量之多，历来都用"浩如烟海"、"汗牛充栋"等成语去形容，实在一点也不过份。这么多的书被分成经、史、子、集四部，"子"部收有关于天文、历算、农业、医学以及工艺技巧一类的书，这里面涉及一些物理知识。但是，古代没有物理专书，物理学知识是散见于几乎各种类型的书籍之中。这也是物理学科的性质所决定的。例如，上古物理学的最重要的著作《墨经》固然在"子"部，但另一部重要著作《考工记》就在"经"部。"史"部中许多"天文志"、"律历志"等篇章，又是物理学史料的宝库。"集"部收的虽然是诗文小说等文艺作品，由于这些作品题材也异常广阔，涉及自然现象典章制度等等，其中也不乏宝贵的物理学史料。小说的情节大多出于虚构，但也有写实的部分，不可避免地会反映当时的一些情况，例如隋代的《古镜记》是一部神怪小说，其中写到一面反射镜，竟然就是我国古代著名的"透光镜"。即使是纯感情、尚夸张的诗词作品，也含有物理学史料。例如梁元帝（502～548）有一首题为《早发龙巢》的诗，其中有句云"不疑行舫动，唯看远树来"，就十分生动的描述了机械运动的相对性。这样的例子是不胜枚举的。

总之，中国古代物理学史的研究是必须从一切古书中发掘史料的。中国古书没有标点符号，不同的断句读法，可以解释出不同的意义来；古汉语又是一字多义，一个字的不同解释，又可以阐发出迥异的内容。再加以古书，特别是一些笔记小说之类的书，记事往往不尽翔实，或以无作有，或以少作多，或张冠李戴，或添油加醋……因此，每每需要我们作一番鉴别的工作，要去伪存真，去芜存精。这项工作做不好，就得不到真实的史料。所以它是物理学史研究的基础。

怎样做这项工作呢？

首先是把文字释义搞明确。有些古书有它自己的特殊体例和专门用语，读的时候要严格地遵守，否则就无法理解古书的原意，那就更谈不上其他了。

其次，解释出来的科学内容务必是那个时代可能发生的。譬如有人从汉晋时代的《西京杂记》里解释出类似于 X 光的装置来。这显然是"以无作有"，充其量只能是当时的人们幻想有这一类的"法宝"。从战国开始就有不少古书说公输盘首先制造一种木鸟能在空中飞三天，这个例子是"以小作大"的典型。

此外，中国古书还有个真伪的问题，在我们这里就转化成为某一器物或某一概念出现的年代问题，这些都得小心地对待。

沈括和《梦溪笔谈》

宋朝是我国在科学技术方面十分活跃的时期。各门科学，人才辈出，而其中的佼佼者，当首推沈括。沈括字存中，钱塘（今浙江杭州）人。生于 1031 年，卒于 1095 年。父亲沈周曾经当过润州、泉州知州以及江东按察使等职。沈括自幼随父亲外任，走过许多地方，大大扩大了他的眼界。父亲死后，他因父亲的功劳而做过几任小官，先是当主簿，而后当县令。这期间，他大兴水利，使 70 万亩良田得到灌溉。他 32 岁那一年，中了进士，过了不久，便到京城开封任职。他做过太史令、提举司天监、史馆检讨、集贤院校理等。这时，正值王安石当宰相，在全国范围内实行新法。沈括坚定地站在新派一边，为新法的推行做了大量工作。他曾几次去外地巡视新法实施情况，赴辽国进行边界谈判，并获得外交上的胜利。在这之后，皇帝提升他为权三司使，掌管全国经济和财政。在他 46 岁那一年，由于御史蔡确的诬劾，被撤掉了权三司使的职务，到外地当官。那时，宋朝和西夏正在打仗，沈括又被委任为鄜延路经略安抚使，在与西夏的战争中屡建功绩。两年以后，由于永乐城失守而获罪，再次被降职。沈括在 57 岁那一年到润州，即今江苏镇江定居，在那儿买了一座园子，说是和自己年轻时梦见的地方相似，因而起名叫"梦溪园"，住了 8 年，直到死去。

沈括是历史上一个著名的学识渊博的人。他才华横溢，博物穷思，于各门科学都造诣极深。他研究的学问包括天文、气象、物理、化学、数学、地质、地理、生物、药物、医学以及文字、考古、历史、文学、音乐、图画等各方面，在不少学科中都取得了巨大成就。可以无愧地说，沈括是我国乃至世界少有的科学通才，是我国科学史上最卓越的人物之一，是一颗闪烁着智慧之光的灿烂明星。

《梦溪笔谈》，就是他晚年定居梦溪园期间所著。这部书，科学内容丰富，见解精到，无论在我国或是在世界科学史上，都享有很高的声誉。英国著名的科学史家李约瑟博士为沈括思维的精湛和敏捷惊叹不已，把《梦溪笔谈》称为"中国科学史上的坐标"。

在物理学方面，沈括不但注意总结前人的经验，对一些物理现象还亲自观察和试验。不论是在风尘仆仆的旅行之中，还是在公务繁忙的时候，他都不懈地记录下自己在科学方面的心得。由于日积月累，他的研究成果是富有成效的。他在物理学上的主要贡献是声学、光学、磁学三个方面。沈括精通音律之学，《梦溪笔谈》中整整有两卷是专讲乐律的。用纸人作实验来显示声音的共振，是他的一个发明，同样性质的实验，在欧洲要比沈括晚 5 个世纪。此外，沈括还研究了共振在军事上的应用。他对光学的贡献，主要是研究了针孔成像、凹面镜、凸面镜成像的规律，形象地说明了焦点、焦距、正像、倒像等问题。他对西汉透光镜的原理，提出了颇有价值的看法。在磁学上，沈括的贡献有如下三点：一是给出了人工磁化方法，二是在历史上第一次指出了地磁场存在磁偏角，三是讨论了指南针的四种装置方法，为航海用指南针的制造奠定了基础。另外，沈括对大气中的光、电现象也进行了研究。

作为一个科学家，沈括的名字正在被越来越多的人们所知晓。1979 年，国际上曾以沈括的名字命名了一颗新星。他对物理学的卓越贡献，已被载入了世界科学史册。

第二节　物质特性

物质观念

物理学研究的对象是物质，因此物质观念是物理学中一个根本问题。

关于物质的观念，首先是要承认它的实在性，是独立于人的意识的客观存在，否认这一点，就否认世界发展的规律性，也就没有什么物理科学了。我们中国古代的思想家，很大一部分对这个问题持唯物的态度，他们不仅肯定形形色色物质的客观存在，而且企图探源溯本，追求整个世界的本源，推究万物的形态。

现代物理学认为物质有两种基本存在形态，一为不连续的微粒形态，如原子、质子、中子、电子等等；另一为连续的场形态，它具有质量、动量、能量，分布在整个空间。这两种形态的物质，在一定的条件下可以相互转化，因此可以说物质是微粒和场的矛盾统一体。在人类认识史上，这两种物质观争论了好几个世纪，至今还在延续着。在我国古代竟也存在着这两种物质观念。

先介绍微粒说。中国远在先秦时期，对于物质是否无限可分就已经存在尖锐的争论。

在西周时代，人们就注意到物质的分割问题了，那时虽然没有什么学说或理论，但在造字中多少透出一点信息来。譬如"小"字，在最原始的文字里只写作三点，表示细小的意思。西周的金文（就是铸在青铜器上的文字）里就写作"小"。据东汉许慎的解释："丨"表示一根东西，"八"表示劈为两半，意思是说，把一根东西劈了又劈，剩下的就是"小"的形象。但是究竟小到什么程度，那"小"可不可以再劈分呢？这里找不到答案。战国时代儒家的著作《中庸》里就比较明确地指出："语小，天下莫能破焉。"宋代的朱熹（1130～1200）解释说："天下莫能破是无内，谓如物有至小而可破作两者，是中着得一物在；若无内则是至小，更不容破了。"这里所说的"莫能破"、"无内"，也就是不可分割的意思。这就论证了物质有不可再分割的最原始单位，就相当于古典原子学说中的原子概念。在英文里，现在被译成"原子"的 Atom 一词，原来也就是"不可分割"的意思。20 世纪初，严复翻译的《穆勒名学》一书，第一次把 Atom 一词介绍到我国，当时他就译成"莫破"，而把现译为"原子论"的 Atomic Theory 译为"莫破质点律"，大概就是以《中庸》书里的字词为渊源的。而"无内"一词，并不始于朱熹，远在战国时期，有个名叫惠施的人（约前365—前310 年）曾说过一句话，叫做"其小无内，谓之小一"。意思是说"小一"这东西，不再有内，也就无法再分割了，即是最原始的微粒。

主张不可无限分割的一派，最著名的是战国时期的墨家。《墨经》里面专门有两条谈论这个问题，说得很透彻。一条《经》文说："端：体之无序最前者也。"译成现代话就是说，"端"是组成物体（"体"）的无可分割（"无序"）的最原始的东西（"最前者"）。这"端"就很近似于原子的概念了。"端"为什么不可分割呢？解释这条《经》文的《经说》指出："端是无间也。"意思是说，一个"端"里，没有间隙，所以不可分割。《墨经》另有一条用逻辑推理的方法去论证物质的不可无限分割。《经》文说："非半弗斲则不动，说在端。""斲"就是砍的意思，译成现代话就是：不能分为两半的东西是不能砍开的，也就对它不能有所动作，它便是"端"了。这条《经说》解释说："非：斲半。进前取也：前则中无为半，犹端也。前后取：则端中也。斲必半，毋与非半，不可斲也。"墨家认为，砍一个物体，一定分为两半（"斲必半"），如没有或不能分为两半的就是不可砍开的（"毋与非半，不可斲也"），如将一物体不断地分半，最后便能得到一个最原始的"端"。这有两种取法，一为"进前取"，即从后至前，一半一半地取来，到了最前处必有一个不能再分半的"端"留着。另一种是"前后取"，即在前后两头同时向中央取去，则那个不可分半的"端"，必留在当中。这里不但作出比较缜密的论证，而且他们可能认为组成任何物体的微粒数目，总不外于单数或双数两种情况，所以用"进前取"与"前后取"两种办法总可以得到最小的"端"。这种研究可以说是深入细致的，是我国古代原子论的杰出代表，和古希腊的原子论者德谟克勒特正可以相互辉映。

主张物质可以无限分割的，以战国时期叫作"辩者"的一派为代表，其中最著名的是公孙龙（约前320—前250）。他有一句有名的话，叫做"一尺之棰，日取其半，万世不竭。""棰"就是木杖。意思说，一条尺把长的木杖，今天截取一半，明天截取一半的一半，依此截取下去，永远截不完。这等于说木杖可以无限地分割。正与上面惠施的"小一"理论尖锐地对立着。据说当时两派争论得十分激烈，以致"终身无穷"。

过去，有的人大概接受了墨家的物质理论，结果把公孙龙的说法也纳入墨家的理论。比如从晋代起，有人干脆用"端"的概念去解释"尺棰"的说法，这是不对的。也有的人，只从古典原子论的观点出发，认为公孙龙的说法是错误的，说它只是一个数学上的无穷小概念。更有的人，因为"辩者"同时提出的还有什么"鸡三足"、"卵有毛"、"火不热"之类的奇怪命题，也就把"尺棰"的说法判了一个"诡辩"的罪名，当然是很不公平的。公孙龙臆测到物质的无限可分，应该说是符合于辩证法的。

现在来介绍连续的物质形态学说。我国古代的这类学说是从探求物质本源中来的，并且是逐步发展、充实的。春秋战国时期的思想家们提出了不少的见解。例如《管子》中认为"水"是"万物之本源"（《水地篇》）。企图用一种具体的东西概括世界及其现象，是做不到的。当时以及后来还提出了诸如"道"、"太极"、"太初"、"太始"、"太素"、"一"等。这些概念虽各有其不同的意义，后人的理解也很不相同。但它们共同的意义在于用以给自然界作出统一的解释。比如"太极"，《易·系辞》说："易有太极，是生两仪，两仪生四象，四象生八卦。"明确地认为"太极"是派生万物的本源，孙中山先生把它比附为"以太"，说："元始之时，太极（此用以译西名'以太'也），动而生电子，电子凝而成元素，元素合而成物质……"（《孙文学说》）。

这许多概念之中，发展得最充分的是《管子》中提出的"精气"学说。原来它兼指物质与精神，《荀子》也提到"气"。到了东汉，王充就已指出："天地，含气之自然也"（《论衡·谈天》），明确主张"元气自然论"。后来经过晋代的稽康（224～263）、杨泉、唐代的柳宗元（773～819）、刘禹锡（772～842）、李觏（1009～1059）等唯物主义思想家的发展丰富，特别是宋代的张载，把它推向高峰，至明末王夫之，可说是大成。现在把历代元气论的几个论点摘引如下：

"夫天覆于上，地偃于下，下气蒸上，上气降下，万物自生其中间矣。"（王充《论衡·自然》）

"夫天，元气也，皓然而已，无他物焉。"（杨泉《物理论》）

这些话表明，"元气"是自然界最原始的存在，"万物"都是由它"生"出来的。它可上蒸、下降，显然就是一种客观的存在。"所谓气者也，非待其蒸郁凝聚接于目而后知之，苟健顺动止浩然之得言，皆可名之象尔。"（张载《正蒙·神化》）这句话表明"气"并不一定看得见，只要是有运动、静止而又很广大属性的（实即空间）也就是"气"。值得注意的是，这种客观存在的本身运动变化而有广度的气，恰恰和我们今天所讲的"场"形态物质相似。

"夫物以阴阳二气之会而后有象，象而后有形。"（李觏《删定易图序论一》）

"太虚无形，气之本体，其聚其散，受化之客形尔。"（张载《正蒙·太和》）

"气不能不聚为万物，万物不能不散而为太虚。"（张载《正蒙·太和》）

"气之聚散于太虚，犹冰凝释于水，知太虚即气则无'无'。"（张载《正蒙·太和》）

这些话表明，太虚即气，其本体无形，它充满在整个空间之中，天地间并不存在"无"；有形之物（即实物），是"气"聚集而成的。这里就隐含着类似于今天所谓物质的微粒形态和场形态之间的转换的思想。

王夫之总结了上面的这些意思，他说："阴阳二气充满太虚，此外更无他物，亦无间隙，天之气，地之形，皆其所范围也。"（《张子正蒙注》）

"虚空者，气之量。气弥沦无涯而希不形，则人见云而不见气。凡虚空皆气也，聚则显，显则人谓之'有'，散则隐，隐则人谓之'无'。"（《张子正蒙注》）

这短短的80多字，道出了气是客观存在、充满宇宙、连续无间隙的，只是人目所不能直接观察到，它可以和有形之物相互转化。宇宙中的所有物质及其现象，都是这种"气"形成的。

很明显，王夫之这段话不仅把以往元气论者的几个重要论点都包括进去，而且有了他自己的发挥，使元气论自然观达到了比较完整的境界，既给出了正确的物质观念，又道出了物质的连续形态和不连续形态之间辩证统一的关系，这已被现代物理学所揭示。元气论自然观对于我国古代物理学乃至整个自然科学的影响是极其深远的。它的基本理论，除了把物质性的气作为有形的宇宙万物的终极本原以外，还把它看成是天地万物联结成为一个有机整体的根本。元气论者还认为气有"感应"作用，能自感，也能感物。在后面的章节中还要谈到，许多物理现象都用这种理论加以解释，成为一种相当有效的思想武器。当然，"元气论"是一种思辩性的学说，完全不能与现代物理的物质理论相提并论，这一点是不言而喻的。

元素论思想

我国在远古就有类似于"元素论"的思想萌芽，那就是五行学说。

古人在长期生产斗争中，逐渐认识了一些物质的性质。四五千年以前，人们主要从事农牧业，后来还学会了烧制陶器和金属冶炼（炼青铜）。在这些活动中，同人们的生活和生产关系最密切的，主要是水、土、木、火，后来还有金属等五种物质。因为农业种植离不开水和土，制作工具离不了木和金属，日常生活与制陶冶炼离不开火。所以金、木、水、火、土是那时候人们最常用的五种"基本物质"，称之为"五行"，或干脆称为"五材"。西周时期的《尚书·洪范》上写着："五行：一曰水，二曰火，三曰木，四曰金，五曰土。"春秋时代的《左传》里也说："天生五材，民并用之，废一不可。"《洪范》里还对这五种基本物质的性质作了记载，说水有湿润之性，向下之性；火有燥热之性，向上之性；木有直性又有曲性；金有可以顺从之性，也有可变革之性；土有可用作播种和收获之性。由于当时的生产力水平低，人们接触到的东西并不太多，似乎周围的一切都能用这五种东西生出来，例如用水浇土，就可以种出粮食来，再用火烧熟了就可以吃；用金属刮削木头，就能做出工具和器皿，可以用等等。所以人们认为这五样东西，可以组成世界上形形色色的一切物质；一切物质的性质，也是这五种物质性质的综合表现。西周末年的史伯，就提出"以土与金、木、水、火杂，以成百物"。并提出，只有一种，就产生不了新物质，必须有不同的基本物质在一起才能发生作用，生成新的物质。他明确地认为自然"百物"，就是由这五种最基本的物质组合而成。这可以说是最原始的元素学说。当然，这五种东西本身并不是真正的"元素"，更不能全用它们去解释一切。不过在当时，这也算是比较引人注意的理论了。

这五种"元素"怎样组成各种各样的物质呢？有人企图给它规定一个死死的框子，什么"水生木，木生火，火生土，土生金……"又有什么"水克火，火克金，金克木，木克土，土克水"等等。这种被称为"五行生克说"的理论，虽然在认识史上也起过一定作用，但实际上是认识局限性的表现。因为人们看到了，种树要浇水，木燃烧可得火，木燃后化为灰烬成了泥土，金属矿物是由泥土中开采出来等等；又看到了水能灭火，火能熔掉金属，金属的刀可以砍断木头，木制工具可以耕翻土地，土可以塞住水流等等。于是便认定自然界存在那么一个相生、相克的"规律"。这样把无限丰富生动的自然变化过程，硬套在一个本来并不存在的框子里，当然是不可能的，也是无法说明问题的，所以不可避免地遭到许多唯物主义思想家的批判。比如《墨经》中指出，某克某（"克"，《墨经》叫做"胜"），那是随着条件的变化而可以有所不同的，像数量的多少就是条件之一，所以明确提出"五行无常胜"。墨家还举出例子加以论证，说熊熊大火温度很高，固然可以熔解金属，那是火多金少；但一大块金属也可以捶灭一小块炭火，这是金多火少。王充《论衡·命义》也说："水盛胜火，火盛胜水。"当然他们只看到一个数量的条件，还没有完全正确反映出元素之间组合的真正规律，但比之于上述那种生搬硬套的机械论观点，要进步一些。

墨家学者们还利用这种朴素的五行元素论解释燃烧等自然现象。

五行说，如果按本来的意义发展下去，不失为一种解释自然现象的理论。但在发展的关键时刻，受到了唯心主义一派的毒化与侵蚀，被搞得"神秘"、"怪诞"起来。后来什么都要凑个"五"，什么五味、五色、五金……并且要相配。譬如对于药物，也说"色青属木，入肝；色赤属火，入心"等等。甚至还联系到人事问题上来，搞所谓"天人感应"，那就完全离开了原来的意义。长期以来，这个神秘化了的"五行说"，把人们的头脑变成了一张僵硬的"五行网"，去硬套一切，穿凿附会，是极端荒谬的。这都是后来的事，不应当因此而贬低原来的朴素的五行思想的科学意义。五行物质学说虽然只用五样具体的物质去说明无穷无尽的物质世界，显然是十分不足的，这是古代低下的生产力水平所决定的，是无足怪的；但它的一个主导思想在于承认物质的变化，人们可以设法改变物质的成分，创造出需要的物质来，这可能就是后来发现的炼丹术的思想基础。就这一点来说，五行物质理论也是有一定的意义的。

物质守恒思想

自然界的各种变化过程中，物质既不消灭，也不创生，其量总是守恒的，这叫做物质守恒原理。这种思想，在我国是"古已有之"。

战国时期的《墨经》里有两条记载包含着这种思想萌芽，其中一条说："可无也，有之而不可去，说在尝然。"意思是说，原来没有的，就没有，已经有的，也不可能消灭，因为它是曾经有过的。对这一条《经说》解释说："已给则当给，不可无也。"就是说，已经存在的应当存在下去，不可能消灭。这都定性地说明了物质的不可无故消灭。另一条还从数量关系去说明，《经》云："偏去，莫加少，说在故。"意思是，某种物质被减去一点，但从总体来说，没有增加也没有减少，因为合起来还是一样多少。对这一条《经说》从反面解释说："俱一，无变。"意思是几部分物质合在一起，总量也是没有变化的。这两条文字明显地包含着物质守恒的原理。这种思想在别的书里，也有不少记载。差不多时期的《管子》一书里也说到："天地莫之能损也。"说出了物质不灭的思想。晋代的《列子》中更进了一步，说"物损于彼者盈于此"，"成于此者亏于彼"。意思是，在变化过程中，这里物质多了，那里必然少了；这里少了，那里必然多了。这是从数量关系上说明了物质守恒。其实，凡是对世界持唯物认识的人，往往是承认物质守恒的。

我国古代的"元气论"者就是如此，他们认定物质实体的变化，只是"气"的"聚"、"散"，而"气"是不会生灭的。张载就明确地提出："本体（即气）不为之损益。"王夫之说得更加透彻，他认为"（气）散而归于太虚，复其氤氲之本体，非消灭也，聚而为庶物之生，自氤氲之常性，非幻成也"，"生非创有，死非消灭"。所以他十分反对唯心论者的天地生灭观点，指出："天地本无起灭，而以私意起灭之，愚矣哉！"他曾经提出这样的问题：如果物质可以消灭，到哪里去了呢？说它产生，又何从而来呢？宇宙哪有这么大的储藏供它不断地消耗呢？这是对物质守恒思想的极其生动、有力的论证。

对物质守恒思想，从定性的思维到数量关系的说明，是一个进步，后来更能通过一个具体的变化过程，甚至一个实验来阐明，这又是一个大的进步。明代王廷相（1474～1544），在这方面迈出了可喜的一步。他首先指出"气虽无形可见，都是实有之物，口可以吸而入，手可以摇而得"。他指出，即使是无形的"气"，虽"有聚散"，但"无灭息"。王廷相还举海水为例，说"水"可凝结为冰，冰可溶解为水；冰可以有，也可以无，但把海水和冰加在一起，其总量是不会变化的。这对物质守恒思想是一个具体的说明。在这方面发挥得最好的，要算是王夫之了。当时经济发展，手工业生产技术有了显著的进步，人们对物质的变化有更多的感性知识，王夫之又特别留心于实地调查了解，深入到手工业作坊，考察劳动人民的实践活动。尤其是制墨、烧汞等化学工艺过程，给了王夫之很多启发，使得他能够更加充实与发挥物质守恒的理论。王夫之列举燃烧、汽化、升华三种物质变化事例，来论证"生非创有，死非消灭"的思想。下面就是他所列举的事实：

"车薪之火，一烈已尽，而为焰、为烟、为烬；木者仍归木，水者仍归水，土者仍归土，特希微而人不见耳。"这是说一车子柴，烧掉了即化为火焰、烟尘、灰烬，这时并非不存在了，只是成了"希微"，人们看不见而已。王夫之还举出，如果让松油在旷野燃烧，好像全不见踪影了；如果密闭着燃烧，就变成黑色的烟墨。这可以更明显地证明，燃烧的过程，物质仍然是不灭的。烟、焰、烬也不可凭空创生。

"一甑之炊，湿热之气，蓬蓬勃勃，必有所归。若盦盖严密，则郁而不散。"这是以烧水为例：水受热沸腾汽化，似乎不见了，那一定有所去向，并非消失，如果盖得严密，那蒸气就跑不掉了。以此说明，水的汽化并非水的消灭。

"汞见火则飞，不知何往，而究归于地。""覆盖其上，遂成朱粉。"这是说水银受热升华，变为水银蒸气而飞散了，好像不知哪里去了，实际上是仍回归到大地。如果在炼汞的器皿上加上一个盖，水银蒸气就会附着在盖子上，成为红色粉末状的氧化汞。这就说明了汞的升华，也不是汞的消失。朱粉的形成也不是物质的创生。以固态、液态、气态三者的变换，来阐明物质守恒的道理，是十分直观生动、明白易懂而又有说服力的。

总之，物质守恒的朴素思想，在我国起源很早，历代不绝如缕，到了王夫之可以说已初步成型，不仅有理论的阐述，也有实验的论证，确实是人类物质认识史上一项很宝贵的财富。

物质结构

古人对于物质问题，除了作总体的思考以外，也曾经把注意力集中到物质的内部结构上来，首先引起人们注意的是某些结晶体的规则的几何形状。早在西汉时期就有人发现雪花的形状是有规则的。

《韩诗外传》云："凡草木花多五出，雪花独六出，雪花曰霙。"指出了雪花六重对称结构。《韩诗外传》是西汉韩婴的著作，成书于大约公元前 135 年，也就是说，我国古人远在 2000 多年之前已经深入地观察结晶体的形状结构了。在欧洲，直到公元 1260 年左右，阿贝特（1191～1280）还只是说雪花呈星状。确切地提出其六重对称结构

雪花

的，是波兰天文学家开普勒（1571～1630）。公元 1611 年元旦，他发表一篇论文，题目就是"把六角形雪花作为新年礼物"。在时间上说比我国晚了 1700 多年！不过，开普勒的认识是比较深刻的，他已经试图在原子观点的基础上，用密堆的数学理论加以解释，但最后他仍退到以"可能的形态"来说明这种现象。我国古代只停留在表面的观察，虽然也有人企图加以解释，譬如说"六"是"阴之成数"（汉刘熙《释名》）等等，毫无科学意味。宋代的朱熹却有独到的说法，他认为雪花是霰下降过程中，被猛烈的风吹裂才散为花瓣状，正像一团烂泥，拿在手里往地下猛力一摔，必裂成棱瓣状。这个说法虽然并没有接触到问题的本质，但比喻倒是生动易懂的。

除了雪花之外，霜花、冰花是一种晶体枝蔓生长，我国古代对此也有些记载，例如《梦溪笔谈》中就有十分生动的描写，可能年代上是最早的。石英也是常见的天然结晶体，在我国古代又称"菩萨石"，它在岩穴中自由生长，形状比较完整，是由棱柱和棱锥组成，沿棱柱的晶轴是六重对称轴。远在南北朝时期的陶弘景（456～536）就指出它"六面如削"。宋代寇宗奭的《本草衍义》中更进一步说它"形六棱而锐首"。宋代杜绾的《云林石谱》也说"其质六棱"。这些说法不仅对外形记录是准确的，寇、杜二人还指出石英对日光具有色散作用，这实际上就是因为石英是透明的棱柱体，起了

棱镜的作用。此外，对于如食盐、黄铁矿（"金牙石"）等立方晶系物质，古书上也指出它是"正方"形，形如"方印"等等。又如霰系三重对称结构，古书上说是"霰三出"。在这里特别值得提到的是沈括对石膏的几何外形所做的深入、生动而清晰的描述。他说这种晶体大的如杏叶，小的像鱼鳞；都是六角形，外形端整得像是切刻出来的，正如龟甲状；四周围象裙襕那样有微小的凸出；前面的晶体斜向下，后面的晶体斜向上；一片掩盖着一片，就像穿山甲的鳞片层层相叠；如果敲打它，会随着纹理裂开，也呈六角形，等等，记载得多么仔细和具体。沈括的这些知识并非凭空而来，因为他曾主持改革盐法，这期间为了调查食盐生产情况，曾深入到各地不少盐场。石膏正是盐湖的副产品，也是他观察研究的对象，所以沈括所记载的，全是当时劳动人民长期的经验和他自己入微观察的结果。正由于对各种晶体的形状有相当深入的知识，所以古人也以此作为判别不同晶体的根据。比如古代的本草学家们在鉴别石膏、长石、理石、寒水石、凝水石、精石、方解石等名词的异同时，依据之一，就是视其结构上的"肌理"、"形段"。比如北宋苏颂（1020～1101）的《图经本草》说："破之皆作方棱者为方解石。"阎孝忠《集效方》也说："敲之成方者，名方解石。"李时珍《本草纲目》说得更加透彻："击之块块方解，墙壁（即指"自然晶面"）光明者，方解石也。"当然，古人对这些结晶体的判别，长期以来，存在着一些争论，判别有准确的，也有不准确的，但能够捉住外形的特征，无疑是正确的，也证明了他们对结晶体认识的深刻。古人在长期观察结晶体的过程中，积累与提炼了一些具有规律性的认识，形成了一些值得肯定的概念。例如"棱"就是指的两个自然晶面的交线，和现代的涵义没有什么不同；又如"墙壁"，是指自然晶面或解理；又如"拆"或"析"指的是"解理"，等等。

停留在对几何外形的观察和记载，当然还是对结晶体的初步研究。令人惊异的是，古人对于某种晶体的形成过程和条件，也有过记载，这是炼丹家的成绩。唐代初年的著作《黄帝九鼎神丹经诀》里，记载用朴硝（即硫酸钠 Na_2SO_4）与硝石（即硝酸钾 KNO_3）制取硫酸钾（K_2SO_4）晶体时说，把朴硝和硝石捣细混和在一起，用热水淋汁（就是取得浓的水溶液），待澄清后，再以温水煮，待它半冷时倒入水盆中，盆外用冷水冷却，经过一夜就有硫酸钾出现，它"状如白色"，"大小皆有棱角起"，就是一种结晶体。这一段文字是制作晶体实验的忠实记录。此外，南宋程大昌《演繁露》记载食盐的生长过程也十分精彩。他说："盐已成卤水，暴烈日中，即成方印，洁白可爱，初小渐大，或数十印累累相连。"这里指出了盐在水中含量超过溶解度，晶体逐步生长，由小到大，始终是立方体。描写是十分准确、深入的。

当然，晶体学的研究是 20 世纪才发展起来的学科，我们的祖先能如此细致深入地观察，并发现其形状规律，已属难得，且能研究它的生长过程，尤称珍贵。

第三节　热　学

测温与测湿

温度与湿度是热学中两个很重要的概念。它们同人们的生活与生产，特别是农业生产关系很大，因此受到极大的注意。比如人们早就知道，温度与湿度的变化使物体形状发生变化，但不同物质的变形程度又是不同的。所以在汉代人们就指出了"铜为物之至精，不为燥湿寒温变节，不为霜露风雨改形。"特别是度量衡器具的制作十分注意温度、湿度对材料的影响，人们就在此中也得到了不少有关的知识。

温度是指冷热的程度，我国古文献描述它的词汇很丰富，从低温到高温依次用冰、寒、凉、温、热、灼等表示。这里面显然有区别温度的含意。古代对于低温的获得，想了许多方法，主要是用冰。

人们想了不少隔热保温的方法，把冬天的自然冰保存到次年夏天。从周代开始就有"夏造冰"的说法，但当时怎么造法，还有待研究。高温的获得复杂得多。远在先秦，在冶炼、制陶等工艺中，能得到摄氏1000度以上的高温。这里面有许多热学上的知识值得进一步研究。至于对温度的观察、测定更有多种方法，例如在冶炼、制陶、炼丹、烹调等工作中，各自摸索出一套观测温度的方法。

古代医学的研究已经认识到人体的温度应当是恒定的，所以可作为测温的标准，也就是"以身试温"。这当然是最粗略的土方法。《考工记》中记载冶炼青铜合金的工艺中，以蒸气的颜色作为判断温度的标准，据近人研究是合乎科学原理的。又如在对水加热过程中，则根据水泡形成状况，甚至水中热循环发出的声响来判断温度。在对某些固体加热过程中，则视其颜色的变化来判断温度，这些都是有科学道理的。但又是主要凭借人们的经验，所谓的掌握"火候"，缺乏易于掌握的客观标准。在西汉，有人曾试图制作一个测温装置。《淮南子·说山训》说："睹瓶中之冰，而知天下之寒。"瓶中的水结了冰，这说明气温低。同书《兵略训》说："见瓶中之水，而知天下之寒暑。"在瓶中盛了水，当它结冰，可以说明气温低，如其熔解为水，又可以说明气温之升高。这观测范围比前者大，功能比前者好，或许可以认为是一种关于测温器的设想的萌芽。

真正称得上温度计的发明，是17世纪的事。1673年北京的观象台根据传教士南怀仁的介绍，首次制成了空气温度计。但我国民间自制测温器的不乏其人。据《虞初新志》记载，清初的黄履庄（1656~？）曾发明一种"验冷热器"，可以测量气温与体温，大概是一种空气温度计。清代中叶，杭州人黄超、黄履父女俩也曾自制过"寒暑表"，据说颇具特色，但原始记载过于简略，难知其详。

湿度是一个似乎很难捉摸的概念，它的变化与天气晴雨的关系十分密切，这在古人是有经验的。西汉《淮南子·说林训》就指出"湿易雨"。民间流传的大量天气谚语，都有类似的说法。王充《论

衡·变动篇》指出"琴弦缓"是"天且雨"之
验。这显然是指大气湿度的变化引起琴弦长度的
变化。《淮南子·本经训》说得更加精彩："风雨
之变，可以音律知之。"大气湿度变化引起琴弦
长度的变化是很微小的，难于察觉的，但反映在
该琴弦所发的音调高低的变化却是十分明显的。
这里可以说已经孕育着悬弦式湿度计的基本原理
了！在欧洲，迟至16世纪中叶才有用鸟兽的肠
（或野雀麦的芒）制成弦线，观其长度的变化来
测知大气湿度。这种湿度计大约于1670年左右传

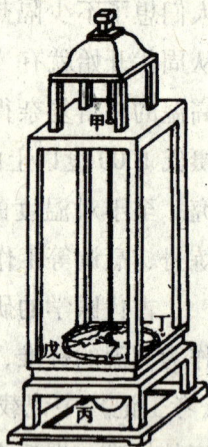

《灵台仪象志》
介绍的温度计

入我国。黄履庄在1683年就自制成功一种所谓
"验燥湿器"："内有一针，能左右旋，燥则左旋，
湿则右旋，毫发不爽，并可预证阴晴。"可见它
的灵敏度很高，但它的结构与原理没有被记录下
来，也可能是毛发式或天平式湿度计，但也有可
能是气压计，因为空气的湿度与气压的关系是十
分密切的。如果是气压计，它的构造可能如下图
所示：弯曲玻璃管 AB 盛以水银，A 端封闭，水
银面以上为真空，B 端开口通空气，在 B 端水银
面上，放一重物 E（如钢块），丝线一端系于 E，
另一端绕过转轴 O，挂一重物 F（F 的重量应略
轻于 E 的重量）。当气压变化，B 端水银面发生

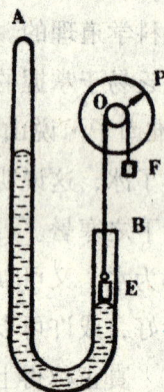

黄履庄式气压计

升降，E 的高度随之变化，通过丝线转动转轴，使指针 P 发生"左
旋"或"右旋"。1665 年英国胡克创制的轮状气压计，也利用了这
类原理。1885 年英国人合作著的《博物新编》中介绍的气压计（书
中称"风雨表"）也与之相差不多。

　　在西汉时代还有一种天平式的验湿器。《淮南子·泰族训》说：
"湿之至也，莫见其形而炭已重矣。"同书《天文训》也说："燥故

炭轻，湿故炭重。"可见当时已经知道某些物质的重量能随大气干湿的变化而变化。同书《说山训》说："悬羽与炭而知燥湿之气。"说得就是天平式验湿器。对于它的结构与原理，《前汉书·李寻传》颜师古的注，引三国人孟康的话，说的尤其具体："《天文志》云：'悬土炭也'，以铁易土耳。先冬夏至，悬铁炭于衡，各一端，令适停。冬，阳气至，炭仰而铁低；夏，阴气至，炭低而铁仰。以此候二至也。"这就是说，把两个重量相等而吸湿能力不同的物体（如羽毛与炭，或土与炭，或铁与炭）分别挂在天平两端，并使天平平衡。当大气湿度变化，两个物体吸入（或蒸发掉）的水分多少互不相同，因而重量不等，天平失去平衡发生偏转。这种验湿器简单易制，灵敏度也还好，使用时间很长，甚至在20世纪的农村气象哨站也还沿用，可见它具有很强的生命力。在欧洲也有过这种验湿器，那是15世纪才发明的，比我国迟了1600多年！

我国古代除了这些仪器以外，民间还用某些经验方法来测知湿度的变化。明代徐光启的《农政全书》引有一首农谚说："檐头插柳青，农人休望晴；檐头插柳焦，农人好作娇。""作娇"指酿酒，檐头的柳枝如保持常青，说明水分难以蒸发，必是大气湿度大，天气不能放晴；柳枝如易枯焦，说明水分蒸发很快，必是大气干燥，天气易晴，气温升高，利于发酵酿酒。这些验测大气湿度的经验，是有科学根据的。

热的传播与保温瓶

王充的《论衡》谈到不少热学知识，关于热的传播，《论衡·寒温篇》有这样一段话："夫近水则寒，近火则温，远之渐微。何则？气之所加远近有差也。"王充试图对热传播的本质加以解释。他认为热传播是依靠"气"。在他看来，"气"是一种可施可禀，能散能凝的物质本体。从上一段引文中可以看出，他已认识到热是从高温向低温传播的，并且是通过某种物质的；受热物体所得到热的多少跟它距离热源的远近有关，近热源者得热多，远热源者得热少。

这些认识都是值得重视的。

在我国古代很注意保温。1978年，随县曾侯乙墓出土的两件保温的盛酒器，已有2400多年的历史。这种保温的盛酒器由内外两个独立的容器组成，里面的方形容器是盛酒的，外面的方形容器在冬季用来盛热水。由于外面容器的容积很大，所以热容量也十分大，能有大量的热传给里面容器中的酒，使酒温很快升高，并达到一定的温度，趋于热平衡。这样，壶中的酒得以保温。在夏季，外容器储冰，同样也可以保温。有了它，在寒天可以喝到暖人肠胃的汤浴温酒；在热天则可以喝到沁人心脾的冰镇美酒。

宋代洪迈（1123～1202）的《夷坚甲志》记载了一个很动人的故事："张虞卿者，文定公齐贤裔孙，居西京伊阳县小水镇，得古瓦瓶于土中。色甚黑，颇爱之。置书室养花，方冬极寒，一夕忘去水，意为冻裂，明日视之，凡他物有水者皆冻（裂），独此瓶不然。异之，试之以汤，终日不冷。张或为客出郊，置瓶于簏，倾水瀹茗，皆如新沸者。自是始知秘，惜后为醉仆触碎，视其中，与常陶器等，但夹底厚二寸，有鬼热火以燎，刻画甚精，无人能识其为何物也。"这个古瓶的奥秘在于利用二寸厚的空气层来保温，它实在是现代保温瓶的雏形。至于绘鬼烧火，是故弄玄虚，转移他人的注意力，以防仿造。这种利用空气层保温的器皿，以后也有流传（如明代张鼎思的《代醉篇》），不过在记载上有过于夸大之处。

热膨胀与热应力

我国古代制造精密器具时，为了避免器具受温度和湿度的影响而发生形状和体积的变化，很注意选料。《前汉书·律历志》说："铜为物之至精，不为燥、湿、寒、温变节，不为霜、露、风、雨改形。"量器最考究精密，它的容积应力求不变化。唐代诗人李商隐（813～858）的《太仓箴》说得好："龠合斗斛，何以用铜？取其寒暑暴露不改其容。"可见他们已经意识到物体形状、大小能随温度、湿度而有所变化。

物体热胀冷缩引起的热应力是十分强大的，不能忽视。古代作战与打猎，弓箭为有效的远程武器，制造者与使用者很留心它的热膨胀和热应力，要求弓在严冬和炎夏热应力变化不大。《考工记·弓人》就全面考虑了弓的取料问题："弓人为弓，取六材，必以其时。"《梦溪笔谈·技艺》也讨论了这个问题："予伯兄善射，自能为弓，……寒暑力一。凡弓初射与天寒，则劲强而能挽；射久、天暑，则弱不能胜矢。此胶为病也。凡胶欲薄而筋力欲尽。强弱任筋不任胶，此所以射久力不屈，寒暑力一也。"

把热膨胀与热应力用之于工程也很常见。2世纪初四川武都太守虞诩，曾主持西汉水（嘉陵江的上源）航运整治工程，为了清除泉水大石，用火烧石，再趁热浇冷水，使坚硬的岩石在热胀冷缩中炸裂，以便开凿。《后汉书·虞诩传》的注引《续汉书》说："下辩东三十里有峡，中当泉水，生大石，障塞水流，每至春夏，辄溢没秋稼，坏败营郭。诩乃使人烧石，以水灌之，石皆坼裂，因镌去石，遂无泛溺之患。"下辩为县名，在今甘肃成县西。如果追溯到更远，战国时蜀郡太守李冰，在今宜宾一带清除滩险也用此法："李冰为蜀守，冰知天文、地理。……大滩江中，其崖崭峻不可凿，乃积薪烧之，故其处悬崖有赤白五色。"（东晋常璩《华阳国志》卷三《蜀志》）。此事大约在公元前256年到公元前251年。

这种"火烧水淋法"（或纯火烧，即火烧空气冷却）后世也有应用。《物理小识》卷七《烧石易凿法》说："万安张振山开河……以桐油石灰与黑豆末之，烧石，则凿之甚易……智按：以硫烧之，其石亦易碎。"明、清时也曾用"火烧法"（或叫烧爆法）来开矿。

在金属冶炼技术中，由于温度变化范围大，热应力问题最值得注意。殷商时代的青铜铸造工艺中，就设法尽量减少热应力，例如殷代中期的盛酒青铜器"四羊方尊"（1938年湖南宁乡出土）高0.583米，它的羊角头采用"填范法"铸成中空，泥胎不拿出。这种方法不仅节省了青铜，更重要的是可以避免在冷缩过程中由于厚薄关系而引起缩孔和裂纹。同时期一些青铜器的柱脚（或粗大部分），也采用这种方法，只有柱脚最末端一二十厘米是铸成实心的。这种填范法是为了减少热应力。

　　3000 多年前减少热应力的填范法与 2200 多年前增大热应力的火烧法，从不同侧面显示了我国古代对于热膨胀与热应力的认识。

军事与武器
科技大参考

邢春如◎主编

中国科技漫谈⑤

辽海出版社

责任编辑:陈晓玉　于文海　孙德军

图书在版编目(CIP)数据

中国科技漫谈/邢春如主编.—沈阳:辽海出版社,2008.6(2015.5重印)

ISBN 978-7-80711-701-8

Ⅰ.①中… Ⅱ.①邢… Ⅲ.①科学技术—技术史—中国—普及读物 Ⅳ.①N092-49

中国版本图书馆 CIP 数据核字(2011)第 075089 号

中国科技漫谈

军事与武器科技大参考

邢春如/主编

出　版:辽海出版社		地　址:沈阳市和平区十一纬路25号	
印　刷:北京一鑫印务有限责任公司		字　数:700千字	
开　本:700mm×1000mm　1/16		印　张:40	
版　次:2011年8月第2版		印　次:2015年5月第2次印刷	
书　号:ISBN 978-7-80711-701-8		定　价:149.00元(全5册)	

如发现印装质量问题,影响阅读,请与印刷厂联系调换。

前　言

恢宏博大的五千年中华文明，成就卓著，举世瞩目。特别是中国古老的科学技术，更是创造了人类发展的一个个里程碑，在世界可谓是独领风骚，其历史简直异常辉煌。

工具的制造是原始技术开始的标志。在原始社会时期，人类征服自然界的物质基础十分薄弱，因而，这一时期科学技术的萌芽和发展非常缓慢。

随着青铜时代的到来，这一时期的科学技术在原始社会的基础上有了巨大进步，在世界文明史上占有重要的地位。青铜器是这一时期最具代表性的标志物。夏、商、周的科技进步，极大地促进了中国早期国家的形成和发展。

春秋战国是中国科技知识进一步积累与奠基的重要时期。这一时期所取得的科技成果在中国科技史上占有重要地位，为秦汉及其后的科技发展奠定了坚实的基础。

秦汉时代科技最显著的特点是科学建制完整、技术体系统一。在这一时期，传统的农、医、天、算四大学科体系框架已基本形成，冶炼、纺织、土木建筑、造纸、船舶制造等主要技术体系及风格也大体确立，从而为此后近两千年的中国科技发展确定了大方向。

在魏晋南北朝时期，战乱频繁，政局动荡，科学技术以其强大的生命力在曲折中进步着，有些学科甚至获得了突破性进展，主要体现在农业、机械、数学、天文历法、地理、化学等领域所取得的成就。

综观隋唐科技，可谓是全面推进，重点突出。这一时期既是对先前诸多科技领域的成就进行了继承与发展，又开创了多方面的世

界之最。

在宋元时期，虽说一直战火纷飞，社会也动荡不安，但中国科学技术的发展却进入了一个前所未有的黄金时代。这一时期，可谓人才辈出，硕果累累，取得了一系列极其突出的成就。

明清时期是中国科学技术发展历史上重要的转折时期。在明代，中国传统科学技术趋于成熟，中国在大部分科技领域仍居于世界领先地位，各方面的成果得到总结，出现了一批集大成式的著作。但在明末清初，中国的科学技术却裹足不前，开始落伍于世界科学技术发展的滚滚洪流了。

近代中国的落后与贫弱促使许多有识之士开始积极探索中华民族的富强之路，放眼看世界一时间成为时代的潮流。随之而来的洋务运动则掀起了向西方学习的热潮，开启了中国的近代化。

辛亥革命的爆发，使中国社会发生了重大转折，现代科技教育体制开始建立。继来之而来的新文化运动，极大地推动了现代科学精神在中国的启蒙。

中华人民共和国的成立，揭开了中国历史崭新的一页，也开始书写科学技术的新篇章。经过五十多年的风风雨雨的拍打锻炼，如今中国的科技事业可谓是蒸蒸日上，一日千里。更多的科技新成就，必将汇聚成一盏盏明灯，发出更加耀眼的光！

为了全景式展现中国科学技术成长壮大和发展演变的轨迹，描绘出科学家探索自然奥秘、造福中华的奋斗历程，以及在西学东渐背景下所作出的回应和为追赶世界科技潮流所进行的不懈追求过程。为此，我们特别编辑了这套《中国科技漫谈》，主要包括数学、天文、地理、农业、建筑、军事等内容。

本套书简明扼要，通俗易懂，生动有趣，图文并茂，体系完整，有助于读者开阔视野，深化对于中华文明的了解和认识；有助于优化知识结构，激发创造激情；也有助于培养博大的学术胸怀，树立积极向上的人生观，从而更好地适应新世纪对人才全面发展的要求。因此具有很强的知识性、可读性和启迪性，是我们广大读者了解中国科技、增长科学素质的良好读物，也是各级图书馆珍藏的最佳版本。

目　录

第一章　军事工程大参考

第二章 军事武器大参考

第一节 兵器发展历史

第二节 兵器主要种类

第一章　军事工程大参考

第一节　先秦军事工程

筑城起源

战争的起源和城堡的产生

兵垒，或者说筑城，是伴随着战争的出现而产生的。因而，在研究兵垒的起源时，有必要先对战争的起源进行一些基本的探讨。

毛泽东认为：战争是"从有私有财产和有阶级以来就开始了的"。这一论断，和恩格斯关于战争出现于原始社会末期的论述完全一致。众所周知，私有财产和私有制社会，是两个不同的概念；阶级和阶级社会的内涵、外延也并不相同。有了私有财产，有了阶级，并不意味着已经产生了生产资料私人占有制的阶级社会。任何事物，由量变到质变，都有一个发展过程。

早在母系氏族社会时期，私有财产就已存在，这从大量古文化遗址的考古发掘中，可以得到充分的证明。至父系氏族社会时期，私有财产的数量逐渐增多，范围不断扩大，财产的差别已极为严重。如山东大汶口发掘的132座墓葬，小墓随葬品仅仅1件，而大墓随葬品多达50余件，最多者达180余件。以10号墓为例，有内壁涂朱的高级葬具，有77个单件组成的3串头饰，除象牙雕筒、象牙梳及玉铲外，还有玉臂环、玉指环等稀世瑰宝，随葬了大批精美陶器，仅陶瓶一项竟达38件之多。这些墓葬的年代，距今约4800余年。

由于私有财产的差别而导致贫富分化日益悬殊，出现了阶级对立。如青海乐都柳湾和甘肃永靖秦魏家等地的一些墓葬，均出现了人殉的现象。有的似妻子殉夫，有的似奴隶殉主等。与此同时，掠夺私有财产的战争，也伴随着阶级的对立而进入人类社会的生活中。恩格斯说："邻人的财富刺激了各民族的贪欲，在这些民族那里，获取财富已成为最重要的生活目的之一。他们是野蛮人，进行掠夺在他们看来是比进行创造性的劳动更容易甚至更荣誉的事情"。他认为这一时期是军事民主制时期。

在我国，这一时期正是古文献中记述的五帝时代。五帝，即黄帝、颛顼、帝喾、尧、舜五人。这时，我国从松花江流域到珠江流域，到处分布着许多大大小小的部落。仅农业发展较早的黄河流域，就有"万国"之多。当然，所谓国，实际上是部落；所谓万国，不过是形容其数量众多。在古文献中，有大量关于这一时期战争的记载。除了人所共知的黄帝战炎帝及黄帝战蚩尤外，《山海经·大荒西经》还记有颛顼与孟翼之战。《淮南子·天文训》记有颛顼与共工之战。《史记·楚世家》记有帝喾与共工之战。《孙膑兵法·见威王》记有尧伐七个不服从部落的作战。《荀子·议兵》和《战国策·秦策》记有尧伐湨兜之战。《吕氏春秋·召类》记有尧与南蛮之战。《庄子·人世间》记有尧攻从、枝等部落之战。《鹖冠子·世兵》记有尧伐有唐之战。《荀子·议兵》记有舜伐有苗之战。《尚书·大禹谟》记有禹攻三苗之战。《庄子·人世间》记有禹攻有扈氏之战等。总之，当时的社会，部落之间的战争是相当频繁的。

我国五帝时期的战争，不仅存在于古文献的记载之中，考古发掘中也出现了许多与此相印证的资料，以实物记录了这一时期的战争。例如，江苏邳县大墩子墓地，曾发现带有箭镞的人腿骨。山西绛县遗址中，也曾发现带箭镞的人骨。这一时期的遗址上，还出土了一些战斗用的护身武器。如甘肃永昌鸳鸯池出土了一件石护臂，两件骨护臂。骨护臂是由宽0.7～1.4厘米的26根骨片组成。至于攻击性的武器，如石矛、石刀、石镞、骨镞等，那就更多了。此外，在这一时期的遗址中，还广泛地出现大量有人工伤痕的残断人骨，也可以证明这一时期存在着战争。如在邯郸涧沟龙山文化遗址中，发现一圆袋形土坑，口径仅 1.37 米，深 1.23～1.25 米，却掘出 10 副人骨架，骨架上留有多处伤痕和烧痕。其中一具中年男子头骨上留有六处钝器砍击伤痕，另一具青年骨架，右臂被砍断。这当然不是正常死亡的，极可能为战斗中的牺牲者。据统计，仅此一处遗址内，就发现类似的残缺人骨数十具。

这一时期的遗址中，还发现不少无尸头骨和无头骨架。如在涧沟遗址中曾掘出 9 个被砍下来的无尸头骨，经中国科学院古脊椎动物与古人类研究室技术鉴定，认为是砍下后又剥去头皮的头骨，是部落战争中掠获的人头。类似的人头骨，在乐都柳湾、永登蒋家坪、吴县张陵山等地遗址均有出土。没有人头的骨架，也出土很多。最早者出现于宝鸡北首岭墓地，墓中骨架上端置有尖底罐以代替头颅。此外，湖北房县七里河、云南宾川白羊村、青海民和阴山、青海贵南尕马台等遗址，均有这样的发现。以尕马台遗址为例，1977 年发现一处齐家墓地，墓地内有六座被砍掉头颅的墓葬。墓中均有骨珠、小石片等随葬装饰品，说明并非奴隶。全部葬于墓地东北角边缘位置。考古学家判断，这是在战争中被其他部落砍去人头的死者，为与本氏族正常死亡者相区别，所以才埋在本氏族墓地一角的边缘，认为"这是军事民主制时期本族人对因战争（被猎首）死者埋葬的真实情况"。

恩格斯对军事民主制时期的战争，曾有过"纯粹是为了掠夺"的评说，并认为这时战争已经"成为经常的职业了"。有掠夺，当然就有反掠夺。各个部落为了保障本部落的财物、人口不被掠夺，为了在频繁的掠夺战争中"保存自己"，提高部落自身的生存能力，于是具有防护性能的兵垒，即城郭沟池等防御筑城设施便应运而生。但是，筑城的产生，还和农业生产有着密切的关系。

中国是一个农业经济发展最早的国家之一，早在新石器时代早期（前10000～前7000），就已开始进入农耕阶段。长江流域发现有公元前10000年前的栽培水稻实物标本，黄河流域发现有公元前8000年前的谷物加工工具石磨盘、石磨棒等和养殖的猪、狗等家畜遗骸。进至新石器时代晚期（前5000～前3000）和铜石并用时代（前3000～前2000，亦即龙山文化时期，五帝时期），牛耕、灌溉和养殖技术已相当发达，种植业和养殖业已成为社会经济的决定性部门。这不仅改变了人们的生产、生活方式，由食物采集者发展为食物生产者，同时也自然导致人们思想观念的变化。由于农业生产不断发展，人口数量也随之不断增多，而农业生产又极大地限制了人们的活动范围，促使人们定居。于是人们对适于农业生产和居住的地方，产生了浓厚的情结和依赖性，并从而产生了较强的领土观念。失去土地，实际上就失去了生存条件，保卫本部族的领土，也就成为人们的心理定势。可是限于当时的条件，人们还缺乏保护全部领土的有效手段，所以防护性的筑城，首先出现在人口和财物集中的定居点（聚落）周围。

兵垒起源于五帝时期的记载，在我国古代文献中，并不少见。如《汉书·食货志》说："神农之教曰，有石城十仞，汤池百步"。《淮南子·原道训》说："黄帝始立城邑以居"。《史记·五帝本纪》说舜"一年而所居成聚，二年成邑，三年成都"。《世本》、《礼记》、《吕氏春秋》、《淮南子》等书说"鲧筑城"。《吴越春秋》更进一步说"鲧筑城以卫君，造郭以守民，此城郭之始也"（见《初学记》卷二十四，《太平御览》卷一百九十三引，现书无）。《博物志》则说"禹作三城，强者攻，弱者守，敌者战。城郭又自禹作也"。各书说法虽不一致，并渗入一些后人的设想，但都表明了一点共同的认识：中国原始社会末期，即氏族制度日趋瓦解、奴隶制社会即将到来的前夕，壕沟城堡等类型的兵垒，已经产生。甚至认为它的修筑与否，关系着部落的存亡。《逸周书·史记解》有古西夏部落之所以被尧灭掉，就是由于西夏"城郭不修，武士无位"而造成的精辟之说，便是其中最具代表性的见解。

考古发掘中见到的早期筑城

（一）环壕与围墙

早在新石器时代早期和中期的文化遗址中，就已发现了壕沟类型的防护设施。如内蒙古赤峰市敖汉旗兴隆洼遗址和陕西临潼姜寨遗址等，聚落周围都挖有壕沟。不过规模都不大，壕沟宽度一般为2米左右，深不过1米左右。湖南澧县梦溪八十垱遗址的环壕较大，也仅宽3.5米。但也有个别特殊的，如山东章丘小荆山遗址，环壕宽19.75米，深约6米。进至新石器时代晚期，环壕的规模普遍增大，如陕西西安半坡遗址，围绕约3万平方米聚落的环壕，宽5至8米，深5至6米。安徽蒙城尉迟寺遗址的环壕，宽度已达29.5米至31.1米。为了加强防护功能，有的聚落为二重环壕，如陕西合阳吴家营遗址和西安半坡遗址，以及河北磁县下潘汪遗址等。但二重环壕的内涵，前后有所不同：吴家营遗址的内外壕，间距仅1至5米，中间没有房屋遗迹，明显地只具有加大防护纵深的作用；而半坡和下潘汪遗址的内外壕，间距甚大，中间有远多于内壕内房屋的遗迹，半坡遗址内壕入口处还设有哨所，说明这种结构，不仅具有加大防护纵深的作用，而且也是这一聚落群体内部阶层分化在筑城上的反映。

随着部落战争的增多和生产技术的进步，原始弓弩性能有所提高，射距离和杀伤力都超过了飞石索，这时单纯向地下挖掘壕沟，虽能起一定障碍作用，但不能有效地防护箭矢的伤害。于是出现了围墙。最初的围墙，是修建环壕的副产

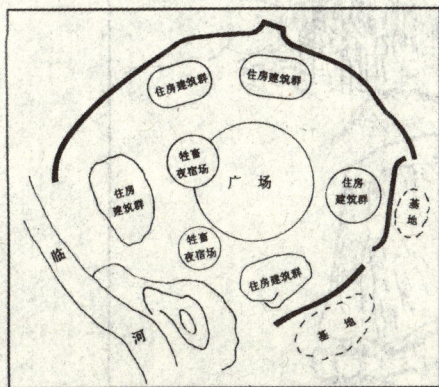

临潼姜寨村落遗址外壕示意图

品，将挖出的泥土堆积在壕沟内侧。如半坡遗址外壕内侧口沿，因有积土而高出外侧口沿 1 米。特别是八十垱遗址，壕沟内侧已经有了人们有意识地堆积的土垄式围墙。由于围墙既能遮蔽敌人箭矢，又可隐蔽自己行动，通过防守战斗实践，认为效果良好，因而人们便用夯土技术，构筑外侧坡度远较堆土为大的围墙。如河南安阳后屯遗址，就发现围绕聚落夯筑一段围墙，宽 2 至 4 米，高度已无法测到。

在平原地带，取土容易而且方便，所以多为夯筑土围墙；在近山或缺土的地区。则多为块石垒筑的石围墙。数千年的风吹雨打，土围墙因墙体薄而多已消失，石围墙则尚有遗迹可寻。迄今止，内蒙古中南部已出现 19 处遗址：准格尔旗有白草塔、寨子上、寨子塔、小沙湾等：包头有阿善、西园（两座）、莎木佳（两座）、黑麻板、威俊（三座）等；凉城有老虎山、西白玉、大庙坡、板城等，清水河有后城嘴、马路塔等。石围墙的墙体，均厚 1 米左右，断面多呈梯形，石块交错叠压，相交处用泥土固定，空隙填以碎石，砌在自然地面上。由于残高均不过 1 米左右，所以实高已难测定。石围

安阳后屯土围墙示意图

墙聚落的面积都不太大，多为1至数万平方米。如寨子塔5万平方米，大庙坡6万平方米等，其中最小的为小沙湾，仅4000平方米，最大的为后城嘴，达40万平方米。石围墙聚落的位置，均建于黄河等河流两岸岗台上和大青山南麓坡地上。一般依自然地形结合断崖进行构筑，形状多不规整。

（二）原始城堡

由新石器时代晚期进入铜石并用时代之初，气候正值全新世大暖期，温暖湿润，极利于农业经济的发展，人口迅速增殖，定居氏族、部落的数量及规模急剧增大，部族内部的阶层分化已逐渐演变为阶级分化，部族之间的交流和冲突也日益增多和剧烈，并发展为掠夺性的战争。在战争的促使下，有血缘关系和有共同利害关系的部落，便结合为联合体（军事民主制的部落联盟或酋邦）。这时，仅有消极防护功能的围墙，已不能适应日趋频繁和规模愈来愈大的战争需要，因为它在遮蔽敌人箭矢和隐蔽自己行动的同时，也阻碍自己弓弩的发射和遮挡对敌人行动的观察。战争的胜败，仍必须走出围墙进行战斗。于是人们便构筑能够进行防守作战的城堡。城堡和围墙的区别，主要是城堡城墙比围墙更厚、更高。城墙上既可以机动兵力，又可以据以投掷石块、发射弓弩杀伤来攻的敌人，还可以观察敌情和指挥战斗。构筑城堡的工程量，远较构筑围墙为大，不仅需要大量人力，而且需要建筑技术。由于部落联合体的首领，既是军事首长，又是行政长官，有的还是宗教领袖，拥

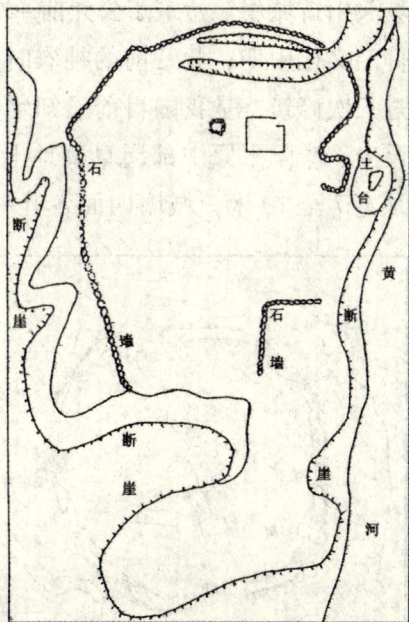

寨子上石城平面图

有极大的公共权力，且已有了脱产的卫队和管理联合体事务的简单机构，如《史记·五帝本纪》说黄帝"以师兵为营卫"，"置左右大监，监于万国"等。所以能够动员全联合体的人力和技术力量，在联合体的军事、政治中枢所在地，构筑工程浩大的城堡。城堡的作用，已不仅是保护城堡内的人口、财富不被掠夺，更主要的是保卫联合体的首领及管理机构不被消灭，否则整个联合体的部落就无法团结一致、集中力量战胜敌人。所以城堡实际上起到保卫全联合体成员及生存资料源的作用。

在考古发掘中，目前已发现这一时期——五帝时期的近 30 座古城堡遗址。主要分布在战争多发的长江中游江汉地区、黄河中游中原地区、黄河下游山东地区和长江上游成都平原。

1. 江汉地区古城堡

江汉地区古城堡遗址有 9 座：城头山、石家河、陶家湖、马家院、阴湘、鸡叫城、门板湾、鸡鸣城和走马岭。其中构筑最早的是城头山古城堡。始筑于公元前 4000 年前后的大溪文化早期，相当于仰韶文化中期、黄帝前的神农时期，其后至屈家岭文化中期，又经过三次修筑，是我国目前已知年代最早的城堡。它位于湖南澧县车溪乡、澧阳平原中部岗阜高地上。城墙基宽 35.8 米，残高约 3 米，顶宽 7 至 10 米，城墙四面各开一个城门。城外有护城河，宽 20 至 50 米，深 4 米，系人工挖掘与自然河流结合而成。

江汉地区最大的古城堡是石家河城堡。它位于湖北天门市石河镇北约 1 公里处，为近似长方形，南北长约 1200 米，东南最宽处约 1100 米，面积达 120 万平方米。城墙堆筑而成，基宽 50

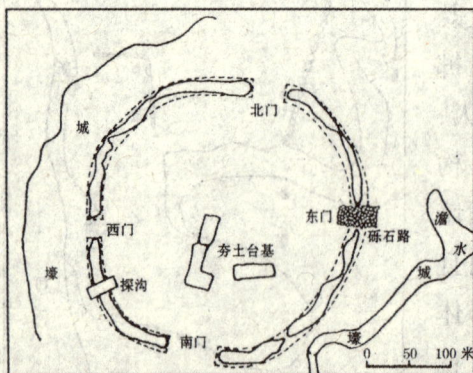

城头山城址平面图

余米，残高最高处约6米，顶宽8至10米，城外有护城壕，宽60至100米，深约6米，大部为人工挖掘而成，局部利用自然冲沟加以修整。

这一地区其他古城堡，都是公元前3000年至2600年在屈家岭文化时期构筑的，大致相当中原龙山文化、亦即五帝时期的前期。陶家湖古城堡位于湖北应城市西、陶家河与泗龙河交汇处。城呈椭圆形，总面积67万平方米。城墙堆筑而成，基宽25至50米，最窄处15米，残高1.5至4米，顶宽一般10至20米，最窄处为4米。城外有护城河，宽20至45米，人工挖掘与自然河流结合而成。马家院古城堡位于湖北荆门市五里镇，地处荆山余脉丘陵岗地向平原过渡地带，城址高出周围地面2至3米。城为近长方形（梯形），面积约24万平方米。城墙为堆土夯筑，基部宽30至35米，残高1.5至6米，顶宽约8米。城外有护城河，宽30至50米，深4至6米，人工挖掘与自然河流结合而成。阴湘古城堡位于湖北荆州市荆门区沮漳河下游平原与荆山余脉相结的岗阜上，城址高出周围地面4至5米。城为圆角方形，面积约20万平方米。城墙一般宽10至25米，基宽30至46米，残存最高处为8米，顶宽6.5米。城外有宽30至40米的护城河。鸡叫城古城堡位于湖南澧县境内，城为圆角方形，面积约20万平方米。残存城墙高2至4米，似有护城河，详情尚未发表。门板湾古城堡位于湖北应城市西南3公里处，地处大洪山余脉与江汉平原相接地带，城为近方形，面积约20万平方米。城墙基宽近40米，残高3至5米，顶宽13.5至14.7米。城外有护城河，宽约60米，深1.8至3.5米。鸡鸣城古城堡位于湖北公安县狮子口镇龙船嘴村狭小平原上，城为不规则椭圆形，面积约15万平方米。城墙堆筑，基宽约30米，残高2至3米，顶宽约15米。城外有护城河，宽20至30米，深1至2米。走马岭古城堡位于湖北石首市焦山河乡走马岭村丘陵向平原过渡地带，城址高出周边地面2至5米，城为不规则椭圆形，面积8万平方米。城墙堆筑，基宽20至27米，残高 4 至 5 米。城外有宽 25 至 30 米的护城河。

2. 中原地区古城堡

中原地区古城堡遗址有 7 座：郑州西山、古城寨、孟庄、郝家台、平粮城、王城岗和陶寺。其中最早的是西山古城堡，位于河南郑州西北 23 公里的枯河北岸，地处邙山余脉东南坡地，高出河床约 15 米，北距黄河 4 公里。始筑于公元前 3300 年至前 3200 年的仰韶文化晚期。城近圆形，面积约 3 万平方米。城堡城墙是用小板块夯筑法建成，先挖基槽，再逐层逐块夯筑。墙体宽 5 至 6 米，转角处加宽至 8 米，残高约 3 米。北墙及西墙有城门缺口，墙外有一道宽 5 至 7.5 米、深约 4 米的护城壕。城外 20 公里范围内，有同时期聚落遗址近 20 处，主要散布在城西、南方向上。半数以上遗址面积大于城堡。如城东大河村遗址达 40 万（一说 30 万）平方米，城南陈庄遗址 25 万平方米等。不在人口众多的聚落处构筑城堡，而将其构筑在便于、利于防守作战的高地上，说明它是部落联合体军事、行政中枢所在地的城堡。始筑及使用时期，大致相当于黄帝时期。

中原地区最大的古城堡是河南新密古城寨城堡。它位于溱水东岸台地上，城为长方形，面积 17 万 6 千多平方米。城墙基宽 42 至 62 米，最宽处达 85 至 100 米，基深最深处达 10 米。墙底宽 12 至 40 米，顶宽 1 至 7 米，残高 7 至 16 米。城外有护城河，宽 34 至 90 米，深 4.5 米。城墙夯筑，方法与郑州西山古城堡一脉相承，但在技术上更为成熟。始筑于公元前 2700 年前后（龙山文化中期）。较古城堡寨规模稍小的为孟庄古城堡，位于辉县孟庄镇东，地处太行山南、黄河故道之北。城为正方形，面积约 16 万平方米。夯筑城墙基宽 8.8 米，顶宽 5.5 米，墙外有护城壕。始筑于公元前 2500 年前后。

郝家台古城堡，位于郾城东石槽赵村东北台地上，南距沙河 1 公里。城为长方形，面积 3 万多平方米。夯筑城墙宽约 5 米，城外有护城壕，始筑于公元前 2600 年前后。平粮台古城堡，位于淮阳东南新蔡河东北岸高丘上。城为正方形，面积 3 万多平方米。夯筑城

墙基宽 13 米，残高 3.5 米，顶宽 8
至 10 米。南门两侧设有门卫房。城
外有护城壕，始筑于公元前 2300 年
前后。王城岗古城堡，位于登封告城
镇西北颍河与五渡河交汇处高岗台地
上。由东、西两小城并列组成，各为
正方形，总面积约 2 万平方米。夯筑
城墙宽约 4 米，城外无护城壕。始筑
于公元前 2000 多年前后。

北

0　20 m

淮阳平凉台
龙山古城平面略图

山西襄汾东北陶寺龙山文化遗
址，1978 年时发现规模宏大，面积达 300 多万平方米，但并未发现
城墙等防御设施。2000 年发掘出部分城墙的南墙和东墙各 100 多米，
确认曾筑有城堡，不过城堡的面积和结构尚不清楚。城址位于塔儿
山西麓，处于塔儿山与汾河之间。城墙基宽 7 米多，残高仅 1 米，
顶宽 6.6 米。始筑于公元前 2600 年前后。据古文献推测，可能是尧
时酋邦军政中枢所在地。

3. 山东地区古城堡

山东地区古城堡遗址，已经确认的有 6 座，连同紧邻山东的连
云港 1 座，共 7 座：丁公、景阳冈、丹土、城子崖、田旺、边线王
和藤花落，均为山东龙山文化时期构筑的。其中构筑最早的是丁公
古城堡。始筑于龙山文化早期。它位于山东邹平县苑城乡丁公村东
孝妇河畔，城为圆角方形，面积约 10 万多平方米。城墙夯筑，宽约
20 米，城外有宽约 30 米深 3 米的护城壕。城墙内侧距离 30 多米处，
发现还有一段城墙，外亦有壕，结构与外城墙基本相同。由于仅发
现一段，是否两重城墙尚不清楚。这一地区最大的城堡是景阳冈古
城堡，位于山东阳谷县张秋镇黄河北岸景阳冈村。城为近扁椭圆形，
面积约 35 万平方米，城墙外陡，内为缓坡。城西南 8 公里处有皇姑
涧古城堡，面积约 6 万平方米；城东北 10 公里处有王家庄古城堡，

面积约 4 万平方米。由于仅据勘探资料判断，尚未发掘，所以具体情况不详。

丹土古城堡位于山东五莲县潮河镇丹土村，城为不规则椭圆形，面积 23 万多平方米。夯筑城墙宽约 20 米。城外有护城壕。城子崖古城堡位于山东章丘县龙山镇东武源河边高台上。城为近方形，面积约 20 万平方米。夯筑城墙宽约 13 米。田旺古城堡位于山东淄博市东路山乡田旺村乌河东岸，城为不规则圆角方形，面积约 15 万平方米。城墙宽约 20 米。边线王古城堡位于山东寿光市西南孙家集边线王村。城为内外两重城墙，外墙为圆角方形，面积约 5.7 万平方米。内城面积约 1 万平方米。夯筑城墙，宽 4 至 7 米。藤花落古城堡位于江苏连云港西中云乡，城为内外两重城墙，外城为近长方形，面积 14 万多平方米。内城位于外城南半部，正方形，面积 4 万多平方米。外城墙宽 21 至 25 米，内城墙宽 14 米。外城外有护城壕，宽 7 至 8 米。除上述古城堡外，山东荏平县教场铺还曾发现一规模较大的古城堡群，教场铺城为圆角长方形，面积约 40 万平方米。以此城堡为中心，南北 20 公里地区内，还有尚庄、乐平铺、大尉、东河县王集 4 座古城堡，面积约在 3 至 3.5 万平方米之间。由于仅以勘探资料为据而判断的，未经发掘证实，所以具体情况尚不清楚。

4. 成都平原古城堡

成都平原古城堡遗址，目前确认的已发现 5 座：宝墩、梓路、鱼凫、双河和芒城。它们都构筑于公元前 2500 年前后，属宝墩文化时期（前 2800 ~ 前 2000）。其中最大的为宝墩古城堡，位于四川新津县龙马乡铁溪河东北台地，城为近长方形，

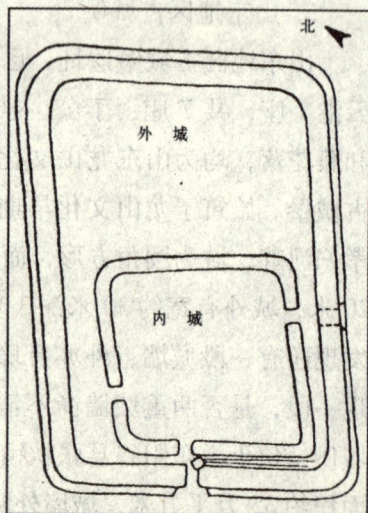

藤花落城址平面图

面积约 60 万平方米。夯筑城墙宽 31 米多，残高 4 米，顶宽 8.8 米。梓路古城堡位于四川郫县古城乡梓路村，城为长方形，面积 32.5 万平方米。城墙基宽 30 米。鱼凫古城堡位于四川温江县北万春乡，城为不规则多边形，面积约 32 万平方米。城墙基宽 30 米，残高 3.5 米，顶宽 15.5 米。双河古城堡位于四川崇州境，城为正方形，两重城墙，面积 15 万平方米，内外墙相距 15 米。芒城古城堡位于四川都江堰市青城乡芒城村。城为长方形，与双河城一样为两重城墙，面积 12 万平方米，内外城墙相距 35 米。城墙残基宽约 13 米。此外，四川大邑发现盐店古城堡遗址，面积约 30 万平方米。但具体情况尚不清楚。

城堡是防御工事，是战争的产物。当原始战斗演变为掠夺性战争后，城堡便应运而生。五帝时期，部族间的战争已发展为地区性大联合体间的战争，所以目前发现的古城堡，基本上是在这一时期内先后构筑的。由于炎黄部族与东夷部族、三苗部族战争最为频繁、剧烈，所以城堡也就集中在中原，山东和江汉地区。成都平原的社会，分化尚不明显，城堡主要是本地区内部族之间战争的产物。

从目前已发掘出的古城堡遗址看，虽然绝大多数构筑于五帝时期，但由于时间、地点不同，城堡的功能、形态亦有所不同。如江汉地区的城堡，多建于五帝前期，当时社会分化尚不严重，部落联合体规模还不太大，一般都是为保护整个联合体而构筑的，所以城堡规模多比较大。又由于地处丘陵、水网地带，气候温湿，土质粘重，直立性差，限制了筑城技术的发展，城墙多为堆筑，坡度较小，易于攀登。所以通常都在城外围挖掘宽、深的壕沟，并与自然河流结合为护城河，以加强城堡的防御功能。中原和山东地区的城堡，多建于五帝中、后期，社会分化已极严重，不仅有了酋邦型的部落联合体，而且有了酋邦联盟型的大联合体。多数城堡是为了保卫联合体首领和管理机构而构筑的，目的是通过保卫首领和管理机构来保卫联合体的整个控制区，所以城堡规模一般较小，但其外围均有许多聚落，形成以它为中心的聚落群。也有一些原来是为保护部落联合体构筑的，规模较大，随着联合体的扩大和战争的日益剧烈，发展为由数个城堡共同拱卫中心大城堡的城堡群。由于黄河中下游地区为平原地区，城堡多建于河流两岸台地或冈丘上，地势既高又平，易于规划布局，且受天圆地方等思想意识的一定影响，所以除了郑州西山城堡为圆形

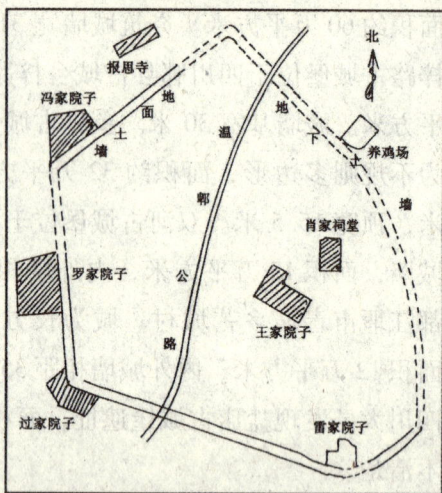

鱼凫城址平面图

外，大多为方形或长方形。又因地处黄土地带，堆土具有良好的直立性，所以筑城技术得到发展，城墙一般为夯土板筑，并有基槽，墙的坡度较大，攀登困难，防御功能较好。所以通常以城墙为主体工事。有的城堡有护城壕，而有的则没有。至于成都平原的城堡因部落战争尚未达到中原地区那样频繁和剧烈，对防御设施的要求也相对较低，所以城墙虽多为堆筑，而都没有挖掘护城壕。就五帝时期城堡的总体而言，不论是那一地区或稍先稍后，限于筑城工具和技术，城堡的工程设施还很简陋，战斗功能和防护功能都尚不完备。

夏代的筑城

城堡的大量筑建，说明掠夺性战争的剧烈；以城堡为中心的聚落群的大量出现，则说明部落联合体的普遍存在。联合体的不断扩大和战争的日趋频繁，促使联合体间进一步结盟，组成更大的地区性联合体。随着联合体内部社会结构、社会分工、经济活动和外部关系的复杂化，联合体的管理体制也日益复杂。如《尚书·尧典》记尧时已设置有四岳、十二牧、司空、司徒、后稷、秩宗、典乐、纳言等职官；随着人们对社会秩序的要求愈来愈高，联合体首领的

权力也就越来越大。许多联合体逐渐形成一个个相对稳定、独立的政治实体。陶唐氏部族首领尧、有虞氏部族首领舜和夏族首领禹，就是中原地区三个最大的部族联合体的领袖，并相继成为间接控制中原地区的盟主。大约在公元前2070年，禹继舜为中原盟主时，战争更为频繁。据说"国之不服者三十三"。禹不仅"攻曹、魏、屈、骜、有扈，以行其教"，还曾"伐共工"并灭相柳氏。当时规模最大的战争，是征三苗之战。禹继尧、舜率领中原地区不同族系的各个联合体，经过激烈的战斗，终于将实力最强的江汉地区苗族系统的大部落联合体击败，吞并了其中一部分部落，赶走一部分部落，更进一步地走向部族融合的道路。据《左传》哀公七年记："禹合诸侯于涂山，执玉帛者万国"。说明这时禹已成为凌驾于万国之上的，以华夏族为中心、包括一些没有血缘关系的酋邦、部落大联合体的盟主，创造了建立国家的条件。与此同时，禹的权力也达于集中的顶点，如《国语·鲁语》说：当他召集诸侯们在会稽开会时，"防风氏后至，禹杀而戮之"。这种处置，当然是极不正常的，但它却说明：国家权力的最终形成已指日可待了。禹死后，虽然仍按传统习惯，以由禹生前推荐的东夷族酋邦首领益为中原大联合体的盟主，但禹的儿子启，以武力击杀益，夺取了中原大联合体的统治权，建立了我国历史上第一个国家——夏王朝。

夏王朝建立后，组建了6个师的常备军，并充分运用当时最先进的技术——青铜冶炼技术，制造兵器，同时在禹武力征服的基础上，歼灭了与夏对抗的有扈氏和平定了叛启的武观等，基本上稳定了统治。当时夏王朝直辖的军事力量，远远超过其他任何一个方国的武装力量，不存在被攻击的忧虑，所以很少新建有防御设施的城市。又由于夏王朝的王都经常迁徙，据古文献记载的不完全统计，从禹至桀17王，共变更王都13处。这13次都城，地望比较明确的：安邑、晋阳、平阳在山西，阳城、阳翟、斟鄩在河南，斟灌在山东西部，东西相距2000里，这样频繁和远距离的迁徙，使夏王朝都城

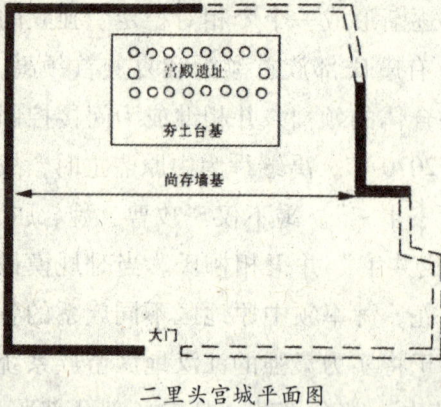

二里头宫城平面图

规模不可能很大。从考古发掘的成果看，基本上沿用先夏时筑建的城堡，或在其旧址上重修及修葺。即使其后期建造的王都，也仅筑有围墙宫城，而没有高厚的城墙。

位于河南偃师的二里头文化遗址，据说是夏桀所居的都城斟鄩。遗址东西约 2.5 公里，南北约 1.5 公里。外围没有城墙，仅在遗址中部发现两座土围墙宫城。一座稍大，围墙筑在夯土台基上，台基高约 3 米，边缘部分为缓坡，宫墙就筑在缓坡内缘上，墙内全是宫殿遗址。宫城略呈方形，仅东北角凹进一块。面积约 1 万平方米。仅南墙有宫门。另一座稍小，城址西南距大城约 150 米。南墙宫门内侧有东西塾（耳房），系门卫所居。宫墙的夯筑技术，较平粮台城墙有所发展。基槽是在台基夯土上重新挖掘的，槽底铺有未经加工的红砂石和青石，础石中部立有木柱，作为墙骨，然后在木柱四周积土夯筑。这种结构，可在厚度不大的情况下，相对提高墙的高度。墙宽约 1.9 米，四面墙的结合部，墙基加宽，墙体类似榫接，以增强结合部的牢度。从军事上看，高宫墙只能起到遮蔽、隐蔽及障碍作用，不能登上城墙进行战斗。

山东章丘龙山镇城子崖，原有龙山文化时的城堡，但不久即废弃不用。至岳石文化时期，又在旧城址上新建一稍小于旧城的新城。城为长方形，面积 17.5 万平方米左右。夯筑城墙基宽 16.6 米，残高 3 米。依当时筑城技术推算，估计原高约 6 米，顶宽约 9 米。大致为夏王朝建立后构筑的。此城地处东夷族人活动地区之内，显系东夷族某一部族联合体所建。当时东夷已有许多酋邦或部落联盟，如有穷氏、有仍氏、有缗氏等。早在禹时，东夷就不服禹的命令。《战国策·魏策下》说："禹攻三苗，而东夷之民不起"。启杀益后，夏王朝与东夷的矛盾更趋尖锐。启死后其子太康嗣位，曾发生"太康失国"事件，东夷有穷氏首领后羿，一度夺取了夏王朝的统治权。直到"少康中兴"，灭掉有穷氏，夏王朝的统治才得以恢复和巩固。城子崖的新城堡，可能即在启至少康这几十年中，因战争需要而重建的。

商代的都城

商是生活在黄河下游（今河南、山东）一带的一个部族。至汤当部落首领时，已发展为夏末最强盛的一个部族。汤联合东夷的一些部落，于公元前1600年，发动了灭夏之战，在鸣条大败夏军，并俘虏了夏王桀。商灭夏后，"汤放桀而复薄（亳）"，在三千诸侯大会上，得到诸侯们的拥护，取得了天下共主的地位，建立了我国第二个统一的奴隶制国家——商王朝。

当时商王朝的势力范围远远超越夏王朝，据有东至海滨，南达湖南，西至陕西，北至河北的辽阔区域。整个国土称曰"邦畿千里"。但实际上当时人们还没有将领土联为面的地域观念，只有点的概念：在商王朝的统治网中，以王族所居的都城为中心，远近散布着若干诸侯的据点，据点间还存在着一些不受商王朝控制的方国、部落。商王族居住和直接统治的地区称王畿，仅相当于今河南北部地区。商的政治结构，分内服、外服。王畿内为内服。其政治组织，全为按地区划分的国家权力机构，这里的统治贵族为百官（百僚、百辟），百官各贵族虽有各自的土地、民众和奴隶，但名义上是由商王分配的，是商王的臣属，要向商王纳贡和服兵役。王畿外职官总称为外服，这里的贵族统治者即各方国、邦的诸侯。商王为开拓疆域、扩大直辖统治区和掠夺财物、奴隶，经常出兵征伐王畿外的某些方国，而有些方国和部落，也不断对商王畿边境地区进行军事掠夺，抢劫物资和奴隶，所以商王朝前期，小规模的战争还是不断发生。因而，这一时期，商王朝在加强军事实力的同时，也加强了都城的防御工事。

商前期的社会情况，和夏代相差不大。国家政权机构还比较简单，基础薄弱，当时又地广人稀，交通不便，所以仅靠中心地区建立一个都城，很难对各方国进行有效的统治。因而夏、商两代，往往在都城之外，另建一个或数个辅助都城，有的规模接近王都，也建有宫殿、宗庙，但主要作为加强统治的军事要枢而设。这种以军事性质为主的都城，有的建在距主要都城不远的地方，以拱卫王朝；有的则远离主要都城，以作为偏远地区的军、政中心。此外，还在统治的边缘地区，修建了一些小的城堡，它们对保卫商王朝的统治区起着相当重要的作用。正如《国语·楚语》所说："且夫制城邑，若体性焉，有首领股肱至于手拇毛脉。"

商汤最早建都城于亳（河南商丘东南），进行灭夏准备时，为了战争的需要，又在亳都以北、临近夏王朝较强与国边境、景山地区建立了一个以军事目的为主的辅助都城，称景亳（商丘北）。灭夏之前，这里是各诸侯攻夏部队的集结出发地；灭夏之后，汤又在这里被拥戴为天下共主。后人根据两亳的地望，称亳为南亳，称景亳为北亳。灭夏后，为有效地统治原夏地，汤又在原夏王朝统治的中心地区，建立了一个大都城，后人称之为西亳。据《括地志》等书记载："河南偃师为西亳"。《汉书·地理志》班固自注说具体位置在"偃师尸乡"。

1983年，在河南偃师城西之尸沟乡一带进行考古发掘时，发现了一座大型商代古城遗址。它西距二里头夏宫不到7公里，历史学家多认为此城即是西亳。1996年和1997年，在国家"夏商周断代工程"推动下，又对该城址进行了一次更大规模的发掘，不仅对该城的情况有了进一步的了解，而且发现大城中还有一座小城，它始筑于大城之前，大城是在小城基础上扩建而成的。大城建在洛水北岸稍稍隆起的高地上，平面略呈长方形，南北长1700米，东西宽度：北部1215米，南端仅740米，总面积约190万平方米。城周围筑有夯土城墙，墙基部宽度一般在 17～19 米之间，有的地方超过 20 米，最宽处达 28 米。筑城作业采用的是先挖基础槽，再逐层填土夯实的方法。基槽口宽 18.3 米，底宽 17.7 米，深约 1.2 米。主城墙每夯高 0.3 米，即向中心收缩 0.3～0.6 米。现存残高 2.3 米处，顶部宽约 14 米。城墙根部内外侧均有高约 1 米的护城坡。城墙东、西两面各有城门 2 座，北墙有城门 1 座。南墙因全部叠压在村庄房屋下面，无法发掘，有无城门，情况不明。经对东墙城门进行发掘，发现门道很窄，仅宽 2.3～2.4 米。门道两侧各有一条东西向窄墙，紧贴城墙两端，夯土筑成。墙体中间立有暗柱，柱下有深埋地表下的暗础石，与二里头的筑城技术相同。城门内南侧 4 米处，有一条与城墙成直角相交的斜坡登城道，夯土筑城，路面宽约 3 米。东至墙顶，西与城中东西向主干道相接，显然是守城部队上下城墙的通道。估计此时已有长期守卫的士兵。城墙内还有一条与城墙平行的顺城路和排水沟。沟口宽 0.8～1 米，深约 0.8 米。城墙外有一道与城墙平行的护城壕，口宽约 20 米，深约 6 米。外侧壕岸坡度陡，内侧坡度较缓。护城壕与洛水相通。城内东北隅，曾出土铜渣、陶范、坩埚、木炭等物，说明此处系青铜兵器及礼品的作坊遗址。

小城位于大城城内西南，平面亦为近似长方形。南北长约 1100 米，东西宽约 740 米，面积约 80 万平方米。城西墙、南墙和东墙的南部，与大城城墙重合，并被大城城墙所包夹，墙基宽 6～7 米。城墙不是直线走向，北墙中间约 300 米的一段，向内凹进约 8～10 米，形成 4 个直角拐弯。东墙

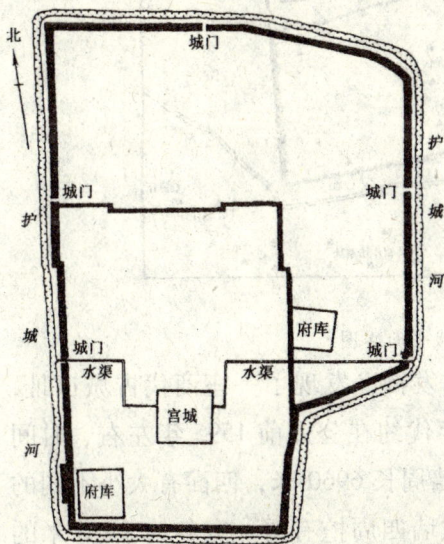

偃师商城平面图

中段则向外凸出约 10 米。西墙也有拐折内凹。小城城墙的凸凹现象，并非受地形限制形成，应是筑城时即按规划修建的。有的学者认为是为便于弓箭侧射，以加强城墙防护能力而设计的，"实即后世城郭马面之滥觞。"小城内纵向中轴线稍偏南处高地上，建有方形宫城，边条 200 米，面积 4 万平方米。四周有宽约 2 米的夯土围墙。宫城内有 8 处宫殿和 1 处祭祀场遗址，北部中央还有东西长约 130 米、南北宽约 20 米的大蓄水池，四壁用石块垒砌而成，深约 1.5 米。水池两端各有一条石砌水渠通往宫城外。水渠先向北，再分别向东西拐折，从城门下穿过，与护城壕连接。小城东墙外和西墙内南端，各有方形夯土围墙的府库一座，面积稍小于宫城。内有 6 排共 90 余座长 20 多米、宽 6 米多的库房遗址。

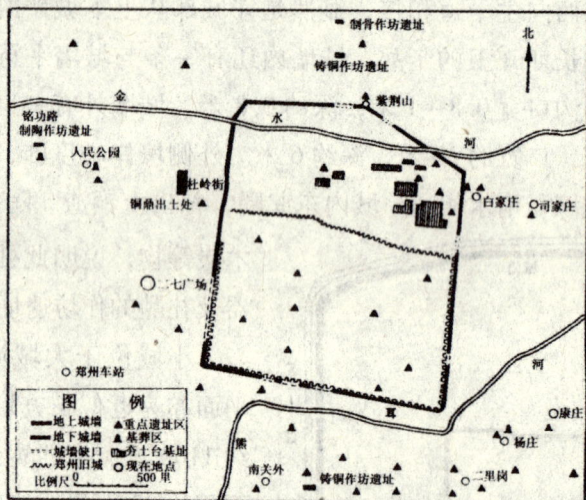

郑州商城平面略图

1956 年在河南郑州进行考古发掘，发现了一座商代古城遗址，据碳 14 测定、树轮校正，建城年代约在公元前 1595 年左右、时间略晚于偃师商城。城为方形，城墙周长 6960 米，四面有大小不同的缺口 11 个，有的可能是城门。城墙四周挖有深、宽各约 5～6 米的外壕一条。城墙根部总厚约 21 米，现残存高度 5 米处厚约 10 米，估计原高可能在 10 米左右。筑城作业方法，与偃师商城相似，也是由主城墙和护城坡两部分组成。主城墙根部厚约 10.6 米左右，两侧护城坡根部厚度，各在 5 米以上，向上倾斜角约为 23 度左右。但这时的筑城技术，已有明显提高：第一，主城墙已由板筑法筑成，两侧与护城坡接缝处，已近似垂直，壁面至今仍留有长约 3 米、宽约 0.3 米左右木板的痕迹。第二，护城坡为倾斜夯筑而成，考虑到迟滞攻者攀登，在夯完后，由顶部向下进行铲削，并在表面铺设一层料姜石碎块，以防雨水冲刷。第三，主城墙各夯层之间，采用笋卯式结合法，夯窝较深，两夯层夯窝嵌接，紧密坚实，可增强主城牢固性。第四，使用的夯具，已由 4 根木棍绑在一起，发展为由成捆圆木紧密固定而成。

城内发现大面积宫殿、宗庙遗址和用人头骨制作器皿的制骨作坊。在以城为中心的约 25 平方公里的面积内，还发现大量住房、壕沟、水井和冶铜、制陶等手工业作坊遗址。考古及历史学家们，有的说这是"成汤所居的亳都"，有的说是"中宗所居之庇"，有的说是"仲丁迁嚣"之隞，目前尚无定论。但不论何说，都不否认这座大城市为商代前期的国都。仅就构筑城墙所需工程量来看，挖土约170 万立方米，夯土约 87 万立方米。假如每天投入 1 万名劳动力进行作业，3000 名挖土，3000 名运土，3500 名夯打，500 名做勤杂工作，以当时的最高作业率计算，需 8 年才能完成。如果不是最高统治者所在之地，没有充足的人力、物力，是很难筑成如此规模宏大的城池的。这还未将建筑宫殿所需的工程量计算在内。

以上是商王朝前期国家都城的城池工事概况。在王畿以外的外服小方国各城，则与此大不相同，不仅面积小，而且以军事性质为主。湖北黄陂叶店，发现一座公元前 15 世纪前后的古城遗址，位于府河北岸高地偏东南部，称为盘龙城。城的平面也呈方形，南北城墙长 290 米，东西城墙长 260 米。四面城墙的中部各有城门一座。城墙现存残高为 1~3 米，构造、夯筑技术与郑州商城相近。城墙外有宽约 14 米、深约 4 米的外壕，壕内侧有积土，高出外侧约 1 米以上。在城南壕底曾发现桥桩柱穴，可知当时是架桥出入城池的。城内仅有大型房殿遗址，系诸侯贵族及其军队居住之处。城南、城北才有一般居民住房遗址。说明这是一个纯军事性质的城堡。

商代后期，迁都于殷，据《竹书纪年》说："自盘庚徙殷至纣之灭，二百七十三年不更都"。殷亦称殷墟，它的具体位置，经考古发掘，已经证明在今河南安阳西北小屯村一带。总面积达 24 平方公里，曾发现大量宫殿、民房、手工业作坊遗址，并出土大量生产工具、生活用具、礼乐器皿以及带卜辞的甲骨等，是一个规模相当大的早期城市。这里虽是商代后期的国都，但迄今为止，经近 20 次发掘，仍未发现有城墙存在。

东周（春秋）时期的筑城

公元前 771 年，申侯与犬戎等联合，进攻西周王都，周幽王姬宫涅出逃被杀，申侯等贵族拥立幽王之子姬宜臼为平王，往东迁都洛邑，史称东周。从东周开始至公元前 476 年的一段时间，也叫春秋。

春秋是奴隶制开始瓦解，封建因素逐渐增长的急剧动荡的社会大变革的时代，也是战争极为频繁的时代。在 295 年中，仅据不完全的统计，就曾发生过较大的战争 376 次，其中还不包括众多的奴隶起义。由于铁的发现和逐渐使用，由于牛耕的推广，生产力迅速提高，各诸侯国的政治、经济、军事力量，也随之发展。各诸侯国为了争夺劳动力和土地，为了扩大自己的统治区和号令其他诸侯，收取贡物，相互争战、兼并弱小，出现了"王室衰微"、诸侯兼并、大国争霸的局面。按孔子的说法，西周前的"礼乐征伐自天子出"，至东周时变为"礼乐征伐自诸侯出"。春秋开始时，据《文献通考》说，尚有诸侯国 131 个，随着兼并争霸战争的加剧，国家急剧减少。《荀子》说齐桓公"并国二十五"。《韩非子》说晋"献公并国十七，服国三十八"。"荆（楚）庄公并国二十六，开地三千里"。《吕氏春

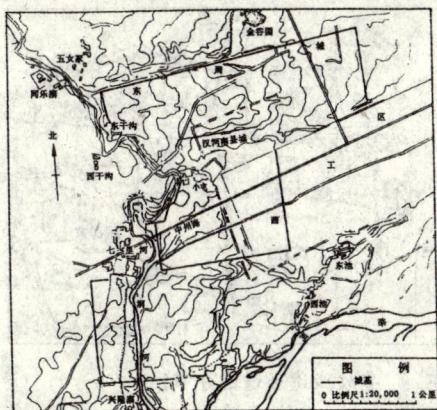

东周王城平面图

《秋》说晋文公"兼国三十九"。《史记》说秦穆公"兼国二十，开国千里"等等。在这种情况下，为了加强自身的生存能力，各国竞相构筑城池或增修城池。不仅如此，各大国的卿、大夫等，也纷纷在自己的采邑构筑城池。于是掀起了大规模构筑、增筑城池的高潮。西周王室所规定的那些筑城规模的条条框框，当然也就被突破，各国都按照自己的需要和可能，来修建自己的国都。春秋时期的都邑城址，现存颇多，各大国的都城，差不多都有遗迹可寻。

东周王城

1954 年以来，曾不断对洛阳东周王城进行勘察。该城南邻洛河，西跨谷水（今涧河），城的平面呈不规则的方形。始建于东周初期。夯土城墙早已湮没。位于地势较高处的北面城墙和西南、西北、东北三个城角，在地下保存尚好。北墙长约 3 公里，全城总面积约 10 平方公里。开始筑建成的城墙，仅厚 5 米左右，后经增修加厚，为 14 米左右。城墙拐角处夯土加宽，估计城上有用于防守的建筑设施。城外有深 5 米的壕沟。

各国都城

1978 年对山东曲阜鲁国都城进行勘察、发掘。该城位于洙水、沂水两河之间，城东南为丘陵山岳，西北和西南一片辽阔的原野。城的平面近似椭圆形。始建于西周时期，至今尚有残墙存在于地表之上。东西长约 3.5 公里，南北宽约 2.5 公里，总面积约 10 平方公里，墙厚 5～7 米。城西、北两面，利用距城墙约 20～30 米的洙水为城壕，河宽 30 米，深 4～5 米；东、西两面挖有城壕，宽 30 米左右，通向洙水及沂水。全城共 11 座城门，除南面两门外，其他三面各有城门三座。

1971 年对山东临淄齐国都城进行了发掘，该城位于临淄城西部和北部，东临淄水，西依系水（今泥河），南有牛山、稷山，

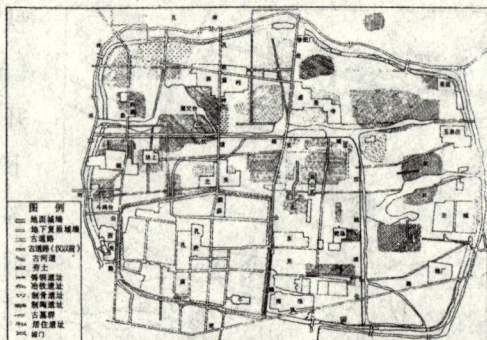

鲁故城遗址遗迹分布图

东、北两面是辽阔的原野。始建于西周。城为大小两城组成，小城在大城西南方。城墙残迹尚存于地上。城的四周很不规整，有的呈直线，有的沿河岸构筑，蜿蜒曲折。城墙全部夯筑而成。大城周长 14 公里，小城周长 7 公里，总面积约 15 平方公里。城墙厚度一般为二十余米，城根部最厚处达 67 米。全城有 24 个拐角，拐角处墙加厚，城上有防守设施遗迹。《齐乘》引《齐记补》说，该城有城门 13 座，现仅探明 11 座。小城南面二门，其他三面各一门；大城南、北各二门，东西各一门。城门道两侧，有垒砌的石墙，城墙上还建有排水口。城东、西两面，利用洙水、系水为城壕，南、北两面挖有城壕。城壕及洙水、系水，均宽约 30 米。凡正对城门处的城壕，往往显著变窄，以便架桥，尚有夯土与石块修建的墩可寻。小城为奴隶主、贵族统治集团居住的宫殿、官署区；大城为平民及奴隶的居住区。按《吴越春秋》"筑城以卫君，造郭以守民"的原则说，小城属于城的性质，而大城则属于郭的性质。

鲁故城城墙遗迹

郑国都城，位于河南新郑

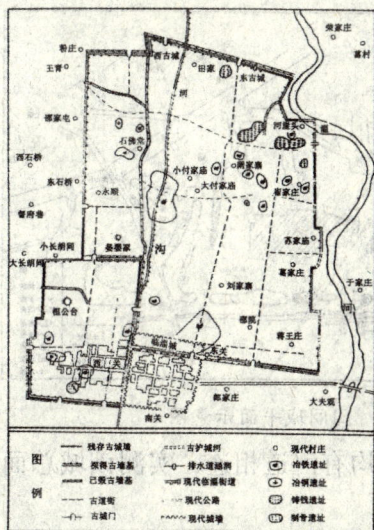

齐国临淄故城探测平面图

双洎河、黄水之间，始建于春秋时期，城的平面很不规则，东西长5公里，南北最宽处4.5公里。中间又有南北隔墙，将城分为东、西两半。两城性质，与齐都相似：西城稍小，略作长方形，为宫殿、官署区；东城呈曲尺状，面积比西城大一倍，为手工业作坊及居民区。全城总面积约20平方公里。现存城墙残高尚有15~18米，墙基厚40米。

楚国都郢城，位于湖北江陵北，也叫纪南城，始建于春秋时期。该城平面略呈方形，东西长4.5公里，南北长3.5公里，总面积约16平方公里。城墙保存尚好，有的高出地面7米，顶部宽12~14米。城外有护城河环绕，目前已发现有5座城门2座水门。城门每门3个门道，门道一侧有门卫房遗址。水门用四排木柱构筑而成，亦为每门3个水道。

春秋末期所建都城，规模更大，如吴国都城，吴王阖闾时由伍员建造。不仅筑一大城，而且还筑一纯军事据点性质的小城，以拱卫已发展为城市的国都。据《越绝书·记吴地》载："吴大城周四十七里二百一十步三尺，陆门八，其二有楼，水门八"。大城城址即在今江苏苏州。据《越绝书·记吴地》说："吴小城周十二里，其下广二丈七尺，高四丈七尺，门三，皆有楼"。小城城址在无锡西南25公里，

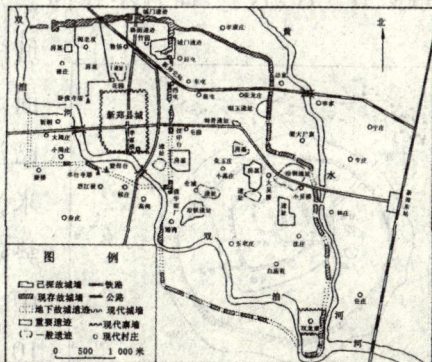

郑国新郑城探测平面图

与武进交界之处，紧依仆
射山（白药山）和胥山，
面临太湖。城东群山连绵，
间江蜿蜒流经城北和城西，
可控制太湖北走廊，扼守
苏南交通要冲。该城遗址
城墙至今明显可见：城中
有土墙将城隔为东、西两
部分，墙厚约 20 米，现存

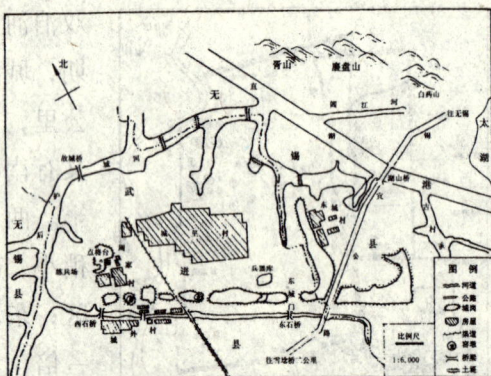

阖闾城平面示意图

残高 3 ~ 4 米，城墙系堆土而成，城周均有河道相连，实测该城总面积约 1 平方公里。

吴国都城的规模，不计小城和郭（"郭六十八里六十步"），也比洛邑东周王城的规模大三四倍，甚至比周王朝规定的王城"方九里"也大得多。可见这时周王朝的礼制已完全丧失制约作用。

各国邑城

江苏常州西南 7 公里处，有一西周时期的小国淹，春秋时期为吴兼并，淹城就变为吴国的一个军事城堡。淹城构筑比较特别，有内、中、外三道城墙，内城呈方形，周长约 500 米；中城也是方形，周长约 1500 米；外城为不规则的圆形，周长 2500 米。每道城墙只有一座城门，而且不在同一方向上。内城门在南墙正中，中

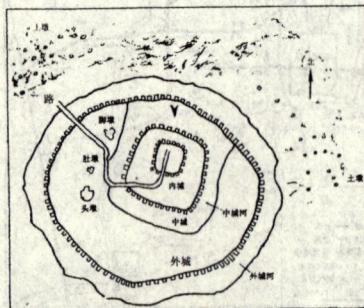

淹城示意图

城门在西墙偏南端，外城门在西北面。三道城墙外均有城壕。内城壕已湮没，中城及外城壕宽 45 ~ 50 米，深约 9 米，长年不干。内城地势隆起，城墙高距地面约 6 米左右，中、外城紧挨城壕，墙高距水面约 10 米。三道城墙的厚度，均在 25 米左右，为堆土筑成。中城城壕不

与外界相通，但曾于壕底出土铜镞、铜剑等兵器及四只西周时期建造的独木舟。其中一只长 11 米，现存北京历史博物馆，判断为巡弋中城壕及载人出入中城之用。从城门方向看，当是吴国向东方防御的军事要点。

吴王夫差为了争霸中原，修筑了邗沟，并筑建了邗城，以作为屯军之用。该城位于江苏扬州西北 2.5 公里处的蜀岗之上。平面略呈方形，总面积约 2.6 平方公里。东、西、北三面有板筑夯土城墙，南面利用蜀岗断崖。城墙厚约 20 ~ 40 米，残高有的尚存 7 米。断崖高 7 ~ 10 米，陡度约为 50 度。四面均有城壕（护城河），西、北、南面壕宽达 100 米，均与邗沟相通。东面城壕较窄，为 20 ~ 40 米，但在城壕外面，即为平行的邗沟。东、北、西城墙，各有城门一座，城门外均有瓮城遗址，城东北角有城楼遗址。另外在北、东两面，还各有水门一座，船舰可由邗沟进入城中。这是一个作为屯兵、积粮的前进战略基地，纯军事性质的城池。

新中国成立以来，进行考古勘察及发掘，已发现的东周都邑城池，不下三四十座。大城如山东的薛城、邾城，周长在 10 公里左右，为不规则的方形；其他小城，周长一般在 5 公里左右，多为方形，城墙厚度，大致皆为 10 米左右。凡诸侯国都，不论大小，绝大多数均有内、外二城。内城亦称宫城，为宫殿区，附近往往设有铸造兵器、钱币等官府手工业作坊；外城亦称郭，为"国人"及一般手工业、商业人员居住区。郭城有的在宫城外围，有的在宫城一侧，但都没有《周礼·考工记》所记"方九里，旁三门，国中九经九纬，经涂九轨，左祖右社，面朝后市"那样规整。

战国时期的筑城

战国是我国封建制确立的历史时期。在社会经济和社会制度急剧变化的影响下，武器装备、军事制度以及战争和城市都有了较大的发展，从而也导致我国古代的筑城——兵垒在各方面也有了突飞猛进的发展。

城市的兴起促使城市攻守作战增多

从考古发掘的结果来看，西周及其以前的王都或诸侯国都，具有以下一切特征：一是城内虽然集中有种类繁多、分工颇细的手工业生产作坊，但人口有限，并不密集。到春秋时，仍如《战国策·赵策》所说："城虽大，无过三百丈者，人虽众，无过三千家者"。二是在各居民点遗址出土过大量农具，各居民点间尚有大面积没有建筑物的空旷地，和城外的村落遗址相比，无显著区别。可见城内居民，基本同城外居民一样，仍以农业生产为主。这说明当时还处于城乡刚刚开始分工之时。三是城内居民分散聚居于若干居民点，城内还存在着族徽不同墓地，而且各墓地内既有贵族、又有平民。这些情景，又说明还保存着氏族组织和分族聚居的传统。因而，这时的城池，还不具备足够的经济性质。严格地说，只是一些设防的城堡，并没有形成规模较大、商业比较繁荣的城市。

随着铁工具的逐渐推广和普遍使用，至战国时，我国的古代农业已发展为大规模的田野农业，即犁耕农业。农业及手工业的高度发展，扩大了二者之间的分工，从而引起商品、货币关系的迅速发展，于是城池的性质发生了重大的变化。特别是大的都城，由政治、军事性质为主的城堡，发展为在经济生活中起重要作用的"城市"。从考古发掘的成就及古代文献的记载来看，战国时期的城市，主要有以下特点：

（一）城市数量增多，人口密集度空前提高

据《帝王世纪》估计，战国中期中原地区人口总数约1000余万。最大的都城有7个，略小的都城有10个左右，各国都城人口总数当在200万左右，其中最繁华的是齐国国都临淄，人口高达三四十万，各国共有郡城三四十个，每郡城平均人口亦当有数万，此外，还有近800个县城，每县城人口也不下数千。这表明，战国时期整个中原地区总人口的1/3以上，都集中居住于城市之内。另外，从考古发掘的遗址来看，除燕下都西城外，各城城内基本上已连成一

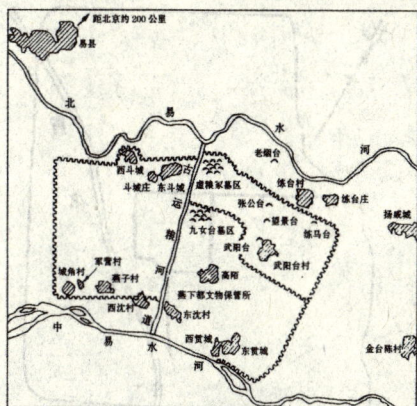

燕下都平面图

片，不再有人稀地旷的现象。这在我国历史上是仅见的。

（二）城市规模和城墙范围有所扩大

战国时期的大小城市，四周均有城墙及护城河，但面积较前有所扩大。除早在春秋末期就已高度发展的齐都临淄外，其他都城一般在 15 平方公里以上。如燕昭王营建于公元前 311 年的燕下都（河北易县），由两个方形城池联结而成。城墙东西长 8 公里，南北宽约 4 公里，面积达 30 余平方公里。赵敬侯于公元前 386 年徙都邯郸后新建的都城，由宫城和郭城共同组成，宫城由 3 个呈"品"字形的坚固小方城组成，面积约 3 平方公里；郭城为长方形，东西宽 3 公里，南北长约 5 公里，面积约 15 平方公里，总计面积约 18 平方公里。魏国前期都城安邑（山西夏县），由内、外两方形城组成，宫城周长约 3 公里，在郭城中间，郭城周长约 15.5 公里，面积也达 15 平方公里以上。这些遗址完全反映出战国大城市的整个面貌。至于一般郡、县等小城，也大都超过或等于所谓"三里之城，七里之郭"的范围。

（三）城内布局有一定规划

战国时期的城市，如赵奢所说："今千丈之城、万家之邑相望也"。这些文明繁华的城市，在建设布局和居民的活动区域方面，已有一定的规划区分。都城均由宫城和郭城两大部分组成。宫城不止一个，有的在郭城

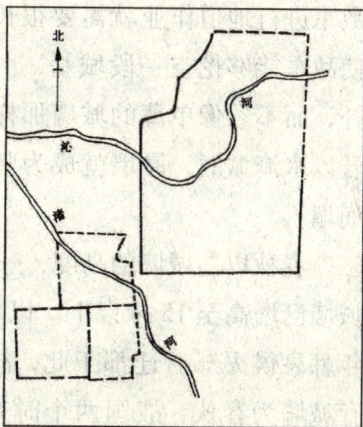

邯郸赵都平面图

内，有的与郭城联结，但郭城只有一个。郭城内包括有官署、居民区、手工业作坊区及由官府管理的商业区——市。《左传》、《管子》、《周礼》等书，均有关于商业市场的记载。城内居民基本上按规划分区居住生活。

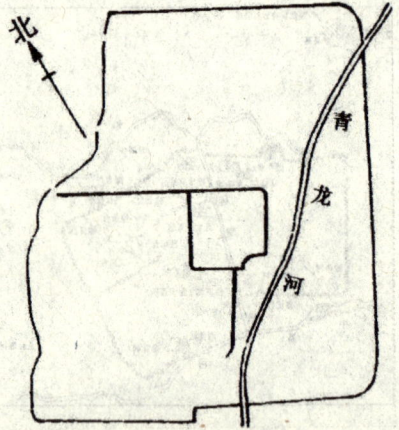

安邑魏都平面图

（四）城墙厚度、高度增加，宫城位于制高点

西周时期的城墙，其夯土主墙，一般均厚 10 米左右，夯层大体厚 10 厘米；至春秋后期、特别是至战国时期所筑城墙，一般均已增厚至 20 米左右，有的达 40 米，夯层也增为 20 厘米。这说明夯筑技术有所提高。从发掘的鲁国都城曲阜城，城墙剖面夯土可以明显看出，该城经过五期夯筑加修。第一期即始建时的夯土，并不怎么厚，以后又增筑 4 次，至第四期、即战国时，已增厚至 20 米以上，有的地方厚达 40 米左右。城墙增厚，有利于防御敌军破坏城墙。例如敌军若以"穴攻"手段，挖空城基使城墙倒塌时，因城墙厚度大，敌军进行地道作业就需要很长时间，守军可以充裕地对付敌人；即使敌军能够挖空一段城基，由于墙厚，也只会平均下沉，且易于修补，而不致像单薄的城墙那样，因墙基被毁失去重心而倒塌。敌军若以水淹城时，厚墙就成为坚固的堤坝，不致在短时间内因水浸而崩塌。

春秋以前城墙的高度，一般在 10～12 米左右，至战国时，多数城墙已增高至 15 米以上。以新郑韩都故城（原为郑都，公元前 375 年韩哀侯灭郑后迁都于此，故一般称之为"郑韩故城"）为例，现存城墙为春秋、战国两个时期夯筑而成，至今残高尚有 15～18 米高。再如赵都邯郸，现存部分城墙，仍有残高 12 米以上。宫城，特别是宫殿位置，一般都设于制高点上，以便于瞰制全城。而宫殿又都是筑建于夯土高台之上，如赵都邯郸宫城西城的宫殿土台遗址，长宽各 260 米，高出地表面达 19 米，这当然不仅仅是为了表示尊严。

总之，战国时期的城市，包括都城和一些郡城，已经和后来整个封建社会的城市一样，具有三性：即政治性、军事性和经济性。政治上，它是一定区域内的统治中心或政权所在。经济上，它集中一定的财力、物力和手工业及商业。在军事上，它往往是扼居于战略要地，并拥有相当的防御手段。三性之间，相互有机地联系着，达成辩证的统一。当然，它们也并非总是三者并列，不同时期、不同地点的城，各有侧重。由于城市的规模扩大和数量增多，由于城市在政治、经济、军事上都处于重要地位，由于当时的战争性质已发展为封建兼并为主，在战争内容上，表现为七大国激烈角逐，争城夺地，所以城市便自然地变为战争争夺的重要目标，从而使城市攻防作战大为增多。据不完全统计，战国时期较大的作战行动共 230次，其中三分之二以上与攻守城池有关。公元前 286 年，秦将白起攻魏，仅此一次作战，就攻占魏国大小城池 61 座。

城市攻守作战增多促使攻城战术、技术提高

孙武在考察春秋作战经验后，曾告诫人们攻城"为不得已"时采取的一种下策手段。但至战国时，攻城作战则成为重要的作战样式之一，成为军事家们研究的重要课题。《孙膑兵法》就曾根据地形条件，将城池区分为可攻的牝城和不宜强攻的雄城两种类型。可惜目前尚未发现当时专门记述攻城战术的专著。仅《墨子》在论述守城战术及城防设施时，曾将战国时期攻城战法总结为 12 种。这 12种战法虽然不够详尽，而且将攻城器械与攻城战术混淆一起，但也足以说明当时的攻城战法已较前大有发展。

《墨子》所述攻城战法为：临、钩、冲、梯、堙、水、穴、突、空洞、蚁傅、轒洞及轩车等 12 种。其中临车、冲车、钩援、堙及蚁傅、轒辒 6 种，为春秋时即已采用的器械和战法。轩车，也叫巢车，其形制和性能基本与临车相同。其他 5 种，则是在春秋战法基础上发展而来。

梯，即云梯，也叫飞梯，由钩援发展而来的攻城器械。有单竿、双竿及单双混合等三种形制。梯的首部有一对小轮，

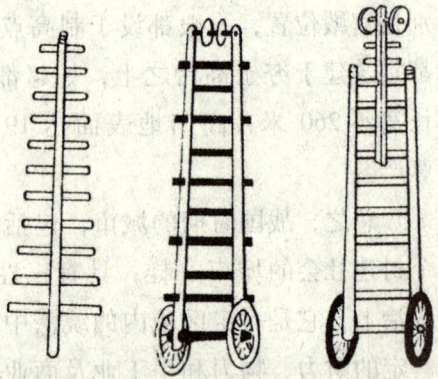

云梯图

梯身有踏脚横木，梯的底部有一对大轮，可推梯前进。当接近城墙时，以梯首小轮贴附城墙外壁，用力推大轮向前，小轮即沿墙壁向上滑升，将云梯竖立起来，攻城战士即攀梯登城。以后又进一步发展为与轒辒结合的两段式云梯。以转轴将两段各两丈以上的云梯连接在一起，并固定在六轮车架之上。梯首有双钩，可钩入城墙，增强稳定性，以助攻城战士迅速攀登。车架有木棚，棚板外蒙以生牛皮，攻城人员在棚内推车向城墙接近，可防御矢石伤害。

水，即引水灌城的战法。由于当时城池均建筑于河畔或两河交会之处，所以攻城军队在久攻不下时，往往采用筑坝积水灌城办法。如周定王十四年（前 455）的晋阳之战，智伯联合韩、魏两家之军，进攻赵襄子。越襄子退入晋阳（山西太原）据城坚守。智伯久攻不下，乃于周定王十六年（前 453），截引晋水灌城。城内赵军几乎全军覆没。后赵襄子采取抗水淹的战法，才化险为夷，转败为胜。又如周赧王三十六年（前 279），秦将白起攻楚，包围了楚别都鄢城（湖北宜城东南），白起在鄢西筑坝，引水灌城，城中军民溺死者达数十万人。楚军主力遭到严重打击，国都郢城（湖北江陵）也随之为秦军攻下，楚被迫逃迁于陈（河南淮阳）。再如秦王政二十二年（前 225），秦将王贲攻魏，围魏都大梁（河南开封），决黄河和大沟之水灌城，结果城毁魏亡。

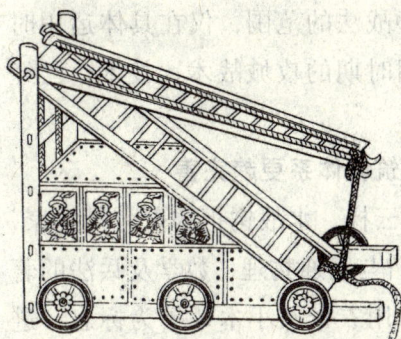

云梯图

穴，主要指以地道作业破坏城墙，为攻城部队开辟通路的战法。《墨子》称之为"穴土而入，缚柱施火"；《商子·境内篇》对这种攻城方法记述稍详，它说："其攻城邑也，国司空訾（计算）其城之广厚之数，国尉分地，以徒校分积尺（土方）而攻（作业）之……内通则积薪，积薪则燔柱。陷队之士（突击队员）面（每崩毁的城墙缺口）十八人……以中卒（中军精锐）随之。将军为木台，与国正监，与王御史参望之"，共同指挥和观察攻城战斗。实际上，穴攻就是通过地道，将城墙基部挖空，以梁柱支撑，再积薪放火，烧毁支柱横木，使城墙崩塌，尔后指挥突击队抢占城墙缺口，并在此处投入主力，扩大战果。

突，即利用守城军队所挖"突门"，向城内实施突袭的战法。突门，也叫"暗门"。是守军必要时出城突袭攻城军队、在城墙上所挖的出城通道。由城墙内侧向外挖掘，接近最外侧时留5～6寸城墙不挖通。这样，不仅可使城外敌军不易觉察，而且在使用时可迅速捣开外壁，出城突袭。根据城防体系中的这一特殊装置及弱点，攻城部队十分注重去发现城墙突门；并组织突击队，由突门向城内进攻。

空洞，即地道战法的一种。攻方挖掘若干条通入城内的地道，令突袭部队潜入城内，尔后攻方里应外合，协同攻击守城部队。

《墨子》所述12种攻城战法，如从战术角度加以归纳，大致不过六种：一是居高临下，以密集的矢石"火力"，压制城上守军。二是在矢石"火力"掩护下强攻城门。三是以密集队形强行爬城。四是以地道作业及火攻破坏城墙，然后由崩塌处攻城。五是以地道作业潜入城中或强攻突门通道。六是积水灌城。这六种战法虽然没有、也不可能包括全部攻城战术、技术，但在整个冷兵器时代，攻城的战术、技术，基本上没有超出这六种战法的范围，仅在具体运用时有所发展变化。因而，可以说，战国时期的攻城战术、技术，已经达到相当高的水平。

攻城战术、技术的提高促使城池筑城体系更趋完善

据古籍记载，战国时期发明攻城云梯、水战钩拒的著名科技家、攻城战术技术专家公输般（鲁班），曾与精通物理、数学及兵法的著名思想家、守城战术技术专家墨翟，用衣带及小木片等为标志，进行过一次城市攻防的"兵棋"对抗较量，结果是"公输般九设攻城之机变，子墨子九距（拒）之；公输般之攻械尽，子墨子之守圉（御）有余"。这一史实，说明当时攻城战术技术也相应促进守城战术技术发展而达到更高的水平。

《墨子》中《备城门》等十一篇城市防守专论，据考证为墨翟的弟子滑釐厘等所记墨翟有关守城的论述。其中虽然也有少量内容为墨家弟子所增添改写，但它确为战国史实的记述。《备城门》等十一篇守城专论，细微详尽地记述了战国时期城防工事的布局与构筑、守城器械的制造及使用、守城人员的组编和部署、观察配系、后勤配置，以及战时城区管制、指挥信号、识别旗帜、侦察警戒等情况，还记述了针对各种攻城战术技术所采取的守城措施和战法，这与我国先秦时期其他军事著作多重视抽象理论的风格完全不同。虽然由于文字过于古奥和因错简、传抄造成的错乱、重复甚至相互抵牾，许多地方已难以理解。但仍能较好地反映我国战国时期城市攻防战术技术及兵垒的发展水平，对我们了解和研究古代城市攻守作战，仍有极大的参考价值。

战国时期的城市设防，基本上是以城墙为主体、以永备工事为骨干的环形防御体系。其总体概况通常是，城市周围有夯土城墙一道或两道。城墙内侧修有环城马路。城墙外侧设有三四道人工障碍。凡远射兵器射程之内的地区，平毁一切地物，以扫清射界、视界。距城 5 公里处，有一道警戒线。距城 15 公里以内地区，实行坚壁清野。一切人员及可能为敌利用的物资（如木料、粮食、畜禽等），全部转移至城内，有时还将携带不了的物资焚毁，并在井内下毒。此外，在城外各要地，往往筑建小据点（亭），特别重要的地方，甚至构筑由三个支撑点组成的大据点，以一定兵力防守，以迫使敌军过早展开，迟滞其进攻行动，为守军争取作战准备时间。另在通往国都（主城）的大道上，每隔一定距离，建一据点（邮亭），内设烽燧，与国都保持联系。邮亭周围有 7 米高的围墙一道和外壕两道，有一定防卫能力。其筑城和守城战术方面的情况大致如下：

（一）城墙工事设施

城墙顶部，一般宽 7～10 米，以便于守军机动以及与登上城墙的敌人进行格斗。顶部内外两侧，均筑有厚约 1 米、高约 0.6～1.4 米的女墙（堞、俾倪），外侧女墙较高，中部开有外宽内窄的射孔（爵穴），墙上筑有垛口。城墙四角及城门顶部，筑有土木结构的敌楼。每隔 180 米，修建一座突出于外侧女墙约 3 米的木楼，它不但可用以消灭城下死角，而且当敌军以蚁傅方式，用密集队形攻城时，守军可据此楼对爬城之敌实施交叉侧射，使城墙由单纯正面防御变为有翼侧掩护的三面防御。这是后来城墙构筑"马面"的滥觞。每隔 360 米，修建一座突出于内侧女墙约 4.6 米的木楼（立楼），以备同突入之敌战斗时，消灭城墙内侧下死角。每隔 180 米左右，还在外侧女墙内筑建土楼一座和木横墙（隔栈）一道。敌人如登上城顶时，土楼用于据守，横墙用以阻止敌人向两翼扩张。横墙一般高 3 米，由削尖顶端的木桩联结而成，开有可启闭的小门，供守军平时通行。

城门共有两重：门洞前部装有两扇木质大门，固定门扇的门框和门扇外侧可旋转的立柱，均以粗大坚实的大木制成，并以铜、铁箍联结、固定。门闩有上下两根，也以坚实粗木制成，用宽厚的铁环固定门闩。门洞中部，另建一道辘轳操纵升降的悬门（板闸门），在敌军攻破大门时放下。悬门及大门门扇上，开有若干弓弩射孔，用以射击攻门的敌军。射孔内侧，装有护板，以绳索操纵启闭。为防止敌军以火箭（烟矢）或其他引火器物焚烧城门，在悬门及门扇外侧涂有一层厚泥；为使泥土能牢固地附着门板上不致下落，门上凿孔安装突出 2～3 厘米的圆头小木桩，间、距各为 16 厘米，交错排列。城上门楼中，放置若干贮水容器及灭火用具，如陶瓮及带两米长柄的麻袋和革盆等，同时在城门及悬门外侧门洞顶部，凿有一条适当宽度的堑沟，以便当城门燃烧时，用带柄的湿麻袋及革盆盛水，由堑沟向下扑灭门火。

在城外距门约 10 米处，挖一深壕（陷阱），上设"转关桥"。桥仅中间一梁，梁两端有横木，横木由凸出壕沿的木榫支撑，木榫可由绳索操纵使其伸缩。当木榫凸出时，桥面平稳，可以正常通行人马。当敌人行至桥上时，拉动机关，木榫缩回，桥面以梁为轴翻转，桥上行人跌入壕中。

城内沿城墙构筑环城路一道，与城内各主要道路连接，城门两侧及四城角处，构筑登城梯道或斜坡道，以便于兵力、兵器及作战物资、器材机动。通常在城墙底部，每隔约 200 米，修建一条由城内通向城外的通道——突门，以作为突击队出城反击的道路。在通道内筑建窑灶，安装风箱和贮存柴草及准备塞门的"洞"（连轴车轮，中间填束木条成圆柱体，外涂泥土），以备敌军冲入突门时鼓烟熏敌及堵塞通道。

必要时，在城内距环城路适当距离处，再修筑一道土墙（傅堞），由环城路与土墙之间挖壕取土，壕深一般为 3.5 米，宽约 3米，壕内填塞树枝柴草。一旦敌军突入城内，守军预备队可据土墙防守，并可引燃壕内柴草，在城墙守军与土墙守军夹击下，将突入敌军歼灭于此狭窄地带内。当柴草燃烧毕，即成为内土墙之外壕。

（二）障碍配系

构筑与设置障碍物，通常以城池外围为主。在距城墙 2.5 米范围内，环城设置 5 行尖头木桩，高出地面约 0.5 米，交错埋设，用以迟滞和阻碍登城敌人行动，同时可以杀伤在登城过程中摔下的敌人。在尖头木桩障碍带外，设置一道宽约2.5米、类似鹿砦的障碍（裾、薄），以阻止敌人，特别是阻敌云梯接近城墙。在守军出入的方位上，留有通路（裾门），通路上仍放置鹿砦，但不深埋，可以移动，并在城上正对通路的位置设置标记。

鹿砦之外，一般即为护城河（外壕、池），但也有在护城河以内地带，再设置一道木篱栏障（藩），或修筑一道土墙（冯垣），并派出一部兵力据守。当敌军进行填河作业时，可依托藩、冯垣等工事，用弓弩射击敌人，或点燃柴草，以风箱鼓风，用烟、火薰、烧轒洞内作业的敌人。

护城河为最外一道障碍，河底插有竹签桩（竹箭），长短相杂，交错埋插，最高尖端在水面下10厘米左右，以免被敌军发现。在正对城门的河上设有起落吊桥。

另外，城上还备有蒺藜等移动性障碍物。战斗时用"蒺藜投"（一种小型抛石机），一次可发射数个、以至十数个蒺藜，进行撒布。蒺藜是以铁或硬木制造的刺钉。有四个锋利的锐尖，任意置于地上，总有一尖朝上。临战前撒布于敌军行进的地段上，可以刺伤敌人，以破坏敌军的战斗队形和迟滞敌军的进攻速度。

（三）外围警戒及通信联络

城上除各敌楼配置有值班人员观察情况外，每隔60米左右，还建有观察亭（坐候楼）一座。亭外沿伸出女墙外约1米，方形有顶，三面围上木板，外涂泥土，使与城墙颜色一致，并可防敌军火箭，内设昼夜观察哨。在距城5公里处，环城建一道警戒线，每隔一定间隔，在制高点上设三人观察哨所一个。由哨所向后，每1.5公里左右设一联络哨，用目视信号同警戒线观察哨、城上观察哨保持联络，传递信息。当时规定的目视号有：发现敌军时，举一帜。敌军向警戒线接近时，举两帜。敌军进入警戒线时，举三帜。敌军向城市开进时，举四帜。敌军接近城郊时，举五帜等。夜晚则举火为号。

另外在城外各交通要道、关卡等处，设置3人1组的斥候（潜伏哨），其任务是侦察敌人行动和捕捉敌谍，夜间则在警戒线内外进行巡逻。一旦当敌军大部队进至城郊、即将围城时，则撤收城外所有警戒、侦察人员。

敌军开始攻城时，由城上当面守军指挥官——亭尉发出信号，向指挥部及友邻报告及通报敌情。例如当时规定：敌军接近护城河时，击鼓三通、举一帜。敌军填塞渡护城河时，击鼓四通、举二帜。敌军进至藩障时，击鼓五通、举三帜。敌军进至冯垣时，击鼓六通、举四帜。敌军通过鹿砦接近城墙时，击鼓七通、举五帜。敌军开始登城时，击鼓八通、举六帜等。

在战斗中，城上守军需要后方支援时，也是以规定的旗帜信号报告及通知。例如需要敢死队支援时举苍鹰旗，需要大批人员支援时举双兔旗，需要补充弓弩等远射兵器时举狗旗，需补充剑盾等格斗兵器时举羽旗，需火战器材举赤旗，需滚石等举白旗等等。

（四）守城器械

根据战斗需要，城上按地段贮存及设置一定数量的作战物资，规定每50米至90米放置抛石机（籍车）1座，每20米左右存放修补城墙工事的柴捆（柴搏）20捆，每45米左右设置锅灶、水瓮及沙土，每4米左右存放弩、戟、连梃、斧、椎各1以及若干石块、蒺藜等。在众多的作战物资中，比较重要的新型守城器械有以下几种：

连弩车。可以连续发射大矢或小矢的大型床弩，仅弩机即用铜75公斤，需10人操纵使用。大矢直径3.6厘米，长230厘米，尾部有绳，射出后仍可用辘轳"卷收"回来，类似现代捕鲸炮。用一般小矢时，则不必回收。矢

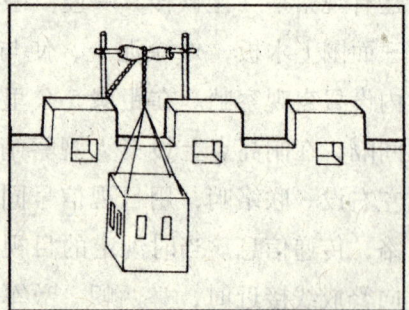

悬牌示意图

槽高出弩臂 70 厘米，一次装填小矢，可达 60 支。利用辘轳绞盘与绞轮的半径差，能在绞动时产生极强的拉力，张开弩弦，弩身装有简单的瞄准具（仪），据说弩身还可以上下活动以改变射角。

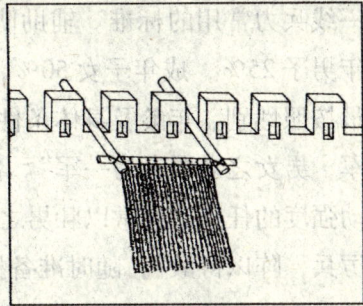

累答示意图

转射机。安装在可以转动的木架上的弩。射手可操纵其任意变换射向。每弩由两人操纵。

悬牌。由辘轳、铁索和滑轮操纵、能沿城墙外壁上下移动的小木堡。堡内 1 人，持 5.5 米长的两刃矛，击刺爬城敌军。由 4 人操纵升降。累答（籍幕），防矢石的软帘。以粗麻绳紧密排列，编成软帘，表面涂一层厚泥浆防火，悬挂于敌楼、城堞、籍车、行车等外面，既可以防护墙堞不为敌军飞石击毁，又可以收集敌人发射的箭矢，而且当敌军以密集队形蛾傅爬城时，可将悬挂于城堞外的累答点燃，用烈火覆盖爬城敌人，可收一械多用之效。

火捽，即火檑木。在 2.5 米长的车轴两端安装车轮，在车轴上用荆棘条捆裹大量柴草制成，当敌军以密集队形攻城时，点燃柴草，砍断吊索，从城上向下方的敌群中滚去，用以砸、烧敌人；有时也在守军组织反击时用，先施火捽攻击，趁敌队形混乱时，突击队立即出城反击。

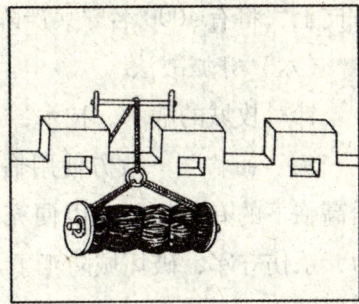

火捽示意图

（五）兵力部署

守卫城上工事的正式战斗士兵，均按 1.84 米一人的密度配置；辅助防守人员，按每 2.3 米一人的密度配置。这是当时计算守城第一线兵力常用的标准。辅助防守人员，基本上是从全城居民中按成年男子25%，成年子女50%，老弱人员25%的比例征集的。所征人员按照性别、年龄及身体条件分编为三军："壮男为一军，壮女为一军，男女之老弱者为一军"。各军编成后分别承担不同性质和不同劳动强度的任务。通常以壮男之军担任补充第一线兵员的任务，"盛食厉兵，阵以待敌"，随时准备投入战斗。以壮女之军担任工程作业任务，"作土以为险阻及耕格阱（构筑工事，设置陷阱），发梁撤屋（扫清射界、视界）"，有时还要运送作战物资器材，以老弱之军担任部分后勤保障，负责饲养牲畜，采集给养及柴草等工作。

以上是正常情况下计算守城兵力的标准和人员部署原则。若敌军以较大优势的兵力攻城时，那么，在敌主攻方向上的守兵密度就要相应加大。《墨子》曾根据当时战争实践的经验，以10万之敌攻城为例，分析认为攻城军队所采用的队形，不会超出4种。即使敌方投入最大兵力攻城，主攻方向的正面充其量也不过920米左右。在这样宽的正面防御时，配置包括正式战斗士兵及辅助防守人员在内的兵力，可按照每两米9人的密度标准计算，这样，在敌军主攻方向上，将有4000名守兵严阵以待，完全可以抵御住敌军的进攻。

（六）守城战法

针对攻城的战术、技术，最主要的守城战法，大致下述几种：

抗"高临"　攻方使用临车及高台（羊黔）战法，是企图制造居高临下的有利地势，以便充分发挥弓弩及抛石机等远射兵器的威力，杀伤守军，破坏城防工事。因而，守军也就针对攻方这一特点，采取"以高制高"的方针，在城上建造"行城"（也叫台城）。行城一般高于城墙7米左右，行城顶上再筑约1.4米高的女墙。这样，连同城墙，总高度可达25米以上，以当时的生产技术，不仅无法制造如此高的临车，而且即使攻方积土为台，在时间及人力、物力上，也存在着很大的困难。行城外侧，悬挂"累答"，增强抗御能力，行城之上，配置有威力强大的"连弩车"和"籍车"等，以杀伤压制

"羊黔"和临车上的敌军，挫败敌居高攻城的企图。正如《通典》所说：我筑行城"高于敌台一丈以上，即自然制彼，无所施力"了。

抗"蛾傅"　使用密集队形和云梯、勾援等多种器械强登城墙的战法，其主要指导思想是以多取胜，用前仆后继的"人海战术"来发挥兵力优势。守军针对攻方这一特点，采用"以多制多"的方针进行对抗。即依托多种工事设施，使用多种杀伤手段，对付密集众多的敌军，以充分发挥防守作战各种有利因素的作用，最大限度地"保存自己，消灭敌人"。

当敌军填塞（湮）护城河时，据守"冯垣"的守军，点燃柴草，以风箱鼓风，以烟火薰烧敌人。城上守军，也以"籍车"抛射烟火弹袭击敌军。烟火弹的做法是，以周长一围（两臂合抱）、长约55厘米的一段木料，挖空中间，填入炭火，略封两头。弹体落地后，木料燃烧发出烟、火，形成一道烟火障，同时溅出的炭火，可以烧伤密集的敌人。它在一定程度上，可以扰乱和阻碍敌军填塞作业。

当敌军通过护城河向城墙推进时，城上所有远射兵器同时向敌军发射，据守冯垣的人员，也以弓弩、长矛等各种兵器射击和刺杀敌人。当敌军攻破冯垣、并通过障碍，开始用云梯等器械和密集队形登城时，城上守军，由正面女墙、侧面木楼和各个沿墙上下的"悬脾"中，以弓弩、籍车、滚木、礌石以及两刃长矛等杀伤兵器，由正面和两翼袭击爬城之敌。同时还点燃烟灶，并撒布细沙、柴灰、稻壳、草屑等物，薰呛、迷盲敌人。此外，还向下倾倒开水和投放燃烧的"累答"、"火捽"等，以杀伤密集的敌群。

当部分敌军爬至女墙时，战斗达到高潮。守军以连梃、长椎、长斧、长镰等近战兵器，打击和砍杀爬城之敌。敌军若乘夜暗爬城时，守军即点燃贮备的火炬，由女墙"爵穴"中伸出墙外照明。守军在火炬照明下，可以清楚地看到爬城的敌军的行动，而敌人则不可能看清城上守军的情况，陷入被动挨打的困境。假如部分敌人翻过女墙、登上城顶时，据守土楼的人员，当即依托土楼抗拒，待支援部队赶到后，相互协同，将登城之敌消灭于两"隔栈"之间的地段内。

对强攻城门的敌军，基本上采用相同的战法。在敌军受挫混乱或守军指挥官认为时机有利时，还可以打通"突门"，实施突然反击。

抗"穴攻" 以地道作业破坏城墙，或利用地道潜入城内，都属于"穴攻"战法。守军通常采用"以穴制穴"的方针进行对抗。首先以瞭望、瓮听法发现和确定敌军进行地道作业的方位，然后向敌实施地道作业，与敌人地道贯通时，即以各种攻击手段挫败敌人穴攻。

守军观察哨除观察地面敌军情况外，还要注意观察城外景物和植被颜色的变化，以发现敌军进行地道作业的征候。当判断敌军实施穴攻时，即在城内沿城墙每隔 10 米挖一深约 3.5 米的井洞，井中放置能容 40 斗以上的空陶瓮一口，以薄皮革封口，挑选听觉灵敏的人员伏瓮监听，寻找声源，进而判定敌人作业位置。然后组织人员，与敌对向挖掘地道。每个作业组为 50 人，男女各半。作业方法是：先在地上向下挖一井状深穴，将挖出之土环穴口堆积成墙。由穴中向城外挖掘高、宽 2.3 米的地道，每掘进 2 米，即下降 0.7 米。向前挖至 20 米处，或估计已至城墙外侧位置时，即向左右横挖，再由横地道中以一定斜角与敌人所挖地道贯通。这样，既易于相接，又可以利用转弯处为依托与敌格斗，更可充分发挥弩箭的直射效用。作业时，边掘进，边随后沿地道铺设导烟陶管（陶管粗约一围，每段由长 60 厘米，相合为圆的两陶片组成）。先仰铺半片，中放糠皮、柴炭等易燃及发烟物质，然后盖上另半片，以泥涂封接缝，不使漏烟。管内易燃物要连接不断，但不得塞满。地道入口处修建发烟灶，每灶配备 4 个风箱。当接近敌人所挖地道时，以冲木冲开中隔土层，接通敌我地道，同时点燃发烟灶中之艾，以 4 个风箱同时鼓风，通过陶管将烟火压向敌人地道中。在陶管出烟口后，有持"连板"与矛的战士守卫，以防止烟火倒灌和保护陶管不为敌人堵塞。"连板"由若干盾形木板拼组而成，大小与地道截面相等，板上开有小口，可以发射小弩和伸出长矛。此外，地道内还放置有狗，利用狗听觉灵敏的特点，侦听敌踪。这是我国历史上使用"军犬"的最早记录。还部署有装备特制短柄兵器及钩拒的战士，以便在地道中杀伤和钩捕敌人。

如果敌军"穴土而入，缚柱施火"崩毁某段城墙，出现缺口时，守军即迅速以"柴搏"进行补堵。其方法是：在原城墙外侧位置的崩土上，埋设高 4 米以上的木桩，桩距约 20 厘米，将木桩连接为栅，然后用柴捆纵横交错地堆放于木栅内侧，并与木栅取齐。柴垛的高度和厚度，基本上与两侧城墙相等，以柴垛连接断墙，封锁缺口，情况允许时，还可在外侧涂抹厚泥，再以毛柴、土块、碎石等将柴垛填平塞满，尽可能使之坚实，以利日后能在上面建筑女墙。

抗水淹　当攻方使用筑堤积水灌城的战法时，守军一般采取疏导的方法对抗。根据地形地势，在较低位置，挖渠泄水。或"十步为一井，井之内潜通，引泄漏"。也有的组织突击队，乘坐轒輼船（双船并联，装有生牛皮制防护棚），一艘 30 人，共 10 艘，在城上远射兵器掩护下，实施突然出击，掘开敌军所筑堤坝。决堤不仅可以泄水，有时还可以倒灌敌营。例如前述晋阳之战，赵襄子就是乘夜掘开智伯所筑晋水大堤，使晋水反灌智伯军营转败为胜的。

战争、战术的发展和筑城技术的进步导致野战筑城迅速兴起

郡县征兵制的普遍施行和铁兵器的大量使用，促使战国军队的组织成分、军制、装备等发生质的变化。各国军队的数量大为增多。如秦有"奋击百万"，楚有"虎贲之士百万，车千乘，骑万匹"，赵、韩、齐、魏、燕也都有"带甲数十万"等（这些数字虽不无夸大之嫌，但也足以说明，当时各国兵力远远超过春秋时期）。更引人注目的是，春秋时期的军中主兵——战车兵，这时已下降到次要地位，代之而起的为步兵，同时，骑兵也已发展为一支重要的作战力量。特别是由于射程远、杀伤力大、命中精度较高的各种类型的强弩，已普遍装备于军队，有的军队所装备的强弩甚至占编制的兵器的 60%，"用士万人，强弩六千，戟楯二千，矛楯二千"史有例证。因而促使我国古代的战争和战术产生了一次大的跃进。这表现为：

首先，战争规模大为增大。春秋前期，齐桓公为五霸之首，万人一军，不过 3 万，"三万人方行之于天下……莫之能御"。春秋后期，最大的战役，如晋楚濮城之战，充其量双方也不过各投入 10 万兵力，实际战斗时间，也不过一日。但至战国，一次战役所损耗的人数，就可能多达 10 万以上。如马陵之战，魏"覆（被歼）十万之军"。燕乐毅攻齐，"留循齐五岁，下齐城七十余城"。秦与韩、魏伊阙之战，歼灭韩魏联军 24 万；秦攻赵长平之战，全歼赵军 45 万等。总之，战国时的战争，不仅使用兵力多，杀伤损耗大，延续时间长，战场幅员广，而且进行任何规模的一次性的战斗，都难以达到战争目的或完成战略任务。因而，战争与战斗明确分离，结束了"战斗的结局决定于一次突击"的"采用方阵体系"作战的时代。

战争与战斗的分离，又导致战略与战术的明确划分，并促使战术高度发展：集中兵力、分进合击、迂回包围、远程进袭、运用多梯队与预备队，以及侧击、伏击、佯退诱敌等，都成为战国时期的常用战术。随着战术的发展，野战防御和野战筑城也普遍出现。

春秋以前，就战术范畴而言，作战的基本类型，只有战、攻、守三种。战，即作战双方共同向对方运动，共同发起冲锋，以白刃格斗决定胜负。实质上，双方的战术动作，都同于进攻。攻，一般专指攻城作战。守，即守城作战。战术发展了，作战指导、作战行动等自然也趋于复杂。为了避免在不利条件下与敌军交战，为了避免遭到敌军突袭，就产生了野战防御。作战基本类型，发展为"战、攻、守、御"四种。

人们在城市攻守作战的长期实践中，早已深刻地认识到筑城工事和设施的重要价值：它不仅可以增大"保存自己"、减少伤亡的能力，而且可以争取时间、弥补兵力不足，对战斗力起到"倍增器"的作用。因而，筑城便很自然地被应用到野战中来。

战国时期的野战筑城，称为营垒或壁垒，一般说有两种形态：最常见的为环形工事，实质上是一座急造城垒，其阵地编成情况，基本上和城池一样，以一圈土石结构的垒墙为主体，外筑一道壕沟，并设置障碍，如《六韬·虎韬·军略》所说："设营垒，则有天罗（网状障碍）、武落（即虎落，竹木尖桩）、行马（拒马）、蒺藜"等。只不过在作业规模上，较城池要小而简，没有敌楼等城上设施。通常是挖壕取土，积土为垒，不用夯筑。构筑垒墙的经验公式与筑堤堰相同：墙高 = 基宽 = $\dfrac{3\,顶宽}{2}$。这种阵地，通常用于军队在野外宿营时，或用于企图与敌作较长时间的阵地对峙时。所以《六韬·虎韬·奇兵》说："深沟高垒，积粮多者，所以持久也"。守城战中，有时也在城外预期敌军可能进攻方向上，构筑类似的环形阵地，以加大纵深，提高防御韧性。《六韬·豹韬·敌强》中，曾有关于这种阵地编成的简略记述，大意是：当敌军主力部队尚未进至都城之前，派遣一支有力部队，于敌军进攻的方向上，在距城约两公里的附近地区，依托城池，构筑一座环形防御阵地。根据兵力部署，按所分地段，将各级队旗及指挥信号——旗帜金鼓等，设于壁垒之上；壕外设置障碍；墙上多配强弩；每隔200米左右，在阵地中开设一条通路，以作为警戒、侦察部队退回及守军出击的道路，平时以拒马堵塞；将战车及骑兵部队部署于阵地两侧，掩护翼侧并准备侧击进犯之敌；而将精锐部队隐蔽于阵地后方，待机投入战斗。

铁器工具的使用，使土方作业的效率大为提高，所以在战国时期，特别是后期，野战筑城极为普遍，军队行军均携带有施工所必需的工具、装备及移动障碍物。不论在战略上是进攻还是防御，只要一进入作战地区，都要先"安营扎寨"，构筑营垒。在野战中，不仅广泛应用了一般的环形筑垒阵地，而且还出现了由若干环形营垒组成的支撑点体系的线式防御阵地。通过秦、赵长平之战的战例，可以反映出当时野战筑城的发展情况及其在战争中所起的重要作用。

周赧王五十四年（前261），秦军攻赵上党（山西东部及东南部），上党守军被迫后撤，退至长平（山西高平北）地区时，与赵将廉颇所率援军会合。在几次小的交战中，赵军均败。廉颇遂采取了筑垒固守、避免决战、俟敌师老、伺机反击的作战方针，在长平以北金门山附近东西近10公里的地区内，构筑了一道由若干环形营垒组成的防御地带，坚壁不出。秦军曾发动多次进攻，并攻占了赵军警戒阵地的东障、西障（高平西）等三个环形阵地的支撑点，但一直未能突破赵军主阵地带各营垒，形成双方营垒遥相对峙的局面。秦军出国远征，不利持久，秦相范雎遂派谍入赵，制造"廉颇易与、且降矣"的流言，中伤廉颇。赵王本来就疑心廉颇的坚壁不出是怯战，于是撤换了廉颇，改任赵括为主将。秦也改派白起为主将。赵括到职后，改变了廉颇以防御为主的作战方针，组织进攻。白起针对赵括鲁莽轻敌的心理，采取了佯败后退，诱敌脱离既设阵地后围而歼之的作战方针。赵括多次进行小规模试探性进攻，白起均命部队后撤，赵括遂亲率主力向秦军发动总攻。当进至秦军筑垒地区时，被阻于阵地之前。白起立即指挥预先部署于两翼的25000名机动部队，迂回至赵军背后，切断其向营垒后退之路；同时另派5000名精锐骑兵，前出至赵军筑垒阵地附近，利用其快速机动性能及优于步兵的冲击能力，截断赵军营垒留守部队与国都邯郸的联系，将赵军分割为各自孤立的两部分。赵括所率主力，进退失据，被迫仓促就地构筑环形阵地转为防御。秦军在赵军四周构筑了一圈向内的筑垒阵地，将赵军包围。赵军被困46天，因绝粮多次组织突围，均被依托筑垒阵地的秦军击退。赵括亲率先锋出击，被秦军弩箭射死。困处两地的40万赵军，遂全部投降。可见野战筑城对于攻守双方来说，都是运用极为广泛的重要作战手段。

因地形条件限制或时间因素影响等原因，不能进行筑垒时，通常仍沿袭春秋时期就盛行的以车代垒办法，用车辆、盾橹及代用障碍物等构成车垒阵地。如《六韬·龙韬·农器》所说："战、攻、守、御之具，尽在于人事。耒耜者，其行马、蒺藜也；马牛车舆者，其营垒蔽橹也"。《孙膑兵法·陈忌问垒》篇，有关于构筑这种阵地的简单叙述，大致情况是：将随军的战车及辎重车辆，辕舆相搭，车轮切联，构成一道或双道的环形及线式临时屏障，代替营垒。1950年在河南辉县琉璃阁战国魏墓车马坑中，曾出土19辆木车，其遗迹就是双重车垒的形象。车辆联结后，以盾橹立于车舆（厢）代替城堞；其距离在弩矢射程控制范围之内；在距障碍地带前约2.5公里处，设置观察哨所，与车垒保持目视及音响联络。发现敌情时，白昼以旗帜，夜晚以鼓声，按预定信号向后报告。将持弩战士及持戟、矛等长兵器的战士配置于车垒上，将持（短矛）及殳、刀等短兵器的战士配置于车垒之后，当敌军向阵地接近时，观察哨以信号报告，军队进入战备状态。当敌军进至障碍地带前沿时，持弩战士在盾牌防护下，依托车舆，发射箭矢，杀伤被障碍阻滞的敌人。当敌人通过障碍、进至车垒前时，持长兵器的战士，依托车舆，向队形已趋于混乱的敌人击刺，以保护车垒不被敌人突破。当部分敌人进入阵地内时，持短兵器的战士，与敌进行白刃格斗，以消灭全部突入的敌人，不使逃回。一般说，经过激烈战斗后，才得以突入阵地内的敌人，已处于疲惫状态，易于被歼。这种野战车垒的方法，在我国整个冷兵器和冷兵器与火器并用时代中，特别是在沙漠地区作战时，一直有着相当的影响。

战国长城

春秋战国以来，战争性质逐渐由争取控制别国而发展为兼并以至统一中原，战争的规模也日趋扩大。随着参战兵力的急剧增加，机动范围的不断扩展，作战时间的日益延长和战略战术的高度发展，争夺统治区域和占领战略要地，已经成为战国时期作战的主要目标。因而，各国都先后在具有外来威胁方向的边境地区，运用构筑城垒及修建堤防的经验技术，修建了规模相当可观的防御工程。由于它长达数百里，甚至上千里，从总体上看，是一条线式工程，所以一般称之为长城。又由于它本身的具体结构是由许多障塞亭燧等点式环形工事组成的，所以也称之为塞。另外还有"长城塞"、"长城障塞"、"长城亭障"、"城堑"以及"边墙"等名称。

早在西周时期，就已有在边境要地修筑城堡戍守的记载，如《诗经·小雅·出车》记"王命南仲，往城于方"和"天子命我，城彼朔方，赫赫南仲，猃狁于襄"，就是周宣王为防御北猃狁的进攻而命南仲筑建的城堡。这种沿国境构筑的军事据点，随着战争频繁而逐渐增多，至春秋时已相当普遍，它与国都之间建有烽燧以传递军情。为适应战争发展的需求，在出现线式筑城阵地的同时，有的国家，如齐、楚等，开始逐步用墙将这些边境城堡联结起来，形成了长城。至战国时，秦、魏、韩、赵、燕等大国，相继修筑了相互防御的长城。有的小国，如中山国，也修筑长城以自卫。当时，我国北方的东胡、匈奴等游牧民族，正处于奴隶制阶段，经常向中原地区进行袭扰，掠夺人畜财物。所以与它们邻近的燕、赵、秦三国，又在北方国境上修筑了长城。

各国开始修建长城的时间和长城起讫点的具体位置，由于古文献简略而又互有分歧，历来说法不一。建国以来，我国对古长城进行了大量的勘察、发掘工作，用考古资料与古文献研究印证，有些问题得到了较为统一和肯定的认识，但仍有一些问题存在争议，有待于更深入地进行探讨。

齐长城

据《左传》记载，周灵王十七年（前555），"晋侯伐齐……齐侯御诸平阴，堑防门而守之"。防门是齐国西南部的边境重镇，也是齐长城上的重要军事据点及关口，可见这时已开始在平阴地区构筑线式防御工事。又据《竹书纪年》和《史记》记载，周威王二十二年（前404），周王曾"命韩景子、赵烈子、翟员伐齐，入长城"。

公元前368年，赵成侯"侵齐至长城"。公元前350年，齐"筑防以为长城"，还记载"齐宣王（前319~301）乘山岭之上筑长城，东至海，西至济州，千余里，以备楚"。这说明，从春秋后期至战国中期，齐长城基本上已修建完毕。因齐的主要敌国，先为晋，后为楚，所以齐长城的修建，是由西向东分两段逐渐完成的。

齐长城西起今山东平阴县北，向东乘山岭经泰安西北、莱芜、章丘之间、博山、穆陵关、诸城，南至胶南县的小朱山与海联结。

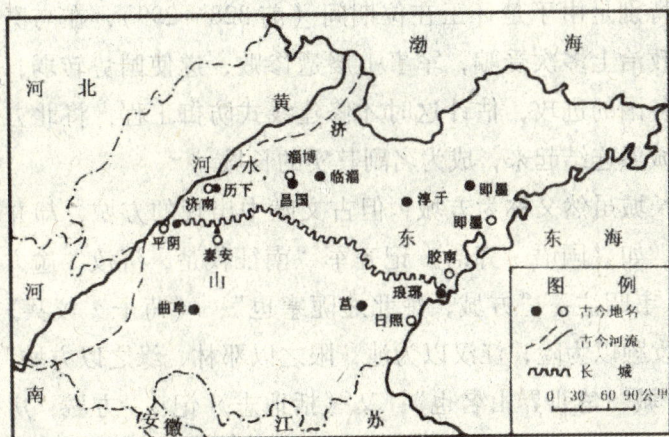

齐长城图

从现存于莱芜、泰山等地的遗迹来看，齐长城的结构，主要有土筑和石砌两种。在平地多用黄土夯筑，在山岭或产石地区则用石块垒砌。石块均为未经加工的毛石，墙体残存厚度约4~5米，残高仅存3~4米。

楚长城

《汉书·地理志》南阳郡条记："叶，楚叶公邑，有长城号曰方城"，所以楚长城亦称方城。据《水经注·汝水》载："醴水又屈而东南流，迳叶县故城北。春秋昭公十五年（前527年），（据《左传》则为成公十五年，即公元前576年）许迁于叶者也。楚盛周衰，控霸南土，欲争强中国，多筑列城于北方，以逼华夏，故号此城为万城，或作方字"。可见早在春秋时期，楚国已开始在北部国境地区修建了一系列的城堡。这些城堡固然属于防御性质的军事据点，但当时正值楚国势强盛、执行进攻战略、企图进取中原之际，所以这些城堡主要是作为北进前进基地而修建的，各城堡之间没有、也不需用线式防御工程连结起来。直到合纵、连横变幻无常的所谓"朝秦暮楚"的战国时期，楚国仍然是实力雄厚、堪与强秦抗衡的大国，还是不必在北方修建工程浩大的线式防御阵地。但由于吴起变法的失败，特别是由于楚怀王在位期间（前328～299），在与秦国的斗争中，政治上多次受骗，军事上屡遭惨败，遂使国势转弱，不断受到北方各国的进攻，估计这时才修建线式防御工程，将北方国境地区的各城堡连结起来，成为名副其实的长城。

楚长城虽然又称为方城，但古文献中出现的方城，却并不都指楚长城。如《国语·齐语》记齐军"南征伐楚，济汝，逾方城，望汶山"，韦昭注："方城，楚北之阨塞也"；《荀子·议兵》："楚人……汝颍以为险，江汉以为池，限之以邓林，缘之以方城"，杨倞注："方城，楚北界山名也"；又《括地志》记："方城，房州竹山县东南四十一里。其山顶上平，四面险峻。山南有城，长十余里，名为方城，即此山也"等等。所以古文献中的方城，除指楚长城外，

楚长城图

有的指山，有的指城，有的也指尚未连结为长城的楚北方边境的列城。

楚长城的方位、起讫及经过地点，《水经注·沘水》记载较详。它说："叶东西界有故城，始筑县（河南鲁山东南）东，至濰水（河南泌阳东北），达比阳（河南泌阳）界，南北联数百里，号为方城，一谓之长城云。郦县（河南内乡东北）有故城一面，未详里数，号为

长城,即此城之西隅,其间相去六百里。北面虽无基筑,皆连山相接,而汉水流其南"。大致是西由今河南邓县开始,沿湍河东岸向北至南召西北翼望山,然后折转向东,沿伏牛山经鲁山南至叶县境,再转而向南,经方城东至泌阳境,总长约500公里。

楚长城分为三段,其结构有两种类型:南北走向的西段和东段,与齐长城相同,以土、石为主,根据地形、地质条件,就地取材。有土之处,夯土筑墙,"无土之处,累石为固"。沿伏牛山脉东西走向的中段,则依山据险,利用峭壁悬崖、深谷大堑等自然障碍,稍加人工修理,再补以木栅塞堡等,构筑防线。

魏长城

三家分晋以来,魏文侯首先任用李悝变法革新,取得极大成果,国势日益强盛。曾尽夺秦在西河的全部地区,大败齐、楚,攻入齐长城,并攻占了大梁(河南开封)、襄陵(河南睢县7)等地,成为战国最早的军事强国。但至魏惠王嗣位后,在洛阴、石门(山西运城西南之石门山)、少梁(陕西韩城南)等地与秦的作战中,连遭惨败,国势渐衰。为防御秦军的进攻,在西部及南部边境地区修筑了长城。

据《史记·秦本纪》记载,秦孝公元年(前361),魏开始修建西部长城,《竹书纪年》及《史记·魏世家》等书,还有魏(梁)惠王十二年(前358)、十五年(前355)和十九年(前351)筑长城的记载。可见魏长城是由公元前361年至前351年的10年间陆续筑建的。先后共筑有三道,即河西长城、河南长城及崤山长城。

魏河西长城,南起于陕西华阴

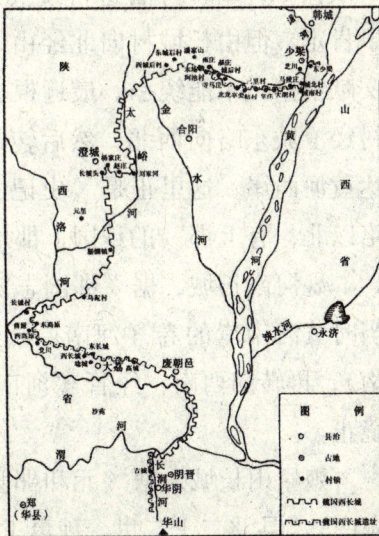

魏河西长城图

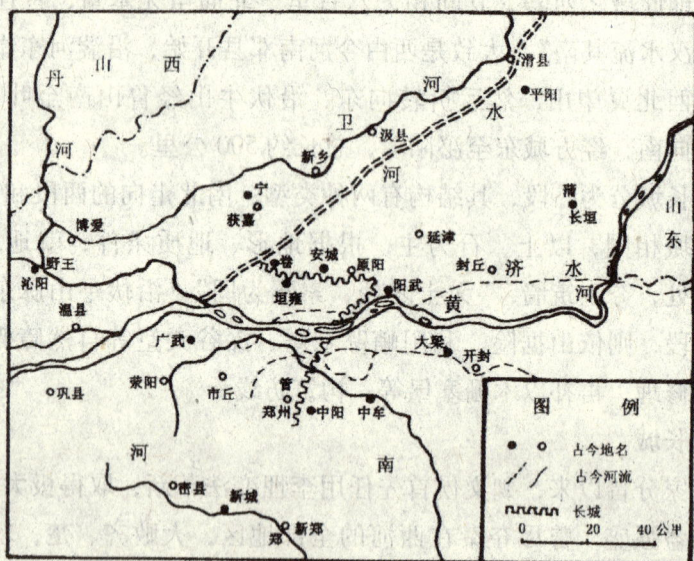

魏河南长城图

县西南、华山南麓之朝元洞，濒长涧河西岸北抵渭河，过渭河后，再北越洛河，然后循洛河东岸西行，至大荔县许原北之长城村。这一段长城，1980 年曾进行过实地勘察，遗迹至今保存犹好，位置可以肯定。但由长城村向北经由之地，曾有过不少说法，都有一定的文献根据，未能统一。最近根据实地勘察情况，认定北段是由长城村经澄城东略向西北，然后转趋东北，延伸至合阳、韩城境内，抵达黄河西岸。这里正是《史记·秦本纪》所说"魏筑长城，自郑滨洛以北，有上郡"的魏国上郡地区。

魏河南长城，据《郡国志》及《水经注》记载，大致北起位于当时黄河南岸的卷（河南原阳县原武西北），向东至阳武（原阳东南），再转向西南，经管（河南郑州）东，至密（河南密县）的北境止。

魏崤山长城，据《元和郡县志》记载，在硖石（河南三门峡市东南）"县北二十二里。魏惠王十九年（前 351）所筑。东南起崤山（东段），西北至黄河三十七里"。1956 年黄河水库考古队在陕县东原刘家渠村，曾发掘一批唐墓，出土两块墓志碑，指明当地为长城北原。从唐前各代的政治形势及领域分析，该地长城应属于战国魏之长城，正与《元和郡县志》所记吻合。且此地正是魏与韩的争夺地区，并曾与秦交界，在这里修筑一段防御工程，是符合魏国当时的情势的。

秦国长城

秦在战国初期，国力尚弱，常遭魏军进攻。厉共公十六年（前461）和灵公八年（前417），曾增修黄河西岸堤坊，并筑建城堡，以防御魏军。从简公二年（前413）开始，魏军不断向秦进攻，先后占领繁庞（陕西韩城东南）、临晋（陕西大荔东南）、元里（陕西澄城南）、洛阴（陕西大荔西南）、郃阳（陕西合阳东南）等城堡，至简公七年（前408），完全占有秦河西地区。秦军退守洛水，次年，又沿洛水西岸，增修堤防，并在战略要地重泉（陕西蒲城东南）筑建城堡，设立防线。不久，秦即收复了河西地区，转为进攻战略。这些防御工程，实质上也属于长城性质。但由于规模不大，是利用河堤和岸边山崖改修的，而且在军事上只起过极短暂的防御作用，所以后世仍以堤岸视之，未称之为长城。正式称为秦长城的，是秦在北部边境所修的防御工程。

秦国北部与义渠毗邻。义渠是我国古代西戎族的一支（分布于今甘肃庆阳及泾川一带），建有政权，春秋时实力相当强大，经常与秦作战。据《史记·张仪列传》记述，秦惠文王更元初年（前324），张仪"为秦相，取陕，筑上郡塞"。这说明此时秦已开始在北部边境修建防御工事。又据《史记·匈奴传》记载，秦昭王三十七年（前270），秦"宣太后诈而杀义渠戎王于甘泉，遂起兵伐残义渠，于是秦有陇西、北地、上郡，筑长城以拒胡"。可见这时，秦又在新占领区的边境修建防御工程，与前在上郡所筑工程联结起来，即后世所称秦长城。为示其与秦统一后所修长城之区别，一般称之为秦昭王长城。

秦之陇西郡辖有今临洮、渭源、陇西、通渭、天水等地。北地郡辖有今静宁、固原、平凉、镇原、庆阳、环县、合水等地。上郡辖有今榆林、延安、绥德等地。秦昭王所修长城，当在此三郡外围地带。1982 年前后，有关单位组织了长城考察组，曾对长城遗迹进行了实地考察，证明确实如此。

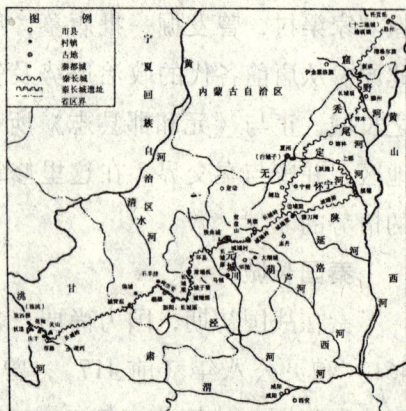

秦昭襄王时长城图

秦长城西起今甘肃临洮北 15 公里、洮河东岸高地南坪望儿嘴，东南至渭源境经关山南下，至白山转东，经渭源、陇西、通渭、静宁、西吉、隆德、固原、合水、环县，到陕西吴旗、靖边、榆林，于神木县北窟野河侧旁，到达内蒙古准格尔旗东北的十二连城，隔黄河与托克托遥遥相对。另外在吴旗以东，还修有分支，经绥德至米脂、榆林间的鱼河堡附近，即秦上郡治所肤施为止。

地处黄土高原的秦长城，均依地形修建，但多在高地脊部。当地人民，至今仍称有长城遗迹的高地为"长城岭"、"长城梁"、"长城坡"、"长城湾"等。城墙墙体，通常均由墙外挖沟取当地黄土夯筑而成。夯土坚实，至今草木难生。很多地方保存尚好。城墙断面呈梯形，夯层厚 8～14 厘米左右，内侧壁收分较大，每夯层收约 0.1～0.2 米；外侧壁收分较小，每夯层收约 0.05～0.1 米。因而形成外壁陡立，内壁斜缓。城墙底部一般宽 6～10 米，但有的地方 5 米或 14 米。顶部宽约 3 米，残高 2～3 米或 4～5 米不等，但有的地段高达 15 米。如甘肃临洮李家湾"长城梁"段，残存斜高 9 米；宁夏固原西郊"长城梁"段，残墙高为 15 米。

在有断崖的地带，利用陡峭的断壁作墙身，有的也在距断崖 15

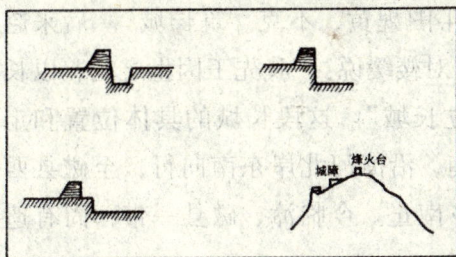

修筑在山坡或山巅上的长城

~20 米处夯土筑墙，以防断崖塌方时影响城墙。修筑在山坡或山巅的长城，通常较矮，利用山坡斜面，铲削外侧，使其陡立。

沿长城修有"亭燧"，重要的交通要道和险要山口，建有"障城"。亭燧有带围墙和不带围墙的两种。带围墙的一般为边长 25 米至 55 米的方形小堡。不带围墙的一般为基宽 14 米左右的高土台。障城范围稍大，如固原将台马莲川河与葫芦河交叉处的一座障城，东西宽 500 米，南北长 1000 米。准格尔旗西 20 公里纳林镇的一座障城，东西宽 360 米，南北长 410 米。这些大小不等的据点，分布并不均匀。在深山峡谷，骑兵不易行动的地区，则间隔较大；在平坦地形、易于军队机动的地区，则间隔较小。如固原由吴庄至乔洼仅 15 公里的地段上，就建有相互可以目视联络的亭燧七八座，亭燧多为有边长 50 米围墙的方堡，其中一座边长 150 米。各堡仅在南方留一门。

赵长城

周显王三十五年（前334），魏、齐联合，双方国君在徐州相会，互尊为王。赵国对此深为不满，于次年派军攻魏，包围了魏北部军事重镇（河南内黄西），但久攻不下，被迫撤军。为防御魏军或齐军进攻，赵在南部边境、漳水与滏水之间修筑了一道长城。《史记·赵世

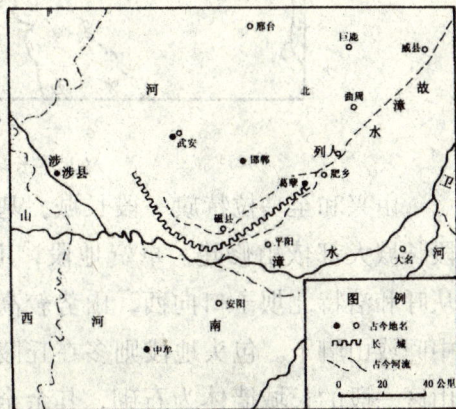

赵南界长城图

家》记此事为：赵肃侯"十七年围魏黄，不克。筑长城"。后来赵武灵王嗣位之后，曾追述此事，对楼缓说："我先王因世之变，以长南藩之地，属阻漳、滏之险，立长城"。这段长城的具体位置和走向，大致西起于今河北武安西南，沿漳河北岸东南向行，至磁县西南，转向东北，仍沿漳河至肥乡南止。今临漳、磁县一带，尚有遗迹可寻。

赵武灵王嗣位后，锐意改革，奋发图强，"变俗胡服，习骑射"，组建了独立的骑兵部队，国势渐强。公元前306年，"北破林胡、楼烦。筑长城，自代并阴山下，至高阙为塞"。据文献记载及实地勘察，这道长城大致东起今内蒙古自治区之兴和，经卓资北，沿大青山南麓，经呼和浩特、土默特左旗、包头，至乌拉特前旗东。在这道长城西段之北，由固阳东经固阳北沿乌加河北岸至临河北石兰计山口（即古高阙），还筑有一道长城。

赵北界长城图

由兴和至乌拉特旗一段长城，基本上已经实地勘察所证实。全段长城大都依山修建。卓资地段，主要利用斗金山险要地形构筑。从呼和浩特北坝子口向西，山势较高，长城筑于山南侧较宽的缓坡中间或山脚下。包头地段则多在丘陵山地中。全线仅呼和乌素附近山区一段的长城墙体为石砌，其余全系夯土筑成。夯土城墙底部一般宽3~4米，残高大多2米左右，个别地段较高。个别地段也有以石块砌墙基，然后再在石基上积土夯筑的。

沿长城及其以南10余里的地带内，散布有许多大小不等的烽台和障城。烽台一般为长宽各8米残高约4米的土台，有的四周还围有土墙。障城一般为边长各200米左右的方形城堡。如包头西哈德门沟口的障城遗迹，东西宽150米，南北长250米，南墙及北墙各开一门。

燕长城

燕国位于中原地区的东北部，系战国七雄之一。幅员广阔，南接齐、赵，北与东胡等游牧民族毗邻。为防御邻国的进攻，燕在南北边境地带各筑有长城一道。

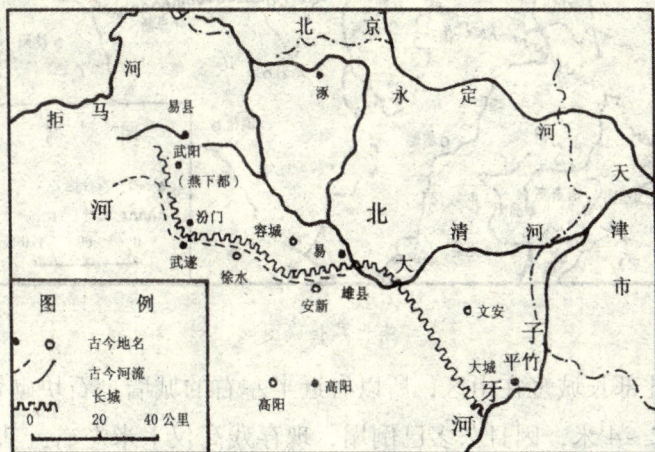

燕南界长城图

周赧王元年（前314），中山国和齐国同时攻燕，燕都蓟（北京）城为齐军攻破。燕昭王在武阳（河北易县东南）营建新的都城——下都。大约与此同时，又在下都之南修建长城，以保卫下都，防御赵和中山及齐军的进攻。据《水经注》等文献的记载，燕南部长城大致西起今易县西，向东南经定兴、徐水、安新、雄县，过大清河（当时为黄河）后，再经文安至子牙河。

据《史记·匈奴列传》的记载，大约在秦昭王五十三年（前

254）左右，燕将秦开，率军"袭破走东胡，东胡却千余里……燕亦筑长城，自造阳（内蒙古正蓝旗南、闪电河东）至襄平（辽宁辽阳东附近），置上谷、渔阳、右北平、辽西、辽东郡以拒胡"。根据文献及实地勘察，燕北部长城，西起今河北张家口市西，向东北经张北之北，进入内蒙古境内，在正蓝旗西南处转向东，经河北围场，内蒙古赤峰、敖汉旗，辽宁阜新、开原，再转向南，至辽阳以东地区。

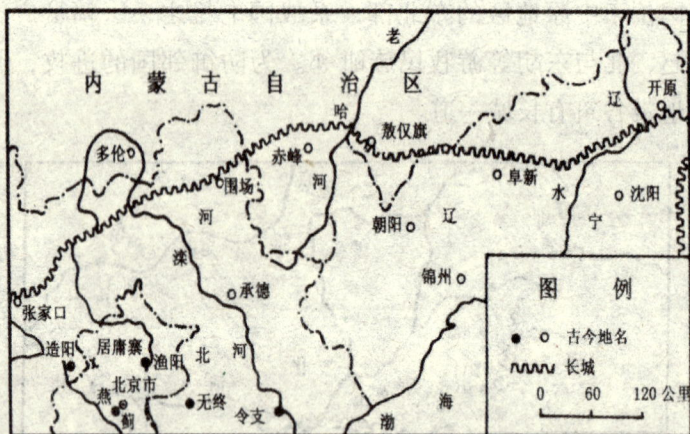

燕北界长城图

燕北部长城多在山区，所以有近半左右的城墙是石块砌筑而成。石墙宽2~4米，因日久多已倒塌，现存残高仅1米左右。估计原来高度当在4米左右，顶宽约1米。墙体均以大块毛石砌筑。一般是内外两侧用较规整的大石块，中间填以乱石或沙砾等。有的地方，城墙有明显的接痕墙缝，说明当时是按地段分工作业的。在地势平坦及缺石地区，则为夯土筑成，一般墙宽5~6米。

和赵北部长城一样，沿长城及其南侧，建有许多烽台和障城。大小也和赵长城相似。如赤峰市北美丽河西平顶梁烽台，为方形土台，长宽各50米；美丽河东老哈河西岸障城，城墙为夯土筑成，东西宽400米，南北长300米；墙宽约10米，残高尚存约4米。再如吉林奈曼旗的一座障城，夯土墙东西宽 300 米，南北长 260 米，墙宽达 15 米，残高约 3 米，顶宽 4 米；城内西北隅高地上，还建有一座边长各为 120 米的小方形土城。

秦、赵、燕三国的北部长城，都是为了防御我国北方游牧民族的攻扰而修建的。据实地勘察的结果来看，三国长城的规模、构筑方法及防御设施等，都大致相同。概括起来，共同有以下四个特点：其一，在构筑方法上，都是因地制宜，就地取材，或取土夯筑，或采石砌筑，或利用天然障碍稍加人工修整。其二，在地形选择上，都是尽可能利用山、河，即"因边山险，堑溪谷可缮者治之"和"因河而为固"。其三，在防御设施上，都筑有烽台、障城，特别在交通要道及易于接近的地段，规模都较大。其四，依托长城的墙体防御作战，对小部队可以起到防止其袭扰的作用，用以保护长城线内的居民，对大的骑兵集团，则主要起障碍作用，以迟滞敌骑兵集团的长驱直入，用以争取时间，集中和机动兵力，将来犯之敌歼灭于边境地区。防守长城，并非如城池防御那样，据守城墙进行决战。战争的胜负，仍决定于双方主力的会战。

第二节　秦汉——隋唐军事工程

国家都城

国都，是皇帝和王朝中枢机构所在地，是全国统治的心脏，因而，历代封建统治者都对他的位置、规模以及内部布局等极为重视。不仅要使它符合军事方面的需求，而且要使它符合政治和经济等各方面的需求。从宏观上说，地理形势、交通状况等各方面，必须有利于和便于控制全国。从微观上说，地形条件、工程设施等各方面，必须有利于长期防守，当然也必须有利于对内部可能发生的叛乱进行防范。

秦至周显王十九年（前 350）孝公徙都咸阳，直至秦统一全国，始终以咸阳为国都。咸阳位于关中渭河之滨，史称："名山耸峙，大川环流，凭高据深，雄于天下"；或说它"阻山河四塞，地肥饶，可都以霸"。由于渭河河床北移造成的严重破坏，咸阳城墙及护城河等的具体情况，今日已难以搞清。目前仍保留较好的部分仅有城中宫殿区。在东西长6公里、南北宽2公里的咸阳塬地区，分布有一系列的大型宫殿台基遗迹。每个基址的夯土台，都长宽数十米。如其中的1号宫殿台基，长60米，高6米。宫殿区附近，散布有铜器和铁器作坊的遗址。

西汉国都长安城

西汉建国之初，高祖刘邦仍选咸阳为国都。但因咸阳城已被项羽放火焚毁，所以在渭水之南重建都城长安，与原咸阳城隔水相望。刘邦选在渭水之南，也有加强都城与函谷关以东广大地区联系的考虑，因这里的交通条件，远比渭水之北便利。

长安城的建设，是分为三次完成的。汉高祖刘邦在位时（前206~前195），将秦始皇的离宫（兴乐宫）改建为长乐宫，在长乐宫西又修建了未央宫，并在两宫之间，修筑了武库。汉惠帝在位时（前194年~前188），才开始在周围构筑外城城墙及护城壕等工程。工程作业是分段、分期进行的。大约是从西北角起，先筑西墙，再筑南墙，又筑东墙，最后方筑北墙。据《汉书·惠帝纪》载，当时曾征调长安300公里内的农民和诸侯王、列侯的奴徒来修筑城墙。构筑一面城墙，需要14万5千人劳动一个月，每年征调一次徭役，用了近5年的时间，才筑完四面城墙。在筑墙的同时，还修建了城内的商业区、东市和西市。至汉

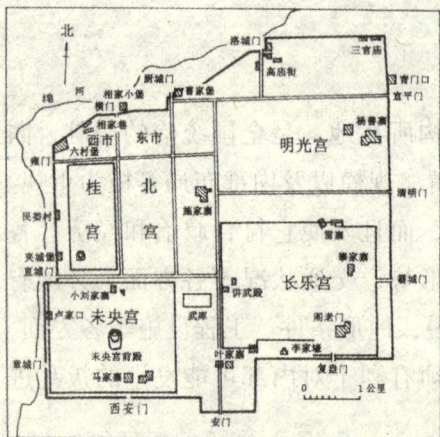

汉长安城遗址平面示意图

武帝在位时（前140～前87），于长乐、未央两宫之后，又修建了明光宫、桂宫及北宫，于城西修建了建章宫，并扩建了上林苑，开凿了训练水军的昆明池。至此，都城的修建全部完成。

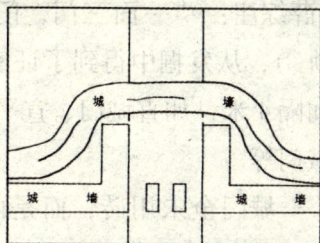

长安城城门城壕
平面示意图

1956年和1957年，曾对长安城的城墙及城门进行了勘察和发掘，以后勘察工作一直未断，迄今仍在继续进行中。长安城的平面形状，基本上为方形。但由于是先建长乐、未央二宫，后建城墙，城墙必须迁就二宫位置，所以南城墙有数处曲折；北面因受河流等地形的限制，因而北城墙也有数处曲折。《三辅黄图》说"城南为南斗形，城北为北斗形"，不过是后世附会之言，并非事先有意筑成这种形状。1957年及1962年勘察时，大部分城墙犹高出地面，东城墙和南城墙保存较好，虽已倾圮，仍连续不断；西城墙和北城墙保存较差，有不少断缺之处。据实测：东城墙长约6000米，南城墙长约7600米，西城墙长约4900米，北城墙长约7200米，四边总长25700米左右，合汉代62里强，基本上与《史记·吕后本纪》、《索引》引《汉旧仪》所记长安城周围63里相符。城墙剖面下宽上窄，倾斜度内外侧均约11度左右。基部宽12～16米，高度在12米以上。与《三辅黄图》所记"城高三丈五尺，下阔一丈五尺，上阔九尺"不符。城墙全部用黄土夯筑而成，极坚固。城墙外侧有宽约8米，深约3米的壕沟围绕，与《三辅黄图》所记"广三丈、深二丈"相近似。城门处的城壕稍向外部突出。城壕上架有木桥，以便出入。

长安城每面有3个城门，四面共12个城门。经发掘发现，城门是按照严格的制式设计的，每个城门有3个门道，每个门道各宽8米，减去两侧立柱所占的2米，实宽6米。在霸城门内发现当时的车轨遗迹，宽1.5米，每个门道恰好容纳4个车轨，3个门道共可容车轨12。张衡《西京赋》描述长安城门，"三途夷庭，方轨十二"

（薛综注："一面三门，门三道，故云三途，途容四轨，故方十二轨"），从发掘中得到了证实。城门门道的间隔，有两种形制；一种间隔 4 米，如直城门、宣平门等；一种是间隔 14 米，如西安门、霸城门等。

城门全未用砖，而是两壁直立的阙口，在门道两侧沿边排列几对石础，石础之上立木柱，再在其上架横梁建门楼。城门地下还埋有排水涵洞。涵洞宽 1.2 或 1.6 米，高 1.4 米，系用砖、石砌筑。城内积水通过大街中的排水沟，经城门涵洞排入城外壕沟。

城内共有 8 条大街，均为直线。各大街宽度基本相等，均为 45 米左右。每条大街，又分为三条平行道路，各条道

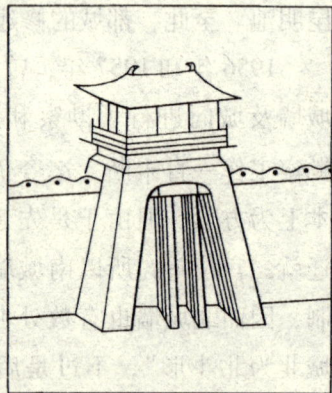

城门城楼示意图

路之间，挖有宽约 90 厘米、深约 30 厘米的排水沟。中间道路称为"驰道"，宽 20 米，专供皇帝行走；两侧道路宽 12 米，供官吏及平民行走。班固《西都赋》所说的"披三条之广路"，即指此。

城内各宫，均筑有宫墙，实际上形成内城。长乐宫宫墙周长为 1 万米左右，面积约 6 平方公里，占长安城总面积的六分之一；未央宫宫墙周长为 8800 米，面积约 5 平方公里，占长安城总面积的七分之一。由于该二宫先于构筑外城城墙前修建，所以推测当初主要考虑的是其防卫性能，厚度均在 20 米以上。因宫墙绝大部分已经夷平，无法准确地判断其高度，但未央宫西宫墙尚保留一小段，其残高竟达 11 米，由此判断当时宫墙高度应在此数之上。未央宫前殿基台，南北长约 350 米，东西宽约 200 米，北端最高处在 15 米以上，是全城的制高点。

武库是保管国家武器装备的仓库，是重要的城防设施之一。长安城内的武库，也修有围墙。整个平面为长方形，东、西墙各长 320

米，南、北墙各长 800 米。内部中间有一隔墙，分为东西两院。东院有 4 个仓库，西院有 3 个仓库。其中最大的长 230 米，宽 46 米，面积在 1500 平方米以上。库房内，紧密地排列着放置兵器的木架，木架虽已腐朽，但木架的础石仍然存在。至今仍有残存武器，如戟、矛、剑、刀、镞及铁甲等。

东汉国都雒阳城

东汉国都雒（洛）阳，原为西周时成周城，战国时改称雒阳。该城位于今河南洛阳市东 15 公里处。北靠邙山，南临洛河，不仅有天然屏障，而且扼交通要冲。东汉光武帝刘秀建国之初，被选作国都，并逐渐扩大城池的范围，增筑城墙，大约在汉元帝建昭元年（38）前后，城墙及城门的修建工程方才告竣。东汉所筑城墙，东、西、北三面，尚残留于地面上。1962 年进行考察时，有的地段城墙残高犹达 7 米以上。南面城墙，因洛河改道冲毁，已无遗迹可寻。但与文献对照考证，当在今洛河河道中央。

雒阳城墙与长安城一样，全为黄土夯筑而成，异常坚固。据钻探了解：城东墙基部厚 14 米，西城基部厚 20 米，北墙基部厚 25 米。

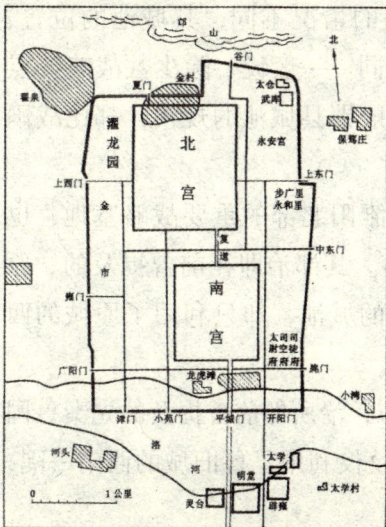

东汉雒阳城平面示意图

可能西、北两面，在筑成后，又有加强。据实测，东墙残长 3900 米，西墙残长 3400 米，北墙全长 2700 米，南墙应为 2460 米。如按南墙在河道中央计算，则东、西墙应各增 300 米，这样，全城周长为 1.3 万米，合汉代约 31 里，与《晋元康地道记》所记"城南北九里七十步，东西六里十步"的数字，基本符合。全城平面呈长方形，南依洛河，其他三面，城外当有外壕。

雒阳城门和长安城一样，也是

每面 3 门，共 12 门。城门也是 3 个门道。构筑形制基本相同。大街一般宽 40 米。据《太平御览》引《雒阳记》说："宫门及城中大道皆分作三，中央御道，两边筑土墙高四尺余外分之，惟公卿、尚书章服从中道，凡行人皆行左右。"说明洛阳大街虽和长安一样也是一分为三，但不是以排水沟隔开，而是改为以土墙隔开，规定也较西汉有所放宽。

《周礼·考工记》说："匠人营国，方九里，旁三门，国中九经九纬，经涂九轨，左祖右社，面朝后市，市朝一夫"，是一种理想化的都城规划。根据实地勘察和发掘的资料，战国前的各国都城，除鲁都曲阜城和楚都纪南城稍有近似的格局外，其他各国都城均与此说不符。但此书在汉武帝时被发现后，对以后的都城建设，却有极为重大的影响。西汉长安城和东汉雒阳城，很大程度上是在这种设计思想指导下营建的。

郡县城池

郡县，是秦、汉王朝地方行政领导机构所在之地，也是一个地区的统治中心，有的还是重要的军事基地或据点，因而，根据郡县的性质、地位、人口数量和经济发展的情况不同，其城池的位置、工程的规模和范围的大小也就有所不同。一般说，除少数战略要点及经济特别发达的若干大城市外，一般郡县城池的规模，都比战国各国都城小得多。

两汉司隶部的河东郡，是长安、雒阳北部的重要战略基地，也是京畿地区大的郡城之一，下领 24 县。其郡治即在前曾提及的、原战国魏前期的国都安邑故城，但郡城的城池，却只利用了原城的西南一隅，面积不足原安邑城的 1/3。

再如两汉的鲁国（秦时为薛郡治），治所即前曾提及的先秦鲁国国都曲阜城。但它新筑的城池，也是仅仅利用了鲁旧城的西南一隅，面积不足原故城的 1/2。

又如汉司隶部河南郡的河南县，是京畿地区的大县。它在洛阳东周王城中所筑的新城，周长约 5400 米，基宽 6 米左右，总的面积不足原王城的 1/4。

从目前发现的汉代郡县城池遗迹来看，一般郡县中最大者面积达 5 平方公里，稍小者则在 1 平方公里以上，但更多的不足 1 平方公里。如 1956 年发掘的河北武安县午汲古城，即相当典型。该城位于武安东北，是汉代冀州魏郡的武安县城，系当时的大县。城墙为东汉时新建或重修，黄土夯筑而成，墙宽 8～13 米，现存残高 3～6 米。全城呈方形，四边各长 800 米，面积约为 0.64 平方公里。

一般郡县的主要防御工程，有夯土城墙一道，宽 10 米左右，高 8 米左右，城墙顶部大致宽 5 米，外侧有高约 1 米左右的女墙，有的还有垛口。城四面各有 1 门，门上有城楼，门外有的有瓮城，四角拐弯处建有敌楼。城外有宽窄不等的壕沟 1 道，有的利用河流修改，形成护城河。城内有沿城的环城路和登城的梯道。

边陲城池

边陲郡县，大多是出于军事需要而设置的。所以它的军事性质特点较为明显。城池的范围，比内地一般郡县小些。有的城池是修于原来的居民点上，有的是移民守边，在荒野上修建的。有的使用时间很长，与内地郡县城无甚差别。城内有官署，有居民，但也有一些属于临时军事性质的，时用时废，这种城池的构筑，一般较为简单。不论何种城池，一般都是据险扼要，构筑在易守难攻，或必须坚守的交通要道处。根据战略、战术地位的重要程度和人口、兵力的数量，城池的范围大小不同。

幽州右北平郡，是西汉北方的军事重镇。郡治即今辽宁省宁城县黑城古城。该城位于老哈河上游北岸、老哈河两条支流——黑里河和五十家子河汇流处的三角地带，距宁城县所在地天义镇 60 余公里，与辽宁陵源、河北平泉县交界。自古以来，这里就是我国北部草原牧区通往内地的交通要道。1976 年对该城遗址进行了发掘。该城系西汉时修建，平面呈长方形，有内外两城。内城东西长 750 米，南北宽 500 米。现存城墙残高八九米，墙基宽 15 米。城四面中央，各有城门 1 座，门宽 7 米。门外筑有瓮城，瓮城东西长 50 米，南北宽 33 米。瓮城门设在顺城墙的走向上，必须转 90 度角才能进入城内。外城沿内城北城墙

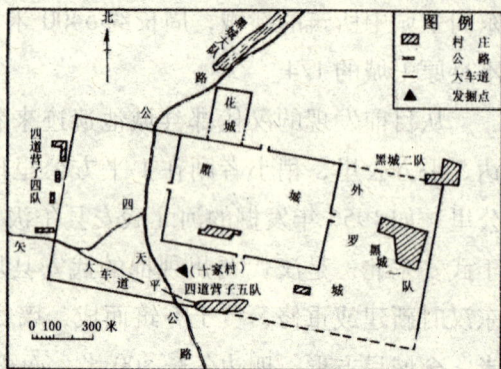

黑城平面示意图

向东西延伸，然后向南转弯。除南城墙东南部有一段被老哈河冲塌外，其他城墙轮廓基本清楚，有的地方高出地面一二米。城墙东西长 1800 米，南北宽 800 米。

西河郡之美稷县，是西汉属国都尉的驻地，也是东汉初期匈奴中郎将的驻地，后来南匈奴内附，便长期移驻于此，系汉王朝北部边陲的重要军事基地。该城位于正川河东岸，河谷两侧高崖屏立，谷中宽广，是南北交通要道。城墙遗迹，宛然犹存，现存残高尚有超过 4 米的。城址略呈方形，东西宽 360 米，南北长 410 米。

边陲郡县的城墙，一般都是夯土筑成，除极少数例外，通常只开一个城门。城的平面有三种形式：

方形或长方形。只有一道城墙，大致每边长 420～600 米。如内蒙古磴口市的布隆淖古城、内蒙古奈曼旗的沙巴营子古城等。以沙巴营子古城遗迹为例：城址平面为方形，现存东、西、北三面的城墙，每边长 450 米，残高 4 米左右，夯土版筑，细密坚实。北城墙上有敌楼两座，据发掘资料表明，敌楼系两层木结构的建筑。西、北两面城墙没有城门，东城墙偏南处有一豁口，宽 3.5 米，有路土厚 45 厘米，显系城门遗址。南城墙已被牤牛河冲毁，无法探明是否有门。城中偏北处有高台建筑遗迹，为官署所在之地，其西有手工业作坊及居民区。此城初建于战国，秦和西汉时期继续使用，东汉

时废弃。该城为秦汉时何城，现尚未能确定。

呈"回"字形。城有内、外二重，方形。外城每边长通常在1000 米左右，内城在城中间，每边长约 200～250 米。官署设于内城，屯戍军队及居民等居于外城。如内蒙古包头市的三顶帐房古城（九原郡治城），内蒙古和林格尔的塔布秃古城等。塔布秃古城，即汉定襄郡武泉县城。该城外城南北长约 900 米，东西宽约 850 米。城墙系黄土夯筑而成，宽约 9 米，残高一般为 2～3 米，高处达 6～7 米。东、西、北三面没有城门，仅南墙中央有一城门。内城位于中央稍偏北处，为正方形，四边各长 230 米。北墙距外城北墙 250 米，南墙距外城南墙 420 米。城墙残高亦为 3～7 米。外城南北墙和内城东西墙，顶部有高低不平的土丘，连续不断，似为雉堞遗迹。内城为官署所在，居民区集中于内城以南部分。该县城北距长城仅 30 余公里。

内城位于外城一隅，城池范围更小于"回"字形城池。如内蒙古托克托的哈拉板申古城、内蒙古呼和浩特的二十家子古城等。1959 年，曾对二十家子古城（即汉定襄郡的安陶县城）进行了大规模的发掘，外城平面方形，每边长 460～475 米，黄土夯筑而成。北城墙西段已毁，东、西、南三面和北墙东段保存尚好。内城在城内西南隅，每边长 300～320 米，也是夯土筑成。城内有官署及炼铁场、陶器窑及居民建筑遗迹。

沿北部边陲的郡县城池，多数有内、外两道城墙。这当然是由它们所处地位及军事性质所决定的，但也和晁错的建议有密切关系。晁错在上书文帝说"守边备塞"乃"当世急务"时，曾提出在边陲地区，择"要害之处，通川之道，调立城邑……"，"为之高城深堑，具蔺石，布渠答（障碍），复为一城其内，城间百五十步"，深得文帝嘉许，所以文帝之后，内、外城之制，成为主要形制。

北部边陲的城池，城墙大多夯土筑成，但在取土不易的地方，特别是纯军事性质的屯戍据点小城，也有石块砌筑的。如内蒙古乌拉特后旗的朝鲁库伦古城，就是一座纯军事性质的小石城。该城位于乌拉特后旗的西北、高勒布桑旦赛拉河西畔的大戈壁滩上。石城平面呈方形，南北长 127 米，东西长 125 米。城墙砌垒整齐，基宽 5.5 米，墙高约 3 米，顶宽 2.6 米。城墙四角向外凸出，凸出的部分也较方正，约 25 平方米。城门开于东墙，门道宽 6.6 米，外筑瓮城，长 14.5 米，城门南向。城门内两侧，城墙四角两侧及南墙、西墙中部，都筑登城梯道，每个台阶宽 1.1 米。城内西南隅，还有一小内城，方形，每边长约 65 米左右。城内出土大量铜镞，并有冶炼手工业所用小坩埚及铜渣，说明有些简单的兵器，如箭镞等是就地制造的。据《史记·匈奴列传》记载，汉武帝太初三年（前 102），"使光禄徐自为出五原（内蒙古包头西北）塞数百里，远者千余里，筑城障列亭至庐朐"；又《汉书·地理志》五原稠阳县（包头境）条下注：徐自为所筑列城，"北出石障得光禄城，又西北得支就城，又西北得头曼城，又西北得虖河城，又西得宿虏城"。在北部边陲有许多城池的遗迹，至今仍皆保留，其数目远远超过上述五城。据调查者推测，认为朝鲁库伦古石城可能为宿虏城。

秦代长城

战国末期，正当秦始皇积极进行统一战争，中原地区战争方酣之时，原来被赵将李牧歼灭 10 万余骑、远遁漠北不敢侵扰赵边的匈奴，乘秦、赵无暇顾及之机，向南扩展。至秦始皇消灭六国之际，匈奴已南逾阴山，越过黄河，占领了河南地（内蒙古河套地区）及其以东的九原、云中诸郡部分地区，并不断抢掠陇西、北地、上郡各地，不仅劫掠人畜财物、破坏当地人民的生产和生活，而且也严重地威胁着秦都咸阳及整个关中地区的安全。

秦始皇在灭六国后的第一年（前 220），即亲自到西北边陲地区进行视察。由咸阳出发，先至陇西郡（甘肃临洮），然后沿秦昭王长城走向，巡视了北地郡（甘肃庆阳西南）及鸡头山（宁夏隆德东）地区。回咸阳后立即派内史蒙恬率一部兵力进屯上郡（陕西榆林南），负责西北边防，并进行北击匈奴、收复失地的战备工作。

秦始皇在二十八年、二十九年（前219、前218年）连续出巡内地，视察了原韩、魏、齐、楚及赵国地区的情况，采取了一系列巩固统治的措施，如下令"坏诸侯之城"，即毁掉妨碍统一的、原各国所筑内地长城军事据点，以及"收天下之兵，聚之咸阳，销锋铸炼以为金人十二，以弱黔首之民"，防止人民用以反抗秦王朝。公元前215年，秦始皇再次巡视北部边疆，先至碣石（辽宁绥中东南），尔后沿原燕长城和赵长城走向，经右北平（天津蓟县）、渔阳（北京密云西南）、上谷（河北怀来东南）、代（河北蔚县东北）及雁门（山西右玉东南）各郡到达上郡。在向蒙恬了解了当面敌情及战备状况后，认为中原局势已经稳定，平定百越的战争也已接近尾声，于是决定将战略主要方向转向威胁最大的匈奴，下令蒙恬率军30万进击匈奴。他的作战指导是首先收复河南地，尔后再北渡黄河，收复高阙、阴山，将匈奴驱逐至阴山以北地区。

当年冬收复了河南地，次年春主力由九原（内蒙古包头西）北渡黄河，迅速攻占了高阙、阳山（狼山）及阴山地区。另一部秦军西渡黄河，也攻占了贺兰山，匈奴北逃漠北。秦始皇在阴山地区设置了34县，重建九原郡，又迁内地居民3万到北河、榆中（内蒙古鄂尔多斯市伊金霍洛旗一带）屯垦。为巩固北部边陲防务，防止匈奴再度入边袭扰，根据匈奴骑兵机动性强、来去迅速的特点，沿袭战国时秦、赵、燕的国防战略方针，修建了西起临洮、东至辽东的浩大军事防御工程——万里长城。

《史记·匈奴列传》记载："秦灭六国，而始皇帝使蒙恬将三十万之众北击胡，悉收河南地，因河为塞，筑四十四县城临河，徒适戍以充之……因边山险，堑溪谷，可缮者治之，起临洮至辽东万余里"。历来不少学者，根据"可缮者治之"的记述，认为秦始皇时所修长城，主要是利用原秦昭王、赵、燕所筑长城，加以修缮和使其联结起来。其实，以当时情况推断，秦王朝拓地甚广，远已超出原来长城范围，如仍沿用旧城，则无法发挥应有的防御作用。特别是西段，尤其如此。秦昭王长城，现已经实地勘察证实，是由陇西向乐北经宁夏、陕北至内蒙古。河南地恰好弃置于该长城之外，而这个方向，又正是秦始皇的主要战略方向。假如仅沿用秦昭王旧长城，将蒙恬收复的河南地和新建各县及移民置于防线之外，根本不从军事工程的角度考虑加强这一主要方向的防御，似乎难以令人信服。当然，长城不是边境线，是根据战争的需要，选择最有利的地形而构筑的线式防御工程，一些地方行政机构的设置，并不受长城的约束，在长城之外有县，并不奇怪，如陇西郡的枹罕县等就设于长城之外。但这种情况不过是个别的、或出现在次要方向的，秦长城确实掩护着极为广大的地区。再让我们来看看历史的记载。《史记·秦始皇本纪》有"三十三年……西北斥逐匈奴，自榆中并河以东，属之阴山，以为三十四县，城河上为塞……筑亭障以逐戎人"的记载，这段文字表明了沿用秦昭王旧长城之说与历史事实不相符合。事实上，秦长城不仅西段已由秦昭王长城向西推至黄河一线，就是北段，也并非仅将赵、燕长城联结起来，而是于赵、燕旧城之北地区新筑了近1000公里的长城。

关于秦长城西段的具体位置，由于尚未得到考古勘察的证实，各家之说，都是据古籍叙述推断而来。又因古籍文字极为简略，有的甚至相互牴牾，所以说法并不一致。我们认为这段长城主要是利用洮河和黄河为自然屏障，以亭、障为支撑点，堑削山崖，增修堤防，并联结各点而修建的线式防御工程，和周威王十八年（前408），秦简公沿洛河而修建的长城相同。对西而言，它是秦昭王长城的第一防御地带；对北而言，它是大青山南麓原赵长城防线的第二防御地带。它南起于今临洮，与秦昭王长城南端联结，沿洮河向西北永清、黄河与洮河交会处，再沿黄河经兰州、靖远、中卫、中宁、吴忠、灵武、陶乐、乌海、磴口，然后转东至达拉特旗以东，基本上与秦昭王长城北端相连。

位于内蒙古及河北境内的中段长城，过去大多认为是在张家口附近地区，将原赵、燕长城联结起来，并加以修缮，就是蒙恬所筑的秦长城。但通过近年来的考古勘察调查报告却可以看出，秦长城并不如此简单。它不仅利用了原赵、燕长城，而且还在其以北修筑了新的长城，形成大纵深、有多道阵地的防御工程体系。

中段长城的走向和具体位置是：最北一道西起内蒙古杭锦后旗西南的敖龙布鲁格附近地区（汉时为鸡鹿寨），向西北行，至石兰计山口（高阙）与原赵长城相结，由今固阳、原赵长城东端，继续向东延伸，经武川北至察哈尔右翼中旗一带。另外又从更北的四子王旗开始，向东经商都、化德、康保、太仆寺旗，越闪电河，再经多伦、围场、赤峰、敖汉旗、库伦旗进入辽宁境内。

秦长城的东段，尚未进行全面勘察，目前多数人认为是从辽宁阜新地区与原长城联结。

汉长城

陈胜、吴广领导的农民大起义，导致秦王朝的覆灭。接着又发生了刘邦、项羽争夺全国领导权的楚汉战争，直到汉高帝五年（前202），项羽在垓下之战中失败自刎后，汉高祖刘邦才重新统一了中国。与此同时，我国北部的匈奴族，也在冒顿单于领导下，以武力统一了我国北部蒙古，建立起一个东尽辽河、西逾葱岭、南临阴山、北抵贝加尔湖、有"控弦之士三十万"的强大奴隶制军事政权。公元前201年，冒顿率军南进，攻略马邑（山西朔县），"逾句注，攻太原，至晋阳（山西太原）下"，深入长城之内三四百公里。刘邦亲率32万大军北上迎击，因初战小胜轻敌，于次年初被包围于白登（山西大同东北15公里），几乎被俘，后以重礼行贿，才得以出围返回。汉王朝统治集团，重新估计了当时的形势，遂对匈奴采取和亲政策，实施战略防御。同时对内部采取发展生产、巩固统治的措施，整军经武，积蓄力量，作战略转变的准备工作。经过文、景两代的休养生息，至汉武帝时，社会经济已有了大的发展。不仅"人给家足"，"都鄙廪庾皆满"，而且"众庶街巷有马，而阡陌之间成群"，有了进行战争和组建骑兵大兵团的物质条件。汉武帝于是转变战略，开始实施反击。

汉武帝元朔二年（前127），匈奴进攻上谷、渔阳，汉武帝为争取主动，采取了胡骑东进、汉骑西击的方针，派卫青等率主力部队由云中（内蒙古托克托县东北）出发，沿黄河河套北岸西进，至高阙后折而南下，大破匈奴军，尽复河南地。于是"筑朔方，复缮故秦时蒙恬所为塞，因河而为固"。这次主要是修缮秦沿黄河长城及高阙一线长城，其目的不是满足于既得胜利，据秦长城实施防御，而是为进一步夺取阴山山脉做必要准备。阴山山脉地区，"东西千余里，草木繁盛，多禽兽"，匈奴军"依阻其中，作弓矢，来出为寇"。不夺取该山，仍难真正解决边境的安全问题。为了彻底击败匈奴，汉武帝一方面派遣使者出使西域，联合月氏、大夏和乌孙等政权，并"西置酒泉郡以隔绝胡（匈奴）与羌通之路"，一方面派卫青、霍去病等，率10万以上的骑兵大兵团，连续发动四次大的战役，远出长城之外两千余里，大破匈奴军，终于迫其"远遁，而幕（漠）南无王庭"。至此，作为匈奴南进的主要战略基地的阴山山脉，完全被汉王朝所控制。正是在这种形势下，为巩固已经取得的战果，汉武帝又下达了在阴山以北修筑长城的命令。

太初三年（前102），"汉使光录徐自为出五原塞数百里，远者千余里，筑城障列亭至庐朐，而使游击将军韩说、长平侯卫伉屯其傍使强弩都尉路博德筑居延泽上。"这条长城因位于阴山以北、原秦长城之外，所以历史上称之为"武帝外城"。过去对这条外长城没有进行过实地考察，所以其具体位置与走向鲜为人知。有人认为"远及兴安岭山脉"。有人认为根本不是长城外的又一道长城，而是一条与长城走向相垂直的一条行军道路，这条道路因深入匈奴腹地，不久就被破坏了。有人甚至根本否认有这条外长城。近年经实地勘察，证实了这条外长城的存在。它是由两条近似平行的长城组成的复线长城。两城之间的距离为 5~50 公里左右。南面的一条起自武川县境内，西越乌拉特中旗、乌拉特后旗向西北方向延伸，进入蒙古人民共和国境内。北面的一条，东起达尔罕茂明安联合旗，西经乌拉特中旗和乌拉特后旗，伸入蒙古人民共和国境内，再转向南与内蒙古额济纳旗境内汉长城相连接。

汉武帝在修建外长城的前后，随着军事力量的向西发展，由河西至西域之间也逐渐修建了长城。据《史记·大宛列传》记载，元狩间（前122~前117）"汉始筑令居（甘肃永登西北）以西，初置酒泉郡以通西北国"，元封元年（前110），击破姑师，"于是酒泉列亭障至玉门矣"。又《汉书·西域传》载：太初年间（前104~前101）攻大宛后，"自敦煌西至盐泽（新疆罗布泊），往往起亭"。根据这些记载看，这个防御河西走廊、保障"丝绸之路"安全的防御工程，是从永登直至罗布泊。但工程的具体位置、走向如何，它们是长城还是仅仅是烽燧列亭，从文献中难以得到明确答案。不过由于近年疏勒河流域大批汉简的出土，对这个工程的情况有了初步的了解。可以肯定，该工程的主体是长城，位置走向大致是由令居北至古浪有一段，又从武威经民勤至当时的休屠泽（民勤东北今已无）再转向西南，经永昌西去，经山丹、张掖、高台沿黑河、纳林河北上至额济纳旗（汉时居延）；在北大河与纳林河交会处，另有一条向西的长城，经安西沿疏勒河过敦煌西至玉门关。至于玉门关以西至罗布泊，据实地考察，仅有绵延不断的烽燧线，没有长城。但发现过罗布泊后，沿库鲁克塔格山南麓、孔雀河北岸，西北经沙漠至库尔勒的丝绸古道旁，还有一条烽燧线，直至库车西北止。烽燧结构与甘肃境内的略同。

另外在河北承德地区、内蒙古赤峰地区及辽宁朝阳地区，近年又发现一条西汉时期的长城。其走向为西起隆化县滦河南岸的郭家屯，向东南经隆化县城南，再东北行入内蒙古宁城境，沿老哈河上游支流黑里河，经喀喇沁旗进入辽宁建平境，转向东南至榆树林子的卧佛寺古城。这条长城的东段，即在辽宁、内蒙古境内约 250 公里的一段，城墙有石砌、夯土与土石结合三种形式。墙宽一般为 3 米左右，墙外有宽约 3 ~ 4 米的外壕。每隔 1.5 公里左右，建有一座敌台。台为圆形，直径约 15 ~ 30 米之间。另在城墙内外制高点上，共筑有 120 余座烽台；内侧重要地点，还筑有障城 8 座。河北境内的西段，绝大部分都和玉门关以西情况相同，只有烽台线，没有城墙。据《汉书·匈奴传》记载，公元 127 年，汉武帝在修缮"秦时蒙恬所为塞"的同时，"亦弃上谷之斗辟县造阳（内蒙古正蓝旗南、闪电河东）地以予胡"，可能就是那时又重新构筑的。

总的来说，汉武帝时所修长城，较秦长城更有所发展，除修缮了秦长城外，还增建了外长城和河西长城，总长度达到 1 万公里，是我国历史上最长的长城。而且在主要战略方向上，都构成为多道阵地编成的大纵深防御工程体系。

隋代的长城及运河

隋长城

隋王朝扫灭了中原割据势力，结束了南北朝对立局面后，虽然中国内地得以统一，但北方的突厥、契丹、吐谷浑等少数游牧民族却发展壮大起来，不断向经济发达的中原地区攻扰、抢掠，威胁着隋王朝统治的安全。当时隋王朝的国防战略是防御为主，认为"得其地不可而居，得其民不忍皆杀"，所以实行"有降者纳，有违者死"的两手政策，采用"严治关塞，使其不敢南望"的方针。因而仍沿袭秦、汉以来的措施，令"缘边修堡障、峻长城以备之"。

据《隋书》记载，从开皇元年至大业四年（581 ~ 608）的 27 年间，隋王朝曾动员大批民工，7 次修筑长城。如开皇三年（583），"城榆关"（河北秦皇岛西）。同年又令崔仲方"发丁三万，于朔方（内蒙古鄂尔多斯市白城子）、灵武（宁夏陶乐县境）筑长城，东至黄河，西拒绥州（陕西绥德），南至勃出岭，绵亘七百里；明年上复令仲方发丁十五万，于朔方以东缘边险要筑数十城"。又如大业三年

（607），"发丁男百余万筑长城，西距榆林，东至紫河（山西左云西苍头河）"。次年再"发丁男二十余万筑长城，自榆谷而东"等。综观隋代各次所修长城，主要走向及位置，大致为由今宁夏灵武经陕西横山、绥德，越黄河后经山西离石北、岚县境抵居庸关，再经密云、蓟县、卢龙至秦皇岛海边。

隋代所筑长城，多系利用前代长城旧址加以修缮，所以修筑次数和动用劳力虽多，但每次实际作业时间却很短，多未超过一个月。如开皇元年、六年、七年和大业三年（581、586、587和607）各次修城，文献均明确记载为"二旬而罢"。因而，隋代修筑长城的规模，与秦、汉相差甚远。

唐代前期，国力强盛，拥有精锐、强大的骑兵部队。李世民采用军事进攻与政治争取相结合的国防战略，主张在边疆战略要点部署重兵集团，待机机动，保卫边防，反对建筑线式防御工程。如他说："隋炀帝不能精选贤良，安抚边境，惟解筑长城以备突厥，情识之惑，一至于此。朕今委李世勣于并州，遂使突厥畏威遁走，塞垣安静，岂不胜远筑长城耶"。再加以唐王朝统治区较前有所扩大，势力范围远及西域，前代所筑长城，大多已失去其原有作用，所以在唐这一代，从总的方面说，基本上没有修筑新的长城，也很少利用旧的长城。但在某一时期，于局部地区也还曾有利用旧城或新建长城的情况。

如武则天执政时期，突厥又不断攻扰唐王朝北部边境。周圣历元年（698），突厥可汗默啜曾进攻妫（河北怀来东北）、檀（北京市密云）等州，扬言欲取河北，进陷定州（河北定县）、赵州（河北赵县）。为应付外扰，唐王朝曾命张说主持修建了妫州以北一段新长城，并修葺了该地区的旧长城。

隋运河

隋王朝灭陈后，江南地区的地方士族势力并非甘心臣服，不断起兵反隋；人民群众的起义斗争，也接连不断。由于政治重心设在北方，"关河悬远，兵不赴急"，隋炀帝杨广于是营建了东京（河南洛阳），并且动员大量民工，修建了由东京直达江淮、沟通南北的大运河，以便在有警时能够快速反应，及时机动军队和运输军需，从而加强对江南地区的控制。同时还有利于将江南的赋税运至东京，用以巩固政权。

隋炀帝所开运河，共三大段。一大段是由洛阳至江都，大业元年（605）修竣。自洛阳引谷水、洛水至黄河，再由荥泽（河南郑州北）引黄河水、疏通蒗荡渠故道，经浚仪（河南开封）、宋城（河南商丘南）、夏丘（安徽泗县）至盱眙入淮河，这一段称通济渠。然后由山阳（江苏淮安）引淮河水疏通邗沟故道经高邮至江都入长江。这一工程，当年秋季竣工，"水面阔四十步（约60米），通龙舟；两岸为大道，种榆柳，自东都至江都二千余里，树荫相交"。

另一大段是由洛阳至涿郡（北京），大业四年（608）修。当时因"将兴辽东之役，自洛口开渠达于涿郡，以通运漕"。这一大段称永济渠。由荥阳北汾水入黄河处，与汾水相通，经新乡、汲县、黎阳（河南浚县东北）、洹水（河北魏县西南）、临清（河北临西）、清河、东光、长芦（河北沧州西）至今天津入潞水，再由雍奴（天津武清西北）直达涿郡。全长1000余公里。

再一大段是由延陵（江苏镇江）至余杭，大业六年（610）修，称江南运河。由延陵引长江水经曲阿（江苏丹阳）、晋陵（江苏常州）、无锡、吴县入浙江境，再经今嘉兴直达余杭入钱塘江，全长400余公里。

除此三大段之外，隋文帝早在开皇四年（584），还曾命宇文恺率水工凿渠，引渭水从大兴（陕西西安）至潼关入黄河，名广通渠，亦名富民渠，全长150余公里。这样，以京师大兴、东都洛阳为中心，南至余杭，北至涿县的大运河便完全贯通。这在军事、政治上，可起到有利于军事行动和控制全国的作用。至于在经济、文化上，更起了南北交流、促进发展的重大作用，对历史影响甚大。所以唐宰相李吉甫在《元和郡县志》中评价修筑运河说："隋氏之作虽劳，后代实受其利"。

隋炀帝即位后，为掌握地理地形、社情民俗等方面的第一手资料，曾亲率军队连年至江淮地区及北部边疆巡视，并根据各地实际情况进行军事部署。如他登基的第二年（大业元年），开始巡历江淮，到达江都。第四年又因"自蕃夷内附，未遑亲抚，山东经乱，须加存恤"，而为"安辑河北、巡省赵、魏"，到达榆林郡（内蒙古准格尔旗东北黄河南岸处）。第五年至五原，出塞巡长城。第六年又巡河西至陇西、狄道（甘肃临洮），在西平（青海乐都）"陈兵讲武"，并在金山（青海西宁北）亲自指挥军队，在车我真山（青海祁连南、大通山北）击降吐谷浑仙头王以下10余万人，并前出至张掖。第七年再至江都，第八年至涿郡……隋炀帝数年巡视，解决过有关国家安全方面的一系列重大问题。仅就军事工程方面而言，为便于军队机动，他除决策修筑运河外，还曾下令修建"驰道"。如大业三年，"发河北十余郡丁男凿太行山，达于并州（山西太原），以通驰道"等。

野战筑城

秦、汉至隋、唐时期的野战筑城，与战国时期基本相同，没有大的发展变化。军队进行作战行动时，通常都要在宿营地周围构筑环形防御工事，形成以堑壕、围墙为主体工程的营垒。在山地及不易取土的地区，则筑木栅为营垒。如汉建安十二年（前207），秦、楚巨鹿之战，项羽破釜沉舟、九战九胜时，前来援助秦军的各路诸侯军队，不下"十余壁，莫敢纵兵"。建安九年（前204），汉、赵井陉之战，"赵已先据地为壁"，韩信背水列阵，在赵军"空壁争汉鼓旗"时，汉奇兵"驰入赵壁"，大破赵军。再如魏孝昌三年（527），北魏与梁的涡阳之战，北魏援军"筑垒于（梁）军后"，"犄角作十三城"，梁军"衔枚夜出，陷其四垒"，终于战胜等等。这里所说的"壁"、"垒"、"城"，就是指的军队的野战营垒。由于野战营垒为临时构筑，一般都比较简单，又纯属作战行动的产物，所以通常在战争结束后，绝大多数的营垒被弃毁无存。但也有一些双方主力长期对峙时指挥中心所在的营垒，由于规模较大，又不断增筑加固，后来甚至基本形成与一般城池无异的工程。这类营垒，因城墙高厚，虽然于战争结束后被废弃，但有的至今仍有遗迹可寻。如汉王四年至汉高帝五年（前203~202），楚、汉成皋之战，双方对峙于广武山，刘邦和项羽都筑有坚固的营垒。据《荥阳县志》记载，山"上有东西广武二城，即楚、汉屯兵相拒处"；《河阴县志》说："今……故城南垒尚存，犹可确指"。经实地勘察，二营垒在今荥阳东北23.5公里的广武山上。山的中间有一条南北方向的深沟，宽达800米，自沟底至山顶，高约200米，两岸均为悬崖陡壁，这就是历史上有名的鸿沟。楚、汉两城垒北临黄河，经长期冲刷侵蚀，北部城墙已大半塌入水中。汉军营垒（汉王城）东西长1200米，南北仅存300米，墙宽约30米，残高一般为6~7米，最高处仍有10米。楚军营垒（楚王城）东西长1000米，南北残存400米，墙宽26米，城角有建堡遗迹，宽达70米。城墙残高也是6~7米，最高处有达15米者。二城均为夯土筑成。由于这是两座纯军事性质的营垒，所以城中未发现任何建筑遗迹，没有一砖一瓦，也没有任何民用器物，仅出土一些铜镞。

至唐代时，关于军队行军宿营建垒的记载较为详细。"凡军行营垒，先使腹心（指指挥部参谋人员）及向导"，率先遣部队，提前去预定宿营地区勘察地形，选择营地，划定所属各单位营垒具体位置，并设立标志，"然后移营"。

在营地的选定上，唐统治集团极为重视。要求选在"左有草泽，右有流泉，背山险，向平易，通达樵采，牧饮相近之地"，以利于警卫、防守和便于人、马生活。还提出8种地形"不堪安营"，规定若遇此类地形时，应"急过勿留"。概括起来，主要有三条：一是不要在山的顶部或四周水泽的高地以及孤立无险的高地上修筑营垒。因为这样虽然符合居高临下、易守难攻的原则，但军队机动不便，易被敌军围困，有被断绝水源、粮源的危险。二是不要在低洼之处、特别是附近即有高山的低处筑营。因为这样虽然可能获得水草之利及机动之便，但地形不利防守，且有遭受水淹的危险。三是不要在河川山谷要冲之口及柴干草深之处筑营。因为这样虽然有控制要路和马草丰富之利，但风口及深草之处易遭火攻。除此之外，还指出寻找水源的方法。如说"军行砂碛咸卤之中，有野马、黄羊踪寻之有水；乌鸟所集处有水；地生葭苇芦菰蒲之处，下有伏泉（地下水）；地有蚁壤之处下有伏泉"等。这也是构筑野战营垒不可忽视的一个重要方面。此外，为了解决部队饮水，唐代还创造了"渴乌隔山取水法"。将大竹杆打通竹节，相互连接，用麻、丝、油漆封牢接头，利用虹吸原理，通过高地将水引至营地。这是我国古代物理学在军事工程中的运用。

总的营地选定之后，即具体划分所属各军的营地位置。唐军的战斗编组，按《卫公李靖兵法》记载，通常"诸大将出征，约授兵二万人，区分为七军"。即"中军四千人"，"左右虞候各一军，每军二千八百人"，"左右厢各二军，军各二千六百人"。宿营时，一般中军立一大营，下属6军，每军分立3营。全军以中军大营为中心，按不同的排列方式将18个营垒配置于中军营垒周围。如果地处"平原广泽，无险可恃，即作方营"。其排列方法，通常是指挥部所在的中军营垒筑于中央；左、右厢4军12营，分别筑垒于四面；左、右虞候2军6营，则筑垒于中军营垒之外的左前及右后对角处。如果有险可恃时，一般排列为"月营"。即中军大营营垒在中间，下属6军各营垒成"单列，面平背险，两翅向险如月初生"。即面对敌方成半圆形。各营相去中间，"亦各容一营"，各营结合部均在远射兵器控制之下，可相互以"火力"或兵力进行支援。

唐军规定，拔营出发时，前卫部队先行，派出"精骑骁勇，搜索数里"，并在险隘之处的侧方，派出停止的警戒分队，以"精兵四向要处防御"，掩护本队通过。还要派出类似调整哨的"候骑"，在沿途特殊地形处，设置路标或发出调整信号。如遇"沟坑"举黄旗，遇"衢路"（歧路）举白旗，遇"水涧"举黑旗等，使部队预有准备，适当调整行军队形。

本队等各军出发之前，要将本部三分之二的战兵，部署在营垒"二三里外，当面布列"，"一如临阵"，以掩护辎重部队做拆除帐幕、装载物资等撤营工作。"待营中装束辎重讫"，再收队出发。部队到达宿营地时，同样要派出警戒部队，掩护各军安营筑壁。筑垒作业完成后，各营要派出"外探"（游动哨），一般一组为"五骑马"，"于营四面去营十里外游弋，以备非常，如有警急，奔驰报军"。此外，还要派出"外铺（潜伏哨）"，三、五人一组，在夜间"于军前或于军侧三、五里外稳便要害之处安置"，携带"一两面鼓"，不仅负监视敌情之责，还担负当敌军"犯大营"时，"鸣鼓大叫，以击贼后"的任务，主要起心理战的作用。

如果在宿营地"拟停三五日"时，则规定要在距营垒"一二百里"范围内"安置伽烽"。大致"每二十里置一烽"，还要派出骑兵游弋巡逻。上述情况表明人们对野战营垒的认识已提高到一个新的阶段。

随着战争的发展和步兵数量的不断增加，以及骑兵大兵团的建立，先秦时期曾长期担任军中主要兵种的战车兵，逐渐失去其往日的重要地位与作用。如西安秦始皇陵出土的兵马俑共约 7000 件，其中战车 130 辆，即使以每车 8 名战士计算，尚占总兵力的七分之一以上。而咸阳汉大将周勃及其子周亚夫墓出土兵马俑，2500 件中仅有指挥车 18 辆。徐州西汉楚王墓出土兵马俑 2300 件中，战车更少，仅有指挥车 1 辆。这从一个侧面说明战车在战争中的地位已经下降。虽然如此，战车并未退出战争舞台。如魏太安四年（458），北魏文成帝拓跋濬进击柔然时，一次出动兵车 15 万辆，成为古代世界战争史上使用兵车数量最高记录。但它已由冲锋陷阵转变为运送辎重，同时仍然承担着活动野战营垒的重要任务。也就是说，仍如先秦一样，在地理条件或时间不许可掘壕筑垒时，则"阑车以为垒，推而前后，立而为屯"。如汉元狩四年（前119），汉武帝命大将军卫青等深入漠北进击匈奴，在接近敌军前，先"以武刚车自环为营"，然后派出骑兵与敌交战。再如晋咸宁五年（279），晋武帝派马隆进击鲜卑树机能时，他依照诸葛亮。"八阵图作偏箱车，地广则鹿角车营，路狭则为木屋施予车上，且战且前，弓矢所及，应弦而倒。"这又进一步将战车发展为机动、防护与杀伤力三位一体的活动堡垒了。就其原理及具备的要素而言，可以认为它是近代装甲车辆的先河。

秦、汉至隋、唐的水军，已极为发达。汉元鼎六年（前111）时，汉武帝派杨烍及路博德击南越时，就已能够利用舰载抛石机及强弩自珠江水面攻击番禺城，并能发射纵火器材。这一时期的主力舰——楼船及战舰蒙冲、斗舰等，都建有防御工事。如楼船上"建楼三重，列女墙、战格，树幡帜，开弩窗、矛穴，置抛车、垒石、铁汁，状如城垒"；斗舰亦"设女墙，可高三尺……船内五尺又建棚与女墙齐，棚上又建女墙"；"蒙冲以生牛皮蒙船，覆背……左、右、前、后有弩窗、矛穴。"公元281年，晋灭陈之战中，王浚所造大型战船，"连舫方百二十步，受二千余人，以木为城，起楼橹，开四门，其上皆能驰马来往"，恰似一座水上活动城堡。

早在先秦时期，人类已经能在一般河流上架设桥梁及建造浮桥。汉建武九年（33），蜀主公孙述，派兵数万，乘"枋筏（木筏或竹筏）"顺江东下，连破夷道、夷陵，"据荆门、虎牙（湖北宜昌东南长江两岸，两岸为荆门山，东岸为虎牙北），横长江起浮桥、斗楼（守卫浮桥的桥头堡），立攒柱（带铁钩的水中障碍物）绝水道，结营山上，以拒汉兵"。这是我国古代军事史上最早的建造长江浮桥的实践。

利用轻便器渡，更为普遍。如汉王二年（前205），汉击魏王豹蒲坂（山西永济西）之战时，"魏王盛兵蒲坂，塞临晋（陕西大荔东），（韩）信乃益为疑兵，陈船欲渡临晋，而伏兵从夏阳（陕西韩城南）以木罂渡军"，渡过了黄河，歼灭了魏军。这里所说的木罂，就是一种既便于就地取材、又非常科学的轻便渡河器材。不少人解释木罂为木制的小口大腹瓮，这是误解。不仅没有这样的大木瓮，而且一个个的木瓮也无法用以渡河。木罂，其实就是用士兵的武器长枪或木材，将民间的陶瓮捆缚连结起来，组成浮力极大的木筏，可以摆渡人马。对此，唐人杜佑已有明确的解释："军行遇大水河渠沟涧，无津梁舟筏，以木罂渡。用木缚瓮为筏，受二石力胜一人。罂间关五寸，底以绳勾连，编枪于其上，形长勿方，前置拔头，后置梢，左、右置棹"。

除木罂外，还有"枪筏"、"蒲筏"、"囊"及"挟组浮渡"等。枪筏，即束枪为筏。据杜牧记，当时"枪十根为一束，胜力一人；四千一百六十六根，即成一筏，"像鱼鳞一样横竖叠压捆绑，即"可渡四百一十六人"。蒲筏，即束蒲为筏，也可束苇为筏。浮囊，即以整"羊皮吹气令满，系其孔，束于腋下浮渡"。挟组浮渡，即先"以善游者（身）系小绳先浮渡水"，然后"引大绝组（粗绳索）于两岸，立大概急定组，使人夹组浮渡。大军可数十道"。

第二章　军事武器大参考

第一节　兵器发展历史

古代兵器

中国是世界上最早发明兵器的国家。

有战争就离不开兵器，然而，兵器最初并不是为战争而制造的，在中国，它起源于生产工具，是原始社会人们为猎取动物作为食品而问世的。目前发现较早的是商代兵器，有青铜戈、铜矛、铜刀等。如铜戈，其形状像一把镰刀，与石器时代的陶镰、骨镰、石镰极为相似，所不同的是加上了一根长长的木柄。这种青铜戈到周、秦、汉时期仍然继续使用。

在秦始皇兵马俑遗址里，出土了大量的秦朝时期的戈。1972年，我国考古学家在河南省发现了商代时期的铁刃铜钺，周秦时期的铜钺也屡有发现。这种铜钺实际上就是古代的大斧，与现在发现的新石器时代的砍削工具非常相像，说明铜钺是从原始社会时期的生产工具发展而来的。

过去，史书上关于吴钩的记载也屡见不鲜，许多著名的诗人都赞叹不绝地吟咏吴钩这种武器：鲍照的"锦带佩吴钩"；李贺的"男儿何不带吴钩"；杜甫的"含笑看吴钩"。虽然吴钩在古代这么惹人喜爱，但是现在的人们却对吴钩的样子一直不清楚是什么样子，直到1975年，考古学家们才在秦始皇兵马俑的遗址里，第一次发现了两把秦朝时代的吴钩，这才揭开了其真正面目。原来，吴钩是一种状如弯刀、双锋两刃，可以随意挥、砍、勾、削的短兵器。它也是来源于我国原始社会时期使用的一种生产工具——弯砍刀。

有些兵器似乎从产生的目的来看，就是为了作战，如弓箭、标枪、长矛、大刀、宝剑等。其实这也不一定，考古学家考证，弓箭在我国已经有 3 万多年的历史，可那时的人类还处在原始社会时期，所以这些都是当时人们狩猎的工具，而不是人类互相搏斗的战斗兵器。

把生产工具及技术直接运用于军事要容易得多。如在秦朝时期，秦始皇为了铸 12 个铜人，没收了全国民间所有的兵器，以为这样民间的人就不能造反，然而事隔不久，陈胜、吴广起义，他们即是使用的生产工具，如锄头、铲子等，揭竿而起。推翻秦王朝。

中国自古就是一个爱好和平的国家，制造和使用兵器就是为了保护自己的家园不被敌人侵犯。作为世界上使用兵器历史较早的国家，现代中国的各种武器又有了新的发展，为促进世界和平进行着不懈的努力。

史前兵器

原始社会晚期，在氏族或部落的流血的暴力冲突中，人们先是利用带有锋刃的生产工具特别是狩猎用具相互残杀，随后在此基础上改进和创制了专用的兵器。由于当时氏族间的暴力冲突，主要方式是两部分武装人群的徒步混战，还伴随着繁杂的宗教仪式和原始禁忌的制约，也采用偷袭或伏击等手段，因此最初的兵器是与徒步格斗的方式相适应的。又由于原始社会晚期最先进的工艺，是磨制石器，所以史前兵器也以磨制的石兵器为代表，同时还大量使用以木、骨、蚌、角制作的兵器，又用藤、竹、木、革来制作防护装具。当时由生产工具转化而成的兵器，已经形成冷兵器时代进攻性兵器的几个主要类型，包括远射兵器、格斗兵器和近体防身兵器，还有原始的防护装具。

　　远射兵器中最主要的是弓箭，它本是原始的狩猎工具，在中国出现的年代已逾3万年。1963年在山西朔县峙峪村发掘到1枚旧石器时代晚期的打制石镞，那处遗址经放射性碳素测定年代，为距今28947年。那枚石镞长约2.8厘米，用薄燧石片制成，加工精细，前锋锐利。看来人类最初懂得使用弓箭的年代，要比懂得制作这种较精细的石镞的时代还要早得多，至少也是距现在3万年以前的事。因为懂得在箭上安装石箭头——镞，已是经过改进后的弓箭，而弓箭最初出现时的形态，正如古代文献《易·系辞》中所说的"弦木为弧，剡木为矢"。也就是用单片的木头或竹材弯曲成弓体，用木棍或竹竿将头部削尖就成带有尖锋的箭。弓箭的发明，表明原始人已经懂得利用机械储存起来的能量。他们选用能弯曲变形富有弹力的木材，制成弓体，然后用弦牵引使弓体弯曲而变形，也就把能量储存了进去，然后将箭扣在弦上。当猛然松开弓弦时，那被牵引压迫变形的弓体立即急速复原，于是把刚才储进的能量迅猛释放出来，从而将扣在弦上的箭弹射出去。弓的弹力越强，则箭的射程越远。这是远古一项重要的发明，对于以狩猎和畜牧经济为主的原始民族，具有极大意义，可以有效地抵御猛兽和更多地获得猎物。因此恩格斯在《家庭、私有制和国家的起源》一书中，明确指出："弓箭对于蒙昧时代，正如铁剑对于野蛮时代和火器对于文明时代一样，乃是决定性的武器"。

　　经过上万年的漫长岁月，弓箭得到很大改进，到新石器时代，弓体已由简单的单体弓发展为复合弓。箭镞则更为坚硬锐利，由粗糙的打制石镞，改用易于大量制作的骨镞，进而采用磨制精致的石镞。同时还不断改进镞的形状，由扁平体形状不甚规则，发展成磨制精细的锥体三棱的形状。材质、工艺和形状的改进，使箭镞的穿透和杀伤能力大为增强。又在制箭时添加了尾羽，增强了箭的稳定性。日趋精锐的弓箭，正是最早由狩猎工具转化为兵器的实例之一。

在约距今 5600 年前的江苏邳县大墩子遗址中，发现有被箭射中后死亡的遗骨。那是一位成年男子的尸骨，一枚骨镞射嵌在他的股骨内，深达 2.7 厘米，至今那枚折断的骨镞残段仍嵌留在遗骨上。在山西、云南等地的新石器时代晚期遗址中，也不断发现有被箭射中后死亡的骸骨。这些实例雄辩地表明，当时弓箭已由狩猎器械转化为杀人兵器。邳县大墩子遗址经放射性碳素测定的年代，前已述及为距今约 5600 年，因此我们以其为依据将中国古代冷兵器时代的初始年代，大致定为公元前 3000 年以前。

除弓箭外，原始的远射兵器可能还有弩，曾在河南、河北等地的新石器时代遗址中，发现过一种上面有穿孔的长方形薄骨片或蚌片，与近代一些少数民族使用的木弩上的骨角质的扳机外貌相同，据此有人推测那时已使用原始的弩，但尚待今后新的考古发现来证实。此外，从旧石器时代遗存到新石器时代遗址中，都发现过许多石球或陶球，仅西安半坡遗址就发现 240 枚石球和 327 枚陶球。对照民族学资料，它们可能是利用飞石索抛射的狩猎用具，在原始战争中自然也可作为远射兵器使用。

在原始格斗兵器中，最重要的属斧钺类和矛枪类。将长木棒头部削尖用以扎刺，就是最原始的矛。以后逐渐用石、骨制成尖头，绑缚于木棒前端，矛就正式诞生了。到新石器时代晚期，已经使用了磨制精美的石矛头。斧类工具，属于人类最初发明的简单机械之一，利用力学上尖劈的原理，可以用小力发大力，两面所夹角度越小，用同样的原动力它发生的力量就越大。到新石器时代，石斧（或锛）和弓箭一样，成为成年男子在劳动中不可缺少的工具。在原始氏族中，青年的男子既是狩猎的主力，也是战斗的武士；石斧既是他们的生产工具，也是他们在与敌争斗中用于劈砍的兵器。石斧的长度一般在 10 厘米以上，也有少数大型石斧的长度超过 20 厘米，安装木柄以后使用。在属于不同时期的不同新石器文化中，石斧的基本形态相近，但平面和剖面的形态又有所差异，平面有的呈长方形，有的呈梯形；横剖面有的近长方形，有的近椭圆形；斧体的厚薄也有不同，有的斧体厚重，有的斧体扁平。但是它们都具有由斧体两侧斜磨出的端刃。后来又出现了一种形制较特殊的石斧，形体薄而两面刃的夹角极小，而且刃部宽于斧体且磨成圆弧形状，它们不适于去砍伐树木或掘地农耕，已是用其锐利的刃去劈砍敌人的专用兵器——石钺。从河南临汝阎村仰韶文化陶缸上的石钺画像，以及山东莒县陵阳河灰陶缸上的石钺图像和江苏海安青墩遗址出土的陶制钺模型，都可以看出石钺所装柄并不太长，大约相当于刃宽的四倍左右，便于一手握持挥舞战斗，另一只手还可执盾牌以防护自身，使战士既可进击格斗，又能防卫自身免遭敌方伤害。专供用于战斗的石钺，制作得日益精致，常常选用最坚美的石材，逐渐出现玉质的钺。玉钺不仅更为坚硬锋锐，且色泽美丽，自然受人珍重，常被送给氏族中的军事首领使用，逐渐这种特制的玉钺就成为权威和身份的象征物。在良渚文化中发现的玉钺上还刻有神人乘兽的徽记，装有玉质的冠饰和尾饰的钺柄，更使玉钺显得华美。它们都是在当时的身份较高的军事首领或巫师的墓中被发现，正是那些人权威和地位的象征物。

除了矛枪类和斧钺类石兵器以外，可用于劈砍的石兵器，还有一种带长刃的多孔石刀。可用于砸击敌人的原始兵器，还有大木棒，以及带齿刃的石锤（多头石斧）。可能还有从石镰刀转化而成，用于啄击的石戈。

近体防身兵器，主要有石质或骨、角质的匕首，有的石匕首制工精致，带有环柄。在甘肃马家窑文化遗址中，还发现过嵌有石刃的骨柄匕首。此外，也有手握式的短骨矛。

面对着进攻性兵器的威胁，原始人自然要想方设法来护卫自己的身躯，也就相应地创造出原始的防护装具，以藤、木和皮革等制作了盾牌和穿在身躯上的护甲。由于木、皮等的制成品易于腐朽，所以至今没有能在考古发掘中发现原始的防护装具。一般以一些民族学材料加以说明，例如本世纪初台湾兰屿耶美人使用的藤胄、藤甲和盾牌。

商代兵器

在远古时代，黄河下游生活着一个以鸟为图腾的部族，传说是天上玄鸟（也就是燕子）的后代。他们历经磨难，辗转迁徙，到了成汤之世，已经发展成了一个强大的部落集团。这时正逢夏朝的统治者桀荒淫无道，昆吾作乱。成汤王在谋臣伊尹的辅佐之下，手执铜钺，先征昆吾，后伐夏桀，建立了商王朝，这是发生在公元前16世纪的事情。

商王朝传国凡六百载，特别是到了商代中期，成汤的第九世孙盘庚即位，把都城迁到了殷，即今河南安阳西北小屯一带。自此以后，商朝疆域广袤，势力强大，也非常好战。据甲骨卜辞记载，商王的中央军队以师建置，左、中、右各一师。后来到了商代晚期的武乙、文丁称帝时，扩充为六师。在作战形式上，除了传统的步战外，出现了车战，这标志着一个新兵种——战车兵诞生了！从河南安阳殷墟、大司空村墓葬的发掘资料看，当时的战车为双轮独辀（辕）式，方形车舆（车厢），舆后开门，一般的辀下驾二马（只有殷墟宫殿区的一座墓中随葬的战车为四匹马驾挽）。车上乘一个驭手，还有一个或两个作战的将士。他们各自有自己适用的武器，作战时各司其职。

战车速度快，冲击力强，特别是在开阔地带作战，具有步兵无法抗拒的优势，所以在两周之际得到了长足的发展，乃至成为战争的主力和衡量一个国家国力强弱的标准。

商代是中国历史上青铜文化、青铜冶铸业大发展时期。这一时期出现了规模巨大的青铜冶铸作坊，铸造出许多青铜重器。如商代中期的郑州南关外炼铜作坊遗址，面积达 1000 平方米以上，附近不远杜岭铜器窖藏出土了两件大方鼎，一件重 86.4 千克，一件重 64.25 千克，可视为这一时期青铜器的代表。商代晚期的殷墟，铸铜作坊在小屯宫殿区东南，总面积在 1000 平方米以上，这一时期的青铜器，以殷墟西北冈出土的司母戊大方鼎为冠，它高 133 厘米，重达 875 千克。在冶铸工艺方面，已进入了先用矿石冶炼成纯铜、锡、铅，再用纯铜、锡、铅融铸青铜器的阶段。能用复杂的合范技术，铸造出各种青铜器。

先进的青铜冶铸技术的发展，为商代青铜兵器的大量生产和使用提供了可能。从大量的考古资料看，商代中期以后，兵器已明显地分成了远射兵器、格斗兵器和卫体兵器三大类。

远射兵器以弓、箭为主，根据殷墟的发掘和甲骨文、金文资料，当时已使用性能优良的复合弓了。弓长 1.6 米左右，两端装有玉制弓弭。这些弓弭往往雕刻各种花纹，非常美观。弭上有刻槽（契），以供挂弦之用。张弓时，弓干呈连续双弧形。当弓不用时，常把弓弦卸下来，称弛弓，弛弓时弓干朝反向弯转。商代的箭与弓一样，有机质的部件,早已朽毁。据殷墟和河北藁城台西商代遗址的发掘资料，一支箭全长 80～87 厘米，由箭头（镞）、箭杆和箭羽复合制作而成。由于青铜冶铸业的发展，箭上已普遍装配了青铜箭镞。这时的铜镞大量的是二里头文化所见那种较先进的圆铤凸脊双翼有倒刺的形式，但两翼的夹角更大，倒刺更尖，并在两翼上磨出了血槽。这种镞射中人体后，受创面大，很难拔出，所以具有更大的杀伤力。其他形式的青铜镞尚有平头式，平头有箍式和三棱式，但使用都不普遍。商代的箭镞除了青铜制作的之外，还使用骨、角、蚌、石镞。值得一提的是，商代的骨镞除了用兽骨外，也用人骨制作。郑州紫荆山有一处商代早期的制骨作坊遗址，出土了千余件骨器半成品，其中相当一部分是用人骨制作的箭镞和其他器物，奴隶制的野蛮与残酷在这里暴露得一览无遗。

为了便于携带，这些箭多放在箭箙（箭囊）之中，箭箙用藤条或竹篾编制，一侧有提手，箙内并排放十支箭。商代的射手射箭时，为了控弦方便，右手拇指上往往戴扳指。河南殷墟出土过一件，玉质，上雕花纹，扳指的一侧已被弓弦磨出了深深的凹槽。

商代的格斗兵器以戈、矛为主，还有少量的青铜钺和大刀。

与二里头遗址出土的戈相比，这一时期的戈有了很大改进。表现在戈头与戈柲的结合方面：其一是在直内戈的援和内相交部位增铸了一条上下都伸出戈身的"阑"，从而避免了戈头前后移动或脱出；其二是把曲内戈的内部减窄，并增加了曲内尾部的弯曲度；其三是把戈内中部铸成椭圆形銎孔，可以把戈柲牢固地插入銎中。在戈援的改革方面，主要是加大了戈援与戈柲的夹角，使戈援上昂。经过上述改革，戈更便于砍斫，而且在实战中随意挥斫钩啄而不易脱落，具有更大的杀伤力。到了商代末期，銎内戈和曲内戈几乎被淘汰，只剩下了直内戈。商末的青铜直内戈的显著特点，是下阑的前面出现了"胡"。所谓的"胡"，实际是戈的下阑前侧，援的下刃向下作弧形延伸的部分。胡的出现与加长，增加了戈头与柲结合部位的长度，它的上面往往开长条形"穿"，通过这些穿，可以把戈柲缚扎得更加牢固。商代末期最常使用的是短胡一穿戈，但也有中胡二穿者。陕西省城固还出土过一件长胡四穿戈。胡的加长与穿的增加，是商代以后青铜戈发展的趋势。根据安阳殷墟的考古发掘资料和铜器铭文，当时使用的是短柄式戈，一般长 80～100 厘米，相当于武士身高的一半左右。作战时武士一手挥戈，一手持盾。

商代的青铜戈，不但铸作精良，上面往往还装饰各种花纹，也是工艺高超的艺术品。1976 年安阳殷墟小屯宫殿区出土了几件曲内戈，其中 4 件全为青铜质，长 38.6 厘米，有上下阑，内上设一圆穿。援的本部饰饕餮纹，援脊饰蛇纹，内的后端饰独角卷尾夔纹。

在这些花纹之上还镶嵌上了绿松石。另一件是铜、玉复合戈，援本部和内部为青铜铸造，援本部铸饰饕餮纹，内的后部铸成勾喙歧冠鸟纹，花纹之上也用绿松石镶嵌。戈援的前端用一片灰黄色的玉磨制而成，援中脊棱突起，三角形前锋，靠近本部有一小圆穿。根据这几件戈的装饰情况分析，它们并不是实战兵器，而是一种仪仗。辽宁省博物馆收藏三件鸟纹戈，传出土于河北省保定，也有说出土于易县。三件戈分别长 27.5 厘米、27.6 厘米、26.1 厘米。它们的形制相似，都是直援短胡式，内的后端铸透雕钩喙歧冠卷尾鸟纹。戈援上分别有 22、24、19 字铭文。铭文倒置，内容是祖、父、兄的祖号。从铭文来看，这三件鸟纹戈也是仪仗用器，专为祭祀而特制。

在仪仗用戈中，还有一种玉戈被普遍使用。它们大多是直内戈。锐锋或三角形锋，援本部或内上有一小圆穿。这种玉戈早在二里头遗址就出土过，长 30.2 厘米，内上刻五组平行线纹。湖北黄陂盘龙城二号墓中出土一件玉戈，锐锋，援中起脊棱，近阑处开一小圆孔，通体光素，自锋尖到内端长达 93 厘米，可称玉戈之王。

在商代，矛是仅次于戈的第二种格斗兵器，装上矜（矛柄）使用，柄的末端还套有青铜镦。根据安阳大司空村出土铜矛的残痕观察，一般长 1.4 米左右，为步卒使用。在考古发掘资料中，矛的数量明显比戈要少。在 1969～1977 年殷墟西区墓葬的发掘中，出土青铜戈 230 多件，而铜矛只有 70 件，只占铜戈数量的 1/3 弱。但在侯家庄 1004 号大墓中，一处就出土青铜矛 700 多支。这些铜矛 10 支为一束，捆扎后堆放在墓道之中。

青铜矛是从石矛、骨矛发展而来的兵器，最早发现在湖北黄陂盘龙城商代前期的遗址中，矛体呈柳叶形，中间脊棱突起，后面的骹截面作圆形或菱形。骹的两侧出半环形纽或突凸。这种柳叶形矛尚带有石矛、骨矛的遗风。商代中后期的矛一般都有较宽的矛叶，矛叶前聚成锋，矛叶的后面是长长的骹胶。骹的两侧有半环形纽，通过这两个纽可以把矛头牢固地缚扎在矛矜之上。还有一种短骹矛，骹的銎孔直伸入矛脊处，矛脊两侧伸出锋利的矛叶，矛叶前端聚成矛锋，中段内收，下段外展。在矛叶底部对称开两个圆孔，当为缚柄之用。与戈一样，矛柄的末端也装镦或鐏（《礼记·曲礼》注云，锐底的叫鐏，平底的叫镦）。商代的鐏作渐细的筒形，或下端出一尖锥，一侧出一钩刺。河北藁城出土的一件，短圆筒下铸成倒置的牛头纹，牛头尖尖的双角可插入地中。

商代的青铜矛往往在骹上铸饰花纹，或在矛叶上铸文字。最为精美的是北京故宫博物院珍藏的一件商代后期青铜骹玉刃复合矛。矛的青铜骹满饰蕉叶纹、饕餮纹。两侧各出一半环形纽。骹的上端渐扁而膨大，中间开口，像蛇头一样衔住玉质柳叶形矛叶。这件矛全长 18.4 厘米。

《诗经·商颂·长发》中，商人对先祖宏伟业绩的追颂道："……汤王出兵伐夏后，锋利大斧拿在手，好比烈火熊熊燃，谁敢阻挡和我斗？"诗中提到的钺也是商代的一种青铜格斗兵器，用于厮杀砍斫。它还是一种象征权势威仪的仪仗，一种刑具。所以在各地发现的商代青铜钺大多铸造精良，华美中显露出威严摄人心魄的气息。

说起青铜钺，使人想起商代中期一位叱咤风云的女将，她叫妇好，是商王武丁的一位嫔妃。甲骨卜辞记载，妇好曾为武丁四处征集兵员，还担任过武丁大军先头部队的统帅，统兵 13000 人。她能征善战，曾率兵征伐夷、羌、土等方国，战功卓著。

1976 年这位巾帼英雄的墓葬在安阳小屯被发掘。墓中出土了各类青铜兵器近 200 件。出土兵器之多，在君权、父权、夫权统治几千年的中国历史上，恐怕是绝无仅有的。在那琳琅满目的兵器中，有四件青铜钺最引人关注。这四件青铜钺两大两小，两件大钺的形体非常相似，"风"字形钺身，圆弧形宽刃好像一眉新月，近本部开两个长方形穿，平肩，长方形短内。其中一件长 39.5 厘米，刃宽

37.5 厘米，重达 9 千克。钺的上部靠近肩处饰双虎食人纹。猛虎阔口暴睛，上身直立，后腿蹲踞。那过大的头颅，纤细的四肢，卷曲的虎尾，使虎威顿减，却平添了几分稚拙之气。两虎口之间是一颗圆圆的人头。纹饰特征与司母戊大鼎鼎耳的纹饰相似。纹饰之下有"妇好"二字铭文。钺身两侧各有六个丁字形扉棱。另一件饰双身龙纹，也有"妇好"铭文。长 39.3 厘米，刃宽 38.5 厘米，重 8.5 千克。两件小青铜钺长约 24 厘米，重 1.2 千克。钺身呈风字形，一面饰夔龙纹，另一面有"亚启"二字铭文。如果从用途分析，这些分量重一千克左右的青铜钺才可能做兵器使用，而那种大钺只能用作仪仗。

商代的青铜钺几乎都是这种扁平身，圆弧刃的形式，只是钺身、内长短，以及花纹装饰有不同。湖北黄陂盘龙城 2 号商代前期墓出土的一件身略修长，中间开一大圆孔，饰夔龙纹。山东益都苏埠屯商代晚期墓出土的铜钺（见彩图 2），钺身雕镂人面纹，大耳突睛，方齿森森，令人不寒而栗。江西新干大洋洲商墓出土的钺身镂空，如人张开的巨口，上下密排尖齿。一件銎内钺，钺身后接椭圆形銎，平肩下突出方耳，饰卷云纹和变形兽面纹。其他如陕西城固出土的龙纹钺、湖南征集的虎纹钺都展示了一种狞厉而神秘之美。

大刀也是商代所用的一种格斗兵器，但出土很少，使用并不广泛。河南辉县琉璃阁 150 号墓出土的一把最为华美，直背凸刃，身两侧饰夔龙纹，刀背透雕花饰扉棱，舌状短柄，长 41.5 厘米。看来是插装在其他质地的刀柄上使用的。河南安阳殷墟西区 1713 号墓出土青铜大刀作另一种形制。这把刀直背平刃，刀尖上翘并向回钩折，刀身饰四条夔龙纹。刀背上有三个銎孔，长 31 厘米。这类大刀只有通过銎孔装上较长的木柄，方能用于劈砍厮杀。

此外，还有一些外形奇异的兵器，一般极罕见，如江西新干大洋洲商墓出土的铜勾戟和异形剑等。

　　无论哪个时代，战争的参与者都希望能够最大限度地杀伤敌人和最有效的保护自己。在商代也是如此，每个武士除了配备格斗兵器外，还有护体的兵器和防护装具。当时的护体兵器是一种青铜短刀，通长30厘米左右。刀背凸起，刀刃内凹，短柄，柄首铸成兽头形或环形。妇好墓出土的一件刀身与柄间有下阑，柄端铸成一条龙，龙身弯曲成环护住龙头。大司空村51号墓出土的柄端铸牛头，陕西绥德出土的柄端则铸马头。件件造型精巧，有着草原游牧民族的风格。由于这些青铜短刀体型短小，只有在特殊情况下，双方近战肉搏时才用得上，所以在战争中发挥的作用不大。在内蒙古及河北省北部，出土有铜短刀，也发现一些与青铜短刀长短相近的青铜短剑，为草原游牧民族用具，可能在生产、生活中的用途更多一些。

　　青铜胄、皮甲和盾牌是商代武士的主要防护装具。安阳侯家庄1004号大墓墓道中，一次就出土青铜胄140余顶，还发现有皮甲残痕。青铜胄一般高约20厘米，重2～3千克。胄的正面往往铸饰一个大兽面纹，兽面圆鼻阔口，或暴睛长角，或环眼巨眉。中间一条突起的脊棱向上直贯胄顶。顶上立一短管，可作插装缨饰之用。胄的左右两侧及后部向下延展，以保护双耳和颈项。这些青铜胄都是合范铸造的，铸成后外部经悉心打磨，光洁如镜，而里面仍保持着粗糙的铸造痕迹。戴胄之前必须包上头巾或在胄里衬垫柔软的有机织物。形状相似的青铜胄在江西新干大洋洲商代大墓也出土过。而那些皮甲由于埋在地下数千年之久，早已腐烂，根据印在土上的残痕观察，一片直径约40厘米，是一种整片皮甲，上面还用红、黄、黑、白四色绘制了曲尺纹、卷云纹和连续菱形方格纹图案，颇为华美。

　　盾又称干，是一种单手执握的防护器具。从甲骨文、金文的象形文字上看，商代的盾一般呈长方形，下缘略宽，其长度大约相当于武士身高的一半。在安阳殷墟车马坑内出土过盾的实物，业已朽毁。经仔细观察分析，可知它是由四条木制的框边和蒙在上的皮革制成的，宽 65～70 厘米，高 80 厘米。盾面微隆，上髹棕色漆，并彩绘了两只相背的卷尾虎形。陕西贺家村商代晚期墓也出土过两面盾，一件出土时盾面向下盖在青铜篡之上，盾的有机物质已经腐朽，只剩下了青铜附件。这附件像一个正面俯冲而至的牛头，它的两只角又粗又大，暴睛突凸，两耳间距 13.5 厘米。附件背面还有供穿缚用的鼻纽。另一件也已朽毁，留下的青铜附件作人面形，圆眼弯眉，直鼻开口，露出两排牙齿，像一个人在嬉笑，意趣盎然。

钢铁兵器

青铜兵器发展到春秋晚期战国早期，已经达到了炉火纯青的阶段。这时正是社会大动荡大变革时期，战争规模不断扩大，战争也由以车战为主，较为单纯的作战形式，转变为多兵种有机配伍混合作战的形式，后来又出现了机动灵活的骑兵。兵种的改变对兵器提出了新的要求，而青铜兵器由于其性能所限，再难适应需要。到了战国晚期以后，逐渐被性能更加优良的钢铁兵器所替代。

《左传》记载，鲁昭公元年，也就是公元前 541 年，晋国与北方部族无终和狄人在太原展开激战。主将魏舒看到地形险恶，战车运转困难，决定放弃战车，以徒兵对付狄人。但立刻遭到了一名宠臣的反对，魏舒将他斩首示众。把车兵按步兵伍、两编制，先示弱诱敌，随继以迅雷不及掩耳之势，指挥徒兵包围了敌人，一举大获全胜。这是一次对陈旧思想观念的宣战，也是对传统作战方式的扬弃。但并没有改变以车战为主的作战方式，直到战国初期，驷马战车的轮毂仍然在中原大地上驰骋。

自晋"毁车以为行"250 年之后，到了公元前 307 年，赵武灵王开始了中国古代军事史的一次重要改革——"变服骑射"（亦称胡服骑射）。赵国靠近楼烦、东胡、林胡等游牧部族，虽然修建了长城，但这些游牧民族还是时常纵骑跨马，劫掠滋扰边境。他们身穿窄袖衣服，行动便捷。而赵国穿的衣服长腰博袖，不利于耕战。武灵王与大臣商议，先仿照胡人改革服饰，再学习胡人骑马射箭之术，继而强兵富国。第二天早朝，赵武灵王率先垂范，穿起了窄袖短衣，随后下令在全国推广。两年之后，又组建一支训练有素战斗力极强的骑兵部队。实战中显示出了行动迅疾、机动灵活的优越性，先击败了中山国，又降服了楼烦、东胡、林胡。七年之后，西边的九原、云中，北边的雁门、代郡均陆续归入了赵国的版图。赵武灵王可以说是一位有远见卓识的诸侯。"变服骑射"之举促进了中国古代骑兵的诞生，也推动了军事装备的进一步改革。而冶铁技术的发明与钢铁兵器的普及为这一变革起了巨大的推动作用。

用冶炼技术制造的钢铁兵器始于西周晚期，但铁刃兵器的使用却在商代就出现了。1972年在河北省藁城台西商代遗址出土了铁刃铜钺。5年之后，北京平谷刘家河一座商代墓葬又出土了一件。但经过化验，它们都是陨铁，是将陨铁锻打成钺刃嵌铸入青铜钺身之后制成的。其数量极少，难以在战争中发挥作用。河南三门峡市西周虢国墓地，发现了目前所知年代最早的人工冶炼的铁制作的兵器，是一件铜茎玉柄铁短剑。但到春秋晚期，钢铁冶炼技术才有了进一步发展。春秋晚期人们发明了"块炼铁"法，就是把木炭加上铁矿石同烧，当温度达到800～1000℃时，就炼成了质地疏松的纯铁块，可用来锻打制作小型器物，如江苏六合程桥春秋晚期墓就出了用这方法锻制的小铁条。与此时间相近，还诞生了生铁冶炼技术和用块炼铁渗碳成钢的新工艺。1978年湖南长沙铁路车站春秋墓中出土一柄钢剑，长38.4厘米，剑格为青铜制作。检测结果，是用含碳量5%的中碳钢制作的，可能还经过热处理，金相组织均匀。当时冶铁技术尚处于滥觞时期，人们把钢铁制品视为珍宝，甚至不惜镶金嵌玉。1992年陕西宝鸡益门村的一座春秋墓中一次就出土了三柄金柄铁剑，其中一柄长35.2厘米。剑格与剑柄用黄金雕镂作蟠虺纹。剑格、剑首由蟠虺组成兽面。在兽目等空隙处镶嵌绿松石，两相辉映，异彩纷呈。剑身铁制，形如柳叶，剑中起脊。剑身制好后，嵌入金剑柄内，再用铆钉铆牢。

一直到了战国中期，冶铁技术逐渐普及和发展，冶炼出的铁日益多了起来，人们用来炼制铁工具、铁农具，也用来制造钢铁兵器以装备军队。据古代文献记载，楚国的铁兵器质量最高。《史记·范雎列传》记载，秦昭王在一次与范雎的谈话中，对楚国的铁剑和勇士既赞叹又惧怕。在考古发掘中，战国楚墓出土过不少的铁剑、铁戟和矛、镞等。铁剑一般长约80厘米，比普通的青铜剑要长，最长的一柄达140厘米，超过青铜剑一倍之多。楚国的铁戟形状非常独特，1957年湖南长沙出土一件铁戟，其戟援和胡形如一根长钩，戟锋如蛇头，援的弯折处向后斜伸出一长长的内，在援与内相交处又出一枚钉形矛刺，形状怪异。

燕国的钢铁兵器也很有名，不过是到了20世纪60年代，在河北易县燕下都发掘时才被人们认识的。燕下都是战国中晚期燕国的都城，以燕昭王时期（前311～前279）最为繁盛。城址内宫殿区、平民居住区、墓葬区，以及制陶、制骨、冶铁、兵器制造作坊分布井然。1965年在城东第5号地下版筑基址内发现了一座丛葬墓，墓内出土了剑、矛、戟、铁铤铜镞、匕首、小刀等一批铁制兵器，还有一顶铁兜鍪（胄），这些兵器与22名武士埋在一起，是他们的随葬品，也是他们生前作战时使用的实用器具。其中铁剑15柄，一半比较完整，其长度为81～100.4厘米，是称手的格斗兵器。铁矛21件，长度在32.4～37.9厘米之间，比同时期的青铜矛要长。最长的一件长达66厘米，加长了矛叶和骹筩间茎的长度。钢铁戟12支，形状与青铜戟完全不同。戟刺与"胡"连成一直体，一侧呈直角横出一侧刺，称"小枝"，戟内已消失。有的还在戟身和侧枝相连处加装一个铜龠，装柄时，戟柄头端插入铜龠之内，再用绳绑紧，既结实又实用。这种戟一般长 40 厘米左右，整体形似"卜"字，人们习惯的称它为卜字形戟。由于它体形修长，只有延展性较好的钢铁才能制造。别看它质朴无华，但特别适于骑兵使用，到了西汉，完全取代了青铜戟，成了军队装备的主要格斗兵器。墓中还出土了一件青铜弩机，牙、牛、悬刀、栓塞俱全，特殊的是在弩机之下附加了一个钩形的铁制廓底座，它是以后弩机廓套的雏形。对保护弩臂乃至增大张力起了巨大作用。

经科学测定，这些兵器多是由块炼铁锻制的，其中相当一部分是用炼铁锻制渗碳制成低碳钢，再用低碳钢制成兵器，性能更为优良。有的还经过淬火处理。经过淬火的兵器刃部的硬度大，杀伤力强，但火候难以掌握，不过这毕竟是一个大胆的尝试，对兵器制造具有重大意义。

铁兜鍪是用皮条把各种类型的铁甲片穿缀起来制成的，高 26 厘米，用甲片 89 片。兜鍪先用两个半圆形甲片拼成圆形平顶，再用圆角长方形甲片自顶向环周，按上层压下层，前片压后片的顺序编缀七层至颈项止。前脸眉弓上的两块甲片和护颊的两块甲片形似曲尺，前额正中的甲片呈倒凸字形，正可护住额头、眉心。兜鍪内部粗粝，只有衬垫麻革类等有机丝物后才能冠戴。在遗址的同期地层中，还发现过不少这类甲片，小的 6 厘米左右，大的达到 8.6~9.8 厘米、宽 5.3~6.9 厘米，其中除了兜鍪甲片外，还有铠甲片，只是由于材料零碎，尚不知铁铠甲的编缀情况。但到了战国晚期已经有了铁制铠甲，这一点是确定无疑的。

燕下都遗址内除了出土铜铁兵器外，还出土了许多青铜兵器，戈、矛、镞都有，制作也很精良，有的上面还铸刻铭文。这说明到了战国晚期，钢铁冶炼技术尚未发展到成熟阶段，制造出的钢铁兵器尚待完善，其数量还不能满足军队装备的需要，所以燕国还是将青铜兵器与钢铁兵器并重，用来装备军队的。

在燕国、楚国之外的其他诸侯国中，钢铁兵器也在制造和使用。据古文献记载，韩国的铁剑戟可以斩毁敌人的铁质铠甲。赵国进攻中山国时，遇到一个叫吾丘鸠的巨人，身穿铁甲，手执铁杖，铁杖挥舞之处，所击无不破碎。

纵观两周之际的青铜兵器由发展至鼎盛的时代，到了钢铁兵器崭露头角，并以青铜兵器无法达到的优越性显示了它的威力，预示着未来的时代将是钢铁兵器的时代。如果从兵器的造型艺术而论，商周时期的青铜兵器也和同期的其他青铜器一样，庄严而凝重，无论是那一件件青铜大钺，还是一把把大刀，一顶顶青铜胄；那用来装饰兵器的饕餮纹、人面纹、龙纹、虎纹、虎食人面纹，都显得狰狞可怖，又透露出一种青铜器铸造前期的稚拙，今人看来，都具有"狞厉的美"。春秋战国的青铜兵器，朝着轻巧实用的方向发展，花纹装饰艺术趋向生活化、写实化，这当是上层建筑领域"礼崩乐坏"和思想意识"百家争鸣"的具体表现形式之一。两周时期边疆的青铜兵器表现了强烈的民族风格，不论是具有草原游牧风格的青铜短剑，还是具有西南民族风格的巴蜀兵器、滇人兵器，都具有一种有别于中原文化的独特而清新的艺术魅力。

第二节　兵器主要种类

弩

弓箭在远古时代是一项了不起的发明，恩格斯曾给予高度评价，说："弓、弦、箭已经是很复杂的工具，发明这些工具需要有长期积累的经验和较发达的智力，因而也要同时熟悉其他许多发明。"但弓箭在使用时需要一手持弓箭，一手拉弦，因此影响了射箭的准确度。为了克服这些不足，中国古代人借鉴用于杀死猎物的原始弓形夹子，产生了制造弩的最初想法，即在弓臂上安上定向装置和机械发射体系，命中率和发射力大大提高，比弓的性能更加优越的弩诞生了。由此看来，弩就是装有臂的弓。它作为中国古代的一种常规武器，显然是由弓演化发展而来。

弓箭的使用在中国至少已有两万多年的历史，弩作为中国军队的常规武器则有2000多年的历史。从保存下来的有关弩的详细描述看，最早的弩是一种青铜手枪式，其顶部的设计属于周朝早期，可能是公元前8世纪或9世纪甚至更早些时候。据史料记载，弩是战国时期楚国冯蒙的弟子琴公子发明的。《事物纪原》中说："楚琴氏以弓矢之势不足以威天下，乃横弓著臂旋机而廓，加之以力，即弩之始，出于楚琴氏之也。"在长沙楚墓出土的文物中，就有制造得相当精巧的弩机，它外面有一个匣，匣内前方有挂弦的钩，钩的后面有照门，照门上刻有定距离的分划，其作用类似现代步枪上的标尺；匣的下面有扳机与钩相联，使用时，将弓弦向后拉起挂在钩上，瞄准目标后扣动扳机，箭即射出，命中目标。弩的发明是射击兵器的一大进步。

英国著名科学家李约瑟在对我国古代的科学技术进行了深入的研究后，所著《中国的科学与文化》（中译本名为《中国科学技术史》）中认为，琴公子真正发明的可能只是一个触发机械装置。弩比较早的形式可能早已存在了，《孙子兵法》中有关于弩的最早证据，孙子（孙武）的后裔孙膑记录了公元前4世纪在战争中使用弩的情况。《墨经》中不仅讲到用通常的弩，也谈到用大的复合弩箭（弩炮）来攻城。

在公元3世纪以前的著作中，关于弩的记载已很丰富。《吕氏春秋》记述了青铜触发装置的精确性，它是中国人在发展弩方面取得的成就中，给人印象最深刻的。触发盒嵌入托中，在它的上面有一个槽，放弓箭或弩箭。弩的触发装置是一个复杂的设备，它的壳，包括在两个长柄上的3个滑动块，每件都是用青铜精铸而成的，机械加工达到令人难以想像的精确度。

战国时弩机的种类就比较多了。如夹弩、庾弩是轻型弩，发射速度快，通常用于攻守城垒；唐弩、大弩是强弩，射程远，通常用于野战。据《战国策》记载，韩国强弓劲弩很出名，有多种弩皆能射600步远。《荀子》也载有魏国武卒"有十二石之弩"等事例。

弩的发明、制作和使用，在战争中发挥了巨大作用。弩的数量在那时已十分可观。公元前341年，齐、魏两军在马陵开战，即著名的"马陵之战"。孙膑指挥齐军埋伏在马陵道两侧，仅弩手就有近万名。当庞涓率魏军经过此地时，万弩齐发，魏军惨败，庞涓自杀身亡。公元前209年，秦二世有5万名弩射手。公元前177年，汉文帝手下的弩射手数目与秦相差不多。但这并非意味着在当时只有几万副弩，《史记》记载，大约在公元前157年，太子掌管有几十万副弩的军火库。这就是说，2100多年前，中国人已经有了成批生产复杂机械装置的能力，中国弩的触发装置"几乎和现代步枪的枪栓装置一样复杂"。

到了汉代，弩的制造有了进一步发展，并逐步标准化、多样化，不但有用臂拉开的擘张弩，还有用脚踏开的蹶张弩，但通常用的是六石弩。公元1世纪，格栅瞄准器得以发明并很快用于弩上，进一步提高了弩的命中率。这些格栅瞄准器在世界上是最早的，和现代的照相机和高射炮中的有关机械装置类似。三国时，诸葛亮还曾设计制造了一种新式连弩，称为"元戎"，"以铁为矢"，每次可同时发射10支弩箭。

弩是分工制作的，已发现的大多数弩的触发装置上都有制作者刻的名字和制造日期。弩的致命效用的原因之一是广泛采用毒箭。而且由于瞄准好的弩箭能够很容易地穿透两层金属头盔，所以没有人能抵挡得住。在以后的各朝代中，弩作为一种重要的兵器仍备受青睐，并得以进一步的改进和提高。1068年有人敬献给皇帝的一种弩可以刺穿 140 步开外的榆木。还有一种石弩，它可用连在一起的两张弓组成，需要几个人同时拉弦，可一齐射出几支弩箭，一次即可杀死 10 个人。在那时，手握弩可射 500 步远，在马背上时可达 330 步远。

增加弩的威力的要求，导致了 11、12 世纪弩机的发明。它克服了装箭的困难，可以快速连射。弩箭盒安装在弩托里的箭槽的上方，当一支弩箭发射后，另一支马上掉到它的位置上来，这样就能快速重复发射。100 个人在 15 秒内可射出 2000 支箭。连发弩的射程比较短，最大射程 200 步，有效射程 80 步。弩机在公元 1600 年的中国已广为流传，有不少样品至今仍保存在博物馆中。自明代以后，随着火药大规模的应用在战场上，火器逐渐取代了弩的地位。

弓、弩很早就由我国传入西方国家，但在欧洲战场上，弩的出现迟至中世纪。古俄罗斯的军队在公元 10 世纪开始使用弩，而西欧国家于 11 世纪末才"出现一个弓弩十分盛行的时期"。在弓弩的技术方面，西方大约落后于我国 13 个世纪。

抛石机与铸铁火炮

火炮，在战争史上一直是威力强大的兵器。关于火炮的起源，据英国科学史家梅森记载，欧洲几个国家发明火炮有据可查的年代是公元 1380 年、1395 年和 1410 年。中国则比欧洲早了约 1500 年。

现代火炮的祖先，应该说是中国古代的抛石机。在中国古代，人们把抛石机、火药球、大口径管形火器和震天雷等，都统称为炮。以后因其外形和作用的不同，"炮"专指大口径管形火器。

抛石机约诞生于公元前 250 年的周代。最初人们用抛石机来抛投石块，火药发明后，又用抛石机抛投火药球。管形火器出现后，用火药在管内燃烧产生的气压将弹体喷射出去。经过以后不断的改进和完善，才发展成为现代的火炮。

火炮的雏形是创制于东汉末年的抛石火炮，又名"石火炮"，是在原石炮基础上改进而来。制法是将火药装成便于发射的形状，点燃引线后，由抛石机射出，"以机发石，为攻城械"，可击毁对方军营。《前汉书》中记载有"范蠡兵法，飞石重十二斤，为机发行三百步。"《三国志》记载了公元200年袁绍、曹操著名的官渡之战使用抛石机的情形："太祖乃为发石车，击绍楼，皆破，绍众号曰'霹雳车'。"隋、唐以后，抛石机发展成为重要的攻城守城武器。在宋代，抛石机成为抛掷火球性火器的重要工具。元代战争中，金人在1232年抵抗蒙古人的一次战役中使用过的震天雷，其实就是用改进以后的抛石机投射的铁制炮弹。一直到明代，抛石机还被用于战争。在欧洲，抛石机出现于中世纪初期，一直使用到15世纪。16世纪末，由于火炮的应用，抛石机才被淘汰。

与"石火炮"曾并肩作战于战场的还有竹火炮，它最早诞生于中国宋代（1044年以前）。竹火炮以巨竹为筒，内装火药弹丸。发射时，点火使药燃烧，产生动力，将炮内弹丸发射出去，杀伤敌人。竹火炮虽不够牢固，不经久耐用，连续发射容易烧毁，但在当时却是制造简单而性能先进的火炮。

最古老的金属火炮制造于何时呢？《元史》记载说，是南宋成淳七年（1271）开始制造的火炮，并很快用于战争。但据最新考古发现，最早的金属火炮则是甘肃武威出土的一尊西夏（1031～1227）铜炮。这尊铜炮及炮内遗存的火药和铁弹丸，出土于1982年5月。铜炮口径约10厘米，长1米，重108.5千克，由前膛、药室和炮尾3部分组成。整个铜炮造型简单，制作粗糙，除口沿外，其余均未铸固箍。和铜炮共存的有两件豆绿釉扁壶，敞口，卷沿，圈足，四耳，这是武威及宁夏等地多次发现的典型西夏器物。据此为佐证，专家认为这尊铜火炮无疑为西夏之物。

在此之前，国内外发现的金属管形火器中，铸造年代最早的是元至顺三年（1332）的铜火炮（现珍藏于中国历史博物馆）。这门号称"铜将军"的铜炮，口径为 10.5 厘米，长 3.6 米，重 140 千克。清代咸丰年间在南京出土了几百尊火炮，从炮上的铭文可以推断，中国在元末已开始大量制造和使用火炮。专家认为，武威铜火炮，是已发现的世界上最古老的铜火炮。因而纠正了《明史》"古所谓炮，皆以机发石，攻金蔡州城，始用火器，然造法不传，后亦罕见"记载的错误。武威铜炮内遗存的 0.1 千克火药和一枚直径约 8 厘米的铁弹丸，也是考古发现中世界上最早用于火器上的火药和铁弹丸，纠正了以往关于在 16 世纪才有铸铁弹丸的错误说法，把火炮弹丸的铸造历史提前了 3 个世纪。

中国的造炮技术发展是很快的，在欧洲还不知道如何炼铁时，中国人就已经完美地造出了铸铁大炮。炮口一般都刻有字，记下制造的准确年代。随着冶金术的发展，火炮的口径越来越大，炮管越来越长，炮身越来越重。《武备志》上记载了一门重达 630 千克的大炮，名字叫"常胜将军"。

到了明初，火炮的生产不仅种类多，而且质量也不断提高。此时，许多火炮还安装在炮车上，可以直接从车上发射，射程达数里，威力极大。火炮不仅用于陆战，而且还被广泛用于水上作战。明代中期（15 世纪末），火炮的炮弹开始由实心弹发展成爆炸弹。当时有一种叫"八面旋风吐雾轰雷炮"的火炮，弹丸用生铁铸造，"用母炮送入敌阵，火发炮碎，霹雳一声，火光迸起，炮铁碎飞，劲如铅弹，人马俱伤"。这是世界上最早出现和使用的炮射爆炸性炮弹。此期间火炮制造有了迅速发展，还诞生了连发炮。连发炮装有弹盒，一次可装 100 发炮弹。它由后部彼此相连的两门小炮组成。两炮安置于同一长炮筒中，当第一门炮发射完，炮筒马上转过来，第二门炮继续发射。以后又从外国引进一些大炮，对中国大炮的改进也起了一些作用，并开始把瞄准装置安装在大炮上。

在清代，中国的造炮技术进展十分缓慢，渐渐落后于西方国家。

天文与地理

科技大发现

邢春如◎主编

中国科技漫谈②

辽海出版社

责任编辑:陈晓玉 于文海 孙德军

图书在版编目(CIP)数据

中国科技漫谈/邢春如主编.—沈阳:辽海出版
社,2008.6(2015.5 重印)

ISBN 978-7-80711-701-8

Ⅰ.①中… Ⅱ.①邢… Ⅲ.①科学技术—技术史—中
国—普及读物 Ⅳ.①N092 -49

中国版本图书馆 CIP 数据核字(2011)第 075089 号

中国科技漫谈

天文与地理科技大发现

邢春如/主编

出 版:辽海出版社	地 址:沈阳市和平区十一纬路25号
印 刷:北京一鑫印务有限责任公司	字 数:700 千字
开 本:700mm×1000mm 1/16	印 张:40
版 次:2011 年 8 月第 2 版	印 次:2015 年 5 月第 2 次印刷
书 号:ISBN 978-7-80711-701-8	定 价:149.00 元(全 5 册)

前　言

　　恢宏博大的五千年中华文明，成就卓著，举世瞩目。特别是中国古老的科学技术，更是创造了人类发展的一个个里程碑，在世界可谓是独领风骚，其历史简直异常辉煌。

　　工具的制造是原始技术开始的标志。在原始社会时期，人类征服自然界的物质基础十分薄弱，因而，这一时期科学技术的萌芽和发展非常缓慢。

　　随着青铜时代的到来，这一时期的科学技术在原始社会的基础上有了巨大进步，在世界文明史上占有重要的地位。青铜器是这一时期最具代表性的标志物。夏、商、周的科技进步，极大地促进了中国早期国家的形成和发展。

　　春秋战国是中国科技知识进一步积累与奠基的重要时期。这一时期所取得的科技成果在中国科技史上占有重要地位，为秦汉及其后的科技发展奠定了坚实的基础。

　　秦汉时代科技最显著的特点是科学建制完整、技术体系统一。在这一时期，传统的农、医、天、算四大学科体系框架已基本形成，冶炼、纺织、土木建筑、造纸、船舶制造等主要技术体系及风格也大体确立，从而为此后近两千年的中国科技发展确定了大方向。

　　在魏晋南北朝时期，战乱频繁，政局动荡，科学技术以其强大的生命力在曲折中进步着，有些学科甚至获得了突破性进展，主要体现在农业、机械、数学、天文历法、地理、化学等领域所取得的成就。

　　综观隋唐科技，可谓是全面推进，重点突出。这一时期既是对先前诸多科技领域的成就进行了继承与发展，又开创了多方面的世

界之最。

在宋元时期，虽说一直战火纷飞，社会也动荡不安，但中国科学技术的发展却进入了一个前所未有的黄金时代。这一时期，可谓人才辈出，硕果累累，取得了一系列极其突出的成就。

明清时期是中国科学技术发展历史上重要的转折时期。在明代，中国传统科学技术趋于成熟，中国在大部分科技领域仍居于世界领先地位，各方面的成果得到总结，出现了一批集大成式的著作。但在明末清初，中国的科学技术却裹足不前，开始落伍于世界科学技术发展的滚滚洪流了。

近代中国的落后与贫弱促使许多有识之士开始积极探索中华民族的富强之路，放眼看世界一时间成为时代的潮流。随之而来的洋务运动则掀起了向西方学习的热潮，开启了中国的近代化。

辛亥革命的爆发，使中国社会发生了重大转折，现代科技教育体制开始建立。继来之而来的新文化运动，极大地推动了现代科学精神在中国的启蒙。

中华人民共和国的成立，揭开了中国历史崭新的一页，也开始书写科学技术的新篇章。经过五十多年的风风雨雨的拍打锻炼，如今中国的科技事业可谓是蒸蒸日上，一日千里。更多的科技新成就，必将汇聚成一盏盏明灯，发出更加耀眼的光！

为了全景式展现中国科学技术成长壮大和发展演变的轨迹，描绘出科学家探索自然奥秘、造福中华的奋斗历程，以及在西学东渐背景下所作出的回应和为追赶世界科技潮流所进行的不懈追求过程。为此，我们特别编辑了这套《中国科技漫谈》，主要包括数学、天文、地理、农业、建筑、军事等内容。

本套书简明扼要，通俗易懂，生动有趣，图文并茂，体系完整，有助于读者开阔视野，深化对于中华文明的了解和认识；有助于优化知识结构，激发创造激情；也有助于培养博大的学术胸怀，树立积极向上的人生观，从而更好地适应新世纪对人才全面发展的要求。因此具有很强的知识性、可读性和启迪性，是我们广大读者了解中国科技、增长科学素质的良好读物，也是各级图书馆珍藏的最佳版本。

目　录

第一章　天文科技大发现

第一节　天文历法史

第一章　天文科技大发现

第一节　天文历法史

中国古代天文学思想

天文学思想是对天文学家的思维逻辑和研究方法长期起主导作用的一种意识。在中国古代，它同统治中国思想界的儒家思想，以及与之互相渗透的佛教、道教思想都有着密切的联系。天空区划、星官命名、星占术的理论和方法、编制历法的原理、宇宙结构的探讨等等，无不受其支配，从而形成一套带有鲜明特色的中国古代天文学。

泛神论无疑是人们最早产生的一种意识，天地山川、风雹雨电，乃至树木花草都有神，而其中以天神最为崇高，主宰一切，它以无声的巨力改变着天空景象。季节交替，草木荣枯，动物回归出没是这样有节奏地变化，原始时代的人们既无知识能去解释自然，更无力量征服自然，这种崇拜意识的产生是可以理解的。但是，正是这种意识成了星占术得以产生和流行的思想基础。而中国奴隶制和封建制的统治者都声称他们是天子，是替天行道的，为了上承天意，下达民情，必须有一套破译天意的秘诀，这就成了中国星占术产生的社会基础。

中国星占术有三大理论支柱，这就是天人感应论、阴阳五行说和分野说。天人感应论认为天象与人事密切相关，所谓"天垂象，见吉凶"，"观乎天文以察时变"（易经）。阴阳五行说把阴阳和五行二类朴素自然观与天象变化和"天命论"联系起来，以为天象的变化乃阴阳作用而生，王朝更替相应于五德循环。分野说是将天区与地域建立联系，发生于某一天区的天象对应于某一地域的事变。这些理论和方法的建立，决定了中国星占术的政治意味和宫廷星占性质。正由于这种星占术在政权活动中的重要作用，天象观察就成了官方必须坚持的日常活动，这造就了中国古代天文学的官办性质，从而有巨大的财力和物力保证，促使天象观察和天文仪器研制得以发展。

在具有原始意味的天神崇拜和唯心主义的星占术流行的时代，甚至在占主导地位的时候，反天命论的一些唯物主义思想也在发展，那些美丽的神话传说，如"开天辟地"、"后羿射日"、"嫦娥奔月"等都反映了人们力图征服自然改造自然的向往和追求。后来，不少思想家提出了反天命、反天人感应的观点，如"天行有常，不为尧存、不为桀亡"（《荀子·天论》）、"天人交相胜，还相用"（《刘禹锡·天论》）、"天地与人，了不相关"（王安石语，引自《司马温公传家集》）等等，这些健康思想指导人们在探求天体本身的规律，研讨与神无关的客观的宇宙。

历法作为中国古代天文学的基本内容，它反映了中国古代天文学的实用性和实践第一思想。这两点也是中国古代科学共同的特色。中国天文学家通过观察和计算寻找天体运动的规律，并以符合这些规律作为制定历法的指导思想。"历之验，本在于天"（《后汉书·律历志》），"历法疏密，验在交食"（《元史·历志》）。为了使历法符合天象，遂有不断改历，改历的过程是使历法精密化的过程。中国天文学家运用特有的代数学方法，如调日法、内插法、剩余定理、逐步逼近等方法，解决了编制历法，预告天体位置，日月交食等任务，并以实际天象作出检验，满足了人民对农时季节的需要，也在认识天体运动规律方面做出了贡献。

关于天地关系、宇宙的结构，自古就引起人们的思考，在原始的"天高地厚"认识之后又出现了多种说法，最后以盖天说与浑天说的争论最为持久。在长期争论中，以实际天象作为检验的唯物主义思想原则再次得到了尊重。由于浑天说不借人为的假说就能很圆满地解释一些基本天象，因而为多数人和历法家们所接受；而盖天说的天动地静、天在上地在下的观点为天命观所利用，成为天尊地卑、君高臣低等儒家伦理观点的依据，长期占据统治地位而被流传下来。尽管与传统的地静观点相反，中国古代也有大量地动观点的记载，但这一观点始终未能得到发展。这反映了各种思想意识对科学探索的影响。

在恒星命名和天空区划方面，各种思想意识的影响就更加明显。古代星名中有一部分是生产生活用具和一些物质名词，如斗、箕、毕（捕鸟的网）、杵、臼、斛、仑、廪（粮仓）、津（渡口）、龟、鳖、鱼、狗、人、子、孙等等，这可能是早期的产物。大量的古星名是人间社会里各种官阶、人物、国家的名称，可能是随着奴隶制和封建制的建立和完善，以及诸侯割据的局面而逐渐形成的。天空区划的三垣二十八宿，其二十八宿的名称与三垣名称显然是二种体系，它们所占天区的位置也不同。这都反映了不同的思想意识的影响。

应该提及的是中国古代天文学家探求原理的思想。西方耶稣会传教士入华以后，为了站稳脚跟以达到传教的目的，一方面介绍一些西方科学知识，一方面否定中国的传统 科学。有一种说法认为中国古代天文学只求知其然，不求知其所以然，而一些有崇西非中思想的人也附合这种看法。其实这是一种偏见，中国古代科学很早就努力探索天体运动的原理。孟子曰："天之高也，星辰之远也，苟求其故，千岁之日至可坐而致也。"苟求其故就是探求所以然的思想，这一思想不断被后来的学者所接受，如沈括对不是每次朔都发生食的解释，郭守敬对日月运动追求三次差四次差的改正，明清学者对中西会通的研究，都体现了苟求其故的思想。

在近代科学诞生之前，对于东西方古代天文学家来说，都没有近代科学和万有引力定律的理论武装，要探求天体运动的原理都不会成功的。古希腊学者用几何系统推演法，设想出天体绕转的具体形状，以预告它们的位置，而设想的那些水晶球天层或后来的本轮均轮，为什么会转，乃归之于宗动天的带动，至于宗动天的动力从何而来，也是无法交代的，只能归之于上帝。中国古代天文学家通过观测，取得大量数据，通过这些数据设计出一套代数学的计算方法，目的也是预告天体的位置，其运动原因乃归之于气的作用，"其行其止，皆须气焉。"（《晋书·天文志》）拿物质性的气同宗动天来比较，中国古代天文学家的看法还包含着唯物主义的成分。他们均按各自的方法解释天体的运动，结果只能是某种程度上的近似，甚至是一些思辨的形式，这是古代科学性质决定了的。怎么能说用几何模型形象地描述了天体的运动轨迹就是知其所以然，而以数学计算法求得相似的结果就不是知其所以然呢？星图和星表都能描述天体的位置，几何作图法和解析法都能求出一条线段的垂直平分线，方法不同，结果一致，我们怎能扬此抑彼呢？事实上，中国古代历法中许多表格及计算方法都可以找到几何学上的解释。日本薮内清教授和刘金沂曾分别以几何学方法和代数学方法对中国历法中求合朔时日月到交点距离的计算方法做过解释，结果是相通的。

此外，中国古代天文学家对许多天象都有深刻的思考并力图给予解释。屈原在《天问》中提出了天地如何起源，月亮为何圆缺，昼夜怎样形成等大量问题；盖天说和浑天说都努力设法解释昼夜、四季、天体周日和周年视运动的成因，对日月不均匀运动也曾以感召向背的理由给予解释；后代学者对气的讨论，右旋，左旋的争论，地游和地转的设想，天地起源和衰亡的思辨等等，都反映了探求原理的思想。尽管他们是不成功的或缺乏科学根据的，但不能因为不成功而否定他们的努力。探索原理的思想几千年来一直在指导中国古代科学家的工作。如同西方科学家一样，只有当近代天体力学理论出现之后，对于天体运动之原理才算最终找到了"所以然"——万有引力的作用。

古历法

中国古历法，几乎包括天文学的全部内容，带动了古代天文学的全面发展。从一开始，它就担负起"历象日月星辰、敬授民时"的重要任务。早在游牧时代，狩猎和采撷都需要掌握动植物活动和成熟的规律。后来农业发展起来，对于以农立国的我国来说，掌握天时季节就是至关重要的，人们从观察天象、物候开始，渐渐建立起年月日的概念，为制定历法奠定了基础。历法从物候历走向阴阳合历，又经过不断改革，达到了相当精确的程度，满足了农耕和日常生活的需要。在发展过程中，又把推算交食、行星位置、昼夜漏刻、昏旦中星等内容包括进来，可以说创立了中国式的天文年历。

我国古历法在漫长的岁月中保持了纪日制度的延续性，使我国历史从公元前841年至今有确切的时日可考。此前虽无确切的时日记录，但通过其他天文、历史、考古等方法仍可大体确定某些重大历史事件的年代。在世界上有如此延续不断的时日记录是绝无仅有的，中国古历法对历史年代学的贡献由此可见。

阴阳合历是我国古历的特色，它既考虑了太阳视运动同气候变化的内在联系，又考虑了月亮视运动、月相变化同人们的夜间生产活动、潮汐规律的关系，创立了大小月和闰月的方法，使两种周期巧妙地结合起来。为了表达季节气候的变化，又创立24节气，指导农业生产活动，这在世界上也是独有的。

历经多次改革的中国古历，先后编撰出百余种，在编历过程中逐步建立起一套工作程序，这就是从研制仪器开始，坚持观测取得数据，按各种数学方法处理后建立一套计算公式，又推算出过去某年之日食，以兹跟事实比较，再作出修改。这无疑是一整套科学的工作方法，是我国科学思想宝库中的一件珍品。

最后应该提到，中国古历善于运用天文学、数学研究的最新成果，尽量采用最新的天文数据和数学方法，使历法的编算逐渐精确。我国古历采用的回归年、朔望月、交点月、行星会合周期等等天文数据都相当精确，在世界上处于领先地位。当岁差、日月运动不均匀等现象发现后也立即在编历中加以应用，数学上的剩余定理、内插法等方法都首先应用于编历计算中。

上述这些特色和成就，使中国古历在世界上影响深远，我国周围的邻国和地区受中国古历影响很大，有的国家甚至长期使用中国历法，在其天文学的发展中深深地印有中国背景。

天文仪器

天文仪器的研制是天文学发展的基础，历代天文学家都很重视。我国古代天文仪器种类多、制作精、构思巧、用途广、装饰美、规模大，在世界天文仪器发展史上有重要地位，现分述如下：

种类多　我国古代天文仪器有测角类的，如表、圆仪、浑仪、简仪、仰仪等；有测时类的，如圭表、晷仪、日晷等；有守时类的，如漏壶、更香、称漏等；有演示性的，如浑象、假天等。此外还有综合型的，集测时、守时、报时、演示于一体，如开元水运浑天、水运仪象台等，显示了多样性。

制作精　历代制作天文仪器多为皇室所差，创制者多为国内名家，由皇室征召来京制作。工艺精湛，选料考究，无论是木制、铁制、铜制，都采用国内最新的技艺，刻度、分划、尺寸大小无不通过计算事先确定。漏壶中所用的水，其温度、洁度等都有特别要求，甚至代之以水银，这种一丝不苟的态度造就了精美的仪器。

构思巧　这更是中国古代天文仪器的一大特色。多表并用，窥管中央置横丝，黄道在赤道上可移动的黄道游仪，应用小孔成像原理制作的仰仪、景符，仪器座基上的水平槽等，无不显示其巧夺天工。至于漏刻系统中采用的漫流装置、虹吸装置，刻箭随季节的变化，水运浑天系统中采用的擒纵器，可掀开的屋顶等等，更显示其巧妙的创造性。

用途广 单从种类齐全就可以看出此点，更有甚者，一种仪器可有多种用途。简单的一根表可测时间，亦可定方向，再加一根游表又可测角度；正方案就是一块画有若干同心圆的方板，平置可当圭表使用，侧立又可测角度；仰仪既可测太阳坐标，又可供观测日食用，可观亏起方位和食分大小；安装有几种坐标系统的浑仪，可测天体的赤道坐标，亦可测黄道坐标（一种以赤极为极的假黄道坐标），甚至还可以测地平坐标，通过计算求其白道位置等。至于综合性的仪象台，更是集多种用途于一身。由于构思的精巧，致使用途多样而广泛。

装饰美 这一点使我国的古代天文仪器成为东方文明的象征之一。著名的浑仪和浑象，不仅是举世闻名的科学仪器，亦是精美的工艺制品，仪器座基和支承架上装配的云龙图饰，栩栩如生，精美绝伦，即使到现在，仍使国内外参观者叹为观止。以现代工艺仿古代浑象制作的珠玉浑天象在国际展览中引起轰动；我国传统科学技术展览会上展示的浑仪和浑象模型使多少人以跟它们合照一张相为荣。这些装饰成为研究我国古代铸造技艺和东方传统工艺美术的好材料。

规模大 由于有皇室的主持，大规模仪器的制造有了物力和财力的保证，单宋代制作的四件大型浑仪，每台都重约1万公斤，加工过程中使用的铜更不计在内。元初建造大都天文台，铸造了十几件一套的大型天文仪器，成为当时世界上规模最大、仪器最齐全最先进的天文台，可见其制作规模。

天象记录

天象记录，是中国古代天文学留给我们的一份珍贵遗产，它内容丰富，系统性强，延续时间长，观察和记录详细，这无疑像延长了我们的寿命，使我们看到了古代的天空，为我们追踪天体的变化提供了无可替代的历史信息。可以说这份古天象记录的整理、发掘和研究，为天文学史的研究开拓了新的领域。

由于编制历法和宫廷星占的需要，正常天象和异常天象都成为古代天象记录的内容，特别是后者的出现更引起关注，观测记录尤为详细，正是这类异常天象为现代天文学提供了历史上天体变化的信息。而正常天象遂成为检验现代天文理论的历史观测资料。本世纪以来，它们逐渐为世界天文学界认识和重视，利用这批古记录已取得了不少研究成果。

综观目前收集整理的资料，计有日食约 1000 次，最早为公元前 8 世纪；月食 900 多次，时间相当；太阳黑子约 100 次，最早为公元前 1 世纪；彗星 500 多次，最早为公元前 613 年，其中对哈雷彗星从公元前 240 年到 1910 年共 31 次回归，每次都有记录；流星雨约 180 次，最早为公元前 687 年，至于流星和陨石，更是不绝于书；新星和超新星约 90 次，最早为公元前 134 年；五星联珠 10 多次；太白昼见约 1000 次。此外，还有极光、黄道光、变光星、变色星及怪星等记事。

这些天象记录以其丰富和系统延续时间长已在科学上显示出重要的价值，同时也反映了我国古代天文学者勤于观察、精于记录的工作作风。观测唯勤，探微唯精；前人记实，后人求真。相信在今后深刻探索宇宙的过程中，我国古代丰富的天象记录定会发挥更大的作用。

宇宙理论

宇宙理论，这是古代天文学家、哲学家、思想家对宇宙问题的种种思考，这里虽然有不少思辨的成分，还有唯心主义的思想影响，但是也包含着辩证的唯物主义因素，有些认识确是不无见地的。在天和地的形状和相互关系、宇宙结构问题上，为了解释天体的周日和周年视运动而提出的种种假说，尤其是浑天说和宣夜说的某些观点是有积极意义的；关于气的作用引起天体运动而不需要上帝的帮助的观点，不能不认为是唯物主义的思想因素；关于宇宙在空间和时间上无限的观点至今仍为许多人接受。在宇宙本源和天体演化方面，有唯物主义的五行相生说和神话传说中开天辟地的故事，天地乃是从"混沌"中开辟出来，并非从虚无中由上帝创造出来，并且后来"天日高一丈，地日厚一丈"，也不是上帝在起作用；关于天地的生成和消亡，提出了天地是物，物有消亡，天地亦可消亡的思辨，认为亡于此还可以生成于彼，并不归于虚无。在天体的演化过程中，还提出由于气的阴阳两种属性，引起轻清者和重浊者有不同的运动和温度，运动过程中还可能产生碰撞、摩擦等情况，致使形成不同属性的天体。这些思想和认识在当时的世界上都是很出色的，至今仍在我国古代思想宝库中有其地位。

二十四史中天文律历诸志

自从司马迁著《史记》以来，形成了历代为前代撰写史书的传统。从《史记》至《明史》共24部，总称二十四史，如加上《新元史》则称二十五史。清亡后曾撰写了《清史稿》一部，是未定之稿。在二十四史中不但记载历代史实，还有关于天文、律历的大量内容，是研究中国天文学史的主要资料来源。

二十四史中有十七史专门著有天文、律历、五行、天象诸志（其中有十史的五行志与天文学无关），它们是：

《史记》：天官书、历书、律书；

《汉书》：天文志、律历志、五行志；

《后汉书》：天文志、律历志、五行志；

《晋书》：天文志、律历志；

《宋书》：天文志、历志、律志、五行志；

《南齐书》：天文志；

《魏书》：天象志、律历志；

《隋书》：天文志、律历志；

《旧唐书》：天文志、历志；

《新唐书》：天文志、历志；

《旧五代史》：天文志、历志；

《新五代史》：司天考；

《宋史》：天文志、律历志；

《辽史》：历象志；

《金史》：天文志、历志；

《元史》：天文志、历志；

《明史》：天文志、历志。

此外在《清史稿》中有时宪志，专讲时宪历法，可供参阅。

《史记·天官书》总结了西汉以前的天空知识，详细叙述全天星官星名，全天五宫及各宫恒星分布，共列出 90 多组星名，500 多星，但其名称往往与后世有异，为研究星名沿革提供了信息。《天官书》还指出北斗与各星宿相对应的关系，根据北斗的观测可判定各星宿的位置。关于恒星大小和颜色的描述表示了恒星亮度与温度，这是我国古代有关恒星物理性质的难得资料。同时在《天官书》中还叙述了众多的天象、彗孛流陨、云气怪星等等，描述了它们的形状和区别，并记下了"星坠至地则石也"的认识；此外五大行星的运动规律，日月食的周期性，二十八宿与十二州分野都在这里有首次记载。

《汉书·天文志》，马续撰。关于全天恒星统计有 118 官，783 星，但其文字同于《史记·天官书》。其他关于五星运行，日有中道，月有九行，异常天象等均有同天官书相似者。但该志中详细记录了各种天象出现的时间，尤其是行星在恒星间的运行、太白昼见、彗孛出现的时间和方位。《后汉书·天文志》，司马彪撰，也继续记载这一系列天象。两书的五行志则着重记述日食、月食、日晕、日珥、彗孛流陨之事，特别对日食的食分和时刻有详细记载，对太阳黑子出现的时间、形状做出了很有价值的描述，是早期天象记录的重要来源。

《晋书·天文志》，唐李淳风撰，是天官书以来最重要的一篇天文学著作，虽比《宋书》、《南齐书》、《魏书》的天文、五行志晚出，但它的内容丰富，基本上是晋以前天文学史的一个总结。其中有关于天地结构的探讨，浑天盖天宣夜之说及其他三家论天学说，各说之间的争论和责难；有各代所制浑象的结构、尺寸、沿革情况；有全天恒星的重新描述，计283官，1464星，为陈卓总结甘石巫三家星以后直至明末之前我国恒星名数的定型之数；有银河所经过的星宿界限；十二次与州郡与二十八宿之间的对应关系；还有各种天象的观测，首次指出"彗体无光，傅日而为光，故夕见则东指，晨见则西指"，正确认为彗星是因太阳而发光，彗尾总背向太阳的道理；最后还记录了大量天象，使历代天象记录延续不断。

《隋书·天文志》，亦李淳风所撰。关于天地结构，全天星宿的内容与晋志颇有相同之处，盖因出于一人一时之笔。但隋志详论浑仪之结构和踪迹，首次描述了前赵孔挺和北魏斛兰等人所铸浑仪，留下了早期浑仪结构的资料，难能可贵。《隋书》又论述了盖图、地中、晷景、漏刻等内容，记录了一日十时，夜分五更的制度。第一次列举交州、金陵、洛阳等地测影结果，指出"寸差千里"的说法与事实不符。书中还引述姜岌的发现，"日初出时，地有游气，故色赤而大，中天无游气，故色白而小"，这与蒙气差的道理相合。又引述张子信居海岛观测多年，发现太阳运动有快有慢，行星运动也不均匀，提出感召向背的原因来给予解释。这都是我国天文学史上的重要发现。

新旧唐书出于不同作者，详略各有不同，可互为参阅。两书天文志详论了北魏铁浑仪传至唐初已锈蚀不能使用，李淳风铸浑天黄道仪，确立了浑仪的三层规环结构，又考虑白道经常变化的现象，使白道可在黄道环上移动，后来一行、梁令瓒又铸黄道游仪，使黄道在赤道环上游动象征岁差。新旧唐书天文志记载了两仪的结构和下落，并列出了一行测量二十八宿去极度的结果，发现古今所测有系统性的变化。两书天文志还记载了一行、南宫说等进行大地测量的情况和结果，发现"寸差千里"之谬，并发现南北两地的影长之差跟地点和季节均有关系，改以北极出地度来表示影差较为合适。两书天文志还以较大篇幅记载唐代各种天象，互有补充。特别应提出《旧唐书·天文志》记录了唐代天文机构的隶属关系和人员配置，相应的规章制度，尤其是规定司天官员不得与民间来往，使天文学逐渐成为皇室垄断的学问。这一资料对研究中国天文学史非常重要。新旧唐书天文志是晋志以后的重要著作。

新旧五代史也出自两人，仅记日月食、彗流陨之天象，然旧史天文志较详尽。

《宋史·天文志》卷帙浩繁，除详细叙述全天恒星、记录宋代各种天象外，卷一介绍了北宋制造浑仪及水运浑象、仪象台的简况，有熙宁七年沈括所著浑仪议、浮漏议、景表议三篇论文的全文，是天文学史的重要资料。宋、辽、金三史以金史文笔最为简洁，但金史将天文仪器的内容放在历志里，似无道理，它叙述了宋灭后北宋仪器悉归于金，并运至北京，屡遭损坏的情况，对仪器的沧桑变迁提供了有价值的史料。

《唐书·天文志》以后较为重要的当推《元史·天文志》，这里详细记述了郭守敬创制的多种仪器，元代四海测景的情况和结果，还有阿拉伯仪器的传入，集中描述了七件西域仪象，是明以前对传入天文仪器最集中系统的资料。

《明史·天文志》则是中西天文学合流之后记述这一情势的重要资料，许多内容当采自崇祯历书。这里有第谷体系，日月行星与地球的距离数据，伽利略望远镜的最初发现，南天诸星北半球之中国不可见者，西方的一些天文仪器、黄道坐标系，等等。当然，各天文志中均有传统的天象记录，保证了中国古天象记录的完整性。

二十四史律历志中的律主要内容是音律，与天文学关系似不密切，故目前天文史界对此很少研究。

历是中国天文学史的主要内容，各史历志是有关中国历法史的资料源泉。从史记历书以来，各史中均详细记载了一些历法的基本数据和推算方法，还有相应的历法沿革、理论问题等。

二十四史所载历法

史记·历书	历术甲子篇
汉书·律历志	三统
后汉书·律历志	后汉四分
晋书·律历志	乾象、景初
宋书·历志	景初、元嘉、大明
魏书·律历志	正光、兴和
隋书·律历志	开皇、大业，皇极
旧唐书·历志	戊寅、麟德、大衍
新唐书·历志	戊寅、麟德、大衍、五纪、宣明、崇元
旧五代史·历志	钦天
新五代史·司天考	钦天
宋史·律历志	应天、乾元、仪天、崇天、明天、观天、统元、统天、乾道、淳熙、会元、统天、开禧、成天
辽史·历象志	大明
金史·历志	重修大明历
元史·历志	授时、西征庚午元历
明史·历志	大统、回回历

除此之外，不少历志中还有一些其他历法的基本数据和有关内容，可以了解这些历法的大体情况。在历法推算之外还有一些有关历法沿革和改历背景方面的资料，《后汉书》中有太初历与四分历兴废时期的情况，如贾逵论历、永元论历、延光论历、汉安论历、熹平论历、论月食等篇；《宋书·历志》中有祖冲之与戴法兴关于历法理论问题的辩论；《新唐书·历志》中有大衍历议；《元史·历志》中有授时历议；《明史·历志》中有历法沿革、大统历法原等，这些都是很重要的篇章。对于研究中国历法史来说，这些都是必不可少的资料。当然，要逐一弄懂弄通这些内容非一时可就，这其中有资

料本身因年湮代久、传写讹误缺漏造成的疑难，也有古人讨论问题的背景不清等因素，因而许多问题至今没有明确的看法和解释，如《三统历》中的世经，大衍历议中日度议等，都有许多困难之处。但是，对于历法的推算，只要按期选出若干典型历法，做解剖麻雀式的精读、分析，还是可以逐一了解这些历法的原理和步算方法，达到贯通的目的。

二十四史中除上面列举的天文、律历、天象、五行诸志外，还有些篇章中也有关于天文学的内容，如帝纪中就有不少重要的天象记录以及这些天象发生前后的一些情况，在礼、祭祀、职官、经籍、艺文等志中有天文机构、天象祭祀、天文书籍的资料；在列传中的方技、儒林、艺术、文苑、文学等部分有许多天文学家的传记，为研究天文学家和他们的著作、贡献提供了依据。因此，二十四史确实是中国天文学史的资料宝库。

《周髀算经》中的天文学

《周髀算经》，原称《周髀》，唐初加"算经"两字。它同其他九部算书共同被列入唐朝官学的算学教科书，总称十部算经。卷首借周公与商高的回答讲述勾股之义。据考证，成书于公元前1世纪的西汉末或东汉初年，但其中也有更早的一些资料。《汉书·艺文志》中没有此书，《隋书·经籍志》天文类首列《周髀》一卷，赵婴注，又一卷甄鸾重述，《唐书·艺文志》有李淳风释《周髀》二卷，与赵婴、甄鸾之注列在天文类，但在历算类中又有李淳风注《周髀算经》二卷，其实本为一书。从这一演变可知原著只一卷，又经各家注释，遂成为二卷，内容涉及天文、历算，故在唐书中分列于天文、历算两类中。

《周髀算经》是我国最早的一部天文学著作，也是最早的一部算学著作，但关于算学的内容只占小部分。本书从勾股定理（商高定理）开始，叙述了勾股测量，天地尺寸，日月运动，盖天学说，历法，二十八宿距度，各节气晷影，北极璇玑等等。对于了解2000多年前的天算知识，实为最可宝贵的资料。但不少研究者也指出，书中的许多数据和立论常有矛盾之处，读者不可不详加鉴之。

中国的勾股定理这里有最早的记叙，称直角三角形两直角边分别为勾、股，斜边为弦，发现了勾三股四弦五、勾股平方和为弦之平方的关系，故已知其中二项可求第三项。利用这一定理，在测量中可完成许多任务，"平矩以正绳，偃矩以望高，覆矩以测深，卧矩以知远，环矩以为圆，合矩以为方"。用立表测影的方法可度量天地，给盖天学说以数量化的概念，这里用了二项假设，即地面是平的和南北二地相距千里影长相差一寸。这样的假设是靠不住的，因此在《周髀算经》中有关盖天说的天高地广尺寸都发生了自相矛盾之处，其中大地是平的这一假设就同盖天说本身关于地体中高外低的形状相矛盾，至于"寸差千里"之说，也为后代人的实际测量所否定。

《周髀》中关于北极四游的测量数据和阳城冬夏至影长数据也互相矛盾，使人费解。此外，太阳在不同节气的出没方位，昼夜交替，四季昼夜长短变化的原因，在《周髀》书中有一种巧妙的解释，这反映了那时以前人们的思想和认识水平，是煞费苦心的，但仔细推敲其论据也有许多不合理之处，这在本书的第五章中将详细论及。

应该提到《周髀》书中还有利用一根定表和一个游表在地面上测量二十八宿距度的方法，虽然这个方法测得的是二十八宿地平经度差，而书中误为赤道经数差，但这一方法可能是古代的留传，而书中的二十八宿距度值也是早些时候留下来的测量值，这为我们研究秦汉之前的赤道坐标系统和测量方法乃至浑仪的发展提供了信息。

在星图发展史上，《周髀》也有重要地位，这是因为书中提到"青图画"和"黄图画"二样东西，其中的黄图画上有冬夏至和春秋分日道，又画有二十八宿和其他星象。这实际上是一幅以北天极为中心的全天星图，后人称这种形式的星图为"盖图"，西汉末年杨雄就提到这种盖图，而中国古代全天星图以盖图的形式流传最广。

《周髀》历法其数据与战国秦汉间的四分术相同，而比太初《三统历》为早。年长 $365 \frac{1}{4}$ 天，19 年七闰共 235 月，故一月长 $29 \frac{499}{940}$ 天。注重冬至日在牵牛初度，与秦及汉初行用的颛顼历注重立春日在营室显然不同。因此这也是关于先秦历法的重要资料。

《灵宪》

《灵宪》一书，东汉著名科学家张衡所著；见于《后汉书·天文志》中刘昭作的注。赵君卿在《周髀》序中说："浑天有《灵宪》之文，盖天有《周髀》之法，累代存之，官司是掌。"说明《灵宪》是浑天学说的代表作。其实，除了浑天学说之外，《灵宪》中还有许多天文学内容。

关于浑天学说的天地结构，《灵宪》中描述了一个天圆地平的模型。天是一个大圆球，地在其内，占据了下半个球，地面是平的，天球上有日、月、行星和恒星，恒星组成二十八宿，分布于四方，曰苍龙白虎朱雀玄武，中央轩辕之神。日月之径千里，出东入西，故天球东西增广千里，南北短减千里，这一基本思想成为后代浑天学说的基础。当然，这里也有盖天说的成分，如日影千里差一寸之说。

《灵宪》中还有宇宙起源的各阶段认识，最先为道根，经历太素以前的很久时间，道根既建，太素始萌，浑沌不分，又经历很久时间，是为道干；道干既育，有物成体，刚柔清浊分判，天成于外，地定于内，天圆而动，地平而静，这为道实。道根、道干、道实的阶段论以动态的观点认识宇宙的原始，这比传说的故事前进了一步。

在研究《灵宪》这一篇天文学作品时，总会感到一些矛盾之处，这正是该文的缺陷或不成熟之处。前已提及这里有浑天学说的基本思想，却又有盖天说的假设前提；书中有关于月食成因的最早解释，认为地影掩盖了月亮；但又说地影遮掩了恒星，星光也会微弱；讲到天体丽附于天，天运左行，而丽乎天的日、月、五星周旋右回，其运动有快慢是与天远近不同所致，又不丽附于天了。凡此种种，因而对它的研究和应用还要审慎地做些鉴别。

《乙巳占》

《乙巳占》，唐李淳风撰，《新唐书·艺文志》载是书十二卷，但宋以后的著作如《玉海》、《直斋书录解题》等均言十卷。观现存之《乙巳占》十卷 100 篇，前九卷均万言左右，而第十卷有 3 万字 33 篇，疑后人将末三卷拼成一卷，以致与唐书卷数不符。

前八卷 50 篇基本上是天文星占内容，包括天体、太阳、月亮、行星、流星、彗星的占卜条文；后二卷是云气、风方面的占验，有不少气象学的知识，是气象史的资料。关于天文学的部分涉及面很广，李淳风年少时研读星占著作，做了大量笔录，大业年间（605—617）隋炀帝昏暴统治，致许多古籍失传，因而他将数十种古籍分类编纂，写成《乙巳占》。星占条文多来自古代星占书，而关于天文、历法、仪器等内容多是他本人的研究，因而这对了解李淳风的科学成就很有裨益。

李淳风在书中提到了他的著作《历象志》，此书现已失传，其内容是一种未经行用现在鲜为人知的历法。其创作可能在麟德历（665）之前的贞观三年（629），此时他才 27 岁。《乙巳占》中引录了这一历法的基本数据和推算方法，包括回归年、朔望月长度、岁差值、五星会合周期和各星运动速度，而详细内容在已失传的历象志中。关于星占学的内容除了大量天人感应的糟粕，也还保存了一些天象记录、行星视运动轨迹的描述和古代天文学名词的含义，如表示两天体距离的"度"与"寸"之间的关系，一度约相当于七寸；行星与月同经度而在月上方一度之内为"戴"；行星从留转而逆行曰"勾"；再"勾"即又转入顺行为"巳"等，这些内容对古代天象记录的理解很有帮助。

《开元占经》

《开元占经》，亦称《大唐开元占经》，瞿昙悉达撰，成书于开元六年至十四年（718~726），共一百二十卷。唐以后失传，直至明万历四十四年（1616）才由安徽歙县人程明善于古佛腹中重新发现，得以流传至今。瞿昙氏为祖居长安的印度血统天文学家，他们一家数代供职于唐司天监，在天文历算方面颇有影响，单凭《开元占经》一书就可见他对中国天文学和中印文化交流的重大贡献。

《开元占经》内容丰富。首卷引录了张衡的《灵宪》和《浑仪图注》两篇文献，接着叙述了唐之前各家对天的认识和描写，可算是唐以前的天文星占大全，论天诸家的看法在这里有综合性的叙述，关于浑仪、浑象也有许多资料。后面关于日、月、恒星、行星、彗流陨、客星、云气、物异等的星占条文收集了当时可见的70余种著作，分类编录，使许多现已失传的书籍能知其大概。

除了大量的星占学内容，书中有许多天文历法的宝贵史料。战国时代著名天文家甘德、石申的著作已失传，《开元占经》中留下了石氏测量恒星坐标的资料，经辑录成石氏星表，有120多个星的赤道坐标，这是世界上最早的星表，由此还可以推测战国时代的观测仪器和方法以及浑天学说的历史。书中关于二十八宿距度的记载，特别保留了古度的数据，这也揭示了汉以前二十八宿的演变情况。

关于历法，秦以前的《古六历》是佚失已久的了，它们的积年和一些基本数据却可在《开元占经》中找到。当时行用的《麟德历》，虽有唐书历志的详细记载，但《开元占经》中的《麟德历》经却补充了唐书的不足，有些数据校勘可得到此书的帮助。尤其有价值的是《开元占经》中翻译了印度的《九执历》，把印度的天文学知识传到中国，目前研究印度这部历法，最重要的资料就是来自中国的这部占经。在数学方面，印度学者编算的正弦函数表也在此首次传入中国。

同《乙巳占》一样，《开元占经》中也有大量占语，是迷信的东西，但它同样也是研究星占术的资料，从中还可以知道不少古天文术语和名词的含义。《开元占经》大量引用的各家占语是从战国以来中国星占术情况的一个线索，它可以帮助我们了解各代星占家的思想，这些天文星占家的工作和当时的天文知识水平。

《观象玩占》

《观象玩占》，撰者姓名不详。卷首有全天盖天式星图1幅，后分别为天、地、日、月、恒星、行星、彗流陨及云气、风角等占验条文。观其文，受《乙巳占》影响极大，许多地方均引《乙巳占》和"李淳风曰"等文字，卷首的星图与北宋《新仪象法要》星图和南宋苏州石刻图均不一致，其各恒星的占文比《乙巳占》和《宋史·天文志》均详尽。书中占验天象记录颇多，但只引至唐末天福（复）二年（902），当为唐以后撰成。书中没有引用《开元占经》的文字，恐系撰书时《开元占经》已不可见。《唐书》、《宋史》、《文献通考》等均未著录，只《明史·艺文志》录《观象玩占》十卷，不知撰者，或言刘基辑，然现传世之抄本有五十卷，《四库总目提要》中提及各种抄本和刻本。据所见抄本来看，《观象玩占》之作恐在唐宋之间，后人屡有传抄并逐渐加大篇幅，但所引占验天象仅迄于唐，其占文仍保留了较古老的状态，是研究宋之前星占术的资料之一。

《甘石星经》

《甘石星经》，又称《星经》或《石氏星经》。甘德和石申是战国时人，齐国甘德、魏国石申，亦有说石申为楚人的，他们是当时著名的天文学家，甘德著有天文八卷，石申著有天文星占八卷，现均失传。后人将一些古书中引录的片断重新辑录起来，遂称为《甘石星经》。除以星占条文为主外，各人都记录了一些恒星的名称、方位，互有交叉，故到三国时代天文学家陈卓将甘德、石申、巫咸三家所记的恒星汇总起来，共得全天283星官、1464星，并以三种不同的颜色标在星图上。后代人依此绘制星图，制造浑象上的星象，成为古代全天星官名数的定型之数。考甘、石诸家的星名和分布，可见各家所记的星略有不同，可能流通地域也不一样，形成的先后也各有不同。

《星经》中最有意义的一项是最早的一份全天星表，列出 120 多个星的赤道坐标，以入宿度（相当于赤经）和去极度（赤纬的余角）表示，系来自《开元占经》的引录。这一星表中有不少数据是战国时的测量结果，表明石申已利用了测角仪器在赤道坐标系统中进行了天体位置测量，这一成绩表明了我国战国时代的天文学水平和仪器制造水平，这一星表也是世界上最早的。

《步天歌》

隋代丹元子著，又有说唐王希明所撰。《隋书·经籍志》中未著录，《新唐书·艺文志》中首次著录，称"王希明《丹元子步天歌》一卷"，有人认为丹元子是王希明的号。从《步天歌》的内容来看，它按三垣二十八宿的区划分割全天星空，同李淳风所著晋隋天文志的分划全然不同，而后代的星空区划与《步天歌》相同，因而认为这是李淳风以后的作品，是有道理的。

《步天歌》是一组诗歌体裁的集子，共有诗 31 段，三垣二十八宿各一段。七字一句，押韵上口，配有星图，读着诗句就好像漫步在点点繁星之间，"句中有图，言下见象"，便于辨认和记忆全天星名，是学习天文学的进阶书。因此，它成为历代天文机构中训练初学者的必读教材，民间也以它作为认星的指南，流传极广。另一方面，它把全天星空区划成 31 个大区，类似于现代的星座，对后世的影响也很大，因此，虽然《步天歌》是一首普及性的天文诗歌，但它在中国天文学发展史上确实发挥了不小的作用。

《灵台秘苑》

原为北周庚季才撰，据《隋书·经籍志》载有一百二十卷，后又有说一百一十五卷者，但现本仅有十五卷，北宋王安石等人重修。卷首有步天歌，配以星图，后按三垣二十八宿体系分别叙述各星位置，附各种星占条文。

本书的价值在于有一份星表，共 345 星，以入宿度和去极度表示赤道坐标值，是我国继《石氏星经》后的第二份星表。从星表的研究分析可知，这份星表的观测年代约在北宋皇佑年间（1049～1053），它可以同北宋的其他恒星观测对比，探讨北宋恒星观测的水平。

《浑天仪图注》

《浑天仪图注》，又称《浑天仪注》，是张衡为首创的漏水转浑天仪所写的一本仪器结构说明书，它不仅是浑天学说的重要著作，也是我国第一本天文仪器著作。

浑天仪即浑象，是一种演示天象变化的仪器。张衡之前已有人制造，但张衡把漏壶同浑象联接起来，利用漏水计时的均匀性使浑象均匀运转，自动地表现天象，故称漏水转浑天仪。浑象部分是圆球状，四分为一度，直径四尺六寸多，上有南北极，转动轴沿此方向，两极出没于地平 36 度，周围有恒显圈（上规）和恒隐圈（下规），中有赤道和黄道，斜交 24 度，赤道距天极 91 度多。黄赤道上有二至二分点，各有它们的去极度数。为了说明这个结构，《浑天仪图注》先讲了浑天学说的天地模型：天体如弹丸，地如鸡中黄，天大地小，天包地，地在天中，天一半在地上，一半在地下，天地各乘气而立，载水而浮，等等。这些看法成了浑天学说的基本观点。

关于仪器的用途，《浑天仪注》讲述了利用黄赤道的关系考察黄道进退数度，进行黄赤道换算。这一点在历法计算中很重要，因为太阳循黄道运行，当时认为是均匀地一日行一度，但用赤道来度量会是不均匀的，其差数就是黄赤道差。由此还可解释二十八宿的赤道距度同黄道距度的不同。

在《初学记》中还引录了张衡漏水转浑天仪的另一部件漏壶，张衡使用了二级漏壶，用来补偿因水位变化而致漏水不均的缺陷，这一发明开创了补偿式漏壶的先例。此外，在《新仪象法要》卷上的"进仪象状"中，又记叙了张衡水运浑象的效果，"置密室中以漏水转之，令司之者闭户唱之，以告灵台之观天者，璇玑所加，某星始见，某星已中，某星今没，皆如符合。"这一创造对后世的影响极大。

《新仪象法要》

《新仪象法要》，三卷，北宋苏颂撰，这是又一本天文仪器专著，讲述水运仪象台的结构和原理，并附若干零件图样共60幅。

卷上开头有进仪象状1篇，讲述制造水运仪象台的始末和参加设计制作的人员，详细回顾了水运浑象从张衡开创以来历经唐一行、梁令瓒及宋张思训等人的改进，指出苏颂、韩公廉制仪象台的创新之处，是一篇水运浑象史。接着介绍浑仪的各种结构，17幅图分别讲各零部件的名称、尺寸、作用，这是最详细的一篇讲浑仪制造的资料。

卷中介绍浑象的外形、结构，也是分零部件逐件介绍，附图18幅，其中有浑象上面全天恒星的星图5幅。这5幅星图分成两个系统，一是以北极为中心的紫微宫（拱极区）星图，配之赤道带的横图，对于北半球的观测者来说，北极区和赤道区都比较明晰；二是以赤道为分界的南北两天球星图，这种图克服了我国传统的盖天式星图的缺点，使南天诸星的位置失真不大，但由于南极区在北半球看不到，故图上空白，这在我国古星图中是首次出现。

卷下详细介绍了水运仪象台的动力系统和报时系统各零件的形状、尺寸，有图25幅。报时系统能灵巧地报时，以钟、鼓、铃三种音响表示时刻，还有木人持牌显示时刻，主要利用了各种齿轮传动装置。动力部分是漏壶。为了控制漏水的动力使仪象匀速转动，发明了卡子，即擒纵器，是现代机械钟表的关键部件。

《新仪象法要》是一本极有价值的天文仪器著作，同时也是一本机械工程著作，对揭示我国北宋时代的天文学和机械技术水平有重要的意义，所以它受到了国内外学者的高度重视。

《畴人传》

《畴人传》，清阮元编，1799 年编成，共四十六卷。收集历代天文学家、数学家的生平事迹和科学成就的资料，每人 1 篇共 314 人（其中附记 34 人），并附有简短的评论。这本书是关于天文学家数学家的专题资料集，辑录的都是史书中的原始资料，对天文学史历法史的研究很有帮助。在阮元的影响和赞助下，1840 年罗士琳续编《畴人传》六卷，跟阮元所编连续排卷，共增 45 人得五十二卷。1886 年诸可宝又编出三编七卷，128 人，体例同阮、罗相同，又将1884 年华世芳所记的"近代畴人著述记"作为附录列于后。1898年，黄钟俊编了第四编十卷，436 人，前后四编六十九卷共 900 多人，其中清之前大多是相当著名的人物。

阮元是位守旧派学者，他对当时从欧洲传进的西方天文学知识持抵制态度，在他对一些天文学家的评语中可以看出他的这一倾向，但是他对另一些人的评语是不无道理的，因此在读他的评评时应持分析态度。此外，该书尽量收集原始资料，给研究者提供资料线索，这对初学者无疑是非常有价值的一部参考书。

表和圭

表

表就是直立在地上的一根竿子，是最早用来协助肉眼观天测天的仪器。圭是用来量度太阳照射表时所投影子长短的尺子。两者结合在一起用时，遂称为圭表。从史料记载和发展规律来看，表的出现先于圭。

80 年代初有人对甲骨文中有关"立中"的卜辞做了系统分析，认为这是殷人进行的一种祭祀仪式，是在一块方形或圆形平地的中央标志点上立一根附有下垂物的竿子，附下垂物的作用在于保证竿子的直立。在四月或八月的某些特定日子进行这种"立中"的仪式，目的在于通过表影的观测求方位、知时节。这就表明在殷商时代人们已知立表测影的方法了。当然，在殷商之前，由于太阳的出没伴随着昼夜的交替，从原始社会起人们就知道判别方向应同太阳升落有关。早在新石器时代的墓葬群中，考古学家已发现其墓葬头部都朝着一定的方向：西安半坡村朝西，山东大汶口朝东，河南青莲岗各期朝东，或东偏北、东偏南。这显然同日月的升落有关，只是因为我们现在还不知道他们是如何定出这些方向来的，只好将表的出现暂定为殷商有文字可考的时代。

殷商时代已知道用表来观看太阳影子的旁证还有甲骨文中表示一天之内不同时刻的字。这些字都同日有关，如朝、暮、旦、明、昃、中日、昏等等，其中"中日"与"昃"二字更是明确表示日影的正和斜，是看日影所得出的结论。这一点同时也说明了表的一个用途，即利用表影方位的变化确定一天内的时间，这便是后代制成日晷的原理。

圭

关于圭的出现，在甲骨文中未见"圭"字，而详细记录有圭表测量的书是《周礼》、《周髀算经》、《淮南子》等，它们成书较晚。《周礼》一般认为成书于战国，其中《考工记》篇，相传是春秋末齐人所作。后二书则成书于西汉时代，因而一般人多认为圭的出现要在春秋战国时期。按许慎《说文解字》，圭是做成上圆下方的美玉，公侯伯子男所执之圭有九寸、七寸、五寸之不同。因而圭的长短就是各人身份的标志，换句话说，圭就是度量身份的尺子。

在《周礼》一书中多次出现了"土圭"和"土圭之法"二词。有一种看法认为，"土圭"是用赤土做的标准尺，以避免尺的大小随官方规定和地方习惯而不同，"土圭之法"即以这样的尺为样板来度量日影。这一制度未坚持到底，不过在某一意义上来说，它是现代铂制米原器之类量具的先声。另一种看法认为，"土圭"即度圭（土，犹度也。周礼·郑注），是石制的天文仪器，南北方向平放在地上，中午时量度太阳影子的长短，"土圭之法"就是观测中午日影长度以定时令。

笔者以为，圭本身是一种表示官阶身份的标志，而"土圭"则是用于量度的圭，《周礼》中的《考工记·玉人》记载了土圭的制造和用途："土圭尺有五寸，以致日，以土地。"使用土圭的"土方氏掌土圭之法，以考日景，以土地相宅，而建邦国都鄙。"管理土圭的"典瑞氏掌玉瑞玉器之藏……土圭，以致四时日月，封国则以土地。"《地官·司徒》载："大司徒之职，以土圭之法，测土深，正日景，以求地中……日至之景，尺有五寸，谓之地中。"这几段记述说明用一尺五寸的圭去进行度量，求得时间和季节，也可求地方的南北所在（如求地中），并未说明圭是同表一起，平放于南北方向而固定不动的。这里也没有提到表的高度，按《周髀算经》提供的数据，一般用八尺之表，则夏至时日影最短为一尺五寸，正好是圭之长。试想，在一年当中除了夏至日，其他时间的中午日影均长于一尺五寸，如果圭是固定的就无法度量日影之长了。因此，"土圭"和"土圭之法"应是从"表"发展到"圭表"之间的一个过渡，就是用一根活动的尺子去量度表影，以后才发展成将圭固定于表底，并延长其长度，使一年中任一天都可以方便地在圭面上读出影长，这才是圭表。

目前我们见到的圭表实物最早当推 1965 年在江苏仪征东汉墓中出土的铜圭表。表身可折叠存放于圭上专门刻制的槽内，圭上的刻度和铜表的高度均为汉制缩小 10 倍的尺寸。圭表作为随葬品埋入墓内，说明东汉时代圭表已很普及了。

从表发展成圭表是一个进步，是人们对立表测影要求精确化和数量化的体现。在一块方形或圆形平地的中央直立一表，可以根据日出和日入的表影方向定出东西南北，也可以根据一天之内表影方向的变化定出一日内的时刻。当然，利用同一根表，每天中午在地上做下记号，以比较表影的长短可以定出一年内的季节，甲骨文中有"至日"或"勿至日"的卜辞，也有"南日告"的卜辞，说明商

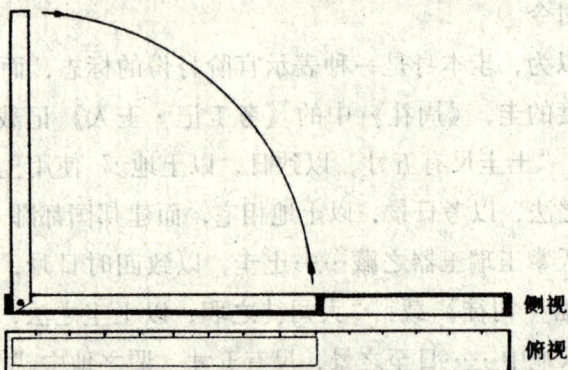

侧视
俯视

东汉铜圭表示意图

人已能大体定出冬至日，至于四方和一日内的不同时刻，商代也是明确的。可以说，只要立一根表，不需要借助圭就可以完成上述三项任务。但圭表的出现使精确测量一年中各节气中午影长成为可能，也为精确求得一回归年的长度提供了可靠方法，这些都是制定历法所必需的。

在《周髀算经》一书中还叙述了利用一根定表和一根游表测天体之间角距离的方法：在一平地上先画一圆，立定表于圆心，另立一游表于正南方，当女宿距星南中天时，迅速将正南方之游表向西沿圆周移动，使通过定表和游表可见牛宿距星，这时量度游表在圆周上移动的距离，化成周天度就是牛宿的距度，也就是牛宿距星和女宿距星间的角度。这里有一个矛盾，按所叙方法测得的是地平经度，而二十八宿距度为赤道经度。这一矛盾给我们一个启发，即战国时代石申测定二十八宿距度和若干恒星的赤道坐标编制"石氏星表"时，测定它们的赤经和去极度是否使用类似的方法，只不过是在赤道面内和子午面内分别测量，而《周髀算经》误为在地平面内测量了。1977年在安徽阜阳地区出土了西汉初年的一具二十八宿圆盘，上下两盘互相重叠，边缘刻二十八宿距离和周天度数，中有通孔，边有小孔，只要将圆盘分别置于赤道面内或子午面内测量就可完成赤道坐标的测定。这一实物给我们一定的启示，或许测量角度的仪器如浑仪乃是由定表和游表在不同平面内测角距的方法发展而来的。

表，这一最简单最早出现的仪器，后来得到了很大的发展和改进。为了使表影清晰，将表顶做成尖状的劈形或加一副表，与主表之影重合；为了提高表影测量精度，既加高表身，又发明相应的设备景符；为了测定时间，制成日晷，有赤道式的也有地平式的；为了使表不仅能观测日影，使既能观月，也能观星，又发明窥几等等。总之，表及圭在我国古代天文学的发展中起了相当大的作用，是一类重要的古代天文仪器。即使现在，它的定方向、定时刻的功能有时还会给人们帮忙呢！

漏和刻

漏，是漏水的壶，借助水的漏出以计量时间的流逝，是守时仪器。

刻，是带有刻度的标尺，与漏壶配合使用，随壶水的漏出不断反映不同的时刻，属于报时仪器。

漏壶的起源应是相当早的。原始氏族公社时期就能制造精美的陶器，总会出现破损漏水的情况，而漏水的多少与所经时间有关，这就是用漏壶来计时的实践基础。人们从漏水的壶发展到专门制造有孔的漏壶，这一仪器就诞生了。据史书载："漏刻之作盖肇于轩辕之日，宣乎夏商之代。"《隋书·天文志》也道："昔黄帝创观漏水，制器取则，以分昼夜。"轩辕黄帝是传说中的人物，漏壶为他所创不尽可信，但说在夏商时代有了很大发展还可考虑。上节已经说过，殷商时代已知立杆测影，判方向、知时刻。最近也有人研究百刻时制的起源地点，认为在殷商之都安阳的地理纬度上，因而漏和刻的发明不会晚于商代。

英国人李约瑟博士在谈到漏刻时，首先十分肯定地说刻漏不是中国人的发明，因为从楔形文字的记载及埃及古墓出土物中知道，巴比伦和埃及在商之前已用滴水计时。但他在追求中国和埃及亚历山大里亚城的受水型漏壶之间关系如何时，又感到颇难弄清楚。后来他注意到，公元 120 年才确实有一批西方使者到达中国，中国西汉时张骞在公元前 2 世纪到达了中亚地区，而中国的漏壶可上溯到张骞之前，于是他认为中国的漏壶是否从亚历山大里亚城传入还是悬案，甚或可能是从中国传出的，但他很难承认两者是完全独立的发明。最后他提出，大概最合理的说法是双方都是从中亚的新月地带和古埃及传入的。

从文献史料和逻辑推理来看，漏的出现当早于刻。在先秦典籍中，早已见到有关漏的记述，而只有在汉代以后文献中才见到有关刻和漏刻的描写。最原始的漏壶不可能有什么节制水流的措施，只是让其自漏，从满壶漏至空，再加满水接着漏。显然满壶和浅壶漏水的速度不同，但一壶水从满漏至空都是大体等时的，如内蒙古杭锦旗 1976 年出土的西汉漏壶每次漏空大约 10 分钟，因而计量时间可用漏了多少壶来表示。为了不间断地添水行漏，计数漏了多少壶，需要有人日夜守候，这也许就是《周礼·夏官司马》中提到"挈壶氏：下士六人，史二人，徒十有二人"的原因。

如此众多的人员守候一个漏壶显然是很大的负担，人们必然会产生节制漏水速度的要求，或在壶内壁出水口处垫以云母片，或在漏水孔中塞以丝织物等，使漏水缓慢而又不断，这样每一壶水漏出的时间长了，减轻了不断添水的负担。但是却不能以漏多少壶来计时，而要随时注意漏壶里的水漏掉多少，这就是刻产生的基础。最初可能是在壶内壁上刻画。汉许慎《说文解字》解释漏时说："漏，以铜受水，刻节，昼夜百刻。"可能就指这一情况。后来为了便于读数，就放一枝箭在壶里，在箭杆上划刻度，看水退到什么刻度就知道时间了。

由于漏水速度的减慢，改用刻来做计量时间的单位，壶水的满浅影响漏水速率的问题就显得突出起来。可以说，中国漏刻技术几千年的发展史就是克服漏水不均匀、提高计时精度的奋斗过程。其间也有箭舟的创造，沉箭式和浮箭式的使用，称漏的发明以及击鼓撞钟等巧妙的设计。这里：箭舟是浮在漏壶里的小舟，载刻箭以浮；沉箭式是指随着水的漏出，壶里水面下降，箭舟载刻箭下沉而读数；浮箭式是指另用一不漏水的箭壶积存漏出的水，水越积越多，水面升高，箭舟载刻箭浮起而读数；称漏是称漏出之水的重量来计时。但它们都属于报时和显示时间的一类，其报时的准确程度均受到漏水是否均匀的影响。

为了克服壶里水位的满浅影响漏水的速率这一问题，最初想到的当然是不断添水以保持壶里水位的基本稳定，这样沉箭式就不能使用，必然出现浮箭式。不断添水这一工作又是件麻烦的事，因而就出现多级漏壶，用上一级漏壶漏出的水来补充下一级漏壶的水位，使其保持基本稳定。显然，这样的补偿壶越多，最下面一个漏壶的水位就越是稳定。东汉张衡做的漏水转浑天仪里用的是二级漏壶，晋代的记载中有三级漏壶，唐代的制度是四级漏壶。从理论上来说还可以再加，但实际上是不可能无限制地增加补偿漏壶的数量的，因此保持水位稳定这一问题并未彻底解决。

公元 1030 年，宋代科学家燕肃迈出了关键性的一步，他抛弃了增加补偿漏壶这一老路，采用漫流式的平水壶解决了历史上长久未克服的水位稳定问题。这一发明在他制造的莲花漏中第一次使用。

莲花漏只用二个壶，叫上匮和下匮，其下匮开有二孔，一在上，一在下，下孔漏水入箭壶，以示浮箭读数，而从上孔漏出的水经竹注筒入减水盎。只要从上匮来的水略多于下匮漏入箭壶的水，下匮的水位就会不断升高，当要高于孔时，多余的水必然经上孔流出，使

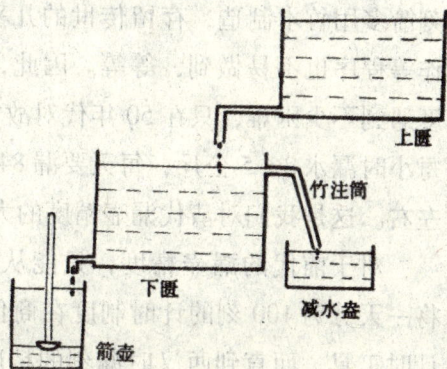

平水壶示意图

下匮的水位永远稳定在上孔的位置上，这就起了平定水位的作用，使下匮漏出的水保持稳定。

平水壶的发明和使用，是漏壶发展史上的重大成就。自宋代以后，平水壶广泛应用于漏壶中，甚至发展成二级平水壶，使稳定性更加提高。在北京故宫的交泰殿里完整保存了一套乾隆九年（1744）制的漏壶，它采用了一级补偿壶，一级平水壶，将古代漏壶技术的两大途径融合在一起，完成了皇宫里的计时任务。

在解决水位稳定的漫长岁月中，对其他影响漏水精度的问题也做出了许多发现和改进。其中有保持水温、克服温度变化影响水流的顺涩；采用玉做漏水管，克服铜管久用锈蚀的问题；渴乌（虹吸管）的使用，克服了漏孔制造的困难；用洁净泉水，克服水质影响流速；采用控制漏水装置"权"，调节流水速度，等等。这些无疑也是中国漏壶发展史上的成就。

由于历代科学家的不懈努力，漏壶技术得到了很大发展，这给我们研究中国漏刻提出了一个重要问题：古代漏壶的计时精度如何？这是一个看来容易实际难的问题，虽有不少人做了很多工作，但迄今为止并没有一致的看法。这固然有许多客观的困难，如古代漏壶实物完整保留至今的很少。（传世的漏壶，仅西汉单壶三件，元代延佑漏壶一套，元明时代漏壶组中的二个单壶，以及清代漏壶一套）刻箭多用竹木制造，存留传世的几乎不见，要模仿古人的用水，操作等程序也不易做到，等等。因此，用模拟实验的方法估计漏壶精度遇到不少困难，只在50年代对故宫交泰殿漏壶做了实验，结果是每小时漏水3.5公斤，每天要漏84公斤水，24小时误差为10分钟左右。这是我们对清代漏壶精度的大体认识。

对于前代的漏壶精度，只能从文字材料中去推求。有人认为，将一天分为100刻的计时制度在商代出现时必须有能读到"刻"的计时工具，而直到西汉时漏刻的精度不会高于1刻。又有人认为东汉时漏壶测量精度可达0.5刻左右（《自然科学史研究》第二卷4

期，1983 年，第 306 页），而隋唐以后漏刻精度可达 1~2 分钟之内，宋代燕肃莲花漏的误差（指一昼夜的误差）最多约为 1 分钟。

上述估计问题很多。首先，对东汉漏刻精度为半刻的估计，很难令人信服，这一精度估计的根据是《后汉书·律历志》中载有后汉四分历的冬至日昼夜漏刻之比为 45：55，说此值与现代计算的比较，误差在 0.5 刻左右。按东汉都城洛阳的经纬度计算冬至日太阳出没时刻为 7 时 33 分和 17 时 21 分，即从日出到日没为 9 时 48 分，从日没到日出为 14 时 12 分，化为百刻制为 40.84：59.16；采用秦汉时代对昏旦的规定，昼夜漏的起点即昏旦与太阳出没相距 3 刻或 2.5 刻，这样昼夜漏之比为 43.84：56.16，与 45：55 相差 1 刻以上。若再考虑天文或民用晨昏曚影，洛阳地区为 91 分和 28 分，其结果相差更大，几种算法均得不到误差为 0.5 刻的结论。

可是，同样是在《后汉书·律历志》中却有另一条记载，永元十四年（102）"据仪度、参晷景"考校漏刻，结果发现"官漏失天者至三刻"，这也许反映了东汉时漏刻的精度情况。有人以为，东汉张衡发明了补偿漏壶，计时精度应有提高，而且晋代有三级漏壶，唐代增至四、五级，精度更要提高，于是估计可达 1~2 分之内。在《唐书·历志》中有一条资料，回顾梁大同九年（543）虞𠨑有一段议论："水有清浊，壶有增减，或积尘拥塞，故漏有迟疾，臣等频夜候中星，而前后相差或至三度。"三度约相当于 12 分钟不到，这可能代表了那时的精度。

到了宋代，有燕肃平水壶的发明，又有沈括将平水壶增至二级，漏壶精度当有提高，但说其最多约为 1 分钟，看来理由并不充分。李广申在 1963 年曾经著文，认为《新仪象法要》中记昏晓中星和太阳方位用了"弱"、"少弱"等字眼，表明赤经观测精度为 1/12 度，相当于 20 秒，以此认为当时漏壶计时精度达 20 秒。后来李志超在 1978 年著文，认为沈括的漏壶 20 秒相应于箭杆上 1/4 毫米的长度，这是可以达到的读数精度，因而认为 20 秒的结论是对的。其实，李广申的证据"弱"、"少弱"等词在《后汉书·律历志》、《晋书·律历志》中记载昏旦中星时都已用过，并不能认为东汉、晋代的漏壶精度已达 20 秒。至于将箭刻的读数精度当作漏壶的计时精度，这其间包含有概念性误会。当然，箭刻上的读数是由漏壶的漏水决定的，箭刻的刻度越细，读数精度越高，但它同漏壶的计时精度完全是另一码事。打个简单的比方，如果手表每天误差是 5 分钟，但只要它是长三针的，任何时候都可以读到几点几分几秒，殊不知这个读数与真实时间相去甚远。这只能表示该手表读数精度是 1 秒，完全不能代表它的走时精度，这个道理是极其明显的。正因为这个原因，任何守时和授时仪器都要同时间标准作比对，得出时号改正和每台钟的日速。日速（一天的快慢量）才是表示计时器精度的量。我国古代虽然没有时间基准、时号改正和日速这样的概念，但很早就知道用测日影和观测恒星的方法同漏刻作比对，以校准漏刻。在这里，圭表测景所得到的真太阳时和观星得到的恒星时被看成了时间基准，古人并不知道这两者之不同，我们也不必苛求。但是，上述问题又给我们提出了中国漏刻研究中的另一个重大问题，即漏刻如何校准和操作。

这个问题同前一个问题相似，至今也没有统一的说法，这主要是遗留的实物太少，文献记载又不甚清楚，只能从零星的记述中去推考。早在殷商时代已知道立表测景来测知时间，但夜晚和阴雨多云天气就无法观日影了，只能代之以漏壶，这两者同时并用，它们是否一致就必须引起人们注意。最早见到文献中记载表和漏并用的是《史记·司马穰苴列传》，讲到齐景公时（前 547～前 490 年在位）司马穰苴同贾庄二人约会于中午，司马"立表下漏待贾"，至时贾不到，司马"仆表决漏"，宣布了贾的迟到。

东汉时桓谭（前? ～56）曾负责漏刻工作。他发现天气的燥湿寒暑影响漏刻的准确，于是在黄昏、黎明、中午、半夜都要校准，"昼日参以晷景，夜分参以星宿，则得其正"。对于沉箭漏来说，水漏完了必须加水重新起漏，加水所需时间迫使漏刻不能连续工作；对于浮箭漏来说，加水可以随时进行，但箭壶的水满了以后要将水倒掉重新接水，退水所需的时间也迫使漏刻不能连续工作。因此，加水和退水的时机要选择好，当然最好选择在校准漏刻的时候，利用加水和退水的时间调节漏刻，对于一天校准四次、二次或一次的漏刻，要设法保证它连续工作 25 刻、50 刻或 100 刻。为了达到这些要求，制漏者必须事先在壶的大小和水流速率方面进行选择和设计，制成后不断进行调正。很遗憾的是，现在我们只能在宋代燕肃和沈括的漏壶中看到很少关于这方面的资料。

跟晷景校准和漏壶精度有关的一件事是沈括是否用漏刻发现了真太阳日不均匀的问题，这个问题引起了不少研究者的兴趣。沈括在《梦溪笔谈》中提到，过去的漏刻家总以为冬日水涩，夏日水利，造成漏刻迟疾，与天运不符。他则从理论上考虑，认为"冬至日行速，天运已期，而日未至表，故百刻而有余；夏至日行迟，天运未期，而日已过表，故不及百刻"。沈括第一次提出了太阳视运动不均匀引起真太阳日（太阳连续二次到达正南方的时间间隔为一个真太阳日）长度不等的问题，这是难能可贵的。但是引起太阳视运动不均匀的原因，除了沈括说的，还有黄道斜交于赤道的原因，这两个原因中国古代早已知之。由于它们的联合作用，真太阳日在 12 月 23 日前后最长，为 24 小时加 30 秒左右，而最短日在 6 月 13 日前后，为 24 小时不足 21 秒多，并不正好是冬、夏至日。此外，一年当中只有 11 月 28 日至 1 月 15 日的 49 天真太阳日比 24 小时长 20 秒以上，9 月 6 日至 9 月 28 日的 23 天比 24 小时短 20 秒以上。如果沈括的漏刻每昼夜的计时误差不超过 20 秒的话，他只能在 12 月份和 6 月份作出真太阳日不均匀的发现，其他时间是不可能的。上海天文台的郭盛炽在 1979 年曾撰文详细分析这一问题，认为沈括发现的漏壶迟疾不能肯定是真太阳日不均匀所引起。笔者认为沈括关于真太阳不均匀的话只是理论上的推测，并未能用他的漏壶做出发现，'

漏壶精度没有达到每天 30 秒的水平。

浑 仪

浑仪是我国古代天文学家用来测量天体坐标和两天体间角距离的主要仪器，由于它的重要性，历代均有研制。保存至今的明制浑仪和清制浑仪结构合理、铸造精良、装饰华丽，成为古代天文仪器的精品，甚至成为我国古代科技文明的象征。

现在，谈到浑仪的最早制造一般都引用这样两条资料：

"或问浑天。曰：落下闳营之，鲜于妄人度之，耿中丞象之。"（杨雄：《法言·重黎》）

"落下闳为汉武帝于地中转浑天，定时节，作太初历。"（《隋书·天文志》）

落下闳是汉武帝时人，他营造了一个浑仪，另一位天文学家鲜于妄人用它来测量，而宣帝时的大司农中丞耿寿昌则做了一个浑象来模拟天球的运动。这里，西汉末年的杨雄并没有说浑仪是落下闳发明的，只是说他制造了一个浑仪。那么，在落下闳之前还有什么线索呢？以下几点值得考虑：

首先，战国时代的石申约是公元前 4 世纪人，他曾著《天文》八卷，其中有 100 多颗恒星的地道坐标，以入宿度表经度，去极度表纬度，单位为度，度以下用少、半、太、强、弱等字表示。这说明石申的时代应该有测量角度的仪器，并且能测出比 1 度还小的角度。

其次，分周天为 $365\frac{1}{4}$ 度的制度应同四分历的创制有关，而先秦四分历的形成年代很可能在公元前四五世纪的战国时代。

第三，1973 年长沙马王堆出土了《五星占》一部，其中记有公元前 246 年至前 177 年间木、土、金三星的行度，度以下的单位为分，而 1 度为 240 分。

第四，1977 年在安徽阜阳从西汉初年的古墓中出土一套二十八宿圆盘，除有二十八宿距度外，还有古度，跟《开元占经》所记《石氏星经》中的古度数相符合，这说明"古度"系统确是存在的。

第五，三国时吴国天文学家王蕃曾说："浑天遭周秦之乱，师徒断绝而丧其文，惟浑仪尚在灵台，是以不废，故其法可得言，至于纤微委曲阙而不传。"

以上这些资料和实物都表明：在秦汉之前已有测量角度的仪器，亦或已存在浑仪这样的测角仪器。在本章第一节中曾描述过出土的汉初二十八宿圆盘的用法设想，有可能最初的测角仪器是平面的盘，在某一平面内测角。《后汉书·律历志》中曾提到"圆仪"的仪器，可能也是一种平面测角工具，但天体定位需要两个坐标，必须将平面的测角工具在赤道面和子午面内分别使用二次，这样必然会想到立体的测角工具，而将平面的盘立起一转就形成一个圆球，所谓"立圆为浑"，或许浑仪的出现曾经历了从圆到浑的发展过程。

我国古代浑仪从诞生到变成历史文物，经历了从简单发展到复杂又回到简单的过程。战国至秦或许是它的诞生时期，汉唐时期是研制、创新、定型阶段，宋元时期是它的高峰，明代以后创新和铸造的热情明显下降。

浑仪的构造包括三个基本部件，首先是窥管，通过这根中空管子的上下两孔观测所要测的天体；其次是反映各种坐标系统的读数环，当窥管指向某待测天体时，它在各读数环中的位置就是该天体的坐标；此外就是各种支承结构和转动部件，保证仪器的稳固和使窥管能自由旋转以指向天空任何方位。

最初的浑仪结构比较简单，只有一根窥管和赤道系统的读数环并兼做支架的作用，在《隋书·天文志》中最早留下了南北朝时孔挺于公元323年制的浑仪结构，即如上述，它就是"古之浑仪之法者也"。公元412年，北魏斛兰制铁浑仪，增加带水槽的十字底座，底座上立四根柱子支承仪器。这样，读数系统与支承系统就分开了。到唐代，由于李淳风和一行、梁令瓒等人的努力，浑仪的三重环圈系统建立起来，成为后世浑仪结构的定型式。

浑仪的三重环圈各有名称，最里面的是四游环或四游仪，它夹着窥管可使之自由旋转；中间一重是三辰仪，包括赤道环、黄道环、白道环，上面都有刻度，是各坐标系统的读数装置；外面一重是六合仪，包括地平、子午、赤道三环，固定不动，起仪器支架作用。考察历代所制浑仪，都可以按这三重环圈体系来分析它们的结构。英国李约瑟博士在《中国科学技术史》一书中列出了一张表格，分析了十几架浑仪的结构，可资参阅，但其中有一些可能对古代资料的理解有误，将浑象误为浑仪。

由于天体的周日运动是沿赤道平面的，所以只有赤道系统能最方便地表示天体的坐标，黄道和白道就显得很麻烦，而且，由于岁差的原因，赤道和黄道的交点不断变化，使黄赤道的位置不固定。一行和梁令瓒所铸黄道游仪就是为了解决这个问题而设计的，他们在赤道环上每隔1度打一孔，使黄道环能模仿古人理解的岁差现象不断在赤道上退行。类似的情况是白道和黄道，李淳风就在他制造的浑天黄道仪的黄道环上打249个孔，每过一个交点月就让白道在黄道上退行一孔。这样的设计虽说巧妙，但使用上却带来不便，精度上也受影响，后来遂被废除。

宋代的浑仪铸造主要在北宋，大型的就有五架，每架用铜总在1万公斤以上，可见其规模之大。而且宋代浑仪也注意精度方面的改良，如窥管孔径的缩小，降低人目移动造成的误差；调正仪器安装的水平和极轴的准确，降低系统误差；又发明转仪钟装置和活动屋顶，成为中国天文仪器史上两大重要发明。

浑仪到了宋代已是环圈层层环抱的重器，它在天文测量和编历工作中起了很大的作用，但也渐渐显示了多重环圈的弊病：安装和调正不易，遮蔽天空渐多，使许多天区成为死区不能观测。因此，宋代之后已在酝酿浑仪的重大改革，这就是元代简仪的创制。

要追踪历代浑仪的下落是件不容易的事。木制的当然不易保存下来，即使是铜铁铸的也因年久湮灭和战乱毁坏而不存。汉代浑仪现在已无法研究，只知张衡（78～139）以后著名学者蔡邕（132～192）还见其在候台，流放朔方后他仍思念要寝伏仪下，探索天文学问题。前赵南阳孔挺于公元323年所铸浑仪，后经魏晋丧乱，沉没西戎，义熙十四年（418）宋高祖（刘裕）定咸阳得之，至梁时置于重云殿前。北魏斛兰412年所铸铁浑仪使用了200年，至唐时仍置于太史候台之上，但已经锈蚀，转动不灵，误差太大，不能使用，于是李淳风另铸新仪。

唐初李淳风于贞观七年（633）铸成浑天黄道仪，唐太宗令置于凝晖阁，以用测候，"既在宫中，寻而失其所在"，而该仪的"用法颇难，术遂寝废"，这架仪器在皇宫内下落不明。后一行、梁令瓒又铸黄道游仪，开元十三年（725）成，玄宗亲为制铭，置之于灵台以考星度。此仪下落也未交代。但一行和梁令瓒同时铸造的浑象被置于武成殿前，无几而铜铁渐涩，不能自转，遂藏于集贤院，不复使用。从这里可知，当时冶铸的仪器比较容易锈蚀。

宋代浑仪的遭遇要复杂些，北宋为金所灭，开封的五大浑仪全被虏至金都，运输过程中损坏的部件均被丢弃，浑仪被置于金太史局的候台上，但因开封和北京纬度差达4度，观测时需作修正。金章宗明昌六年（1195）八月，雷雨狂风使候台裂毁，浑仪滚落台下，后经修理复置于台上。公元1214年，北方蒙古族南下攻北京，金宣示南渡开封，仓皇出逃，宋代浑仪搬运困难，只好放弃而去，宋代仪器再次受到毁坏。至元代初年吴师道在城外记游诗中还曾提到宋皇佑浑仪废弃在金代司天台上。（元吴师道九月二十三日城外记游诗云："清台突兀出天半，金光耀日如新磨，玑衡遭制此其的，众环侍值森交柯，细书深刻皇佑字，观者叹息争摩挲，司天贵重幸不毁，回首荆棘悲铜驼"）《元史·郭守敬传》中也提到："今司天浑仪，宋皇佑中汴京所造。"可见，到元代初年，宋代浑仪只有皇佑年间（1051）周琮等人所造的一架还有线索，其他的都已不明。

北宋亡后，高宗南渡，偏安江南，在杭州曾铸造过二三台小型浑仪，置于太史局、钟鼓院和宫中，但下落均不明（《宋史·天文志·律历志》）。

明建都南京后，洪武十八年（1385）将北京的宋、元浑仪运至南京鸡鸣山设观象台，二十四年（1391）铸浑仪。明成祖迁都北京后仪器并未运回北京，而是派人去南京做成木模到北京来铸造，1437年铸成，置于明观象台上（即现在的北京古观象台）。清康熙七年（1668），钦天监请将南京的郭守敬所造仪器运回北京（《清朝文献通考·象纬考》）。康熙五十二、三年间梅毂成在观象台下见到许多前代旧仪，言"元制简仪、仰仪诸器，俱有王恂郭守敬监造姓名"。康熙五十四年（1715）欧洲传教士纪理安提出铸造地平经纬仪，将台下元明旧仪，除明制简仪、浑仪、天体仪外，尽皆熔化充作废铜使用，遂使元明旧仪不复留存，实在令人惋惜和气愤。这里有几点应该指出：清初从南京将元明旧器运回北京时有否全部运回？尤其是宋皇佑浑仪，清代文献均未提及，是否仍遗于南京？又元代郭守敬所铸仪器甚多，明洪武二十四年也曾在南京铸浑仪；梅毂成的话太笼统。所以关于宋、元、明旧仪的下落还有待进一步研究和发现。

目前陈列在北京古观象台上的仪器为清代铸造，而在南京紫金山天文台上的浑仪、简仪则是明仿制的宋元旧仪。

简　仪

简仪，1279年元初郭守敬创制，现存紫金山天文台之简仪为明正统年间（1437）复制品，而郭氏原器毁于清康熙五十四年（1715）。简仪是重要的观测用仪器，由浑仪发展而来。因其简化了浑仪的环圈重叠体系，又将赤道坐标与地平坐标分开，不遮掩天空，观测简便，故后人以此作为简仪名称之由来。

英国人李约瑟博士提出了另一种说法，他认为简仪的来历要溯源于一位西班牙穆斯林天文学家贾博·伊本·阿弗拉，他于1170年制成了一架黄赤道转换仪，能方便地将一种球面坐标变换成另一种。1267 年扎马鲁丁可能将这一知识带到中国，郭守敬建造简仪时采用了这一知识而简化了其中的黄道坐标部件，因而郭守敬成了赤道式装置的创始人。这一说法并未得到人们的赞同，实在是因为赤道式装置在中国古已有之，历代之浑仪浑象均已采用，且浑仪发展到宋代，环圈重叠的弊病已趋明显，宋代铸仪时已考虑简化的问题。至于扎马鲁丁携来的西域仪象，文献中未提到黄赤道转换仪。因此，上述说法自然难于接受。

要说简仪曾受到阿拉伯仪器的影响和启发，或许还是有的。比较明显的是简仪上百刻环的刻度，除分为 100 刻之外，每刻又分成 36 分，这就相当于将周天 3600 分，这是在郭守敬之前的中国仪器上没有过的。而周天 360 度分划在唐代和元代都曾传入中国，特别是扎马鲁丁的仪器用 360 度制，这可能是郭守敬在创制简仪时受其启发的一个例子。此外在简仪上没有用历来沿用的窥管，而是改用窥衡，将中空的管子改成一根尺，两头立起一小铜片，上面开小孔，小孔中置一细线，用上下孔中两条细线与天体重合定准天体的位置，这里既有阿拉伯仪器上照准器的影响，也有郭守敬的创新。

简仪，就其结构来说是一个含有四架简单仪器的复合仪器，或许称复仪更为合适。它的主要部分是一架赤道经纬仪，可算是传统浑仪的简化，它只有四游环、赤道环和百刻环，而后两环重叠在一起置于四游环的南端，使四游环上方无任何规环遮掩，一览无余。在赤道和百刻两环之间安装有四个铜圆柱，起滚动轴承的作用（明复制品中没有），这一发明也早于西方 200 年之久。另一部分是地平经纬仪，又称立运仪，就是直立着运转的仪器。这也是新创造的，可以测量天体的地平经纬度。它只有二个环，一个地平环，水平放置，在地平环中心垂直立一个立运环，窥衡附于其上，起四游环的作用。其他二部分是候极仪和正方案，候极仪装于赤道经纬仪的北部支架上，以观北极星校准仪器的极轴，使安装准确。正方案置于南部底座上，它既可以携带走单独使用，在这里也可以校准仪器安装的方位准确性（现存简仪上正方案的位置在明末清初换上了平面日晷）。在《元史·天文志》里列举郭守敬创制的仪器名称，首先就是简仪，而立运仪、候极仪、正方案的名称又另外列出，可见郭守敬所指的简仪就是单指其中的赤道经纬仪，但当时既无这一名称，它又同传统的浑仪形状不同，考其作用正如浑仪，结构比浑仪简化。故郭守敬称其简仪也是合理的。

仰　仪

仰仪是郭守敬创制的另一架重要仪器，形如一口大锅仰面朝天，锅内刻赤道坐标网，在半圆球的球心处设法置一铜片，中开小孔，利用小孔成像的原理将太阳像成在大锅的内壁上，从刻成的经纬网中立即可以看出太阳的坐标。这一仪器免除了仰面观测的不方便，又避免了人眼直接观日的光芒刺激。它既可以测知太阳的坐标，又可判断时间，日食时还可以方便地观测亏起方位和食分，是一架用途广泛、使用方便、铸造容易的仪器。这一发明不久便传到朝鲜和日本，至今朝鲜还保存有 17 世纪时制造的仰釜日晷。

在天文仪器的制造中，利用小孔成像的原理，这在中国是绝无仅有的，就是在世界古代天文仪器中也未见过，郭守敬是首创者。同时，在郭守敬创造的仪器中还有一件景符，是配合高表观日影用的，利用的也是小孔成像原理，这表明郭守敬的这一创造并非偶然。在我国古籍中，关于小孔成像的描述最早见于战国时代的《墨经》，南宋以后该书流行甚广，郭守敬研究其中的知识作出创造是完全可能的。

仰仪由于明清两代的南北迁移和人为毁坏，今已不存。但是根据仰仪的形式和原理制作的小型日晷在民间肯定流传甚广。北京市文物管理所在"十年动乱"中曾从垃圾堆里拣到一块象牙制的仰釜日晷残品，在朝鲜也保存有 100 多年前制作的类似日晷，其北极出地高度为 37 度多，这一纬度跟郭守敬的故乡河北省邢台非常接近。

北京天文馆已复制出一架仰仪，放置在北京建国门立交桥南的古观象台上，使后人得以重睹它的光彩，也使先人之伟大发明不致湮灭无存。

浑　象

　　浑象是另一类古代天文仪器，主要用于象征天球的运转，表演天象的变化。有时也称浑天象或浑天仪，甚至称为浑仪，同用于观测的浑仪互相混淆。

　　提起浑象或浑天仪，人们马上会想到张衡创制浑天仪，这实在有些误会。东汉科学家张衡确实制造过一架浑象，称"漏水转浑天仪"，但浑象的发明在张衡之前。在前面讲浑仪时曾提到西汉宣帝时大司农

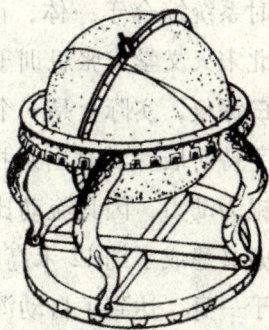

浑　象

中丞耿寿昌就曾制造过浑象，所以在张衡之前浑象已经出现了。至于耿寿昌之前的情况，现在还没有资料，因此浑象的发明还是个谜。

　　那么张衡对浑象有没有贡献呢？有的。张衡发明了水运浑象，即以水力转动浑象，使之能自动旋转，同天象的运转协调一致，能比较准确地表演天象的变化。因此，只要将张衡的水运浑象放在屋子里就可以知道外面的天象，在大白天也可以知道什么星到了南中天。这一贡献开创了后代制造自动旋转仪器的先声，导致了机械计时器即钟表的发明，对世界文明的发展影响深远。

　　浑象的基本形状是一个大圆球，象征天球，大圆球上布满星辰，画有南北极、黄赤道、恒显圈、恒隐圈、二十八宿、银河等等，另有转动轴以供旋转。还有象征地平的圈（在圆球之外）或框，亦或有象征地体的块（在圆球之内）。由于大圆球的转动带动星辰也转，在地平以上的部分就是可见到的天象了。

　　在耿寿昌和张衡之后，各种尺寸的浑象几乎各代都有制造，但有的是不能自动旋转的，有的则仿照张衡的做法，用漏水的动力使

浑象随天球同步旋转，而这后一类自动浑象在唐和北宋时代得到了长足的发展，其中重要的是一行、梁令瓒和张思训、苏颂、韩公廉等人的创造性工作。一行和梁令瓒在唐开元十一年（723）制成了开元水运浑天俯视图，或开元水运浑天，首次将自动旋转的浑象同计时系统综合于一体，设两木人按辰和刻打钟击鼓。沿着这一想法，北宋天文学家张思训于公元979年做了一台大型的"太平浑仪"，名曰浑仪，实际上是一个自动运转的浑象，做成楼阁状，有12个木人手持时辰牌到时出来报时，同时有铃、钟、鼓三种音响，该仪以水银为动力，因其流动比水稳定，启动力量也大。后来，苏颂、韩公廉又建成了约12米高的水运仪象台，将浑仪、浑象、计时系统综合于一身，达到了自动浑象制造的顶峰。

1958年，王振铎先生根据苏颂的著作《新仪象法要》考证了水运仪象台的结构，复制成功了这台仪器的缩小模型，陈列于中国历史博物馆。差不多同时，英国李约瑟等人也做了类似的工作，伦敦邮政总局的孔布里奇先生也按其研究和理解复制了一件。通过他们的研究，一致认为其中控制运转的关键部件卡子乃是后世机械钟表中擒纵器的雏形。在西方机械钟表问世前的6个世纪，一行等人已做出了这一发明。李约瑟说，这一发明使我们看到了从漏水计时到现代化机械钟表发展过程中的关键一环。

浑象的研制到了元代有新的发展，郭守敬以他的创造性才能确使浑象出现了新的面貌和用途。在郭守敬为编制授时历和建设元大都天文台而创制的仪器中有浑象一架，半隐柜中，半出柜上，其制作类似前代。另还有一件前所未有的玲珑仪，关于此仪，所留资料不多，致使研究者产生两种不同的看法，一种认为是假天仪式的浑象，另一种则认为是浑仪，持不同意见的双方主要都是依据郭守敬的下属杨桓所写的《玲珑仪铭》。现将该铭文中有关仪器形状和性质的话录于下：

"……制诸法象，各有攸施。萃于用者，玲珑其仪。十万余目，经纬均布。与天同体，协规应矩。遍体虚明，中外宣露。玄象森罗，莫计其数。宿离有次，去极有度。人由中窥，目即而喻。先哲实繁，兹制犹未。逮我皇元，其作始备。……"（《天文类》卷十七）

如果用现代语言把这一段译出来便是：

"……天文学家制成仪象，各有各的用途，而集多种用途于一身的只有玲珑仪，该仪表面沿经纬线均匀分布有 10 万多孔，按规律准确地与天球相符。整个仪体虚空透亮里外可见。虽然星宿密布于天，不计其数，但它们都有入宿度和去极度，只要利用该仪从里面窥看，即刻可以明白。古代贤者很多，但这种仪器尚未发明，直至元代，才首次做出来。……"

根据这一段描述可以清楚地感觉到，玲珑仪就是具有浑象之外形又有浑仪之用途的新式仪器。按郭守敬的助手齐履谦所作《知太史院事郭公行状》，他创制玲珑仪的原因是"象虽形似，莫适所用，作玲珑仪"（浑象虽然形状如天球，但不适于运用，所以作玲珑仪）。上文已提过郭守敬曾制作了一个从外面观看的浑象，如果玲珑仪是一个从里面观看的浑象（假天仪），则本质没有什么不同，仍旧是"莫适所用"。至于说玲珑仪是浑仪，是明代复制浑仪的原型，这一看法，更是站不住脚。郭守敬已经对环圈相套的浑仪做了重大改革，创制了简仪，不可能再去做一个环圈相套的旧式浑仪，而且玲珑仪铭的描述中有许多话是同环圈相套的浑仪不相容的。浑仪和浑象以及假天仪，在元代之前均有制作，不能认为"兹制犹未"，因此，说玲珑仪是假天仪或浑仪对上述引文中最后四句均无法解释，结论只能是：玲珑仪既不是假天仪，也不是浑仪，它就是玲珑仪。

日本山田庆儿教授曾猜想玲珑仪是以半透明材料制作天球的浑象，其前一半是可取的。在这种半透明材料上按经纬线钻小孔，当人从里面看时，就感到整个天球布上了经纬网，天上的星都在这经纬网中有其位置，其坐标一看即明。白天可用来看太阳，晚上可用来观星，得到它们的入宿度和去极度，这就类似浑仪的用途，故应安置于台顶。但当把三垣二十八宿及全天星象也标在球壳上以后，又可以表演天象变化，类似浑象的用途。所以称它玲珑仪，也是符合实情的。

元明以前的历代浑象均未能保存下来，现在北京古观象台和南京紫金山天文台的浑象是清代制造的。

晷　仪

晷仪，一般称秦汉日晷。目前共发现三个，一藏中国历史博物馆，一藏加拿大安大略皇家博物馆，另一个仅存一小角残石。它们的形状为一方形石板，中央有较深的圆孔，以圆孔为中心画有一大圆圈，在圆周上刻有 69 个浅孔，浅孔都标上 1~69 的数码，并有直线与中央圆孔相连。按 69 孔所占圆周 2/3 略多来估算，整个圆周是等分成 100 份的，每一浅孔占 1/100。从所用字体来看，当为秦汉遗物。

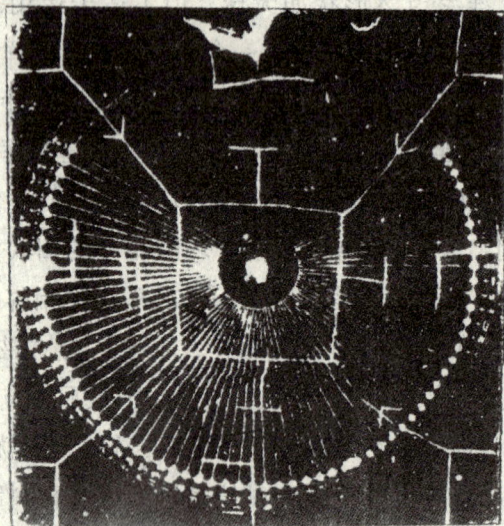

秦汉日晷

对这些孔和线，研究者普遍的看法是，中央圆孔插一定表，周围浅孔插置游表，都是用来观测太阳影子的标杆。除了这些没有分歧的意见，对于这一仪器的用途却有三种不同的看法，至今并无公认的结论。

一种看法认为这是观日影定时刻的仪器，联系到我国很早就将一天分成 100 刻，这一仪面上也是均匀分成 100 分，其夜间部分（31 刻）无需刻画，故只需刻 69 孔。如将仪面倾斜放置，与当地赤道面平行，则日影在晷面上的移动就是均匀的，因此这就是一个赤道式日晷。

第二种看法认为仪面是平放的，不能用来测时，可以用来校准漏壶。持这种看法的人认为中国赤道式日晷发明在南宋初年，而秦汉出土的这些仪器底座也不宜斜置。

第三种看法认为这是用来定方向的仪器，平放在地面上，只要中心定表的影子端点一天二次（上、下午）落到圆周上的二个浅孔上，利用这两个浅孔的连线可知东西方向。在《周髀算经》和《淮南子》中均有这种方法的介绍，《汉书·律历志》中也有"议造汉历，迺定东西，立晷仪，下漏刻，以追二十八宿于四方……"的话，故认为这是同定方向有关的"晷仪"。

笔者比较倾向于第一种看法。这是因为，均匀的浅孔与平放的仪面是不相容的，太阳的周日运动平行于赤道面，只有将仪面平行于赤道面放置才能使日影均匀地在仪面上移动。明确的赤道式日晷记载虽出现在南宋，但这不能作为秦汉时没有赤道式日晷的理由。事实上，早在战国时代已出现了天体赤经差的测量，编成了石氏星表，说明赤道式仪器早已出现。再说，圆周上的 100 分划正好跟百刻时制相合，定向用的仪器跟均匀分 100 份没有必然的联系，其他分划也可以完成定方向的任务。至于《汉书·律历志》的话，则更有利于这是定时刻的仪器，为了议造汉历，必先确定东西方向，方向确定后才好安放"晷仪"即日晷，将晷面上未刻部分朝南，以定正午，有了日晷就可以校准漏壶，使正确计时，其后就可以观测，追二十八宿于四方了。

复 矩

复矩，又称复矩图，唐代天文学家一行、南宫说等人为编制大衍历而创制的仪器，可以用来测各地的北极高度，即地理纬度。据史料记载推测，认为这是把一根直角曲尺翻转过来，在直角顶点悬一重锤，在两根垂直的尺之间设置圆弧，上面标有刻度。只要沿一根尺边观测北极星，重锤线在圆弧上就可以显示出北极高度的读数。利用这一仪器，南宫说等人测量了河南省境内登封、阳城、滑县、开封、上蔡四地的北极高度，又测量了四地之间的距离，发现351里80步（约151公里）北极高度差1度。

上述关于复矩结构的推测仅仅根据新旧唐书天文志中的一句话："以复矩斜视，北极出地三十四度四分"。到底有否重锤线和带刻度的圆弧，没有文献记载。但在有关的叙述中，又提到"勾股图"、"大衍图"、"复矩图"等名称，并多次出现"以图测之"，"按图斜视"，"以图校之"等语。因此，"复矩"和"复矩图"是否为一物遂引起人们的怀疑。如《旧唐书·天文志》载："……朗州测影，夏至长七寸七分，冬至长一丈五寸三分，春秋分四尺三寸七分半。以图测之，定气长四尺四寸七分，按图斜视，北极出地二十九度半。"这里春秋分之影长有二个数据，一个是实测的，一个是以图测的。大家知道，根据简单的球面天文知识，可以从冬夏至日影长求得春秋分的日影长，据此可以求得春秋分日太阳的天顶距，而这个数据就是当地的北极出地度（地理纬度）。将新旧唐书中的各地测影数据进行计算，发现其计算所得的春秋分影长与"以图测之"的数据相符，而跟实测值颇有差距。这是否说明"复矩图"乃是一种图解法或一种根据冬夏至的影长求出观测地的北极出地度的

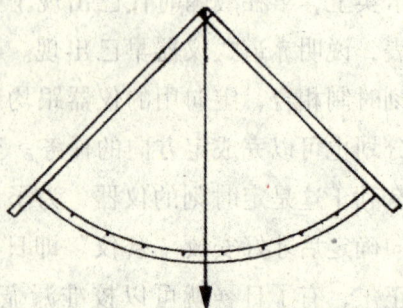

复矩猜想图

数学方法？

这一数学方法可能是这样的：先根据一行创立的太阳天顶距和影长对应表算得各度之影长，再计算北极出地为 17 度的地方夏至及各气太阳天顶距和相应影长（只要算夏至到秋分之间即可够用）列成一表，这就是北极出地 17 度地方的复矩图，然后依次算出北极出地 18 度、19 度……直至 40 度各地的表，共得 24 个表。到达某地时，只要知道测影日的节气和测得中午影长即可在上述 24 个表上去查对，找到相应的二张表，其所测影长正在二表所列数据之间，用内插法即可知某地的北极出地度。《旧唐书·天文志》曰："沙门一行因修大衍图，更为复矩图，自丹穴以暨幽都之地，凡为图二十四，……"可见 24 图之意即为每度一表也。

牵星板

牵星板，这是一种实用的测角仪器，同复矩和正方案类似，都具有便于携带和使用简单的特点，但牵星板多用于海上航行，以测量天体的水平高度或两天体间的纬向角距离。在明代李翊写的《戒庵老人漫笔》中描述了牵星板的形状："苏州马怀德牵星板一副，十二片，乌木为之，自小渐大，大者长七寸余。标为一指、二指以至十二指，俱有细刻，若分寸然。又有象牙一块，长二寸，四角皆缺，上有半指、半角、一角、三角等字，颠倒相向，盖周髀算尺。"根据这一记载，可以知道一副牵星板有大小十二块乌木方板，另有一块象牙板，四角缺去，表示指以下的单位：一指等于四角。

使用时，手持牵星板伸向前方，使板下沿与海平面相合，板面垂直于海面，板中心穿一根固定长度的线，一头贴在下嘴唇或眼窝下，沿板上沿观看要测之恒星，换取适当大小的牵星板，使要测之星正好贴着牵星板上沿，则板上标明的指数就是这个星的水平高度。这种简便易行的方法在海上航行中广为应用，以确定海船在大海中的南北位置。明代茅元仪编纂的《武备志》中载有《郑和航海图》24 页，其中有 4 幅《过洋牵星图》，上有许多实测纪录，如"织女星七指平水"，"水平星五指一角平水"等。此外，在《顺风相送》、《指南正法》等书中也有不少牵星记录，说明牵星术在航海中的重要作用。1974 年在泉州湾发掘的宋代海船中出土了大批珍贵文物，其中也有多块缺角的木板，形状与上图中的象牙板相似，从严重磨损的情况来看，它们很可能是用久了的牵星板，后来改做物品签了。

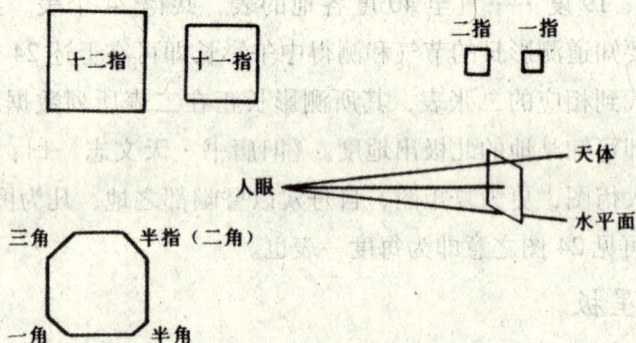

牵星板示意图

在泉州湾出土的南宋古船中还有一件颇为奇怪的尺，长20. 7厘米，宽2. 3厘米，从一头开始刻有 5 个分划，每划间距约2. 6厘米，其余 7 厘米多没有刻划。这种一头有刻度另一头没有刻度的尺很可能也是一种牵星工具，不妨叫做"牵星尺"，它是牵星板的发展还是牵星板的前身，现在还很难说。因为用牵星板来牵星，其使用单位为"指"和"角"，"角"的来历显然是同牵星板的缺角有关，而"指"则为手指头。当初人们想测量两天体之间的角距离，很可能是手臂平伸，竖起手指头来量，看两天体之间能容下几指，于是就用"指"来表示这种角距离，在马王堆出土的帛书《五星占》中就用了"指"这样的单位来表示金星与月亮的角距离，在《乙巳占》和《开元占经》中也引用了战国时期的不少星占书，其中也有"指"的记载，可见"指"这一单位当起源于公元前三四百年。同时我们也发现，古代除了用"指"之外，也用"尺"、"寸"来表示角距离，南宋古船出土的"牵星尺"为我们提供了一件实物，它的刻度2．6厘米约相当于宋尺的一寸，当手持无刻度的部分，手臂向前伸直，尺顶与某星相接时，看海平面在尺上的位置就可知道某星出水几寸了，这无疑也是一种简便的牵星方法和牵星工具。

古历的沿革

早在原始社会时期我国就有历法的萌芽。日出而作、日入而息的习惯，以物候和气候变迁来指导农耕和采撷活动，这些都是原始历法的萌芽。《尚书·尧典》中有"期三百有六旬有六日，以闰月定四时成岁"的话，这句话至少传达了三种信息，即一岁分四季（四时），366天，并有闰月的安置。

殷商时期的甲骨卜辞，提供了《殷历》的重要线索，主要包括以六十干支来记日，以月亮的圆缺周期记月，大月30天，小月29天，一年12个月，有时13个月，是为闰月，有"南日至"即冬至的认识。这表明《殷历》已具备了阴阳合历的特点，这一特点作为一种传统为后世历法沿用了数千年之久。

进入西周，历法又有了进步，在铸造于青铜器上的铭文中发现有大量月相的记载：初吉、既望、生霸、死霸等。这些名词是表示一月中的某一天（定点说），还是表示某一时段（四分说），历来争论不休。争论的双方都不能圆满地解释现在的金文资料，也不能有力地证明对方站不住脚。因此，这一问题仍有待进一步发现新资料。虽然如此，它仍说明西周时期对月亮圆缺规律的研究已有进展。公元前七八世纪创作的《诗经·十月》篇，第一次出现了"朔"的记录，表明已将月的开头从"朏"（新月初见），改成了朔（日月相合），因为朔是看不见的时刻，需以别的方法推算，其难度当比朏大得多。

春秋末期，出现了《四分历》和19年7闰的闰周，使我国古历出现了新的进展。《四分历》是以365$\frac{1}{4}$天为一年之长，并发现235个朔望月同19年差不多一样长，故19年中安插7个闰月，这样，一个朔望月的长度就是 $29\frac{499}{940}$ 天，比笼统地以 29.5 天为一月进步多了。在诸侯割据、列国分争的形势下，各国行用不同的历法，计有夏、殷、周、鲁、黄帝、颛顼六种，称古六历。它们都是《四分历》，只是年的开头在十一月、十二月或是一月而不同，历法的起算点历元不同。以一月为岁首称建寅，晋国地区曾使用；以十二月为岁首称建丑，鲁国文公、宣公以前曾用过；以十一月为岁首称建子，宣公以后行用过；后来还出现过以十月为岁首的，是为建亥，秦和汉初使用过。至于历元的不同，《后汉书·律历志》介绍说："黄帝造历，元起辛卯。颛顼用乙卯。夏用丙寅。殷用甲寅。周用丁巳。鲁用庚子。"

秦及汉初以前的历法均未能保存下来，所以它们的详情不得而知，虽有一些文献和考古发掘提供了零星的资料，但要复原某一种历法还是不可能的，如同生霸、死霸的问题争论一样，对先秦古历的几种看法尚不能说谁是谁非，在资料不足的情况下做出任何结论将是不科学的。

西汉武帝时征召天下善历者改造新历，编成《太初历》，成为传世的第一部完整历法，其后改历多次，造历近百种。

现将部分中国古历列表如下：

中国古历表

序号	历名	撰修者	修成年代	行用年代	回归年	朔望月
1	夏历	无考	无考		365.2500[日]	29.53085[日]
2	周历	无考	无考		365.2500	29.53085
3	鲁历	无考	无考		365.2500	29.53085
4	殷历	无考	无考		365.2500	29.53085

序号	历名	撰修者	修成年代	行用年代	回归年	朔望月
5	黄帝历	无考	无考		365.2500	29.53085
6	颛顼历	无考	无考	（秦）前221？—前207 （西汉）前206—前105	365.2500	29.53085
7	历术甲子篇	司马迁	前104	未用	365.2500	29.53085
8	太初历	邓平等	前104	（西汉）前104— （东汉）84	365.2502	29.53086
9	三统历	刘歆			365.2502	29.53086
11	四分历	李梵等	85	85—263	365.2500	29.53085
12	乾象历	刘洪	206	223—280	365.2462	29.53054
13	黄初历	韩翊	220	未用	365.2468	29.53059
14	太和历	高堂隆	227	未用	365.2469	29.53060
15	景初历	杨伟	237	237—451	365.2469	29.53060
16	正历	刘智	274	未用	365.2467	29.53058
17	永和历	王朔之	352	未用	365.2468	29.53059
18	三纪甲子元历	姜岌	384	384—517	365.2468	29.53060
19	元始历	赵𣆙欧	412	412—439 452—522	365.2443	29.53060
20	元嘉历	何承天	443	445—509	365.2467	29.53059
21	大明历	祖冲之	463	510—589	365.2428	29.53059
22	正光历	张龙祥	521	523—565	365.2437	29.53059
23	兴和历	李业兴	540	540—550	365.2442	29.53060
24	大同历	虞邝	544	未用	365.2444	29.53060

序号	历名	撰修者	修成年代	行用年代	回归年	朔望月
25	九宫历	李业兴	547	未用	365.2443	29.53064
26	天保历	宋景业	550	551—577	365.2446	29.53060
27	天和历	甄鸾	566	566—578	365.2443	29.53071
28	孝孙历	刘孝孙	576	未用	365.2443	29.53059
29	甲寅元历	董俊等	576	未用	365.2445	29.53060
30	孟宾历	张孟宾	576	未用	365.2443	29.53059
31	大象历	马显	579	579—583	365.2438	29.53063
32	开皇历	张宾	584	584—596	365.2434	29.53061
33	大业历	张胄玄	597	597—618	365.2430	29.53059
34	皇极历	刘焯	604	未用	365.2445	29.53060
35	戊寅元历	傅仁钧等	619	619—664	365.2446	29.53060
36	麟德历	李淳风	665	665—728	365.2448	29.53060
37	神龙历	南宫说	705	未用	365.2448	29.53060
38	九执历	瞿昙悉达	718	未用	365.2467	29.53058
39	大衍历	一行	728	729—761	365.2444	29.53059
40	五纪历	郭献之	762	762—783	365.2448	29.53060
41	正元历	徐承嗣	783	784—806	365.2447	29.53059
42	宣明历	徐昂	822	822—892	365.2446	29.53060
43	崇玄历	边冈	893	893—938	365.2445	29.53059
44	钦天历	王朴	956	956—963	365.2445	29.53059
45	应天历	王处讷	963	964—982	365.2445	29.53059
46	乾元历	吴昭素	981	983—1000	365.2449	29.53061
47	至道历	王睿	995	未用		29.53060
48	仪天历	史序	1001	1001—1023	365.2446	29.53059

序号	历名	撰修者	修成年代	行用年代	回归年	朔望月
49	乾兴历	张奎	1022	未用	365.2448	29.53050
50	崇天历	宋行古	1024	1024—1064 1068—1074	365.2446	29.53059
51	明天历	周琮	1064	1065—1067	365.2436	29.53059
52	奉元历	卫朴	1074	1075—1093	365.2436	29.53059
53	观天历	皇居卿	1092	1094—1102	365.2436	29.53059
54	占天历	姚舜辅	1103	1103—1105	365.2436	29.53059
55	纪元历	姚舜辅	1106	1106—1127 1133—1135	365.2436	29.53059
56	大明历	杨级	1127	1137—1181	365.2436	29.53059
57	统元历	陈德一	1135	1136—1167	365.2436	29.53059
58	乾道历	刘孝荣	1167	1168—1176	365.2436	29.53059
59	淳熙历	刘孝荣	1176	1177—1190	365.2436	29.53060
60	乙未历	耶律履	1181	未用	365.2431	29.53059
61	重修大明历	赵知微	1181	1181—1234 1215—1280	365.2436	29.53059
62	五星再聚历	石万	1187	未用	365.2445	29.53059
63	会元历	刘孝荣	1191	1191—1198	365.2437	29.53059
64	统天历	杨忠辅	1199	1199—1207	365.2425	29.53067
65	开禧历	鲍瀚之	1207	1208—1251	365.2431	29.53059
66	西征庚午元历	耶律楚材	1220	未用	365.2436	29.53059
67	淳佑历	李德卿	1250	1252	365.2428	29.53059
68	会天历	谭玉	1253	1253—1270	365.2429	29.53059
69	成天历	陈鼎	1271	1271—1276	365.2427	29.53059

序号	历名	撰修者	修成年代	行用年代	回归年	朔望月
70	授时历	郭守敬	1280	1280—1664	365.2425	29.53059
71	圣寿万万历	朱载堉	1554	未用	365.2420	29.53059
72	黄钟历	朱载堉	1581	未用	365.2420	29.53059
73	新法历	徐光启等	1634	1645—1723	365.2422	29.53059
74	晓庵历	王锡阐	1663	未用	365.2422	29.53059
75	癸卯元历	戴进贤	1742	1742—1911	365.2423	29.53059

古历的分期

对于这如此众多的历法和漫长的历法发展史,过去也曾有分期的研究,并提出可分三期,即《古六历》之前为历法萌芽期,《古六历》至明《大统历》为历法改革期,明末以后为中西合历期。这一分期当然不无道理。但是,对最富有中国特色的近百种古历,即从《古六历》到明《大统历》未能再作进一层次的分析,实在失于笼统。钱宝琮先生曾对这一时期的历法沿革做了详尽的叙述("从春秋到明末的历法沿革",《历史研究》,1960 年 3 期),对各历的成就和进步做了精辟的分析,成为该领域的代表之作。如果从各历的天文内涵和计算原理方面来分析,还可以进一步研究它们的分期。

第一期东汉乾象历之前,可称为固定周期均匀运动期。这里有《古六历》、《太初历》、《后汉四分历》等,这些历法都基于日、月、行星以固定周期匀速运动为前提,一旦确定了各种周期和起算点(历元),所有年的日历可简单地用周期循环叠加而推出。

第二期从《乾象历》至隋《皇极历》,包括魏、晋、南北朝的许多历法,不断认识到日、月、行星的运动是不均匀的,并陆续应用到历法推算中,是从均匀运动向非均匀运动的过渡时期。

第三期从隋《皇极历》至元《授时历》,为固定周期非均匀运动期,包括隋唐历法、众多的宋历及辽金历法。这是中国历法史上最重要的一个时期,为了计算各天体在固定周期内的非均匀运动,发展了二次和三次内插法等数学方法。它们以第一期的均匀运动为基础,再考虑各种非均匀运动的改正,用逐步逼近的方法力求符合天象,构成了中国历法计算的主体。

第四期为元《授时历》,可称做半固定周期非均匀运动期。这一期的酝酿可从南宋杨忠辅统天历开始,杨忠辅首次提出了回归年长度变化为古大今小的认识,《授时历》在此基础上创岁实消长法,每百年往前增万分之一日,往后减万分之一日。按现代天文学理论,回归年、朔望月、交点月等周期都不是固定不变的,且相邻两个周期也不相等,所以从固定周期走向半固定周期在认识上是重要的发展。

从这一分期可以看出,要研究中国古历,解读中国古历的计算原理和方法,第三期是关键所在,弄清了第三期历法的计算,可以上推远古,下通未来。以研究中国历法而著称于世的日本薮内清教授正是从隋唐历法入手,写下了《隋唐历法史之研究》这一奠基性著作,看来是不无道理的。

日　躔

躔,本表示日、月、行星在运动中经过某一天区;离,则表示离开某一天区,《太衍历》《历本议》曰:"日行曰躔"、"月行曰离",而通常日躔、月离或躔离,泛指日月之运动。

由于日月运动不均匀,按均匀运动(或平均运动)算得的日月合朔(日月黄经相同)时刻并不是日月真正合朔的时刻。

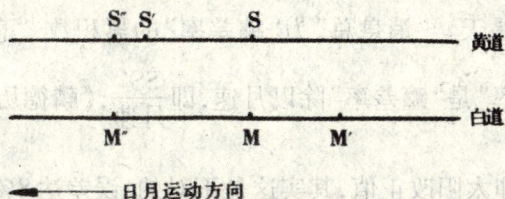

日月的合朔

太阳在黄道上运行,月亮在白道上运行,按平均运动计算,它们到达 S 和 M 时为合朔(平朔),但此时真正的太阳已到达 S′,月亮到达 M′,显然并不合朔,要等月亮走到 M″,此时太阳也到达 S″时才是真正的合朔(定朔)。由图可见定朔和平朔之间有一个时间差 ΔT:

$$\Delta T = \frac{S'S''}{日速} = \frac{M'M''}{月速}$$

$$\because M'M'' = M'M + SS' + S'S''$$

而 $M'M'' = \Delta T \times 月速$,$S'S'' = \Delta T \times 日速$

$$\therefore \Delta T = \frac{M'M + SS'}{月速 - 日速} = \frac{M'M}{月速 - 日速} + \frac{SS''}{月速 - 日速}$$

这里月速与日速之差可以用它们的平均速度差代替,误差不大,而 SS′ 和 M′M 是平朔时刻真太阳和真月亮比平均值快或慢的量。

在第三期的历法中都给出了日躔表和月离表,就是给出不同时刻的 SS′ 和 M′M 的值,来解决上述公式的计算问题。现引唐·李淳风《麟德历》日躔表之一部分为例说明之。

《麟德历》日躔表(部分)

中节	躔差率	消息总	先后率	盈朒积
冬至	益 722	息初	先 54	盈初
小寒	益 618	息 722	先 46	盈 54
大寒	益 514	息 1340	先 38	盈 110
⋮	⋮	⋮	⋮	⋮

这里"躔差率"就是从冬至至小寒一气之中太阳实际运行量比平均运行量多出的数,即 SS′,"益"表示正(快),"损"表示负(慢),分母为 1340,单位是天。"消息总"为"躔差率"的累积数,"息"为正,"消"为负。"先后率"是"躔差率"除以月速,即 $\frac{SS'}{月速}$,《麟德历》以此来代替 $\frac{SS'}{月速 - 日速}$,即太阳改正值,其实这是不对的,误差达 8%,该历取月速为 $\frac{895}{67}$,故先后率的算法为:

$$\frac{722}{1340} \div \frac{895}{67} \doteq \frac{54}{1340}$$

$$\frac{618}{1340} \div \frac{895}{67} \doteq \frac{46}{1340}$$

…………

可见,先后率的分母也是1340,单位为天。盈朒积为先后率的累积数,盈为正,《朒》为负。

对于用平均运动算得的任何一个平朔时刻来说,它不一定正好在冬至、小寒等等这些节气上,而是距某一节气有一距离,因此上述日躔表中的数据不能直接引用。中国古历中一般用内插法来求某二个气节之间的任一时刻太阳改正值是多少。隋以前曾用一次内插,即平均内插,隋以后改用二次内插法,《麟德历》用等间距二次内插法,其几何原理可解释如下:A 是冬至,B 是小寒,H 是大寒,梯形 ABCD 的面积就是太阳实际行度比平均行度多出的量。F 是冬至和小寒间的某一平朔时刻,梯形 AFGD 的面积就是 F 点的"躔差率"。按梯形面积公式:

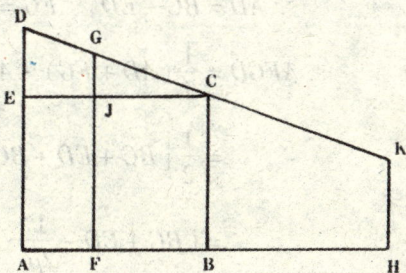

等间距二次内
插法的几何原理

$$S_{AFGD} = \frac{1}{2}(AD + FG) \cdot AF$$

由图可知: $AB = BH = \mu$(设一气之长为 μ 天)

$$(S_{ABCD} + S_{BHKC}) \div AH = BC$$

$$(S_{ABCD} - S_{BHKC}) \div EC = ED$$

梯形 ABCD 是冬至气躔差率(本气率),梯形 BHKC 为小寒气"躔差率"(后气率),从日躔表中都可以查得,所以

$$BC = \frac{1}{2}\mu(\text{本气率} + \text{后气率})$$

$$ED = \frac{1}{\mu}(\text{本气率} - \text{后气率})$$

用相似三角形的有关知识,可求得:

$$JG = \frac{EC - AF}{EC} \cdot ED = \left(1 - \frac{AF}{\mu}\right) \cdot ED$$

$$\because AD = BC + ED, \quad FG = BC + JG$$

$$\therefore AFGD = \frac{1}{2}(AD + FG) \cdot AF$$

$$= \frac{1}{2}\left[BC + ED + BC + \left(1 - \frac{AF}{\mu}\right) \cdot ED\right] \cdot AF$$

$$= \left(BC + ED - \frac{1}{2\mu} \cdot AF \cdot ED\right) \cdot AF$$

根据这一公式就可以计算任何时刻的"躔差率",进一步求得太阳改正值。

在《麟德历》中,BC 称做末率,ED 称做总差,$\frac{ED}{\mu}$ 称做别差,AD 称做初率,AF 称做气朔距(即所求的某一个平朔到最近一个节气的距离),$AFGD$ 称做气内改正。《麟德历》认为,冬至前后日行速,一气之间天数少,夏至前后日行迟,一气之间的天数多,故有进纲16,退纪17的安排,总称为纲纪。秋分后用进纲,每气含 $\frac{16 \times 11}{12}$ 天(14.67),春分后用退纪,每气间含 $\frac{17 \times 11}{12}$ 天(15.58),故式中的 μ 就叫做纲纪。按《麟德历》原文可以列出求气内改正的计算公式,结果为:

$$\text{气内改正} = \text{初率} \times \text{气朔距} \pm \frac{1}{2}\text{别差} \times \text{气朔距}^2$$

这就是我们上面从梯形面积而求得的公式。

式中本气率大于后气率时称前多,用正号,反之称前少,用负号。在公式推导中,一气之间的天数是相等的,称做等间距,上述式子就是等间距二次差内插法的公式。根据《唐书·历志》所述计算方法亦可得到这一公式。

月 离

日躔表解决了计算太阳视运动不均匀引起的太阳改正值问题。月离表是解决月亮改正值问题的,各历法中都给出了以近点月为周期的月离表,因为月亮视运动不均匀不是以朔望月为周期的。这首先就给计算增加了一个麻烦,即要先算出某一个平朔时刻距近点有多少天。按本章第二节的方法,设近点月的长度是 D 天,所求年冬至到上元有 NA 天,每过 D 天就是一个近点,所以:

$$(NA \div D)_{取余数} = g$$
$$g - d = h$$

h 就是所求年十一月平朔到近点的距离。

下面还是引用《麟德历》月离表的一部分,解释其计算方法。

《麟德历》月离表(部分)

变日	离程	增减率	迟速积
一日	985	增 134	速初
二日	974	增 117	速 134
三日	962	增 99	速 251
四日	948	增 78	速 350
⋮	⋮	⋮	⋮

表中"变日"指离开近点的天数,"离程"是一天当中月亮的实际运行度数,分母为67,单位是度。增减率是该日月实行度与月平行度之差除以月每日平行度的商,即 $\dfrac{MM'}{月速}$。《麟德历》以此来代替 $\dfrac{MM'}{月速 - 日速}$,即月亮改正值,如前节所说,这是有毛病的。增减率的分母是1340,单位是天。迟速积是增减率的累积值。该历取月速为 $\dfrac{895}{67}$,故增减率的算法为:

$$\frac{\dfrac{985}{67}-\dfrac{895}{67}}{\dfrac{895}{67}}=\frac{90}{895}=\frac{134}{1340}$$

$$\frac{\dfrac{974}{67}-\dfrac{895}{67}}{\dfrac{895}{67}}=\frac{79}{895}=\frac{117}{1340}$$

·········

对于某一个平朔时刻来说,它不一定正好是离近点的整数天,因此又要用内插法来求任何时刻的月亮改正值。其方法在上一节中已经解释。但是,此时 AB 和 BH 是一天之长,为 1340,μ 称做总法,BC 称做$\dfrac{通率}{总法}$,ED 称做$\dfrac{率差}{总法}$,AF 称为入余(是所求的某一个平朔时刻到近点距离,称入变日整数天后的余数),AFGD 称为经辰变率,是上述余数部分的增减率,其整数天部分的总增减率查月离表的迟速积可得。按上所述,

$$经辰变率=\left(\frac{通率}{总法}+\frac{率差}{总法}-\frac{1}{2}\times\frac{入余}{总法}\times\frac{率差}{总法}\right)\times 入余$$

如上节所述,这是前多时的情况,如将前少时的情况也合并起来并化简上式可得:

$$经辰变率=\left[通率\pm\left(率差-\frac{1}{2}\frac{率差}{总法}\times 入余\right)\right]\times\frac{入余}{总法}$$

前多时用正号,前少时用负号。

这一公式的推导是依据梯形面积公式而来的。对于太阳视运动来说,其不均匀性较小,用直线梯形来做近似,误差不大;但对月亮运动来说,用直线梯形来考虑只能作为一级近似。因此,麟德历的术文中又有一段求变率(即经辰变率)增减率(这一名词述文中未出现,作者依述文暂起的名。其详细算法参见刘金沂、赵澄秋:麟德历定朔计算法,《中国天文学史文集》第三集,科学出版社,1984 年)的计算方法,其几何原理如同上述,结果也颇为相似,这里录其结果而省去详细

推导,可参见所引论文。

$$变率增减率 = [通率 ± (率差 - \frac{率差}{总法} × 转余)] × \frac{变率}{总法}$$

前多时取正号,前少时取负号。

其中 $$转余 = 入余 ± \frac{1}{2}变率$$

入变日是十四日以前取负号,十四日以后取正号。

总结前述几个公式,得到求月亮改正值的计算方法:

$$月亮改正值 = 迟速积 ± 经辰变率 ± 变率增减率$$

右边第一项是入变日整数部分的增减率总和,第二项是入变日整数天以后余数部分(入余)的增减率一次修正值,第三项为二次修正值。当然还可以再做三次、四次修正值,等等。

平朔时刻与定朔时刻之差是太阳改正值与月亮改正值二项,利用上节和本节求得这二项之后,再加到平朔时刻上以后就得到定朔时刻,这就是第三期历法计算定朔的具体方法。

为明了起见,现举一例,试计算龙朔三年(664年)十一月定朔。

查《麟德历》,该年距上元 269880 年(N),回归年长 $365\frac{328}{1340}$ 天

(A),朔望月长 $29\frac{711}{1340}$ 天(B),近点月长 $27\frac{743\frac{1}{2}}{1340}$ 天(D),按公式计算:

$$a = (NA ÷ 60)_{取余数} = 269880 × 365\frac{328}{1340} ÷ 60|_余 = \frac{240}{1340}$$

(冬至干支,甲子)

$$b = (NA ÷ B)_{取余数} = 269880 × 365\frac{328}{1340} ÷ 29\frac{711}{1340}|_余$$

$$= 13\frac{350}{1340}$$

$$g = (NA ÷ D)_{取余数} = 269880 × 365\frac{328}{1340} ÷ 27\frac{743\frac{1}{2}}{1340}|_余 =$$

$$27\frac{297\frac{1}{2}}{1340}$$

十一月平朔干支 = $a - b = 46\frac{1230}{1340}$（庚戌）（不够减时加 60 再减）

十一月平朔距近地点 = $g - b = 13\frac{1287\frac{1}{2}}{1340}$（不够减时加 D 再减）

大雪节干支 = $a - \frac{A}{24} = \frac{240}{1340} - 15\frac{292\frac{5}{6}}{1340} = 44\frac{1287\frac{1}{6}}{1340}$（戊申）

可见十一月平朔在大雪节后二日不足，约为二日，即气朔距约为 2。查日躔表知大雪节盈朒积为 -54，属于前少的情况，算得该气初率 $\frac{50}{14.67}$，别差 $\frac{8}{(14.67)^2}$，按公式算得：

气内改正 = 初率 × 气朔距 - $\frac{1}{2}$ 别差 × 气朔距² ≒ 6.7（朒）

太阳改正 = 盈朒积 + 气内改正 = -54 + 6.7 = -47.3

十一月平朔的入变日为 13，入余为 $1287\frac{1}{2}$，该日迟速积为 -223，算得通率 129.5，率差 17，属于前少的情况，由公式（4.5）算得：

经辰变率 = $[129.5 - (17 - \frac{1}{2} \times \frac{17}{1340} \times 1287\frac{1}{2}]$

$\times \frac{1287\frac{1}{2}}{1340} ≒ 116$

由公式（4.7）算得：

转余 = 入余 - $\frac{1}{2}$ 变率 = $1229\frac{1}{2}$

由公式（4.6）算得：

变率增减率 = $[129.5 - (17 - \frac{17}{1340} \times 1229\frac{1}{2})] \times \frac{116}{1340} ≒ 11$

由公式(4.8)算得:

$$月亮改正 = -223 + 116 + 11 = -96$$

$$十一月定朔干支 = 46\frac{1230}{1340} - \frac{47.3}{1340} - \frac{96}{1340} = 46\frac{1086.7}{1340}（庚戌）$$

这个时刻相当于戌初二刻,约 19 时 28 分。

对于民用历法来说,计算定朔一般不用这样的方法,而是简单地用一次内插法来计算气内改正和经辰变率,也不计算变率增减率,故计算工作变得比较简单。仍用上例说明:

$$太阳改正 = 盈朒积 + 气内改正 = -54 + 54 \times \frac{2}{15},] \doteq 46.8$$

其中第二项的 54 是大雪气的先后率,2 是气朔距,15 是认为一气约有 15 天。

$$月亮改正 = 迟速积 + 经辰变率 = -223 + 121 \times \frac{1287\frac{1}{2}}{1340} \doteq -107$$

其中 121 是第十三日的增减率,$1287\frac{1}{2}$ 是入余。

$$十一月定朔干支 = 46\frac{1230}{1340} - \frac{46.8}{1340} - \frac{107}{1340} = 46\frac{1076.2}{1340}$$

这个结果同上面计算的相差无几。

晷漏和中星

晷是日影,漏是刻漏。由于太阳赤纬的变化,每日中午的影长不同,昼夜时刻的长短不同,冬夏至是两个极点。冬至影最长,昼最短,夏至影最短,昼最长。步晷漏或作步轨漏术即是计算各节气及一年中每一天的日影和昼夜长短的方法。显然,这同太阳的去极度有关。中星是指晨昏时刻正处于南中天的星,由于太阳每天在恒星背影上东移,故每日同一时刻处于南中天的星不同,这跟太阳每日东移的量有关。它可以用中天的宿度表示,也可用晨昏的太阳距中天的度数（去中度）表示。在第一、二期历法中就有相应的术文,但那时是用平均运动步算；第三期历法，认识到太阳视运动的不均匀，故在计算中也开始用不均匀运动步算。

由于地球大气对阳光的散射，日出前天已亮，日没后过一段时间天才黑，这叫晨昏曚影。因此，昼夜漏的开始不是日出没时刻。古历一般规定日出前2.5刻为昼漏的起点，日没后2.5刻为夜漏的起点。一天分100刻，又分十二辰，故1辰 $= 8\frac{1}{3}$ 刻，一辰又分初、正二段，故每段为半辰 $= 4\frac{1}{6}$ 刻，一天的起点是夜半，为子正，而十二辰从子初算起。所以对于日出日没辰刻和昼夜漏的起点辰刻都需要化算。

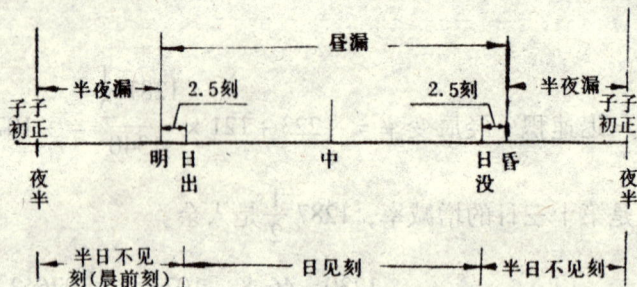

刻漏与十二辰

由于太阳在黄道上运动，太阳赤纬随时变化，致使每日的晨前刻都不同，这就要借助步晷漏术。步晷漏术的名称虽然从唐《大衍历》才开始有，但《大衍历》之前的历法就有相应的算法，即使第一、二期历法中也有晷漏中星表，按24节气给出各气初日的晨前刻或夜漏刻之半，还有阳城晷景长度，黄道去极度（即太阳去极度），昏去中星度（即昏中度），昏旦中星等内容。第三期历法的表中又增加每日的陟降律和消息衰（或屈伸率、发敛差），各历名称不同，意思是指逐日的变化量和累积数，这是考虑太阳视运动不均匀的需要。

根据实际观测，冬夏至昼夜漏刻之差为20刻，而太阳去极度为48度（黄赤交角为24度），按比例计算，太阳去极每差2.4度昼夜漏刻差一刻，所以，相邻二气昼夜漏刻差 $= \dfrac{20}{48} \times$ 去极度差。刻差和去极度差两项只要知其一项，另一项即可求。《麟德历》用屈伸率和每日的发敛差来累计刻差，求得每日刻差以后即可求每日的晨前刻和太阳去极度。

现在仍以《麟德历》为例说明之。下表是《麟德历》晷漏中星表的一部分：

《麟德历》晷漏中星表（部分）

定气	晨前刻	昏去中度	黄道去极度	屈伸率	发敛差
冬至	30 刻	82 度 2 分	115 度 3 分	伸一 3 分	益 16
小寒	29 刻 54 分	83 度	113 度 1 分	伸三 7 分	益 16
大寒	29 刻 18 分	84 度 8 分	110 度 7 分	伸六 7 分	益 22
⋮	⋮	⋮	⋮	⋮	⋮

每刻为 72 分，故 1 辰是 8 刻 24 分。设要求冬至后 10 日的晨见刻及各量，依术文："置其气屈伸率，各以发敛差损益之，为每日屈伸率。差满十从分，分满十，为率。各累计其率为刻分。百八十乘之，十一乘纲纪除之，为刻差。各半之，以伸减屈加晨前刻分，为每日晨前定刻。……以三十四约刻差，为分，分满十为度，以伸减屈加气初黄道去极，得每日，以昼刻乘基实，二百乘总法除，为昏中度。"每日发敛差 16，10 日累计 160，为 16 分，加气初 13 分，为 29 分，这样即可求出：

晨前刻：30 刻 $- \left(\dfrac{29 \times 180}{11 \times 16} \right) \div 2$ 分 $= 30$ 刻 $- 14.8$ 分

$\qquad = 29.79$ 刻 $= 29$ 刻 57 分

昼刻：$(100 - 2 \times 29$ 刻 57 分$) + 5$

$\qquad = (100 - 59$ 刻 42 分$) + 5$

$\qquad = 45$ 刻 30 分

昏去中度：$\left(45.42 \times 365 \dfrac{328}{1340} \right) \div 200$

· 65 ·

$$=82.94 \text{ 度}$$

黄道去极度：$115.3 \text{ 度} - (29.6 \div$

$34) \times 2$

$$=113.6 \text{ 度}$$

至于从太阳去极度推求晷影长短，《大衍历》设计了一套计算方法。实际上，根据简单的三角函数关系由太阳去极度可以方便地得到八尺之表的影长。中国古代天文学家用巧妙的代数学方法解决了这一问题，体现了中国天文学的特色。计算公式为：

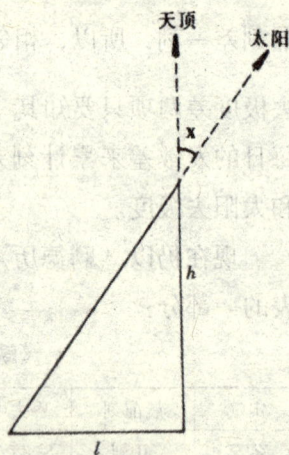

三角函数
法求影长

$$\frac{\text{影长 } l}{\text{表高 } h} = \text{tg}x$$

x 是太阳的天顶距，即太阳去极度减去天顶去极度的差。表高 h 是 8 尺，故 $l = 8\text{tg}x$。在《大衍历》中，以 x 为引数给出了影长 l 的值，即 $8\text{tg}x$ 的值，x 从零度到 78 度。这实际上是编出了一份正切函数表。利用这个表，可以从影长查得天顶距，进而求得去极度，也可以从去极度求出天顶距后，再查表得影长。这样在角度和长度之间就建立了联系。这在我国天文学史和数学史上都是一大进步。

宇宙无限和天地成亡

尽管盖天说和浑天说在我国有广泛影响，它们都主张天体附缀在有形质的天盖或天球上，但是关于宇宙无限的思想也在我国流传。这类思想有的认为天是无形质的无限空间，如宣夜说；有的认为在有形质的天之外还有无限的宇宙，如张衡的《灵宪》。对于这无限的内容又包含有空间和时间二方面，实际上就是时空无限的统一。

战国时代，后期墨家的论述中具体讲到了宇宙的时空含义，《墨经》曰："宇，弥异所也。"《经说》解释为："宇，蒙东西南北。"《墨经》曰："久，弥异时也。"《经说》解释为："久，合古今旦莫。"这里久同宙，莫同暮，二句话的意思是说宇宙为空间和时间。战国时代的尸佼也有类似看法，后人辑录成书的《尸子》中提到："上下四方曰宇，往古来今曰宙。"空间和时间的统一在于它们的紧密结合，《墨经》曰："宇或徙，说在长宇久。"意思是说，空间的迁移（徙）使得时空都变化了（长）。《经说》的解释是："长宇，徙而有处，宇南宇北，在旦有在莫，宇徙久。"这个意思也就是空间的变化，迁移又静止，或南或北，而时间上相应有早晚之变，结果是时空都变迁了。

张衡是著名的浑天说学者，他阐述了浑天说的天地结构，在作了"浑天如鸡子，地如鸡中黄"的比喻之后又说："过此而往者，未知或知也。未知或知者，宇宙之谓也。""宇之表无极，宙之端无穷。"他将宇宙和天地作了区分，在有形质的天地之外是未知或知的宇宙，而这宇宙是无极无穷的。这种无限观虽然还不能同宣夜说相比，但主要是由于对我们日常所见的天空有局限认识所致，他将无限的宇宙与直观感觉中的天地区别开来还是有一定现实意义的。

用现在的观点来看，我们所见到的天空就是无限的宇宙，但古人对所见之蓝天却有自己的理解。他们认为自古所见之日月星在我们的天地之内，我们的这个天地之外还有另外的天地，在那里是另一番世界。且看一段颇带神话色彩的对话：

姑射谪女问九天先生曰：天地毁乎？

答曰：天地亦物也，若物有毁，则天地焉独不毁乎？

问曰：既有毁也，何当复成？

答曰：人亡于此，焉知不生于彼？天地毁于此，焉知不成于彼也？

问曰：人有彼此，天地亦有彼此乎？

答曰：人物无穷，天地亦无穷也。譬如蛔居人腹，不知是人之外更有人也；人在天地腹，不知天地之外，更有天地也。故至人坐观天地，一成一毁，如林花之开谢耳，宁有既乎？

这则小故事包含了丰富的思想，这里承认，天地是物质的，天地有成毁之演变过程，天地是宇宙中的一个局部区域，天地之外更有天地，宇宙中有无限的天地。由于这无限天地的不断成毁，构成了宇宙的无限。

"或问天地有始乎？曰：无始也。天地无始乎？曰：有始也。未达，曰：自一元而言，有始也；自元元而言，无始也。"《鬓龙子》的这段话也表达了上述思想。

尽管在古代尚没有近代科学的理论武装，古人对天地起源和演化的论述缺乏理论基础，只能停留在思辨的范畴内，但他们用变化的眼光来看待天地，用无限的概念来对待具体事物的演变，确实包含着朴素辩证的思想因素，成为中国古代宇宙理论的重要成就。

星 名

当你翻看一张古星图或打开前面提到的《步天歌》，你马上会为各种古星名而眼花缭乱。如果你还知道一些现代星座的名字，你也马上会感到这两者有多么明显的不同！是的，中国古星名同现代流行的星座是完全不同的两个体系。

现在流行的星座和星名基本上是古希腊的体系。将全天分成若干区域，每一区域就是一个星座，将该区域内的亮星按某种想像用线联结起来，构成各种图形，赋予各种名称。目前通用的星座共88个。名称多系各种动物和神话故事中的人物、用品。

中国古星名是一个庞杂的体系。这可能说明了这些星名的产生不是一时一地一人的作为，它综合了不同时代、不同地域和不同人物的贡献而成为这个样子。

如果粗略地将中国古星名进行归纳，大体可有如下10大类。

生产生活用具类：北斗、南斗；箕、毕、弧矢、屏、天困、天仓、天苑、天园、天廪、天船、天津、杵、臼、五车，等等；

人物类：人、子、孙、老人、丈人、农丈人、王良、造父、奚仲、织女，等等；

官职类：帝、太子、上卫、少卫、上丞、少丞、上将、次将、上相、次相、郎将、从官、幸臣、谒者、五诸侯、侯、虎贲、进贤、执法、摄提、御女、七公、太尊、文昌、三公、九卿，等等；

军事类：骑阵将军、天大将军、骑官、积卒、车骑、垒壁阵、天枪、座旗、参旗、左旗、右旗、军井、军市、军南门、斧钺、铁锁、钺、羽林军，等等；

动物类：鱼、龟、鳖、狗、天狗、天狼、狗国、野鸡、腾蛇、天鸡，等等；

国名地名类：魏、赵、中山、九河、河间、晋、郑、周、秦、蜀、巴、梁、楚、齐、燕、南海、徐、东海、吴越、南河、北河，等等；

贸易类：列肆、屠肆、车肆、斛、帛度、天钱、酒旗、市楼，等等；

建筑类：天街、天庙、天垒城、南门、天门、天关、离宫、器府、车府、天厨、厕、灵台、明堂、长垣、罗堰、坟墓、天牢、神宫、天厩，等等；

自然类：月星、霹雳、雷电、云雨、积水、梗河、天阴，等等；

其他类：阿星、耀、常陈、玄戈、平星、招摇、天馋、卷舌、附耳、傅说、伐星、四渎、钩铃、长沙、建星、河鼓，等等。

当然，还有二十八宿的一组名称。

命名，往往带有某种含义，还同人们的经历、思想、哲学逻辑有关。古人对天空很崇拜，给天星命名也会含有不同的意识，那众多的官职名称可能出自统治制度逐渐完善后的官员，而大量的生产生活用品名称可能来源于广大的原始劳动者之口。随着人们对恒星的不断认识，数量和名称逐渐增长，形成了带有中国特色的星名系统。

除了在书上看到的大量古星名，在我国各地民间还流传着一些别名，这些别名往往同一些美丽的故事联在一起。例如牛郎织女的故事，就同银河两旁的河鼓（牛郎）和织女星相关。河鼓三星和心宿三星还有另外的名称，分别称为石头星和灯草屋。有一则故事说石头和灯草分别是前娘和后娘生的儿子，后娘让前娘生的儿子挑石头，让自己生的儿子挑灯草。这一天遇上了大雨和顶头风，石头既不吸水，受风的阻力也小，所以他顺利地渡过河到达河东；而灯草吸足了水，分量又重、体积又大，大风顶着走不上前，仍远远落在河西。此外，尾宿的最后二星正在银河边，夏夜在南方天空闪亮，人们称她们为姑嫂车水星，好像她们正利用夏夜的凉爽时刻辛勤地车水灌地哩！

冬夜星空中的昴星，民间称为"七姐妹"星，鄂伦春人称为"那里那达"，意为七仙女。附近的毕宿称为猪星，东边的参宿称"玛恩"，是个妖精，毕参之间的小星是玛恩的弓箭。这个妖精老想追上七仙女并要同她们结婚，而那头猪就回头拱它，因而玛恩用弓箭去射猪头，但因为没对正，所以总射不着，它的目的也达不到，只好永远这样呆在天上。在海南黎族人民中昴星称为"多兄弟星"，即六个兄弟在一起，说另外还有一个小兄弟星，本来生活在一起，但六个哥哥都结婚后就谁也不养活小兄弟了。小兄弟看见月亮又大又亮，心想那里一定有吃的，就跑到那里去了，在那里开荒种地盖房子，还同一个仙女结了婚。六个哥嫂看见小兄弟富裕起来了，就叫他们回去，但小兄弟不喜欢这些无情无义的兄嫂，无论如何也不回去，所以昴星里只看见六个星。在中原地区，昴星在大地回暖季节的早晨高悬南天，催促人们及早春耕，故也被称为犁星和犁头星。

从上述故事可见，天文学从古老的时候起，就同人们的生产活动和日常生活紧紧相联。给星辰命名，也反映了人们的辛勤劳动，对美好的追求，对邪恶的憎恶和反抗，这是多么真挚而朴素的情感啊！

古日食与地球自转

自古以来，人们用一天作为计量时间的基准，这就是地球自转一周所需的时间。在这样做的时候大家不自觉地承认地球自转周期是不变的。但从18世纪以来的天文观测中就已发现了这一问题，随着计时测时科学的发展，20世纪终于确认了地球自转是不均匀的，因此以地球自转作为计算时间的传统观念发生了动摇，天文学上不得不用均匀的时间系统来做基准，出现了历书时和原子时系统，以区别于用地球自转而确立的世界时。不过由于民用时的要求不必那么精确，所以人们日常使用的是一种协调世界时。

地球自转不均匀表现为三种变化，一是长期减慢，二是不规则变化，三是周期性变化。

长期减慢是逐渐累积的，由于地球自转变慢，一天的长度在增加，古时候一天较短，现代较长。引起地球自转长期减慢的主要原因是潮汐摩擦，因为潮汐总是逆着地球自转的方向，它使地球自转的角动量减少，而因地月系角动量守恒，故月亮逐渐远离地球，月亮绕地球的公转周期变长，根据古珊瑚化石和浅海里一种鹦鹉螺化石生长线的研究，发现日长和朔望月长度在历史上的情况如下表：

地质年代日长情况表

地质年代	日长（小时）	一年的天数	朔望月天数
寒武纪（约5亿年前）	21	415	31.5
泥盆纪（约3.8亿年前）	22	396	30.5
石炭纪（约2.9亿年前）	22.6	391	30.1
中生代末（约7千万年前）	23.67	370.3	29.9
目前	23.95	365.26	29.53

不规则变化是时快时慢，慢的在几十年或要更长时间内发生微小变化；中等的在10年时间内发生明显变化；快的在几星期到几个月内发生较大变化，这种变化能比微小变化大100倍。引起这些变化的原因正在探讨之中，可能由地核与地幔间的角动量交换或海平面与冰川的变化引起，也同地面上风的作用有关。

周期性变化是本世纪30年代才发现的，主要同季节有关，表现为春季慢、秋季快，这是由风的周年变化引起。此外还有以半年为周期的变化，这是因为地球轨道为椭圆，日地距离周期性地远近变化，引起太阳潮汐的不同。至于以一月和半月为周期的微量变化则是因月地距离有远近，月球潮汐不同所致。

三种变化中以长期变化最值得研究，因为这同地球月亮的演变以至太阳系的演化研究有密切关系，对太阳系稳定性问题也有联系。长期减慢使日长增加，根据现代的测量，其数量约为每世纪日长增加 1~2 毫秒，即现今的一天比 100 年前的一天长 0. 001~0. 002 秒，一般取 0. 0016 秒。别看这个数字很小，长期累积起来就是非常可观的。现以 1 毫秒计算：

100 年累积：0. 001×365×100 = 36. 5 秒

200 年累积：0. 001×365×100 + 0. 002×365×100 = 109. 5 秒

300 年累积：0. 001×365×100 + 0. 002×365×100 + 0. 003×365×100 = 219 秒

……

2000 年累积：$365×100×10^{-3}(1+2+3+……+20) = 7665$ 秒

可以看到，在公元 1000 年附近，累积差 30 分钟以上，公元 600 年，差 1 小时多，公元 0 年，差 2 小时 10 分，公元前 700 年，差 5 小时以上。

由于上述时间的累积差，必然使我们按现今的日长而计算的古代日食同古代实际观测的情况产生差别，这一差别有二种表现形式，一是全食带的经度东移，二是某地食甚时刻推迟。这一现象在上世纪末德国天文学家奥泊子等人编算《日月食典》时已经发现，但那时人们对地球自转长期减慢的现象尚不清楚，他们只能按实际情况做些经验性的修正。

20 世纪 20 年代天文学家福瑟林厄姆和德西特想到可利用古代日食记录来求观测时刻与计算时刻的积累差值，进而探索日长增加的规律。他们只收集到古巴比伦和古希腊的 5 次日全食资料，得到的结果虽比现代测定值大了几乎近一倍，但这毕竟开拓了这一领域的研究方法。1939年，琼斯利用200多年来行星和太阳的观测资料从理论上求出地球自转的相对变化，发现日长的增加大约每世纪0.0016秒。这一数据为许多人公认，研究工作暂告一段落。

1938年狄拉克提出，引力常数G减少的问题需要验证。1961年迪克得出G的减小不会大于每年10^{-11}。而人造卫星上天以后的长期观测却发现，地心引力常数GM的减小大约是每年2×10^{-10}左右，比迪克的数据大了20倍。有人认为这是G减小的一个验证，但有人认为这是因地球质量M在减小所引起的。根据现代的研究，使地球自转长期减慢而引起日长增加的因素有六项，各自的效果列于下表：

引起日长变化的诸因素

原因	加速度（秒/世纪^2）	日长变化（秒/世纪）
月潮	−995	增加0.0018
日潮	−292	增加0.0005
海平面上升	−384	增加0.0007
大气潮	+77	减少0.0001
行星际电磁场	−278	增加0.0005
地球质量减小	+949	减少0.0017
合计	−925	增加0.0017

从上表可见，如不考虑地球质量减小，日长的增加每世纪为0.0034秒，而目前的观测值是0.001～0.002秒，一般取0.0016秒。看来地球质量的减少因素不可忽视，而G的减小可能是微不足道的。

由于这一系列因素，古代的日食记录再次受到重视，因为这毕竟是一种有别于现代观测的资料。1969年以后，罗·牛顿、姆勒、斯蒂芬逊等人重新分析古代日食资料，尤其利用了9项中国汉代以前的古记录，得到了大致跟现代测量一致的结果。牛顿认为，中国的古记录非常可靠。

进行这一项研究，对中心食（日全食或日环食）只要有见食地点或时刻就行。中国古代的日食记录往往无见食地点的明确记载，但在历代的都城都建有天文台，故可将见食地点定在都城。至于见食时间，由于古代的时刻制度和计时精度都有误差，给研究工作带来困难，但是只要记录日足够古老，就可以降低相对误差。从上面的估算可见，古代记录应选用公元 600 年以前的，最好选汉代之前的古日食记录。

20 世纪 80 年代初，北京天文台李致森、韩延本等人对春秋时代到初唐 1400 多年间的 88 次中心食记录做了系统分析。他们用历书时标准逐一计算出每次食的中心线，定出每次食中心线上与观测地点纬度相同的点，该点的经度与观测地点经度的差化成时间差，就是所求的计算值与观测值的时间累积差值 ΔT。这是因为历书时标准的古代日食中心线与实际发生日食时地球表面上的见食中心线之差主要表现在经度方面，纬度方向的漂移较小。

他们绘出了 88 次日食的 ΔT 值随时间的变化图，可以看出越到古代 Δt 值越大的趋势。这一趋势就表示了地球自转变慢的累积效应，据其平均值就可以求出地球自转长期变慢的速率。将这一结果同最近 200 年来的天文观测相比，发现同现今的值接近（参见《天体物理学报》4 卷 2 期，第 107 页）。

笔者曾从古代记录的见食地点方面分析，发现笼统地定为都城所在地会带来 ΔT 值弥散过大的毛病，因而提出一种修正方案。经修正后可以降低弥散，改善计算结果。

应该指出，该问题的研究还只是开始，要拟合一个较好反映历史时期地球自转速率变化的 ΔT 曲线还有待于利用更多的古代天象记录和多种方法。上面提到的只是一种方法，即中心食法，而且只用了见食地点一个参量。其实可以用来做此项研究的还有其他参量，如见食时刻，偏食的最大食分，月食、月掩星、行星冲时刻，春秋分和冬夏至时刻等，一般说来，对于地域性差异较强的天象，如中心食带、行星掩星、月掩恒星等，可利用它们的记录地点，对于可见地域广大的天象，可利用它们的记录时刻。当然如何利用这些古记录，还有待理论研究和处理方法的提出，以及相应的计算技术。目前这一领域的研究正成为天文地球动力学研究的一个课题，大有发掘之必要。

彗星记录

古代彗星记录的整理研究尚有待进一步开展，目前的工作还仅在于确定哪些记录属于同一个彗星的若干次观测或同一个周期彗星的多次回归。研究工作中对哈雷彗星的轨道和长期运动较为成熟，且得到了一些有趣的结果。

我国有哈雷彗星的最早记载，而且有连续30多次的回归记录，历时2000多年，这一份珍贵资料已为许多研究者利用。我国天文学家张钰哲利用这份资料计算了哈雷彗星40次的回归运动，旅居爱尔兰的华侨天文学家江涛计算了45次回归的轨道根数。由于望远镜使用于天文观测以后，欧洲的天文观测比较精密。哈雷本人在1705年计算了1531、1607、1682年3次回归的轨道，确认它是一个周期彗星，并预言1758年还会回来。以后的1758、1935年2次回归轨道也被精确计算过，所以现代的计算以这些轨道为基础，再往前就得参照中国古代的记录。在哈雷彗星的回归运动中，由于经过巨大的行星天王星、海王星、木星和土星等附近，它的轨道受到摄动，因此要考虑这些行星的影响。1968年，米切耳森首次指出，非引力效应会使哈雷彗星的速度减慢。这是因为如果彗星核是一个外围有气壳的干冰团模型，当它运动到太阳附近时，蒸发出的水气和其他离子受太阳光压力的作用抛向后方，形成彗尾，火箭效应大约使哈雷彗星过近日点的时间要推迟四天以上。江涛在1981年的计算中既考虑了各大行星的摄动，又考虑了这一因素，因而其结果同张钰哲1978年的计算略有不同。

哈雷彗星历史回归情况

序号	过近日点日期		中国历史年号	周期		估计视星等
	江	张		江	张	
0		1986.2.9			76.011 年	+2
-1	1910.4.20	1910.4.19	清宣统二年	76.08	75.992	0
-2	1835.11.16	1835.11.11	清道光十五年	76.27	76.858	0
-3	1759.3.13	1759.3.7	清乾隆二十四年	76.89	77.663	-1
-4	1682.9.15	1682.9.9	清康熙二十一年	77.41	75.630	0
-5	1607.10.27	1607.9.27	明万历三十五年	76.06	75.168	0
-6	1531.8.26	1531.7.19	明嘉靖十年	76.50	76.571	-1
-7	1456.6.9	1456.4.28	明景泰七年	77.10	76.086	0
-8	1378.11.10	1378.10.7	明洪武十一年	77.76	77.740	-1
-9	1301.10.25	1301.10.17	元大德五年	79.14	77.388	-1
-10	1222.9.28	1222.11.7	宋嘉定十五年	79.12	79.675	-1
-11	1145.4.18	1145.6.18	宋绍兴十五年	79.02	79.004	-2
-12	1066.3.20	1066.5.4	宋治平三年	79.26	78.509	-4
-13	989.9.5	989.10.9	宋端拱二年	77.14	76.584	-1
-14	912.7.18	912.7.8	后梁乾化二年	77.45	77.516	-2
-15	837.2.28	837.1.6	唐开成二年	76.90	75.554	-5
-16	760.5.20	760.4.19	唐乾元三年	77.00	75.132	-2
-17	684.10.2	684.9.27	唐光宅元年	77.62	77.529	-2
-18	607.3.15	607.4.2	隋大业三年	77.47	78.246	-4
-19	530.9.27	530.10.18	梁中大通二年	78.90	78.869	-3

| 序号 | 过近日点日期 | | 中国历史年号 | 周期 | | 估计视 |
	江	张		江	张	星等
-20	451.6.28	451.6.29	刘宋元嘉二十八年	79.29	78.419	-3
-21	374.2.16	374.1.21	晋宁康二年	78.76	77.382	-3
-22	295.4.20	295.3.18	晋元康五年	79.13	78.528	-3
-23	218.5.17	218.3.8	汉建安二十三年	77.37	77.906	-4
-24	141.3.22	141.2.13	汉永和六年	77.23	77.548	-4
-25	66.1.25	65.12.23	汉永平八年	76.55	76.425	-7
-26	-11.10.10	-11.9.27	汉元延元年	76.33	74.965	-5
-27	-86.8.6	-86.8.15	汉武帝后元二年	77.12	76.998	
-28	-163.11.12	-162.1.20	汉文帝后元二年	76.88	77.094	
-29	-239.5.25	-239.8.2	秦王政七年	76.75	76.488	
-30	-314.9.8	-314.12.6	周慎靓王六年	76.17	76.208	
-31	-390.9.14	-390.12.8	周安王十一年	76.12	76.641	
-32	-465.7.18	-465.9.2	周贞定王三年	76.15	73.767	
-33	-539.5.10	-539.11.1	周景王五年	75.73	75.326	
-34	-615.7.28	-614.7.1	周顷王四年	75.70	74.833	
-35	-689.1.22	-689.12.20	周庄王八年	74.35	74.940	
-36	-762.8.5	-761.1.11	周平王九年	74.27	72.850	
-37	-835.5.9	-833.3.12	周共和八年	74.97	73.817	
-38	-910.5.20	-907.6.27	周懿王	75.06	75.193	
-39	-985.12.2	-982.8.17	周昭王	74.53	75.288	
-40	-1058.12.3	-1056.3.7	周武王?	72.68	74.101	
-41	-1128.4.3			70.52		
-42	-1197.5.11			68.89		

序号	过近日点日期		中国历史年号	周期		估计视星等
	江	张		江	张	
-43	-1265.9.5			68.15		
-44	-1333.8.25			69.82		
-45	-1403.10.15			71.86		

江涛从计算中发现，从公元前240年到1910年的29次回归记录中有14次彗星同地球接近到0.25天文单位之内（地球到太阳的平均距离为一个天文单位，约1.495亿公里），最近的1次是837年，接近到0.04天文单位，唐代对这次回归的记录特别详细。其他还有2次（607和374）也非常接近，距离是0.09天文单位，141年回归接近到0.17天文单位。这4次接近均是4月份。但是从公元前315年到公元前1404年的16次回归中，只有2次（前1266年和前1404年）接近到0.25天文单位之内。这可能是公元前240年之前观测记录特别少的原因。但他感到奇怪的是公元前164年9～10月份，彗星与地球最近为0.1天文单位，而古代记录在该时期却没有见到。张钰哲认为，这次中国古记录中年和月有误，所见方位与计算相符。

1972年，美国天文学家布莱迪从计算中发现，每次哈雷彗星过近日点时刻有513年的周期性剩余，他认为这可能同一个大质量的冥外行星有关。江涛从天体力学的理论出发指出，对于理想的太阳——木星——彗星三体系统，这一种周期是固有的性质。有趣的是江涛同张钰哲的计算之间也有大约600年的周期性差异，在张的计算中，初始轨道只用1909～1911年间的观测，且没有考虑非引力效应，也不用历史记录随时进行修正，因而这一差别的出现就是理想的三体运动模型所造成的。可见在对古代哈雷彗星的轨道计算中，非引力效应和用古代记录随时进行修正是必要的。

通过多种方法计算，总的发现是哈雷彗星的轨道根数在逐次变化。公元前 240 年以来，其周期、近日距、轨道偏心率大致保持不变，而在公元前 240 年之前，由于没有观测资料随时进行修正，近日距在减小，周期在增长，亮度逐渐变暗，这对研究其演化是很有价值的信息。

1985～1986 年回归时人们对哈雷彗星做了许多研究，特别是对彗核的近距观测和物理性质分析，基本证实了以前设想的脏雪球模型、冰核周围的气壳每次回归时都要损失一些质量，必然使哈雷彗星逐渐减弱，直至瓦解。

流星记录

彗星同流星雨的关系在 100 多年前已被观测到，那是由比拉彗星的分裂瓦解而揭示了秘密。1826 年发现了这个短周期彗星，绕日周期是 6.62 年，每次回归前天文学家都预先计算了轨道，但在 1846 年回归时它却在一夜之间分裂成两块，一星期后就成了两个差不多大的彗星，到 1852 年再见到时，俨然就是两颗彗星在同一个轨道上运动。可这就是它们最后一次露面，以后的回归年份中都找不到它们的踪影，直到 1872 年 11 月 27 日，根据计算这一天应是地球同它们的轨道相遇的日子，当晚人们看到了壮观的流星雨，历时六七个小时，总流星量在 16 万颗以上。所有的流星似乎都从仙女座的一点发出来，这就是辐射点。人们想到比拉彗星这位久不回归的老朋友，发现这场流星雨就是比拉彗星瓦解以后的残片落进了地球大气层，最后烧掉消失了。1885 年 11 月 27 日，人们又一次看到了一场流星雨，但规模已不如 13 年前，可见比拉彗星的残片已进一步瓦解，所剩无几了。

彗星瓦解成流星雨的观测事实揭示了一个演化程序，即流星雨是彗星的归宿，而单个流星可能又是流星雨进一步瓦解的产物。当然，有许多彗星的轨道不同地球轨道相交，它们瓦解后不会落到地球上成为我们见到的流星雨，而是成群结队地在其轨道上运动，这就是宇宙中的流星群。也有些逐渐脱离原轨道而散布于空间，成为单个流星体。当空间飞行器在飞行途中跟这些"散兵游勇"相遇时，说不定就会酿成一场灾难。

现在已经弄清了8个著名的流星群同彗星有关，这些彗星有的已经瓦解，有的还未瓦解。至于有些未能找到对应彗星的流星群，它们的母体彗星可能在古代早已瓦解了。

在我国丰富的古代彗星记录中，彗星分裂的现象早有记录。《新唐书·天文志》载："乾宁三年十月（896年11月），有客星三，一大二小，在虚危间，乍合乍离，相随东行，状如斗。经三日而二小星先没，其大星后没。"这可能就是一次能追寻其后踪迹的线索。我国古代的流星群记录有100多条，彗星记录更多，沟通它们之间的关系，从历史上再来寻找彗星和流星雨关系的例证也是有意义的研究课题，可惜现在尚未看到这类工作。

陨石记录

陨石历来是研究天体的重要标本，现在已从陨石中得知空间含有很多种有机分子，给生命起源和演化研究提供了资料。古代陨石由于落地时间长，已受到地球上有机物的浸染，这一方面的研究价值已失去，但对历史上的陨石记录做一些统计分析还是有意义的。

古代陨石的资料过去只收集到不足100条，这对统计研究似嫌太少。20世纪70年代大量明清地方志被查阅，得到数百条古陨石记录，使统计研究有了基础。首先是频数统计：每陨落一次陨石的平均年数，夏商时代由于记录遗失很多，达500年以上才有1次；明清以后，记录频繁，且都保存较好，平均每2年总有1次。这一情况可以想象得到，不足为奇。奇怪的是从秦汉到元朝的1500年间，号称发达的唐代却是陨石记录最少的时期，平均58年才记录1次，而汉代是23年，宋代是18年，这种现象恐怕就不能以记录遗失来解释了。

再做100年、50年、5年频数统计，可以看出，存在明显的起伏变化，唐代688年到896年是延续最长的一个低潮期，200多年中一次陨石记录也没有。有人认为要对这种起伏变化做出解释是不容易的，但可能有二方面原因一定要提及，一是陨石降落有自身的客观规律，二是人们的科技水平、社会状态、关心程度、人口密度和分布。陨石降落密度和人口密度分布的统计表明，两者密切相关。我国历史上陨石记录最多的地区是：河南、江苏（包括上海）、河北（包括京、津）和山东，这四个地区正是我国人口最多、科学文化最发达的地区。若以平均分布密度来统计，则是江苏、河南、山东、河北，这正好是人口密度的排列顺序。出现这种相关也是可以想像的，因为陨石是要人去发现并记录的。

从月份的分布来看，夏季最多，约占35%，春秋季差不多，各约占25%，冬季只占15%。上半年60%，下半年40%。这个结果与地球在不同季节和月份在太空处于不同的环境，人们的活动程度受季节和月份的影响有关。按陨落时间来分析，白天多黑夜少，约是6：4，这可能是因为白天的陨石落下时与地球相对速度较小，不易烧毁而到达地面的机会较多，也同白天人们的活动较多有关。

关于陨石降落的时序分析，因为大量的陨石记录出现在明清时代，使统计工作不得不分段进行。1479年之前和之后可分成两段，这可能是由于1479年以前的记载不详，有较多遗漏，也可能是陨石降落有超过人类文明史的更长周期。但在两个时段中1年内陨石频数和10年内陨石频数的相关分析都表明，存在着240年的周期性，这恐怕不是偶然的巧合。此外，在620～1479年时段和1400～1920年时段，都出现60年的周期性，这又是一个意外的结果。当然，这仅仅是根据中国局部地区的资料分析所得，它是否显示了全球性的规律，还有待更多的资料来验证。另外，陨石现象并非是孤立的天文事件，应把它同极光、太阳黑子、地震、气象、水文等因素都集中起来做综合性的相关分析。

太阳黑子和极光

太阳黑子是太阳表面上温度较低的区域。出现黑子是正常现象，用望远镜观测几乎每天都可以看到黑子，在太阳活动比较频繁的年份会出现较多的黑子，甚至出现黑子群。在早晨或傍晚，太阳穿过薄云浓雾的时候，光度大大减弱，肉眼也可见到。这种现象我国古代的天文学家不仅观测到多次，而且留下了生动的记录。可以想见，中国古代记录的黑子当然是比较大的黑子群，是太阳活动频繁的重要标志。

太阳黑子出现有 11 年的周期性，这是 100 多年前发现的，当时天体物理学尚未诞生，对太阳的物理性质研究尚未开始，德国天文爱好者施瓦布从 1826 年起每天观测太阳的黑子数目，连续工作了 17 年，到 1843 年他宣布发现了 11 年的周期。天文学家接着又发现地磁扰乱也有 11 年的周期，于是向前追溯太阳黑子的观测记录，得到 1750 年以来这一周期是确实存在的。20 世纪的观测也证实了这一点，因而太阳黑子的 11 年周期成为大家公认的基本规律之一。

但这毕竟是以近 200 多年的观测为基础的，过去的情况如何？我国有 2000 多年的太阳黑子记录，最早的确切时日记录在公元前 43 年。将公元前 43 年至明末 1638 年间 100 多次肉眼可见大黑子群进行统计分析，发现 11 年的周期仍是存在的，这就为 2000 年来太阳活动的研究提供了巨大的帮助。

但是，早在 1894 年就曾有二位天文学家斯波勒和孟德尔指出，在 1645～1715 年间没有观测到太阳黑子，他们提出这一期间可能是一个太阳活动的极小期，后人遂称为孟德尔极小期。1976 年 6 月，美国青年天文学家艾迪博士在日地物理国际讨论会上，又引用树木年轮中碳 14 含量等其他资料，重申"11 年周期完全可能，只不过是太阳历史最近期的一种暂时面貌"，"当人们困难地搜寻历史记录的时候，1 年周期这种情况在近代以前（或许在 1700 年前后）其实是很少存在的"。

艾迪提出的问题是值得深入研究的，中国古代的黑子记录在正史中讫止于 1638 年，以后没有出现。日本神田茂收集了中朝日三国正史中的古代黑子记录，在 1639～1720 年间也是一条没有。在西方望远镜出现后可以看到很多小黑子，但望远镜发明后的 100 年内（1610～1710）太阳黑子的观测非常零散，直到 1749 年国际上才正式规定采用沃尔夫相对数由专门天文台连续观测，故 1750 年以前的望远镜资料也不能应用。因此，要对这一时期的太阳活动情况做出分析，非要有新资料不可。

弥补这一缺陷的是中国地方志，据查在各县志中发现 1643～1684 年间出现了 7 次黑子记录，除其中有 1 次可能是日食外，其余 6 次可以肯定是黑子记录，可见这一期间太阳活动是存在的。若以地方志的资料考察 17 世纪的太阳活动，发现从 1603～1684 年共有记录 33 条，11 年的周期还是存在，只是在 1640 年以后的时期中其活动强度确是减弱了。而且 1684 年以后仍未找到黑子记录。

当然，单凭太阳黑子这一种现象做出的结论还是单薄的。太阳活动所引起的后果是多方面的，地磁扰动、极光、气象异常等都可以用来做综合分析，中国的北极光记录就是一份很好的资料。云南天文台罗葆荣、李维宝从古代极光和大于 5.5 级地震的统计中发现，两者都呈现 11 年左右的短周期，说明 2000 年来 11 年的周期是稳定的。

在分析古代黑子、极光、碳 14 等资料中也还发现有中长期的周期性，如公元 60 年、250 年等，无疑这些中长周期的发现又进一步加深了对太阳活动的认识。甚至有的研究者又将更多的地球物理现象同天文现象综合起来考察，发现了更长期的变化规律。重要的一个就是 16～17 世纪的特殊时期，在这一时期我国陨石降落明显呈高峰状，彗星出现也是一个大峰值，太阳黑子呈现上述的极小期；气候上我国出现 5000 年来气温最低的"小冰期"，欧洲和世界其他地方也是寒冷时期；这一时期地震特别活跃，单我国 8 级以上大震就有 8 次之多，日本、意大利等地火山爆发也特别强烈；超新星爆发平均每 1000 年才 2 次，可这期间不到 100 年就有 3 次，等等。一系列资料表明这一时期确为一个特殊时期，有人称之为"明清宇宙期"，时间约为 1501～1700 年的 200 年。造成这一现象的原因可能同太阳系所处的宇宙环境有关。因为太阳带着太阳系天体家族在绕银河系中心运动，而银河系里的不同区域情况千差万别，明清宇宙期内太阳系可能到达一个星际物质密度较大的区域，造成彗星、陨石增多，超新星爆发频繁，宇宙线强度明显增加。外界的因素影响了太阳系内部的运动，压抑了太阳的活动，使太阳活动处于低潮，地球气温下降，地壳内部活动增强。宇宙环境的变化引起了地象和天象的特殊变化，这一问题在从分析古代记录和地质资料中提起，目前的研究工作还刚刚开始，这一种解释之外也可能还有其他解释，相信今后会有更大的发展。

行星现象和太阳变化

肉眼可见的大行星除地球外还有 5 个，即水星、金星、火星、木星和土星，我国古代统称五星，或叫五纬。它们绕日运行，不断改变在恒星间的位置，因而造成许多特殊天象，如行星掩恒星、行星互掩、行星会聚、五星联珠，还有同月亮的掩、合等。行星和月亮的运动可以用天体力学规律计算，因而古代的行星现象就是天体力学理论的实际检验，现代借助高速电子计算机可以将历史上任何时刻的行星位置计算出来，编成行星位置表，如斯塔曼和金格利希的"太阳，行星黄经表"，前 2500～2000 年，每 10 天一个值；塔克曼"太阳、月亮行星位置表"，前 601～1649 年，每 5 天一个值。这些工作为古代行星现象的研究提供了方便。利用这些表我们发现了"汉高祖元年十月五星聚东井"的天象记事是真实的，只是为了凑合刘邦得天下建立汉朝的历史事件，人为地将出现天象的时间提前了10 个月。五星联珠和行星会聚的天象可用以确定某些重大历史事件发生的年代，为历史年代学的研究提供天象依据。如武王伐纣之年，史学界争论多年没有结论，而有的史书载"周将伐殷，五星聚房"，按公元前十一、二世纪五星聚房发生于公元前 1076 年初，这为武王伐纣的年代提出了另一种看法。

行星靠反射太阳光而发亮，因而行星的亮度必然跟太阳的辐射有关。古历法中的行星见伏度提供了行星在太阳附近可以看到的角距离，这个数据是行星亮度的反映。因为太阳很亮，太阳附近的星星被淹没在阳光中而看不见，但早晨或傍晚当行星距离太阳远到一定程度时就变得可见了，这个距离就叫见伏度。"见"是看见，表示超过这个限度为可见，"伏"是不可见，表示小于这个限度为不可见。显然，当行星越亮时这个限度越小，行星越暗时这个限度就大，这就是见伏度同行星亮度的关系。

从汉初《三统历》开始每个历法都列出了 5 个行星的见伏度数据，现列表如下。表中" ＋"号表示有余，"－"号表示不足，资料来源栏中的数字是指中华书局出版的《历代天文律历志汇编》一书中的页码。

各历五星见伏度

历名	水	金	火	木	土	观测地	年代	资料来源
三统	15＋	15＋	16＋	15＋	15＋	西安	前 104	1423 页
四分	16	9	16＋	13＋	15＋	洛阳	85	1525
乾象	16	9	16＋	14－	15－	洛阳	约 180	1610
景初	18	10	16＋	14－	17－	洛阳	237	1641
元嘉	17	10	16.5＋	13.5＋	15.5＋	南京	443	1738
大明	16	10	16＋	14－	16－	南京	463	1756
正光	17	10	16	13.5	15.5	洛阳	520	1809
兴和	17	10	16＋	14－	16－	洛阳	540	1847
皇极	17	11	16	14	16.5	西安	600	1963
大业	17	11	17	14	17	西安	608	1919
戊寅	17	11	17	14	17	西安	618	2128
麟德	17	11	17	13	17	西安	664	2156
大衍	17	11	17	14	17	西安	727	2262

							地点		
五纪	17	11	17	14	17		西安	762	2292
正元	17	11	17	14	17		西安	783	2308
宣明	17	11	17	14	17		西安	821	2341
崇玄	17	11	17	14	17		西安	892	2379
钦天	17	11+	19-	14-	17-		开封	956	2425
	晨见夕伏		夕见晨伏						
崇天	21	14	11	20	13	16	开封	1023	2607
明天	18	10	11.5	18	14	18.5	开封	1064	2675
观天	21	15		13.5	16.5		开封	1091	2775
纪元	19	14	10.5		13	17	开封	1106	2833
统元	19	14.5	10.5		13	17	杭州	1135	2931
乾道	19	14.5	10.5		13	17	杭州	1167	2931
淳熙	19	15	10.5		13	17	杭州	1176	2931
金大明	19	14	10.5		13	17	北京	1181	3262
会元	21	16	10	20	13	17	杭州	1191	2931
统天	20.5	15.5	10.5	19.5	13	18	杭州	1199	2998
开禧	20.5	15.5	10.5	19.5	13	18	杭州	1207	2998
西征庚午	19	14	10.5		13	17	北京	1220	3499
成天	20.5	15.5	10.5	19.5	13	18	杭州	1270	2998
授时	19	16.5	10.5		13	18	北京	1280	3423
大统	19	16.5	10.5		13	18	北京	1368	3731

　　该表清楚地显示了木星的见伏度逐渐减小，而其余4星见伏度增大，这一趋势反映的历史事实到底如何，从天文学上做出解释是很有意义的。

　　四行星见伏度增大，表示它们亮度降低，其原因不外有三，一是太阳变暗，二是行星反照率减低，三是观测地点、地球大气、观测者的人为因素影响。但是4个行星的反照率不可能都一致地减低，观测条件对4个行星也都是相同的，所以我们只能将更多的注意力倾向于太阳的变化。然而这些因素对于木星也是同样作用的，木星的见伏度为何没有增大反而减小了呢？这只能从木星本身找原因了。

　　根据现代的观测，木星发出的总辐射大于从太阳那儿接受的辐射，说明木星有本身的能源。这一点已引起天体物理学界的重视。中国古代对木星见伏度的观测资料说明木星在增亮的现象同现代的观测一致，有人甚至认为这一巨大的行星30亿年后可能成为第二个太阳。根据中国古代对木星的观测可以估算它的增亮速率，在近2000多年内它大约每1000年增亮0.003等。

太阳的亮度是否变化，从四行星见伏度增大已发现一些迹象，有人认为太阳的直径可能在变化，或者是缩小，或者是脉动，即有时扩大，有时缩小，这也可从古代观测资料中找到线索。1979年美国天文学家艾迪和鲍纳扎提出了太阳正在收缩的看法。他们系统研究了格林威治天文台1836～1953年间每天中午太阳直径的观测资料，又分析了美国海军天文台1846年以来的太阳中天观测资料，认为太阳的水平宽度每百年收缩约0.1%（相当于2弧秒），或者说每小时收缩约1.5米。这是一种很快的速度，如果按这种趋势发展下去，20万年之后太阳将要消失。艾迪等人认为这是不可能的，收缩可能是近期的现象，太阳可能是处在短期的脉动之中。

问题提出后引起了不少研究者的注意，两个权威天文台的100多年资料是不易轻易否定的，另一组天文学家索菲亚、奥基夫和莱什着手分析1850年以来太阳常数的观测资料。所谓太阳常数是一个表示太阳辐射能量的数据，规定在地球大气层外距离太阳一个天文单位处垂直于太阳光束的方向上每平方厘米每分钟接受到太阳的总辐射量，现在的测量结果为1.97卡/厘米^2·分钟。这个数虽不大，但地球的截面积很大，所以地球得到的太阳总辐射量还是很多的，地球上一切能源除了地心能和原子能外，都是来自太阳，但地球接受到的比起太阳慷慨地辐射出来的还是小巫见大巫，只有1/22亿，即使这一点的太阳辐射，却维持了地球上的万物和生命活动。

在太阳表面温度不变的情况下，太阳常数是同太阳半径的大小有关的，可以想见，太阳越大，它从表面辐射出的能量就越多。因而测量太阳常数的变化可以探求太阳半径的变化。上面三位天文学家分析了 1850～1937 年间近百年的资料，结果是太阳常数的变化不超过 0.3%，相应于太阳半径的变化不大于 0.25 弧秒，这一数据只及艾迪等人的十分之一。

1980 年又有一组天文学家对 250 年以来可以用做判断太阳直径变化的几种现象做了系统分析，他们所用的是太阳直径的子午环测量、水星凌日观测和日全食食延时间观测。

格林威治天文台从 1836 年起用子午环测量太阳前后两边缘过子午线的时刻及太阳中天时上边缘和下边缘的天顶距，得出每天的太阳水平直径和垂直直径数据。水平直径测量主要使用计时器，1915 年以后又加上超人差测微器，结果是从 1890 年以来的测量值明显地不断下降，太阳半径约每百年缩小 1 弧秒；垂直方向的测量 1851 年以后使用艾里台长的新子午仪，其缩小趋势不如水平方向显著。他们认为仪器的测量误差对结果影响颇大，太阳半径的缩小比仪器的误差要小些。

水星凌日是水星走到太阳和地球之间，从地球上看来水星圆面呈一个小黑点从日面上通过，该天文现象总发生在 5 月份和 11 月份，平均每百年约有 14 次，最长时间在 5 月份，是 8 小时，在 11 月份是 6 小时。只要记录下水星进入日面和离开日面的精确时刻，就可以由此计算太阳的直径。按理论计算，只要时刻记录精度为 1 秒，所求出太阳直径精度可达 0.1 弧秒，而时刻记录的误差主要来自水星进入日面和离开日面的瞬间不易判断。莫里松曾就 1723 年至 1973 年共 250 年间的 30 次水星凌日观测的 2000 多个数据做了分析，发现太阳半径在 959.63 弧秒上下波动变化，总的趋势是每百年缩小 0.14±0.08 弧秒，而测量误差大约是 ±0.1 到 ±0.2 弧秒之间。

日全食食延时间是指全食共经历的时间长度，这也同太阳直径有密切关系，利用食延时间来探讨太阳直径变化的原理同水星凌日法一致。共分析了 7 次日全食（1715、1842、1851、1878、1900、1925、1966 年），发现太阳和月亮视圆面半径在平均距离处为 959.

63 和 932. 58 弧秒。根据计算 1966 年 5 月 20 日日全食时，月轮比日轮小 0. 07 弧秒，天文学家马修斯（J. H. Mathers）在希腊一个小岛上观测，该地精确地处在日食中心线的中心，食甚时他拍摄的胶片上显示出有 50 处倍利珠，经复原可以画出当时的月轮详图，从而可以对太阳半径作出 0. 22 ± 0. 20 弧秒的修正。加上这一修正值，发现日食食延时间的观测精度与水星凌日法相近，得出太阳半径的缩小约每百年 0. 08 ± 0. 07 弧秒，比艾迪等人的值小了一个数量级（约为 1/10）。

综合上述三种观测资料的结果，帕金松、莫里松和斯蒂芬逊认为，最近 250 年来太阳的直径是不变化的。上述种种变化的分析结果表明其变化值均比仪器、观测手段和人为误差带来的不利影响为小。但他们也承认，根据水星凌日的 30 次观测发现太阳半径在平均值附近波动，引起太阳表面积有 0. 02% 的周期性起伏，其周期约为 80 年。

相比起来，中国古代的时刻记录不可能有上述这些观测精确，然而，中国记录的时代较老，也应该为该项研究做出一些贡献。笔者认为，如果太阳半径在缓慢减小，或有大约 80 年的周期性脉动，在古代的日食观测中似应有所反映。如果古代日轮半径较大，日环食的机会就应多些，尤其是那些用目前的计算指出古代某次日全食而实际看到的是日环食，这将是很值得分析的事。

在我国古代的日食记录中有 1292 年 1 月 21 日的环食记录，"有物渐入日中，日体如金环然，不能既"，按食典计算，此次食确为环食，计算与观测一致。但 1742 年 6 月 3 日的全食，食带经过日本，食典计算为日全食，而日本的纪录为"宽保二年五月己未朔（1742 年 6 月 3 日）日食既，如金环，少时众星见"，这似乎是看见了环食后又见全食的情景，这一次日食似乎可作为当时日轮较大的证据。

另一项古记录是金星昼见，我国古代有记录近千次，时间延续 2000 年。金星能达到大白天可见的亮度一般在大距或方照前后，根据记录日期可求得该日金星与太阳的角距离，一般在 45～48 度之间，这表明金星的确处于很亮的时期。系统分析近 2000 年来的这一份资料可见，昼见时角距离带有周期性的变化，这可能反映了金星亮度的周期性变化，可能也跟太阳的半径变化有关。总之，中国古代的行星资料目前的研究尚在开始阶段，它是可以在现代天文学问题的研究中发挥作用的。

古代客星

古代客星

古代客星，现在天文学上称为新星和超新星，它们并不是新出现的星，而是原来较暗的星在几天之内突然增亮几万至几千万倍。这是恒星在演化过程中的一种剧烈爆发过程，有的星爆发时抛出大量物质，抛射速度为每秒 500～2000 公里，爆发过程结束后星体亮度逐渐变暗，又回到过去的暗星状态，这种星一般称为新星。这种新星还可能再爆发，直至结束恒星的一生。而爆发特别剧烈的就是超新星，经过爆发或者将物质全部抛出成为一团星云，结束其生命，或者其核心部分留下一些残核，成为白矮星、中子星或黑洞，进入恒星的晚期演化阶段或终结阶段。这些超新星爆发留下的遗迹都是强的射电源、X 射线源或宇宙线源，也是星际重元素的主要提供者。

发现古代客星同现代天文学研究对象之间有联系是几十年前的事。我国古代的天象资料在 1846 年首次以西方文字在法国出版以后，不少研究者纷纷利用这一份资料。1921 年，瑞典天文学家伦德马克编制新星表时列出了我国《宋史》中的一条资料，这是 1054 年天关客星的记录："仁宗至和元年五月己丑客星出天关东南可数寸。岁余消没。"伦德马克同时给出一个小注，指出该客星的位置在金牛座蟹状星云附近。

1921 年美国天文学家邓肯拍摄了蟹状星云照片，发现该星云各个细节比以前的照片向外分散了，他大体推算出这个向外扩散的运动开始于 900 年前。1928 年美国天文学家哈勃也指出，900 年前开始的扩散运动可能同中国人记录到的天关客星有关，但此时尚未引起天文界更大的关注。直到 1942 年荷兰天文学家奥尔特和汉学家戴文达共同研究了中国的古记录，确认天关客星是一个超新星，由于它的爆发抛出物质而形成蟹状星云，这一来才广泛引起注意。人们感到天体在不到 1000 年的时间内发生了巨大的变化，古代天象同现代天文学对象间有联系。这是一个很生动的演化实例。

古代客星遗迹

随着射电天文学的兴起，天空中发现了许多射电源，蟹状星云是最强的一个，天文学家感到许多强射电源是超新星遗迹。50 年代，我国天文史家席泽宗系统收集中国古代的客星记录，并设法寻找与之对应的射电源。1965 年席泽宗和薄树人收集了中朝日三国历史上的客星记录，编成《增订古新星新表》，在古代记录和射电源之间进行证认。当时的证认工作还是停留在位置证认方面，但它已引起世界天文界的广泛兴趣。

60 年代蟹状星云脉冲星的发现使超新星遗迹的研究成了天体物理学研究的重要方面，它同恒星晚期演化和高能天体物理现象密切联系，因而古代客星记录的证认工作得到了进一步发展，找到了几颗著名古代客星的遗迹，它们是：

185 年南门客星——RCW86（G315.4—2.3）

386 年南斗客星——G11.2—0.3

1006 年骑官客星——MSH14—415

1054 年天关客星——蟹状星云（MI）

1181 年传舍客星——3C58

1572 年阁道客星——3C10

（第谷超新星）

1604 年尾分客星——3C358

（克普勒超新星）

由于卫星探测技术的发展，超新星遗迹的数量不断增加，1981

年已公布了 132 个超新星遗迹表。并且现代天文学已有一些方法可以判断其中有些是极年轻的，这些年轻的遗迹有可能在古代客星记录中找到对应体，因此六七十年代在古代记录与现代遗迹间进行证认的研究工作得到了新的进展。

现已收集到了古代客星记录 96 次以上（包括中、日、朝、阿拉伯及欧洲记载），其中我国的 80 项。将它们在银道坐标中的分布和 132 个超新星遗迹沿银经的分布比较会发现，遗迹的分布在银河系中心的方向上集中，而古代客星记录在银河系中心方向和反中心方向都有集中的趋势，反银心方向探测到的超新星遗迹颇少，这可能是今后要加强探索的区域。古代客星记录较为集中的两个方向一是银经 340～40 度之间，另一个是 100～140 度之间（银心方向为银经零度），而这两个方向正是太阳附近银河系旋臂所在的位置。我们知道银河系中的旋臂是物质集中的地方，星云物质很多，许多恒星在那里生成，而客星爆发是恒星晚期演化的一个过程，可见旋臂是银河系中年轻的恒星诞生、年老的恒生死亡的地方。

过去寻找古代客星记录同超新星遗迹的对应往往只从位置上着手，忽视了物理性质上的联系。1983 年刘金沂提出一种四维证认法，认为要证认某一个古代客星记录同现今观测到的超新星遗迹有联系，应该在方位、距离、年龄三方面都有较好的符合，可用 x、y、z、t 四个量来描述。

方位系指古代客星记录与超新星遗迹在天球上的方向，可用经纬度 x、y 来表示，如古代记录的方位与超新星遗迹的方位相近，可认为 x、y 得到证认。这是建立联系的基础，其后面可进行下二个量的证认。

z 表示距离。超新星遗迹的距离可用现代天文学方法定出，古代记录中一般没有距离，但有时出现视星等 m（即眼睛看上去的光亮程度，越亮的星 m 值越小，太阳的视星等是 -26.7 等，北极星是 2 等，肉眼刚可见的星是 6 等）。如果某一对古代记录和超新星遗迹已

满足方位相近的条件，就可以用视星等 m 和该遗迹的距离 r 通过公式

$$M = m + 5 - 5\lg r - A\ (r)$$

来求得绝对星等 M。上式中 r 已知，$A\ (r)$ 是跟距离 r 有关的消光因子，可以根据超新星遗迹所在的方位和距离估计一个值。求得的 M 是绝对星等，它表示恒星的真实亮度。打一个比方，两个同样亮的灯放在不同的距离上看，显然是远灯显暗，近灯显亮，故看上去的亮暗程度并不表示它们本身的真实情况。要比较它们的亮度必须将它们放在同样远的地方看。根据这一道理，天文学上比较恒星的亮度是看它们的绝对星等，即将恒星放在一个标准距离处的视星等。这个标准距离为 32.6 光年，我们的太阳在这个距离上只是一个 5 等小星。如果得到的 M 值大体符合超新星的平均极大星等 -17 等到 -19 等，可认为 z 方面得到证认。

　　t 是年龄，从客星出现至今就是它的年龄。超新星遗迹的线直径 D 可用天文学方法测出，它的线大小是从古代超新星爆发以来逐渐膨胀而形成的，所以其膨胀速度 V 是：

$$V = \frac{D/2}{t}$$

由此求出速度 V 值，看它是否合理。V 值一般不应大于每秒 2 万公里，一般在每秒几千公里的程度，这样可判断 t 方面是否得到证认。当然有些超新星遗迹可以直接求出膨胀速度，拿这个速度同计算值比较也可做出判断。

　　要在四个方面都得到证认往往是不容易的，因为古代的记录给出的信息太少，消光因子 $A\ (r)$ 难以估计准确，超新星遗迹的距离测定会有误差，古代记录中客星方位的理解和视星等的估计也都会出现偏差。因此，即使是四维证认成功的一组对象也只能理解为是可能的结果，还要通过现代研究不断去证实。

　　目前，利用四维证认法确实取得了一些成绩，如前述大家比较

公认的 7 组古代客星遗迹用这一方法都得到了满意的结果。同时又发现了一些新的证认对象，如公元 437 年出现的井宿的客星，大白天可以看见黄而带红，它可能同超新星遗迹 IC443 相对应；还有公元前 134 年中国和古希腊都见到的房宿客星，可能就是年轻遗迹 RCW103 的前身。

目前，超新星遗迹的研究正在深入发展，中国古代客星记录中还有很多未能找到证认对象。有的研究者认为，客星爆发后的形成物可能是多种多样的，也可能在不长的时间内就在宇宙中散布开来，烟消云散，找不到遗迹了，因此，应该放宽思路，寻找新的归宿。有的研究者发现了在相同的位置上时隔不久有二次客星记录，提出超新星有可能出现再次爆发的设想，这些都引起了天体物理界的注意。

《崇祯历书》和第谷体系

明代天文学测算的停顿到了万历年间已酿成了严重后果，万历二十年（1592）五月甲戌夜发生月食，而钦天监推算与实际相差一天，这种错误对于古代天文学发达的中国来说简直是不可容忍的。3 年后，朱载堉和邢云路分别上书改历，并献出自己编撰的新历法。但是顽固守旧的钦天监竭力反对，他们对皇世子朱载堉没有办法，却反诬邢云路"私习历法"犯了祖宗的禁令，改历的建议被取消。万历三十八年（1610）十一月壬寅朔日食，钦天监推算食分和时刻又发生较大错误，改历建议又起，这一次反映比较强烈，连钦天监的主管部门礼部都已同意，并推荐了邢云路、范守己、徐光启、李之藻等人，但最终还是被旧势力阻挠而未成。

崇祯二年（1692）五月乙酉朔日食，钦天监预报又发生明显错误，改历之议复起。此时，徐光启正担任礼部侍郎，由于他的努力，崇祯帝才同意改历，在宣武门内成立历局，并任命徐光启主持此事。这时最初来华的耶稣会传教士利玛窦已在 19 年前死于北京，徐光启、李之藻等人曾同他交往，翻译了《几何原本》前 9 卷，传入了托勒密的九重天宇宙结构，地为圆球的概念，天文仪器星盘等西方古典天文数学知识。他们深知要改革历法，必须利用欧洲天文学知识中的几何学方法。而对中国传统历法比较熟悉的人邢云路、朱载堉、范守已等人此时已相继去世，因而他们决定此次改历以西法为基础，并推荐了传教士龙华民、邓玉函、汤若望、罗雅谷等人来历局工作。

明末的改历从崇祯二年九月开始，至七年十一月结束，成书137卷，名为《崇祯历书》。这本书是中西天文学合流的第一部著作，以介绍欧洲天文学知识为主。按徐光启的计划，它包括五个部分：法原，即天文学理论，天体运动轨道之类；法数，即天文表，天文数据之类；法算，即天文计算中所使用的数学方法，主要是几何学和三角学；法器，即天文仪器；会通，即中西各种度量的换算表。《崇祯历书》的章节安排则按中国古历法的体系，日躔、月离、交食、行星、恒星等。

就内容来看，《崇祯历书》抛弃了中国古历的代数学体系，以西方天文学的框架进行日、月、行星运动的推算。首先建立起一个宇宙结构体系，这是丹麦天文观测家第谷所创立的介乎哥白尼日心说和托勒玫地心说的中间体系。按第谷体系，月亮绕地球运行，五大行星绕太阳运行，太阳又带着五行星绕地球运行，地球居于中心不动。我们所看到的行星视运动是它们双重运动叠加的结果。这一点就同中国古历法的推算步骤无共同之处了，中国古历法中考虑日、月、五星的运动时从不考虑它们的绕转关系，无需建立各行星的轨道体系。

在日、月、五星各有其绕转轨道的基础上，又建立本轮和均轮系统。天体在均轮上运动，均轮心在本轮上运动，本轮心又在本天上运动，本天心对太阳、月亮来说是地球，对各行星来说是太阳。只要选择各天体的运动速度，就可以组合出日、月的不均匀运动和行星的顺、留、逆等变化，这一套方法在公元前已由古希腊天文学家设计出来，同中国古历传统的代数学方法又是毫无共同之处的。

此外，《崇祯历书》中引入了明确的地球概念，采用经纬度制，周天 360 度制，一日 96 刻制，数字的 60 进位制，赤经坐标从春分点开始分成十二次，每次 30 度，赤纬坐标从赤道向天极计量共 90 度；引进黄道和黄极概念，建立黄道坐标系；引入球面和平面三角学，以三角计算代替中国古历中的经验公式和"弧矢割圆术"等等，这一切都同中国古典天文学的体系不同。

尽管这一套体系和方法与欧洲近代天文学的发展状况还有很大差距，第谷体系也是违背客观实际的，但是《崇祯历书》在相当程度上将中国古典的天文体系转到了近代天文学的轨道上，为今后接受新的天文学知识打下了基础。当然，那时的欧洲天文学家们研究的重点还在于太阳系的结构和运动，对于太阳系之外的恒星世界是个什么样子也所知甚少，因而，对中国古典天文学的改造也仅在太阳系的知识方面有积极进步的意义，而对恒星、对宇宙总体的看法方面还要等待近代天文学的进一步发展。

徐光启在《崇祯历书》编撰过程中逝世，他原先设想的计划因而受到一定程度的影响。虽经他的继承人李天经的努力，这部书总算最后编成了，但反对派和保守势力也再次抬头，他们支持墨守旧法的魏文魁等人又成立了一个历局，因地处东城，故称东局，跟李天经领导的位于西城宣武门内的西局开展争论。明政府这时已是风烛残年，摇摇欲坠，无力顾及这类历法问题上的矛盾。《崇祯历书》在 1634 年底完成，10 年后明朝灭亡，它未能在实际中得到行用。

清兵入关，建立清朝，传教士汤若望乘机将《崇祯历书》稍加修改成 103 卷献给清政府，并称这是他多年制造仪器、亲自观测所建立起来的一套新方法。其时清朝刚刚入关立国，急需一个新历法颁行天下，于是立即同意采用，1644 年 11 月任命汤若望为钦天监监正，所献历书称《西洋新法历书》，据此编算的每年历本称为《时宪历》。其实这就是徐光启、李天经等人主持编成的《崇祯历书》。

北京古观象台及《灵台仪象志》

北京古观象台是明清二代的皇家天文台，担负着观测天象、编算历书的重任。在我国封建社会里，颁历和解释天象乃是皇权的象征，所以司天重地是一般人不能擅入的禁苑。

北京古天文台最早可上溯到 700 多年前的金代。金灭宋以后，建都北京，称为"中都"，城址在现广安门一带。为了进行天文观测，将北宋开封的天文仪器运到北京，这就是北京有天文台以来最早的一批仪器。

元灭金后，称北京为"大都"，并重建新城，在新城东南角建天文台。元大都的南城墙约相当于现在的东西长安街，故这个天文台大约就在现今建国门古观象台北侧不远的地方。元大都天文台上的仪器由著名天文学家郭守敬等人研制，而北宋的仪器放在金朝的天文台（当时称清台）上就被遗弃不用了。

我们现在见到的建国门古观象台，首建于明代正统年间。明代开国时定都于南京，司天台设在南京城内的鸡鸣寺山上，将元代的仪器及宋金旧仪都从北京运到了南京。燕王朱棣迁都北京后，永乐年间忙于营建故宫等宫廷建筑，无暇兴建天文台，只用临时的仪器进行观测，到正统年间才开始在元大都城东南角楼旧址兴建观象台，在台下建晷影堂等一组建筑，使观象台初具现在所见的规模。又依元代郭守敬的仪器式样，从南京做成木模到北京仿铸仪器安装于台上。

清代对明代观象台上的仪器进行了彻底的改造，所有明代仪器都在康熙乾隆年间全部撤下，换成掺有西方天文学影响的 8 件天文仪器。8 件仪器中有 6 件铸于 1673 年（康熙十二年），一件铸于 1715 年（康熙五十四年），一件铸于 1744 年（乾隆九年）。现在仍存放在北京建国门古观象台上。

最初的 6 件仪器是由比利时传教士南怀仁主持铸造的。此时，欧洲传教士同杨光先为代表的中国守旧势力经过了一场殊死的斗争，汤若望于康熙五年（1666）死于狱中，清钦天监由杨光先和吴明烜负责主持，但他们不懂历法，经常出现错误。康熙七年（1668）冬，康熙帝令内院大学士图海等20人至观象台测验1669年立春、雨水时刻，月亮和火木二行星位置。结果南怀仁预推位置与天象符合，而钦天监吴明烜等人所推失实。康熙帝遂命南怀仁负责"治理历法"，推算1670年历书，而杨光先被革职。南怀仁提出应制造新式天文仪器，于是从1669至1673年共铸成6件。为了说明新仪的结构、原理、安装和使用方法，南怀仁编撰了《灵台仪象志》一书，参加工作的还有钦天监官员、天文生等30人，于1674年正月二十九日奏报清政府。

《灵台仪象志》全书16卷。卷首有南怀仁写的序言一篇、奏表一篇，前4卷为文字，中10卷为表格，末2卷为配图。

序言和奏表主要讲述三个问题，即制仪、撰书的缘起，以地球为中心的七政运行结构，仪器制造、安装和使用之困难，寓意做成此事实在不易。

文字部分主要有四个内容，包括仪器、力学和运动学、光学及地学。仪器方面讲新制六仪按赤道、黄道、地平三种坐标体系构思，又加天体仪为天空的总体显示，纪限仪是三种坐标体系之外测任二星角距离的仪器。详述六仪的结构、用途、使用方法，刻度游标使读数精度提高的原理。阐述了用不同坐标体系的仪器测量同一天体坐标互为吻合的道理。同时评价我国古代天文仪器的制造是"从来创仪者多用心于缀饰，而罕加意于适用"，这一评价看来是值得商榷的。

力学和运动学方面主要有杠杆及材料断裂问题，物质的比重，物体之重心，滑轮省力，螺旋的作用，垂线球仪即单摆的知识，单摆的等时性，周期与振幅无关、周期平方同摆线长度成正比，作为单摆计时的例子，介绍自由落体的行程与时间平方成正比等。

光学方面有颜色的合成，日光通过三棱玻璃被分解成各色光，光线在不同介质分界面上的折射，给出入射角与折射角的对应表。

地学方面主要有测地半径法，测某地南北线的方法，罗经偏角，长距离水平测量要考虑地球曲率，测云高法，气、水、火、土四元素说，气温计和湿度计的原理及结构，地面上经纬度差与距离的换算表，不同纬圈上1度与赤道1度长的比例表，度、分、秒与里的换算表等。

表格部分主要是1800多个恒星的黄道和赤道经纬度表，黄赤二道坐标换算表，赤道地平二坐标换算表等。

插图部分共117幅，是制造新仪和讲述上面知识时所用的插图，为便于理解文意而作，是颇有价值的一部分。

清初新制六仪全部属于古典仪器，没有装配望远镜，凭肉眼观察，用途均属方位天文和实用天文方面。其设计思想按欧洲古典的第谷式，功能单一，要测的各种坐标单独铸仪，因而仪器结构简单，打破了中国古典仪器环圈叠套、各种坐标共于一仪的传统，既便于观测，也不遮掩天区。刻度装有游标，提高读数精度。这些都比传统的中国古典仪器先进。

但是，当时世界上天文仪器的制造已抛弃了古典体系，积极进行折射望远镜的改革和反射望远镜的研制。在南怀仁的时代，欧洲各国相继制成多架长焦距的折射镜，研究设计出三种光路的反射镜系统，发明了动丝测微器，可在望远镜视场里测微小角距，设计了新的计时器摆钟等。与南怀仁在北京铸造新仪的同时，欧洲各国纷纷建立综合性的近代天文台，如1669年法国聘请意大利天文学家卡西尼主持巴黎天文台的建设，1675年英国由弗兰斯梯德主持格林威治天文台的建设等。

看看欧洲同时代的天文仪器进展，比比南怀仁在北京制造的6件古典式仪器，其差距之大自不必说了。当然南怀仁对欧洲的新进展不一定完全知晓，但在他动身来华的1658年，欧洲天文学观测已普遍使用望远镜，在中国也曾制造过望远镜，出版过介绍望远镜的书，就在《灵台仪象志》里也引用了汤若望《远镜说》中介绍的望远镜知识和观测结果，这些是南怀仁很了解的。

因此，这6件仪器的地位应该是：它们比中国传统的古典天文仪器有进步之处，但在当时世界上已属落后之列。

《灵台仪象志》的绝大部分篇幅用在星表和坐标换算表方面。关于星表，北京天文馆的伊世同在其著作《中西对照恒星图表》的编后记中已有确当的评述，它属于明末《崇祯历书》星表的系统，对清代中后期恒星命名的影响较少。书中黄道星表历元1672.0，系取自《崇祯历书》星表，仅在其黄经值上加37分作为岁差改正而得，黄纬值完全相同。其赤道星表历元1673.0，看来不是依《崇祯历书》星表加岁差改正得来的，可能是据黄道星表换算或查表所得。

根据对表格部分的初步考察，《灵台仪象志》中的星表和换表是一份颇有差错、又不太完整的资料（如赤黄换算表仅给出黄纬零度到±9度的值），这可能跟当时成书仓促有关。书中曾讲到这些表是以曲线三角形之理编出来的，但又没有说明所用的公式，用的人只知其然而不知其所以然，且表中一些错误的数据未得纠正，看来均未经过实测校验。书中表格为一些特殊情况下的值，又不完整，不能满足实际工作的需要，因而不可能是供实际应用的表。

《灵台仪象志》介绍的力学和运动学知识已有严敦杰先生的详细论述，见《科学史集刊》第七册（1964）。这些内容大部分译自伽利略的《力学》和《关于两门新科学（力学和弹性学）的对话和数学证明》两书。由于明末邓玉函、王征的《远西奇器图说》和清初南怀仁的工作，伽利略的一些力学、运动学成果在我国得到早期传播。

书中介绍的光学知识主要为折射现象，这一现象在汤若望的《远镜说》里已有介绍，南怀仁进一步给出了不同介质分界面上入射角与折射角的对应表，这是认识折射规律的重要步骤。1985年王冰著文详细分析了折射定律的认识过程，评价了南怀仁的贡献，认为该书介绍了 17 世纪初以前西方对折射现象的认识和定量结果，使我国对折射现象的认识从定性阶段进入定量阶段，但是该书的出版距折射定律的发现几近半个世纪，却未正确介绍这一定律，暴露了传教士来华带来西方科学知识的局限性。

《灵台仪象志》还首次向中国介绍了温度计（气温计）和湿度计的制造原理和方法，其中气温计的知识是 17 世纪早期的成果，而湿度计的知识要比西方书籍中记述的同类作品为早，这是应予肯定的。

总的看来，《灵台仪象志》虽有一些不足之处，但是该书在当时的中国出现还是一件有价值的事，它在中国天文学史、天文仪器制造史上都有一定的地位。书中的科学插图，比北宋的《新仪象法要》要详细丰富。在其他知识方面，也不愧为最早向中国传送西方科学技术知识的书籍之一。

《灵台仪象志》星表是明末清初我国星表系统的代表之一。在中国历史上全天星表都是以入宿度和去极度来表示的赤道坐标系统，而该星表改变了这一传统，又新增黄道和地平两个系统，且几种坐标系统可以互换。这也就向中国介绍了一种新的测量思想和方法，即通过不同坐标系统的仪器分别进行多次测量而互相校核，可以提高天文测量的精度。不足的是该书在球面三角公式已传入中国之后未能讲明利用这些公式进行坐标换算的方法，以卷帙浩繁的表格代替基本换算公式，即使读者不知其所以然的使用，也减低了表格的实用价值。

南怀仁设计制造 6 件大型天文仪器，编撰《灵台仪象志》一书，使清代观象台初具规模，赢得了康熙帝的欢心。在这一工作中，南怀仁巩固了他本人的地位，甚至也奠定了其后传教士在清钦天监中领导地位的基础。同时，这对中国天文界继续接受西方近代天文学知识，转变到新的天文学道路上来也有其积极意义。

《仪象考成》

清乾隆九年（1744）适逢甲子年，《灵台仪象志》的星表已使用 70 年之久，观测中发现黄赤交角有较大变化，一些恒星位置也与星表不合，于是钦天监奏请重新测算星表，正好该年乾隆帝亲自来到观象台，看见南怀仁所铸六仪和康熙五十四年纪理安造的一仪都是西洋式样和制度，而我国传统浑仪却不见。他下令按古代传统制度再铸一架仪器，因而铸仪和重新编星表的工作同时进行，至十七年（1752）新仪和星表都告成功，这就是《仪象考成》。该书共 32 卷，前 2 卷是讲新铸仪器的，乾隆帝亲自命名为玑衡抚辰仪，后 30 卷是星表。

《仪象考成》星表以 1744 年为历元，共有恒星 3083 颗，其中使用中国传统星官名称的有 1319 星，其余均标出"增星"。据研究，这份星表的底本是 1725 年英国修订再版的佛兰斯蒂德（1646～1719）星表，有的星是加了岁差改正，有的星是按自己的测定。佛氏是英国格林威治天文台第一任台长，近代精密星表的创始人之一，他在 1676～1705 年间观测了大量恒星，测定其位置，以此为基础编出了星表，1725 年由其友人在伦敦出版。笔者有幸在北京图书馆珍藏的北堂书籍中看到了这一著作，精装三大本牛皮纸封面，名《大英天文志》，其中有不少拉丁文手写注记，当为其时主持编定《仪象考成》星表的耶稣会士戴进贤（1680～1746）等人所写。

《仪象考成》星表是清代一份重要星表，在它之前虽有《灵台仪象志》星表，但因该书成书仓促，故星数只有 1800 多个，且黄道星表和赤道星表在星名和星数方面均不能吻合，甚至有一星重复二三次出现的情况。而《仪象考成》星表考定了星名，使传统星象同近代方位天文学的成果联系起来，使中西星名对照工作有了基础。后来，在道光年间又进行了一次恒星重测工作，编成了《仪象考成续编》32 卷，以道光二十四年（1844）为历元，有星 3240 颗。这一次是中国学者独立工作，因为钦天监里任职的最后一个传教士高守谦（Serra）已在道光六年（1826）因病回国。不久以后，鸦片战争爆发，中国的社会性质发生变化，中西天文学的合流也走上了另一阶段，而中西恒星的合流工作此时已打下了基础。

《历象考成》

《历象考成》是清代编写的一部历法书籍。因为《西洋新法历书》是依据《崇祯历书》仓促删改而成，书中图与表不合，解释文字难懂，康熙五十三年（1714）清政府命令重新修订，改正这些毛病，于康熙六十一年（1722）完成，这就是《历象考成》。这本书其实没有什么实质性进步，仍沿袭《崇祯历书》用第谷体系和本轮均轮步算，虽然改用了一些天文常数，但积累误差日大。雍正八年六月初一（1730 年 7 月 5 日）日食预报与天象不符，清政府命传教士戴进贤、徐懋德两人负责修定。他们依照法国天文学家卡西尼的计算方法和数据编算了一个日躔月离表，附于《历象考成》之后，既无使用说明，也无理论依据，整个钦天监中只有一个蒙古族天文学家明安图能使用这个表。对于这种情况大家很不满意，于是又令戴、徐二人增修表解图说，同时有三位中国学者参加，他们是明安图、梅毂成、何国宗。

增修工作在 1742 年完成，共成书 10 卷，就是《历象考成后编》。在这里，理论上的进步是抛弃了本轮均轮体系，改用 100 多年前开普勒发现的行星运动第一和第二定律，即行星绕日运动的轨道是椭圆，太阳在一个焦点上；行星和太阳的联线在相等时间里扫过相等的面积，合称为椭圆面积定律。但是令人啼笑皆非的是在《后编》中位于椭圆焦点上的不是太阳而是地球，这又退回到地心说了，这种颠倒了的开普勒定律真可算天文学史上的一个怪胎，是顽固反对哥白尼日心学说的耶稣会士在中国这个特定地方特定时期内孵育出来的。

大家都知道，卡西尼是法国著名天文学家，他的家族曾连续四代人任巴黎天文台台长，第一代卡西尼是意大利人，应法王路易十四之请前往巴黎筹建天文台并任第一任台长，为近代天文学的发展做出了重大贡献。但他在理论上是严重保守的，他是最后一位不愿意接受哥白尼日心理论的著名天文学家，他也拒不接受牛顿的引力定律，反对开普勒的椭圆定律。正是这位在理论上保守的学者成了在中国的耶稣会士依赖的对象，由此也可以看到由耶稣会士来促使中国古典天文学向近代的转化是多么艰难。